21世纪应用型人才汽车类专业规划教材
——实验教程系列

U0657945

汽车设计
课程设计指导书

主　编　王丰元　马明星

副主编　邹旭东

中国电力出版社
www.cepp.com.cn

内容提要

　　本书在汽车设计课程理论教学的基础上，介绍了汽车总体设计，按照动力传动的基本路线分别介绍了离合器设计、机械式变速器设计、万向传动轴设计、整体式单级主减速驱动桥设计、悬架设计、转向系设计和制动系设计，在每个总成的设计中提出设计题目及要求，按照设计的步骤进行理论计算和参数选择。介绍了零件的三维造型及二维装配图的基本绘制方法和过程。

　　本书是针对车辆工程、汽车工程、汽车服务工程、机械工程、交通运输等专业的本科生编写的汽车类课程设计教学指导教材，也可供希望系统学习汽车知识的行业技术人员及其他相关专业的大专院校师生和汽车爱好者参考。

图书在版编目（CIP）数据

汽车设计课程设计指导书/王丰元，马明星主编. —北京：中国电力出版社，2009.3（2018.1重印）

21世纪应用型人才汽车类专业规划教材. 实验教程系列

ISBN 978-7-5083-8125-1

Ⅰ. 汽…　Ⅱ. ①王…②马…　Ⅲ. 汽车–设计–课程设计–高等学校–教学参考资料　Ⅳ. U462–41

中国版本图书馆 CIP 数据核字（2008）第 214107 号

中国电力出版社出版、发行

（北京市东城区北京站西街 19 号　100005　http://www.cepp.com.cn）

三河市百盛印装有限公司印刷

各地新华书店经售

*

2009 年 3 月第一版　　2018 年 1 月北京第四次印刷

787 毫米×1092 毫米　16 开本　19.25 印张　496 千字

印数 5001—6000 册　　定价 **35.00** 元

前　言

为解决全国各高校及高职高专汽车类专业实验指导书短缺、不规范等问题，为更好的满足这些院校教育改革与发展的需要，为教学和培训提供更加实用、丰富的实验指导书，按照高校及高职高专汽车类专业教材的教学要求，特编写《21 世纪应用型人才汽车类专业规划教材——实验教程系列》教材。

本实验教材根据高等院校及高职高专院校培养 21 世纪应用型人才的指导思想编写，取材来源于各编写院校先进的教学方法和实践教学经验的总结，以最大限度的满足教学要求和充分激发学生的兴趣为出发点设置实验内容，使本教材更适合各院校的实践教学。

本实验教材在编写上，具有如下特点：

（1）紧密结合高等院校及高职高专汽车类专业的教材，以专项能力的培养为单元，即实验项目可根据具体教学及教材要求，独立开设或综合起来进行，形式灵活，适用面广。

（2）注重对学生技能操作能力和操作规范化的培养，突出实践教学的特点。

（3）紧密联系我国现代汽车业的发展现状，反映新知识、新工艺、新方法、新技术。

（4）编写人员来自本科与高职高专院校从事一线实践教学工作的老师，综合了这几类院校实验课的优势，避免了不足，使本教材具有更好的可操作性和广泛的适用性。

本系列书包括：《汽车电器与电控系统实验教程》、《汽车理论与运用实验教程》、《汽车构造与拆装实验教程》、《汽车服务工程实训指导》、《汽车故障诊断与维修实验教程》、《车用单片机系统实验教程》、《汽车检测技术实验教程》、《发动机原理实验教程》、《汽车设计课程设计指导书》。

《汽车设计课程设计指导书》是本系列书之一。

长期以来，我国车辆工程专业的本科生一直缺乏一本系统的专业课程设计指导教材，课程设计教学与课堂理论教学步调不一致。为满足我国车辆工程专业和汽车专业等本科生课程设计的需要，编者在车辆工程专业教学改革和精品课程建设的基础上，总结多年各学校的车辆工程专业教学经验，配合《汽车设计》课程理论教学，组织编写此指导书。

本书首先介绍了汽车的总体设计，包括结构布置和发动机的选择，然后按照动力传动的基本路线分别介绍了离合器设计、机械式变速器设计、万向传动轴设计、整体式单级主减速驱动桥设计、悬架设计、转向系设计和制动系设计，在每个总成的设计介绍中首先提出设计题目及要求，然后，按照设计的步骤进行理论计算和参数选择，最后，较详细地介绍了零件的三维造型及二维装配图的绘制方法和过程。在有些章节中也将题目设计过程融合在计算过程中，并给出了实用的计算机程序，便于学生设计参考。

本书在教材整体结构和内容的组织方面，既介绍了汽车主要总成的设计方法和相关的理论基础，也在实验教材的开始介绍了开展课程设计的基本要求和基本步骤，同时在教材最后给出了一个设计范例，便于同学参考；通过本教材既可以学习有关专业设计知识，又可了解汽车设计的相关标准和法规。

本书是针对车辆工程、汽车服务工程、交通运输、机械工程等专业的本科生编写的汽车类课程设计的教学指导教材，也可供希望系统学习汽车知识的行业技术、管理人员及其他相关专业的大专院校师生和汽车爱好者参考。

本教材由王丰元教授和马明星博士任主编，邹旭东任副主编。编写主要分工为：河南科技大学李水良编写第三章，河南科技大学曹青梅编写第九章，扬州大学马明星编写第五章、第七章和第八章，青岛理工大学邹旭东编写第一章、第四章和第十章，青岛理工大学王丰元编写第二章和第六章。中国一汽解放青岛汽车厂王学红高级工程师等参加了本书部分内容的编校。

本书的编写得到了青岛理工大学汽车与交通学院、教务处等有关部门和老师的支持，在本书编写过程中参阅了大量国内外文献，在此对给予支持和帮助的领导、教师、朋友和作者一并表示感谢。

因时间仓促，本书难免会有一些不足之处，敬请读者批评指正。

编者

2009 年 1 月

Contents

目　录

第一章 概 述

第一节 课程设计的目的和要求

一、课程设计的目的

经过若干学期的车辆工程专业的理论学习,车辆工程专业的本科生亟待进行一次综合性较强的实践环节来检验学习效果,深入掌握所学内容,为日后做好毕业设计,走上工作岗位和生产应用进行一次综合训练和准备。具体如下。

(1)培养学生专业思想。使学生了解以前所学理论知识和参加过的金工实习、工艺实习以及专业生产实习等环节,都是为今后的专业设计、生产做准备,每一个环节都是为了培养一名合格的车辆工程专业人才而设置,车辆工程专业需要有扎实的专业基础知识和实践能力。

(2)提高结构设计能力。通过课程设计,使学生学习和掌握汽车底盘总成及零部件设计的程序和方法,树立正确的工程设计思想,培养独立的、全面的、科学的工程设计能力。

(3)在课程设计实践中学会查找、翻阅和使用标准、规范、手册、图册和相关技术资料等。熟悉和掌握汽车设计的基本技能。

二、课程设计的要求

进行此课程设计之前,学生应该修完《汽车构造》、《汽车理论》、《汽车制造工艺学》、《汽车电子控制技术》、《汽车设计》以及与机械专业相关的基础课程,参与部分实践环节。由于现在的车辆工程专业毕业设计内容灵活多样,不一定体现出对前述课程内容的考察和融合,因此,车辆工程专业课程设计体现出典型的专业性和系统性,同时也可以对以后设计相近机构起到参考作用。课程设计要求结合学生的认知能力和素质基础,从课程设计的实用角度出发,按课程设计的总体思路和顺序讲解,循序渐进、由浅入深,以典型总成设计为例,详细讲解课程设计中的各个设计环节。

第二节 课程设计的内容

一、设计题目设置

在此给出车型设计的总体要求,后面各章节对各总成给出详细设计数据。每班同学划分成若干小组,每组 7 人左右,原则上同一设计小组尽量按照一种车型的匹配要求进行各总成的设计。

分别为给定基本设计参数的汽车进行总体设计,计算并匹配合适功率的发动机,初步确定汽车的总质量,轴荷分配和轴数,选择并匹配各总成部件的结构型式,计算确定各总成部件的主要参数,绘出指定的总成的装配图和部分零件图。其余参数如表 1-1 所示。

表 1-1   设 计 参 数

额定装载质量 （kg）	最大总质量 （kg）	最大车速 （km/h）	比功率 （kW/t）	比转矩 （N·m/t）
500	1120	80	16	30
	1020	100	22	37
	950	135	28	44
750	1680	80	16	30
	1540	100	22	37
	1430	135	28	44
1000	2250	80	16	34
	2100	100	21	39
	2000	135	26	44
1500	3370	80	16	30
	3160	100	22	37
	3000	135	28	44
2000	4500	80	16	30
	4220	100	22	37
	4000	135	28	44
3000	6750	75	10	33
	6330	100	15	40
	6000	120	20	47
4000	7330	75	10	33
	7140	100	15	40
	6960	120	20	47
5000	9160	75	10	33
	8930	100	15	40
	8700	120	20	47
6000	11 000	75	10	33
	10 720	100	15	40
	10 440	120	20	47

二、学生应完成的工作量

（1）总成总装配图 1 张（0 号或 1 号图）。

（2）二维零件图 1 张（3 号图）或三维零件建模一个（可以是电子版）。

（3）设计计算说明书 1 份。

三、课程设计的步骤

（1）明确设计任务或要求。

认真阅读设计任务书，查阅参考资料，补充相关知识，了解总体设计要求和车型工作条件。通过查阅有关资料和图纸，参观模型或实物，观看电视教学片、挂图，有条件的还可以到实验室进行拆装、测绘实验。

（2）总体方案设计或选型设计。

首先根据设计要求，同时比较其他设计方案，最终选择确定总成的总体结构和布置方案，确定主要参数或总体尺寸。

（3）主要零部件的设计与计算。

设计主要零部件的参数和主要尺寸，包括必要的设计计算或校核计算。

（4）相关重要零部件结构的设计。

（5）总成装配图。

首先进行装配草图设计；选择标准件，对某些零件（例如轴承）进行寿命校核；进行箱体或外壳以及附件的设计；最后完成装配图的其他要求（标准尺寸、说明技术特性、提出技术要求，对零件进行编号，填写零件明细表和标题栏等）。完成装配草图的基础上，最终完成正式的装配图。

（6）二维或三维零件图绘制。

1）利用手绘或计算机绘制二维零件图，按照生产要求标注尺寸、公差、重要参数以及技术要求。

2）严格按照所设计的结构和尺寸，利用三维绘图软件绘制三维零件模型。

（7）编写和整理说明书。

学生在完成上述工作之后，应将前述工作依先后顺序编写设计说明书一份。

说明书是课程设计的总结性文件。通过编写说明书，进一步培养学生分析、总结和表达的能力，巩固、深化在设计过程中所获得的知识，是本次设计工作的一个重要组成部分。

说明书应概括地介绍设计全貌，对设计中的各部分内容应作重点说明、分析论证及提供必要的计算过程。要求系统性好，条理清楚，图文并茂，并充分表达自己的见解，力求避免抄书。文内公式、图表、数据等出处，应注明参考文献的序号。

学生从一开始设计就应该逐项记录设计内容、计算结果、分析意见和资料来源，以及教师的合理意见、自己的见解与结论等。每一设计阶段后，随即可整理、编写有关部分的说明书，待全部设计结束后，稍加整理就可成为说明书。

说明书内容应该包括以下内容。

1）目录。

2）设计任务书。

3）序言。

4）总体方案设计或选型设计。

5）主要零部件的设计与计算。

6）设计心得与体会。

7）参考文献列表。

（8）设计总结和答辩。

CHAPTER 1

第三节　课程设计中应注意的问题

专业课程设计是对前面所学专业知识的一次综合运用训练，提倡学生在老师的指导下独立完成，在设计时应注意以下问题。

1. 全新设计与继承的关系

汽车总成设计是一项复杂、细致的创造性劳动。在设计中，既不能盲目抄袭，又不能闭门造车。在科技飞速发展的今天，设计过程中必须借鉴前人成功的经验，改进其缺点。从具体的设计任务出发，充分运用已有的知识和资料，进行科学、先进的设计。

2. 正确使用有关标准和规范

为提高所设计对象的质量同时降低成本，必须采用多种标准和规范。设计中采用标准的程度也往往是评价设计质量的一项重要指标，它能提高设计质量，因为标准是经过专业部门研究制定的，并且经过了大量的生产实践的考验，是比较切实可行的。采用标准还可以保证零件的互换性，减少了设计工作量，缩短了设计周期，降低生产成本。因此在设计中应尽量采用标准件、外购件，尽量减少自制件。

3. 正确处理强度、刚度、结构和工艺间的关系

在设计中任何零件的尺寸不可能全部由理论计算来确定，而每个零件的尺寸都应该由强度、刚度、结构、加工工艺、装配是否方便、成本高低等各方面的要求来综合确定的。强度和刚度问题是零件设计中首先必须满足的基本要求，在此基础上，还必须考虑零件结构的合理性、工艺上的可能性和经济上的可行性。可见零件的强度、刚度、结构和工艺上的关系是相互依存、互为制约的关系，而不是相互独立的关系。

4. 计算与画图的关系

进行装配图设计时，并不仅仅是单纯的画图，常常是画图与设计计算交叉进行的。有些零件可以先由计算确定零件的基本尺寸，然后再经过草图设计，确定其具体结构尺寸；而有些零件则需要先画图，取得计算所需的条件之后，再进行必要的计算。如在计算中发现有问题，则需要修改相应的结构。因此，结构设计的过程是边计算、边画图、边修改、边完善的过程。

5. 同组同学设计题目之间的关系

同组同学的题目不同，一般情况是每名同学负责一个总成的设计。在设计过程中，必须在总体设计确定的情况下才能进行其他总成的设计，因此每名同学都应该参与总体设计，必须保证每一个总成的设计都符合总体设计确定的主要参数和结构形式要求。其次，总成和总成之间往往有匹配关系，设计时必须注意沟通与协调，以便共同完成一辆汽车的底盘设计。

第二章 汽车总体设计

第一节 汽车造型基础

汽车造型设计的目的是以其美来吸引和打动观众,根据汽车整体设计的多方面要求来塑造最理想的车身形状,对汽车外部和车厢内部进行造型设计。汽车造型设计主要涉及科学和艺术两大方面。设计师在具备车身结构、制造工艺要求、空气动力学、人机工程学、工程材料学、机械制图学、声学和光学知识的同时还需要有高雅的艺术品味和丰富的艺术知识,如造型的视觉规律原理、绘画、雕塑、图案学、色彩学等等。设计师在精通这些知识的基础上,不断推陈出新,兼顾成本控制和满足顾客的心理需求,创作出更富魅力的汽车造型。汽车造型应考虑下列因素。

（1）合理的形状,简单的结构,美观的整体外形。

（2）制造工艺简单,易装配,满足大批量生产。

（3）汽车外形具有良好的空气动力性能。

（4）汽车表面零件应具有足够的刚度和连接强度。

（5）汽车外形应保证良好的视野。

通常现代汽车造型设计可以分以下几个步骤。

1. 市场调查

汽车与其他批量生产的工业产品一样是商品,作为商品就要追求经济效益,就要与其他同类厂商的产品竞争,所以在开发前期的市场调查尤为重要。通过市场调查要了解国内外竞争企业同级别产品的造型特点、设计趋势、工艺水平及新材料新技术的应用情况。其他产品对汽车设计的影响也不容忽视,如照相机、MP3 播放器、计算机、服装及提包的流行款式和颜色。不要以为这些产品与汽车设计无关,通过调查一些日常消费品可折射出特定消费人群的消费趋势及消费特点,从而有针对性的对目标消费人群展开汽车造型设计。在市场调查期间设计者要调动一切敏感的神经来寻找蛛丝马迹来感受市场的微弱变化。此阶段的工作之所以重要,就是为产品设计的可行性找依据,充分考虑各个方面的因素,避免在设计过程中的反复及投产以后所造成的定位失误。

2. 创意阶段

经过大量的市场调查和分析后,接下来是创意阶段,是设计师天马行空发挥想象力,思维发散的阶段。第 1 阶段主要任务是设计者将自己的构思和灵感用手绘的形式快速表现出来,是一个记录的过程,所形成的结果被称作构思草图,这些草图只是对汽车整体造型的感觉和方向的概括,无需向他人展示传达,如图 2-1 所示。因为构思草图不必描绘过多的细节,所以要求的数量很大,一般情况下 1 个设计者 1 天之内要画 60 张左右。草图画的越多设计师的思路越开阔,对设计任务理解的程度越深刻。当构思草图达到一定数量时,需要对一些可行性概念进行整理和深化发展,进入创意的第 2 个阶段即概念效果图阶段。此阶段的方案用于内部交流,必须画出较为清晰和完整的概念效果图,它要求描绘出汽车的整体形态、尺度比例、材质及色彩。概念效果图是构思草图的完善与深入,但不是最终效果图,须求质又求量,并要求具有一定的绘制速度，一些细节可以忽略。概念效果图适用于深入分析、评价推敲方案及与他人沟通交流时使用，同时也作为绘制精细效果图的前期准备。渲染效果图是对确定了的方案在形态、色彩及材质肌理上进行正确和精密的描述，使任何人看了都能一目了然。效果逼真的渲染效果图可吸引更多评审者的眼球，也可使决策者下决心肯定设计方案。

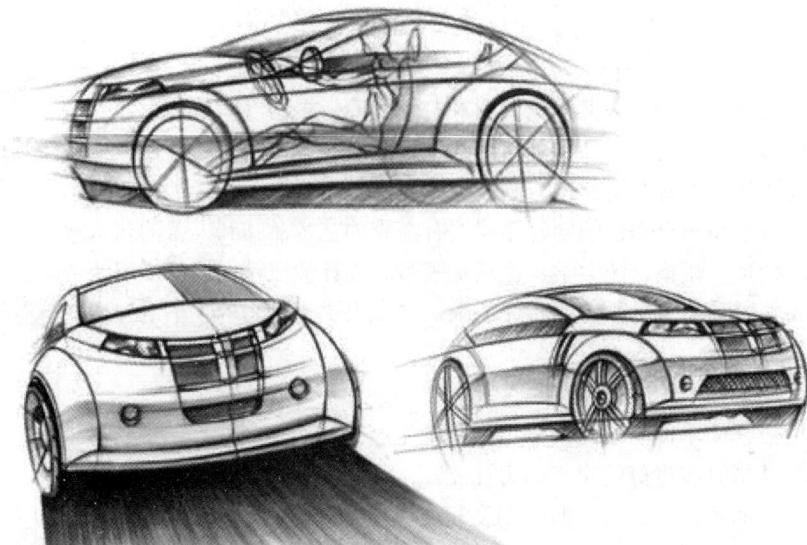

图 2-1　设计草图

3. 比例模型制作

　　渲染效果图通过评审后，就要选择优秀的设计方案进行比例模型制作。比例模型是设计师将二维图形转化成三维实体造型的过程，是再设计的过程，在比例模型上设计师可以反复的推敲汽车造型的型面和一些细节，更真实地表达自己的设计意图。按尺寸分，缩小比例模型有 3 种：1:5、1:4、1:2，对于乘用车 1:5 和 1:4 是比较合适的尺寸比例，一般乘用车长度为 4m 左右，比例模型的尺寸为 800～1000mm，制作工作量不大，便于修改，曲线和曲面不用花费很大的力气就能达到光滑顺畅的效果。而 1:2 的尺寸比例就相对大一些，线面的表现更直观，但尺寸较大，手工制作起来费时费力，是非主流的比例。按材料分，可分为油泥模型、石膏模型和仿真模型 3 种。油泥是油脂、填料、改性添加剂和颜料等的混合物，便于反复修改，不易风化干燥和变形龟裂，因而模型尺寸较稳定，是目前汽车造型应用最广泛的材料。石膏较便宜，但强度低且不易于反复修改。仿真模型具有逼真的材质和效果，不能用于推敲造型，常作为车型档案保存之用。为了评审的需要，模型完成后要进行仿真处理，表面进行喷涂油漆或敷上具有真车表面效果的薄膜，车窗、散热器罩及前后灯等真车上具有的细节部分一样都不能少，可谓麻雀虽小，五脏俱全。

　　胶带图是将效果图转化成模型的桥梁纽带，比例模型也是依据比例胶带图展开加工制作的。它是设计师根据汽车总布置图，在带有坐标网格线的薄膜上利用专用的不干胶带贴出设计方案的造型线图，它由多个视图组成（侧视图、俯视图、前视图、后视图）。各个视图的线条都能够一一对应且误差要求很小，这个环节要求设计师要具备良好的三维空间想象能力及扎实的机械制图功底。胶带图的另一个重要作用是，它可以作为造型可行性分析的依据，1:1 胶带图能够真实的反映出实车的尺寸比例和造型特点。因此在贴制的过程中需要与相关的工程技术人员进行配合，来检验胶带图所表达的线面是否与内部结构干涉，如果发现问题，设计师要和工程技术人员进行协商，确定是修改内部结构还是修改胶带图。

4. 1:1 仿真模型制作

胶带图完成后，在设计师的指导下，油泥模型师或数字建模工程师就要开展 1:1 油泥模型或数字模型的制作。下面将分别对这 2 种不同的造型工作分别加以说明。

（1）1:1 模型。

比例模型是 1:1 全尺寸模型的试验及准备阶段，是确定 1:1 模型造型方向的前提，不能代替全尺寸模型，因为比例模型的直观性不如全尺寸模型。例如在缩小比例模型，一条看起来比较舒展的腰线，等比缩放成实际尺寸后，会显得弧度过大或拘谨。但比例模型这个环节是不能省略的，如果把效果图直接制作成全比例模型，中间就缺少了推敲的过程，在 1:1 模型上反复推敲方案将费时费力。因为全尺寸模型的制作工作量很大，首先要根据总布置图的要求精确的制作模型骨架，留足所需的油泥加工量及修改量。将近 1.5t 的油泥需要用手工将其碾压在模型骨架上，然后由经验丰富的油泥模型师以手工的形式把模型雕塑得光顺，整个过程的尺寸控制是非常严格的，要精确到毫米或零点几毫米。1:1 模型不适合整体造型的反复大幅度修改，整体造型的大改动只能在比例模型上进行，如图 2-2 所示。

图 2-2　1:1 油泥模型

（2）数字模型。

随着目前计算机三维软件的发展，将设计师和模型师从繁重的模型制作中解脱出来，设计师把依据汽车总布置画好的三视图交与计算机三维造型人员并指导其建模，熟练的计算机三维造型人员只需要 15 天就可以构建一个完整的汽车外表面数模。这个初步的三维数字化模型，可以在计算机屏幕上按任意角度旋转，造型师可以随时对它进行修改雕琢，直到满意为止。有了三维数字化模型利用投影技术可将图形方便的投射到大屏幕上，从而得到 1:1 的接近真车的照片级效果图。

CHAPTER 2

第二节　虚拟开发技术简介

虚拟开发技术使计算机辅助技术成为人机一体化的融入型智能开发系统，它通过动态仿真和模拟实际环境的建立使参与者对虚拟样机或生产线进行直感交互、实现优化，对提高产品开发质量和缩短开发周期起着重要的作用。虚拟样机技术以及虚拟现实技术的出现，在汽车行业中引起了一场革命，改进了传统汽车设计以及试验的方法。利用虚拟样机技术设计的数字化汽车同复杂多变的虚拟试验环境结合起来，用真实驾驶员进行仿真驾驶，以视、听、触觉等作用于用户，使之产生身临其境的沉浸、交互感，人—车—环境融为一体，可直接感受汽车的振动、

7

倾斜、噪声等效果，无危险和损坏进行碰撞、翻倾等极限试验，改进了抽象的数值曲线仿真，突破了难以用数学模型来表达的错综复杂的驾驶员感受与反应等问题，在设计的早期及时发现潜在的问题，进行调整修正、实现优化，具有节省资金、可重复、无风险等优点。典型的例子如下，克莱斯勒新型汽车开发周期由 36 个月缩短至 24 个月，福特公司也在 1999 年底宣布开发出了全数字化乘用车。奔驰汽车公司 1998 年之前已经完成了数字化乘用车样机，并实现了较强的虚拟现实技术，可在设计阶段对乘用车的总体性能匹配和车身系统布置设计等进行直观、全面的仿真分析、评价和改进。

虚拟开发技术定义：在乘用车开发的整个过程中，全面采用计算机辅助技术，将乘用车开发的造型、设计、计算、试验直至制模、冲压、焊装、总装等各个环节中的计算机模拟技术连为一体的综合技术。其优点是提高产品质量，缩短产品周期，降低生产成本。

1. 虚拟开发技术在汽车开发中的应用

虚拟开发技术在汽车开发中的应用如图 2-3 所示。

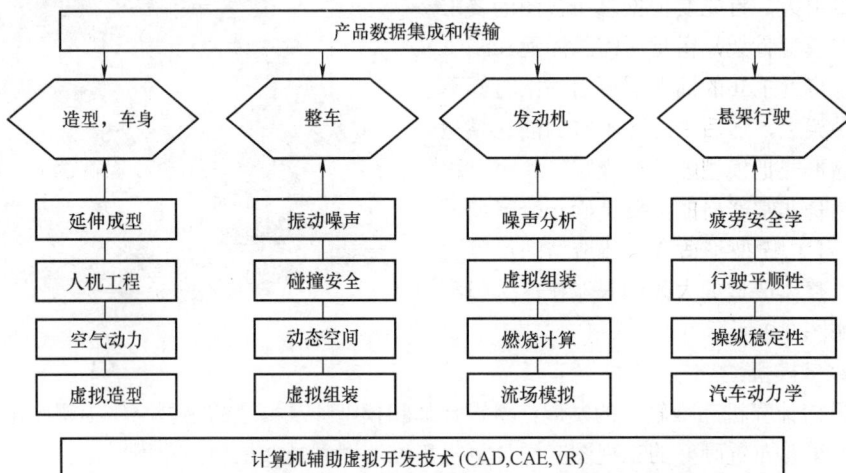

图 2-3　虚拟开发技术在整车和部件开发过程中的应用

图 2-3 显示了现代计算机技术在乘用车开发过程中的应用。计算机辅助技术如 CAD、CAE、CAT 和 VR 技术，已被系统地应用于整个开发过程并成为开发工程师的常用工具。在造型和车身开发中，着重采用了虚拟造型、空气动力学计算、人机工程技术和延伸成型技术。在整车开发过程中，振动、噪声计算软件、碰撞安全模拟、虚拟组装技术和疲劳安全性计算得到重点应用。在发动机开发过程中，燃烧计算、流场模拟、发动机噪声分析和虚拟组装技术得到重点应用。在悬架和行驶机构的开发过程中，在动态空间计算、行驶平顺性、操纵稳定性等汽车动力学设计和计算方面，大量采用计算机辅助和模拟技术。

2. 乘用车造型中的虚拟开发技术

造型前期过程是一个逐步筛选的过程。

传统过程从草图到造型数据模型冻结，需 14～20 个月，8～10 个油泥模型。

油泥模型的三维坐标必须转化为三维数字车型，以供 CAD 设计计算。实体模型向数字模型的转换工作由车型放样室（Strak）负责，转换后的数字曲面必须忠于造型设计师的原设计意图和满足组装和工艺的基本要求，最后按照放样室制成的 CAD 数学曲面制作 1:1 硬体模型，供最终检验和车型决策，其过程如图 2-4 所示。

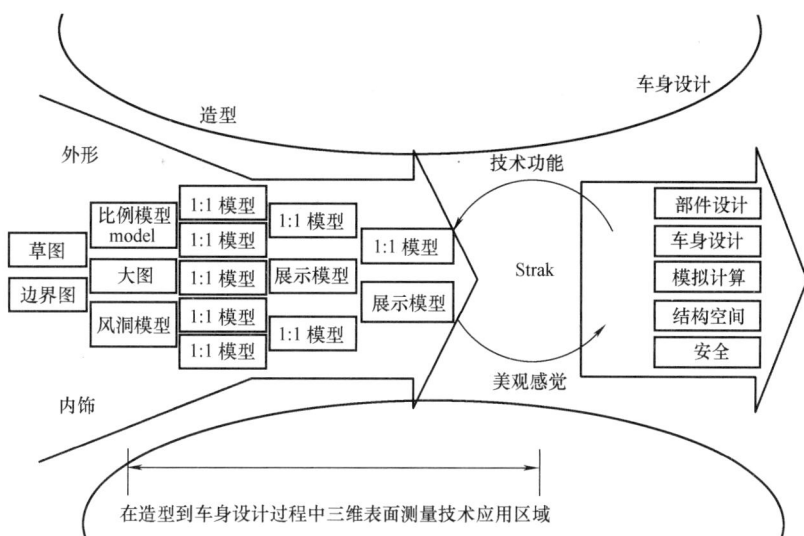

图 2-4 从乘用车造型到车身设计的工业进程

乘用车造型中的虚拟开发技术可以缩短开发时间 50%，减少油泥模型数量 60%，降低造型成本。

具体采用的技术如下。

草图阶段：数字图像处理软件，省略 1:1 黑线图，三维造型软件，取消 1:4 油泥模型，保留 1:1 模型。

模型阶段：数字图像测量技术、虚拟现实造型技术。

组装阶段：虚拟组装技术。

3. 人机工程虚拟技术

人机工程虚拟技术模拟乘员或驾驶员乘坐情况。

在设计阶段对乘员的舒适程度进行客观评价，避免样车完成后改进所引起的时间损失和附加成本，大大节省样车阶段的实车试验时间和减少资金投入，同时提高设计质量。

4. 汽车安全性及碰撞分析

汽车安全性及碰撞分析的基本原理就是在汽车有限的可利用的变形空间内保证乘员的安全性，包括汽车各部件的变形、位移，汽车部件和人体的接触，人体各部位在碰撞过程中的减速度。

碰撞方式主要为：前碰撞（正面全覆盖，斜面，正面部分覆盖）、侧碰撞（正侧面，斜侧面）、后碰撞和整车翻滚。

建立整车结构的有限元模型，详细分析碰撞过程中的车体、车门结构的刚度、变形、位移以及乘员所受的冲击程度。

5. 汽车强度和疲劳寿命分析

在确定车身负荷的前提下，进行分析，如图 2-5 所示。

强度和疲劳寿命分析要遵循一套

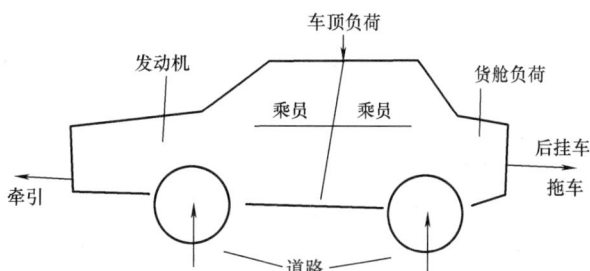

图 2-5 计算轿车车身强度的车身负荷图

Note 完整的计算流程如图 2-6 所示。

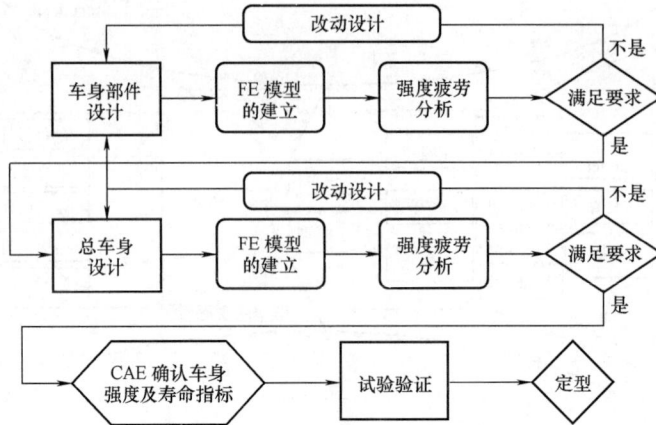

图 2-6　车身强度及疲劳分析流程

车身负荷简化为静态负荷，如图 2-7 所示。

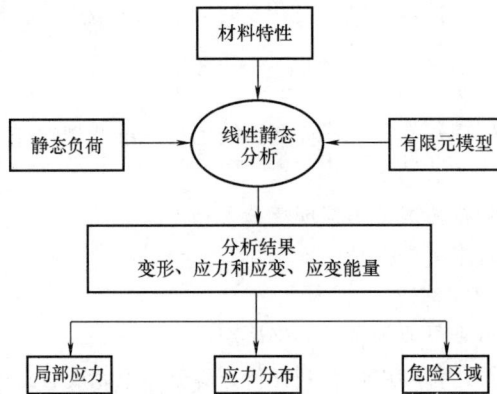

图 2-7　简化的车身强度分析程序

用简化分析法计算车身应变分布，如图 2-8 所示。

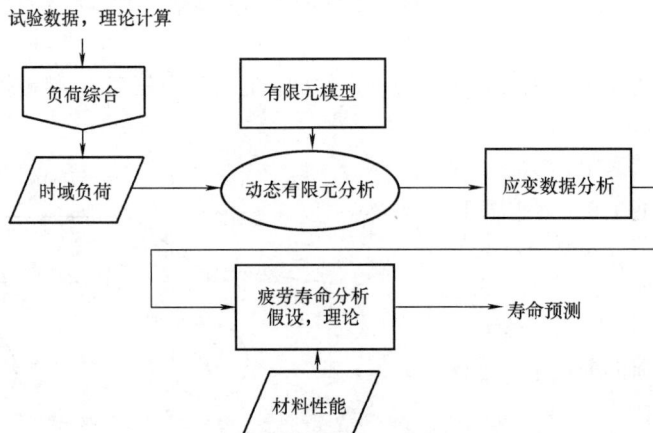

图 2-8　车身疲劳寿命分析流程

Note

6. 汽车动力学分析

借助计算机仿真分析软件，对汽车整体或部件进行动力学分析，包含流场分析。

7. 汽车振动与噪声模拟计算

随着虚拟样机技术以及虚拟现实技术在汽车行业的应用与发展，在汽车的设计方面取得了很大的发展。采用多体系统动力学分析软件获取车辆性能参数，虚拟实现车辆性能的试验系统，可完全实现"室内虚拟试验"，是未来虚拟样机系统的扩展。通过连接一些控制设备，与虚拟场景相结合，可使用户感觉到汽车的振动、侧偏、侧倾等运动，可以把人的主观感受加入到评价车辆性能中来。

CHAPTER 2

第三节　乘用车总体设计

国际 GB/T 3730.1—2001《汽车和挂车类型的术语和定义》将汽车分为乘用车和商用车。乘用车是指在设计和技术特性上主要用于载运乘客及其随身行李或临时物品的汽车，包括驾驶员座位在内最多不超过 9 个座位。它也可以牵引一辆挂车。乘用车又有如下多种，普通乘用车、活顶乘用车、高级乘用车、小型乘用车、敞篷车、仓背乘用车、旅行车、多用途乘用车、短头乘用车、越野乘用车和专用乘用车。其中，专用乘用车又分为救护车、殡仪车、旅居车和防弹车等。

本节目的是使读者了解乘用车总体设计的任务、工作顺序和现代设计方法，掌握汽车主要尺寸、参数，发动机、轮胎的选择和总体布置的方法。

一、驱动形式及主要参数的选择

（一）驱动形式

因为乘用车总质量较小，均采用两轴形式。乘用车驱动形式一般有 4×2、4×4，其中前一位数字表示汽车车轮总数，后一位数字表示驱动轮数。为了提高越野汽车的通过性，应采用全轮驱动形式 4×4。

（二）布置形式

乘用车的布置形式主要有发动机前置前轮驱动、发动机前置后轮驱动、发动机后置后轮驱动三种，见图 2-9，少数乘用车采用发动机前置全轮驱动。

（1）发动机前置前轮驱动。发动机前置前轮驱动时，可以纵置或者横置，也可以布置在轴距外、轴距内或前桥上方。这种布置形式目前在中级及其以下级别乘用车上得到广泛应用，主要是因为有下述优点。

与后轮驱动汽车比较，前轮驱动汽车

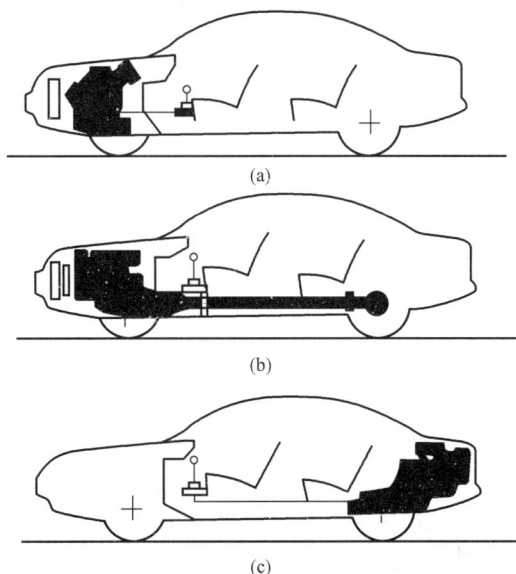

(a)

(b)

(c)

图 2-9　乘用车的布置形式

（a）发动机前置前轮驱动；（b）发动机前置后轮驱动；

（c）发动机后置后轮驱动

的前桥轴荷大，有明显的不足转向性能；因为前轮是驱动轮，所以越过障碍的能力高；主减速器与变速器装在一个壳体内，因而动力总成结构紧凑；因为没有传动轴，车内地板凸包高度可以降低（此时地板凸包仅用来容纳排气管），有利于提高乘坐舒适性；当发动机布置在轴距外时，汽车的轴距可以缩短，因而有利于提高汽车的机动性；汽车散热器布置在汽车前部，散热条件好，发动机得到足够的冷却；行李箱布置在汽车后部，故有足够大的行李箱空间；容易改装为客货两用车或救护车；供暖机构简单，且因管路短所以供暖效率高；因为发动机、离合器、变速器与驾驶员位置近，所以操纵机构简单；发动机可以采用纵置或横置方案，特别是采用横置发动机时，能缩短汽车的总长，加上取消了传动轴等因素的影响，汽车消耗的材料明显减少，使整备质量减轻；发动机横置时，原主减速器的锥齿轮用圆柱齿轮取代，降低了制造难度，同时在装配和使用时也不必进行齿轮调整工作，此时变速器和主减速器可以使用同一种润滑油。

发动机前置前轮驱动乘用车的主要缺点如下。

前轮驱动并转向需要采用等速万向节，其结构和制造工艺均复杂；前桥负荷较后轴重，并且前轮又是转向轮，故前轮工作条件恶劣，轮胎寿命短；上坡行驶时因驱动轮上附着力减少，汽车爬坡能力降低；一旦发生正面碰撞事故，发动机及其附件损失较大，维修费用高。

（2）发动机前置后轮驱动。发动机前置后轮驱动乘用车有如下主要优点：轴荷分配合理，因而有利于提高轮胎的使用寿命；前轮不驱动，因而不需要采用等速万向节，并有利于减少制造成本；操纵机构简单；采暖机构简单，且管路短供暖效率高；发动机冷却条件好；上坡行驶时，因驱动轮上的附着力增大，故爬坡能力强；改装为客货两用车或救护车比较容易；有足够大的行李箱空间；因变速器与主减速器分开，故拆装、维修容易。

发动机前置后轮驱动乘用车的主要缺点是：因为车身地板下有传动轴，地板上有凸起的通道，并使后排座椅中部座垫的厚度减薄，影响了乘坐舒适性；汽车正面与其他物体发生碰撞，易导致发动机进入客厢，会使前排乘员受到严重伤害；汽车的总长较长，整车整备质量增大，同时影响到汽车的燃油经济性和动力性。

发动机前置后轮驱动乘用车因客厢较长，乘坐空间宽敞，行驶平稳，故在中高级和高级乘用车上得到应用。

（3）发动机后置后轮驱动。发动机后置后轮驱动乘用车与上述两种布置形式相比，缺点太多，几乎已不采用。

（三）汽车主要参数的选择

1. 乘用车主要尺寸的确定

乘用车的主要尺寸有外廓尺寸、轴距、轮距等。

（1）外廓尺寸。

乘用车总长 L_a 是轴距 L、前悬 L_F 和后悬 L_R 的和。它与轴距 L 有下述关系

$$L_a = L/C$$

式中：C 为比例系数，其值为 0.52～0.66。发动机前置前轮驱动汽车的 C 值为 0.62～0.66，发动机后置后轮驱动汽车的 C 值约为 0.52～0.56。

乘用车宽度尺寸一方面由乘员必需的室内宽度和车门厚度来决定，另一方面应能保证布置下发动机、车架、悬架、转向系和车轮等。乘用车总宽 b_a 与车辆总长 L_a 之间有下述近似关系：

$$b_a = (L_a/3) + (195 \pm 60)$$

后座乘三人的乘用车，b_a 不应小于 1410mm。

影响乘用车总高 h_a 的因素有轴间底部离地高度 h_m，板及下部零件高 h_P，室内高 h_b 和车顶

造型高度 h_t 等。

轴间底部离地高 h_m 应大于最小离地间隙 h_{min}。由座位高、乘员上身长和头部及头上部空间构成的室内高 h_b 一般在 1120～1380mm 之间。车顶造型高度大约在 20～40mm 范围内变化。

（2）轴距 L。

轴距 L 对整备质量、汽车总长、最小转弯直径、传动轴长度、纵向通过半径、轴荷分配有影响。原则上对发动机排量大的乘用车、载客量多的客车，轴距取得长。对机动性要求高的汽车轴距宜取短些。

乘用车的轴距可参考如表 2-1 所示提供的数据选定。

表 2-1 　　　　　　　　　　　　**乘用车的轴距和轮距** 　　　　　　　　　　（mm）

发动机排量 V（L）	轴距 L	轮距 b
$V < 1.0$	2000～2200	1100～1380
$1.0 < V \leqslant 1.6$	2100～2540	1150～1500
$1.6 < V \leqslant 2.5$	2500～2860	1300～1500
$2.5 < V \leqslant 4.0$	2850～3400	1400～1580
$V > 4.0$	2900～3900	1560～1620

（3）前轮距 b_1 和后轮距 b_2。

受汽车总宽不得超过 2.5m 的限制，轮距不宜过大。但在取定的前轮距 b_1 范围内，应能布置下发动机、车架、前悬架和前轮，并保证前轮有足够的转向空间，同时转向杆系与车架、车轮之间有足够的运动间隙。在确定后轮距 b_2 时应考虑两纵梁之间的宽度、悬架宽度和轮胎宽度及它们之间应留有必要的间隙。

乘用车的轮距可参考表 2-1 提供的数据确定。

（4）前悬 L_F 和后悬 L_R。

前悬对汽车通过性、碰撞安全性、驾驶员视野、上车和下车的方便性以及汽车造型等均有影响。初选的前悬尺寸，应当在保证能布置下上述各总成、部件的同时尽可能短些。

后悬尺寸对汽车通过性、汽车追尾时的安全性、行李箱长度、汽车造型等有影响。

2. 汽车质量参数的确定

（1）整车整备质量 m_0。

整车整备质量在设计阶段需估算确定。在日常工作中，收集大量同类型汽车各总成、部件和整车的有关质量数据，结合新车设计的结构特点、工艺水平等初步估算出各总成、部件的质量，再累计构成整车整备质量。减少整车整备质量，是从事汽车设计工作中必须遵守的一项重要原则。

乘用车的整备质量可按每人所占整车整备质量的统计平均值估计（见表 2-2）。

表 2-2 　　　　　　　　　　　　**乘用车人均整备质量**

乘用车发动机排量 V（L）	人均整备质量值（t/人）
$V \leqslant 1.0$	0.15～0.16
$1.0 < V \leqslant 1.6$	0.17～0.24
$1.6 < V \leqslant 2.5$	0.21～0.29
$2.5 < V \leqslant 4.0$	0.29～0.34
$V > 4.0$	0.29～0.34

（2）乘用车的载客量和装载质量（简称装载量）。

1）汽车的载客量，微型和普通级乘用车为 2～4 座；中级以上乘用车为 4～7 座。

2）越野型乘用车的装载量是指越野行驶时或在土路上行驶时的额定装载量。

（3）质量系数 η_{m_0}。

质量系数 η_{m_0} 是指汽车装载质量与整车整备质量的比值，即 $\eta_{m_0} = m_e / m_0$。η_{m_0} 值越大，说明该汽车的结构和制造工艺越先进。在参考同类型汽车选定 η_{m_0} 以后，可根据任务书中给定的 m_e 值计算出整车整备质量。

（4）轴荷分配。

轴荷分配对轮胎寿命和汽车的使用性能有影响。从轮胎磨损均匀和寿命相近考虑，各个车轮的载荷应相差不大；为了保证汽车有良好的动力性和通过性，驱动桥应有足够大的载荷，而从动轴载荷可以适当减少；为了保证汽车有良好的操纵稳定性，转向轴的载荷不应过小。汽车的发动机位置与驱动形式不同，对轴荷分配有显著影响。各类汽车的轴荷分配见表 2-3。

表 2-3 乘用车的轴荷分配

乘用车车型	满 载		空 载	
	前 轴	后 轴	前 轴	后 轴
发动机前置前轮驱动	47%～60%	40%～53%	56%～66%	34%～44%
发动机前置后轮驱动	45%～50%	50%～55%	51%～56%	44%～49%
发动机后置后轮驱动	40%～46%	54%～60%	38%～50%	50%～62%

3. 汽车性能参数的确定

（1）动力性参数。

1）随着道路条件的改善，汽车的最高车速 $v_{a\,max}$ 有逐渐提高的趋势。有关客车的车速见交通部行业标准 JT/T 325—2006《营运客车类型划分及等级评定》。乘用车的最高车速范围见表 2-4。

表 2-4 乘用车动力性参数范围

发动机排量 V（L）	最高车速 $v_{a\,max}$（km/h）	比功率 P/m_a（kW/t）	比转矩 T/m_a（N·m/t）
$V \leqslant 1.0$	110～150	30～60	50～110
$1.0 < V \leqslant 1.6$	120～170	35～65	80～110
$1.6 < V \leqslant 2.5$	130～190	40～70	90～130
$2.5 < V \leqslant 4.0$	140～230	50～80	120～140
$V > 4.0$	160～280	60～110	100～180

2）对于最高车速 $v_{a\,max} > 100$km/h 的汽车，常用加速到 100km/h 所需的加速时间 t 来评价，如中、高级乘用车此值一般为 8～17s，普通级乘用车为 12～25s。对于 $v_{a\,max}$ 低于 100km/h 的汽车，可用 0～60km/h 的加速时间来评价。

3）用汽车满载时在良好路面上的最大坡度阻力系数 i_{max} 来表示汽车上坡能力。

4）为保证路上行驶车辆的动力性不低于一定的水平，防止某些性能差的车辆阻碍交通，应对车辆的最小比功率作出规定。比转矩是汽车所装发动机的最大转矩与汽车总质量之比。它

Note

能反映汽车的牵引能力。我国 GB 7258—2004《机动车运行安全技术条件》对以上参数有所规定。不同车型的比功率和比转矩范围见表 2-4。

（2）燃油经济性参数。

汽车的燃油经济性用汽车在水平的水泥或沥青路面上，以经济车速或多工况满载行驶百公里的燃油消耗量（L /100km）来评价。该值越小燃油经济性越好。乘用车的百公里燃油消耗量见表 2-5。

表 2-5　　　　　　　　　　　　　乘用车的百公里燃油消耗量

发动机排量 V（L）	$V \leqslant 1.0$	$1.0 \leqslant V \leqslant 1.6$	$1.6 < V \leqslant 2.5$	$2.5 < V \leqslant 4.0$	$V > 4.0$
百公里燃油消耗 L /100km	4.4～7.5	7.0～12.0	10.0～16.0	14.0～20.0	18.0～23.5

（3）最小转弯直径 D_{min}。

转向轮最大转角、汽车轴距、轮距等对汽车最小转弯直径均有影响。对机动性能要求高的汽车，D_{min} 应取小些。GB 7258—2004 中规定机动车的最小转弯直径不得大于 24m。当转弯直径为 24m 时，前转向轴和末轴的内轮差（以两内轮轨迹中心计）不得大于 3.5m。

乘用车的最小转弯直径 D_{min} 见表 2-6。

表 2-6　　　　　　　　　　　　　乘用车的最小转弯直径 D_{min}

车型	发动机排量 V（L）	D_{min}（m）
乘用车	$V \leqslant 1.0$	7.0～9.5
	$1.0 < V \leqslant 1.6$	8.5～11.0
	$1.6 < V \leqslant 2.5$	9.0～12.0
	$2.5 < V \leqslant 4.0$	10.0～14.0
	$V > 4.0$	11.0～15.0

（4）通过性的几何参数。

总体设计要确定的通过性几何参数有最小离地间隙 h_{min}，接近角 γ_1，离去角 γ_2，纵向通过半径 ρ_1 等。乘用车的通过性参数范围见表 2-7。

表 2-7　　　　　　　　　　　　　乘用车通过性的几何参数

车　型	h_{min}（mm）	γ_1（°）	γ_2（°）	ρ_1（m）
4×2 乘用车	150～220	20～30	15～22	3.0～8.3
4×4 乘用车	210	45～50	35～40	1.7～3.6

（5）操纵稳定性参数。

1）为了保证有良好的操纵稳定性，汽车应具有一定程度的不足转向。通常用汽车以 $0.4g$ 的向心加速度沿定圆转向时，前、后轮侧偏角之差（$\delta_1 - \delta_2$）作为评价转向特性参数。此参数在 1°～3° 为宜。

2）汽车以 $0.4g$ 的向心加速度沿定圆等速行驶时，车身侧倾角控制在 3° 以内较好，最大不允许超过 7°。

3）为了不影响乘坐舒适性，要求汽车以 $0.4g$ 减速度制动时，车身的前俯角不大于 1.5°。

（6）制动性参数。

目前常用制动距离 s_t 和平均制动减速度 j 来评价制动效能。GB 7258—2004 中规定的路试检验行车制动和应急制动性能要求，如表 2-8 所示。

表 2-8　　　　　　　　　　　路试检验行车制动和应急制动性能要求

乘坐数量	行车制动					应急制动			
	制动初车速（km/h）	制动距离（m）	充分发出的平均制动减速度 FMDD（m/s²）	试车道宽度（m）	踏板力（N）	制动初车速（km/h）	制动距离（m）	充分发出的平均制动减速度 FMDD（m/s²）	操纵力（N）（≤）
满载	50	≤20	≥5.9	2.5	≤500	50	≤38	≥2.9	手 400 脚 500
空载		≤19	≥6.2		≤400				

（7）舒适性。

舒适性应包括平顺性、空气调节性能（温度、湿度等）、车内噪声、乘坐环境（活动空间、车门及通道宽度、内部设施等）及驾驶员的操作性能。

汽车行驶平顺性常用垂直振动参数评价，包括频率和振动加速度等，此外悬架动挠度也用来作为评价参数之一。普通级乘用车满载前悬架静挠度 120～240，后悬架静挠度 100～180，前悬架动挠度 80～110，后悬架动挠度 100～140，前悬架偏频范围 1.02～1.44Hz，后悬架偏频范围 1.18～1.58Hz；高级乘用车前悬架静挠度 200～300，后悬架静挠度 150～260；前悬架动挠度 80～110，后悬架动挠度 100～140，前悬架 0.91～1.12Hz，后悬架偏频范围 0.98～1.29Hz。

二、发动机的选择

1. 发动机形式的选择

当前汽车上使用的发动机仍然是以往复式内燃机为主。它分为汽油机、柴油机两类。

与汽油机比较，柴油机具有较好的燃油经济性，使用成本低，在相同的续驶里程内，可以设置容积小些的油箱。柴油机压缩比可以达到 15～23，而汽油机一般控制在 8～10；柴油机热效率高达 38%，而汽油机为 30%。

柴油机主要用于商用车、大型客车上。随着发动机技术的进步，轻型车和乘用车用柴油机有日益增多的趋势。

根据发动机气缸排列形式不同，发动机有直列、水平对置和 V 型三种。气缸直列式排列具有结构简单、宽度窄、布置方便等优点，适用于 6 缸以下的发动机。此外，直列式还有高度尺寸大的缺点。

V 型发动机因具有长度尺寸短因而使曲轴刚度得到提高，还有高度尺寸小，发动机系列多等优点。其主要缺点是用于平头车时，因发动机宽而布置上较为困难，造价高。V 型发动机主要用于乘用车。

水平对置式发动机的主要优点是平衡好，高度低。

根据发动机冷却方式不同，发动机分为水冷与风冷两种。大部分汽车用水冷发动机。

当选用尺寸和质量小的发动机时，不仅有利于汽车小型化、轻量化，同时在保证客厢内部有足够空间的条件下，还能节约燃料。

由于天然气资源充足，在今后一个阶段内天然气汽车将得到应用。无排气公害、无噪声的电动汽车，是理想的低污染车，在解决高能蓄电池和降低成本后会在汽车上得到推广使用。

2. 发动机主要性能指标的选择

（1）发动机最大功率 P_{emax} 和相应转速 n_P。

根据所需要的最高车速 v_{amax}，用下式估算发动机最大功率

$$P_{emax} = \frac{1}{\eta_T}\left(\frac{m_a g f_r}{3600}v_{amax} + \frac{C_D A}{76\,140}v_{amax}^3\right) \tag{2-1}$$

式中：P_{emax} 为发动机最大功率，kW；η_T 为传动系效率，对驱动桥用单级主减速器的 4×2 汽车可取为 90%；m_a 为汽车总质量，kg；g 为重力加速度，m/s²；f_r 为滚动阻力系数，对乘用车 $f_r = 0.016\,5\times[1+0.01(v_a - 50)]$，$v_a$ 用最高车速代入；C_D 为空气阻力系数，乘用车取 0.30～0.35；A 为汽车正面投影面积，m²；v_{amax} 为最高车速，km/h。

参考同级汽车的比功率统计值，然后选定新设计汽车的比功率值，并乘以汽车总质量，也可以求得所需的最大功率值。

最大功率转速 n_P 的范围如下，汽油机的 n_P 为 3000～7000r/min；因乘用车最高车速高，n_P 值多为 4000r/min 以上；柴油机的 n_P 值为 1800～4000r/min；乘用车用高速柴油机，n_P 值常取为 3200～4000r/min。

（2）发动机最大转矩 T_{emax} 及相应转速 n_T。

用下式计算确定 T_{emax}

$$T_{emax} = 9549\frac{\alpha P_{emax}}{n_P} \tag{2-2}$$

式中：T_{emax} 为最大转矩，N·m；α 为转矩适应性系数，一般在 1.1～1.3 之间选取；P_{emax} 为发动机最大功率，kW；n_P 为最大功率转速，r/min。

要求 n_P/n_T 在 1.4～2.0 之间选取。

3. 发动机的悬置

发动机是通过悬置元件安装在车架上。悬置元件既是弹性元件又是减振装置，其特性直接关系到发动机振动向车体的传递，并影响整车的振动与噪声。

发动机悬置应满足下述要求。要求悬置元件刚度大些为好；要求悬置元件有良好的隔振性能；要求悬置元件有减振降噪功能，并要求悬置元件工作在低频大振幅时（如发动机怠速状态）提供大的阻尼特性，而在高频低幅振动激励下提供低的动刚度特性；悬置元件还应当满足耐机械疲劳、橡胶材料的热稳定性及抗腐蚀能力等方面的要求。

传统的橡胶悬置由金属板件和橡胶组成，见图 2-10。其特点是结构简单，制造成本低，但动刚度和阻尼损失角 θ（阻尼损失角越大表明悬置元件提供的阻尼越大）的特性曲线基本上不随激励频率变化，如图 2-11 所示。

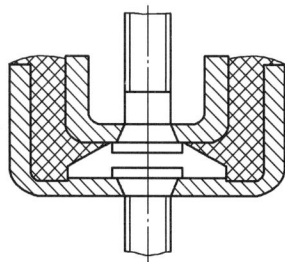

图 2-10　橡胶悬置

液压阻尼式橡胶悬置（以下简称液压悬置）的动刚度及阻尼损失角有很强的变频特性，见图 2-11。从图 2-11（a）看到。液压悬置的动刚度在 10Hz 左右达到最小，在 20Hz 左右达到最大，而后开始下降；在频率超过 30Hz 以后趋于平稳。图 2-11（b）表明液压悬置阻尼损失角在 5～25Hz 范围内比较大，这一特性对于衰减发动机怠速频段内（一般为 20～25Hz）的大幅振动十分有利。

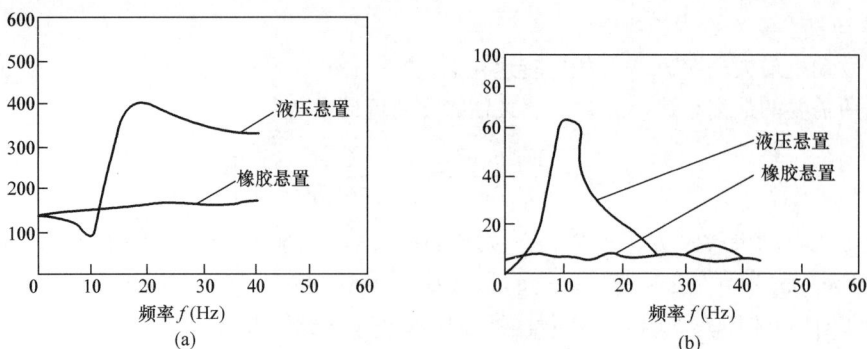

图 2-11　橡胶悬置和液压悬置动特性

（a）动刚度曲线；（b）阻尼损失角曲线

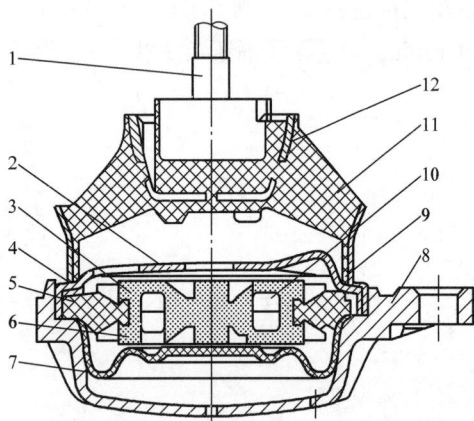

图 2-12　液压悬置结构简图

1—螺纹连接杆；2—限位挡板；3—上惯性通道体；

4—橡胶膜；5—盘状加强圈；6—下惯性通道体；

7—橡胶底膜；8—底座；9—橡胶主簧座；

10—惯性通道体；11—橡胶主簧；12—金属骨架

如图 2-12 所示为液压悬置结构简图，图中螺纹连接杆 1 与发动机支承臂连接，底座 8 通过螺栓与车身连接，液压悬置主要由橡胶主簧 11、惯性通道体 10、橡胶底膜 7 和底座 8 构成。惯性通道体把液压悬置分为上、下两个液室，内部充满液体。由具有节流孔的惯性通道体连通上下两个液室。通常下室体积刚度比上室低。当经发动机支承臂传至螺纹连接杆的载荷发生变化时，上室内的压力跟随变化。如果上室液体受到压缩，则液体经节流孔流入下室；当上室受到的压力解除后，液体又流回上室。液体经节流孔上、下流动过程中产生的阻尼吸收了振动能量，减轻了发动机振动向车身（架）的传递，起到隔振作用。

液压悬置目前在乘用车上得到了比较广泛的应用。

发动机前悬置点应布置在动力总成质心附近，支座应尽可能宽些并布置在排气管之前。

三、外形设计及总体布置

在初步确定汽车的载客量、驱动形式、车身形式、发动机形式等以后，要深入做更具体的工作，包括绘制总布置草图，并校核初步选定的各部件结构和尺寸是否符合整车尺寸和参数的要求，以寻求合理的总布置方案。绘图前要确定画图的基准线（面）。

（一）整车布置的基准线（面）——零线的确定

确定整车的零线（三维坐标面的交线）、正负方向及标注方式，均应在汽车满载状态下进行，并且绘图时应将汽车前部绘在左侧。

1. 车架上平面线

乘用车承载式车身中部地板或边梁的上缘面在侧（前）视图上的投影线称为车架上平面，它作为垂直方向尺寸的基准线（面），即 z 坐标线，向上为"+"、向下为"−"，该线标记为 $z/0$。

2. 前轮中心线

通过左右前轮中心，并垂直于车架平面线的平面，在侧视图和俯视图上的投影线称为前轮中心线，它作为纵向方向尺寸的基准线（面），即 x 坐标线，向前为"−"，向后为"+"，该线标记为 $x/0$。

3. 汽车中心线

汽车纵向垂直对称平面在俯视图和前视图上的投影线称为汽车中心线，用它作为横向尺寸的基准线（面），即 y 坐标线，向左为"+"、向右为"−"，该线标记为 $y/0$。

4. 地面线

地平面在侧视图和前视图上的投影线称为地面线，此线是标注汽车高度、接近角、离去角、离地间隙等尺寸的基准线。

5. 前轮垂直线

通过左、右前轮中心，并垂直于地面的平面，在侧视图和俯视图上的投影线称为前轮垂直线。此线用来作为标注汽车轴距和前悬的基准线。当车架与地面平行时，前轮垂直线与前轮中心线重合。

（二）各部件的布置

1. 发动机的布置

（1）发动机的上下位置。乘用车前部因没有前轴，发动机油底壳至路面的距离，应保证在满载状态下最小离地间隙的要求。

在发动机高度位置初步确定之后，风扇和散热器的高度随之而定，要求风扇中心与散热器几何中心相重合。护风罩用来增大送风量和减小散热器尺寸。为了保证空气的畅通，散热器中心与风扇之间应有不小于 50mm 的间隙，采用护风罩时该间隙可减小到 30mm。

由于空气滤清器位于发动机进气歧管上，其高度影响发动机罩高度，为此将空气滤清器做成扁平状。发动机罩与发动机零件之间的间隙不得小于 25mm，以防止关闭发动机罩时受到损伤。

（2）发动机的前后位置。发动机的前后位置会影响汽车的轴荷分配，乘用车前排座位的乘坐舒适性，发动机前置后轮驱动汽车的传动轴长度和夹角。为减小传动轴夹角，发动机前置后轮驱动汽车的发动机常布置成向后倾斜状，多在 3°～4° 之间。

发动机前置后轮驱动的乘用车，前纵梁之间的距离，必须考虑吊装在发动机上的所有总成（如发电机、空调装置的压缩机等）以及从下面将发动机安装到汽车上的可能性。还应保证在修理和技术维护情况下，从上面安装发动机的可能性。

前后位置确定以后，在侧视图上画下它的外形轮廓，然后用气缸体前端面与曲轴中心线交点 K 到前轮中心线之间的距离来标明其前后位置。此后可以确定汽车前围的位置，发动机与前围间必须留有足够的间隙，以防止热量传入客厢和保证零部件的安装。离合器壳与变速器应能同时拆下，而无需拆卸发动机的固定点，此时应特别注意离合器壳上面螺钉的接近性。

（3）发动机的左右位置。对于前置后驱乘用车，发动机曲轴中心线在一般情况下与汽车中心线一致。少数汽车如 4×4 汽车，考虑到前桥是驱动桥，为了使前驱动桥的主减速器总成上跳时不与发动机发生运动干涉，将发动机和前桥主减速器向相反方向偏移。

2. 传动系的布置

由于发动机、离合器、变速器装成一体，所以在发动机位置确定以后，包括发动机、离合器、变速器在内的动力总成位置也随之而定。驱动桥的位置取决于驱动轮的位置，同时为了使左右半轴通用，差速器壳体中心线应与汽车中心线重合。在乘用车布置中，在侧视图上常将传动轴布置成 U 形方案，见图 2-13。在绘出传动轴最高轮廓线之后，根据凸包与中间传动轴之间的最小间隙一般应在 10～15mm 来确定地板凸包线位置。

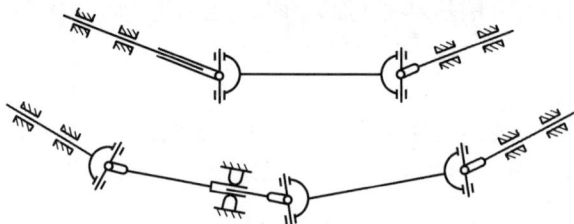

图 2-13　U 形布置万向节传动轴

3. 转向装置的布置

（1）转向盘的位置。应注意转向盘平面与水平面之间的夹角，并以取得转向盘前部盲区距离最小为佳，同时转向盘又不应当影响驾驶员观察仪表，还要照顾到转向盘周围（如风窗玻璃等）有足够的空间。

（2）转向器的位置。因转向器固定在车架上，其轴线常与转向盘中心线不在一条直线上，为此用万向节和转向传动轴将它们连接起来。此时因万向节连接的轴不在一个平面内，在正面撞车时这又对防止转向盘后移伤及驾驶员有利（详见第八章转向系设计）。

4. 悬架的布置（详见第七章悬架设计）

减振器应尽可能布置成直立状，以充分利用其有效行程。在空间上不允许时才布置成斜置状。

5. 制动系布置

制动踏板应布置在靠近驾驶员处，并且还要做到脚制动踏板和手制动操纵轻便。应检查杆件运动时有无干涉和死角，更不应当在车轮跳动时自行制动。

布置制动管路要注意安全可靠、整齐美观。在一条管路上，当两个固定点之间有相对运动时，要采用软管过渡。平行管之间的距离不小于 5mm，或者完全束在一起，交叉管之间的距离应不小于 20mm，同时注意不要将管子布置在车架纵梁内侧下翼上，以免由于积水使管腐蚀。

6. 踏板的布置

离合器踏板、制动踏板和油门踏板布置在地板凸包与车身内侧壁之间。在离合器踏板左侧，应当留出离合器不工作时可以放下左脚的空间。油门踏板一般比制动踏板稍低，要求油门踏板与制动踏板之间留有大于一只完整鞋底宽度（60mm）的距离。

因为汽车行驶时驾驶员要不停顿地踩油门踏板，所以要求踩下时轻便。为了操纵方便，从驾驶员方向看，油门踏板布置成朝外转的样子。

如图 2-14 所示为德国推荐的确定踏板布置的尺寸关系。

7. 油箱、备胎、行李箱和蓄电池的布置

（1）油箱。根据汽车最大续驶里程（一般为 200～600km）来确定油箱的容积。布置油箱时应遵守的一条重要原则是油箱应远离消声器和排气管，并要求油箱距排气管的距离大于 300mm，否则应加装有效的隔热装置；油箱距裸露的电器接头及开关的距离不得小于 200mm，常布置在行李箱内。又考虑到发生车祸时要避免因冲撞到油箱而发生火灾，油箱又应当布置在撞车时油箱不会受到损坏的地方，例如将油箱布置在靠近乘用车后排座椅后部就比布置在行李箱后下部安全。

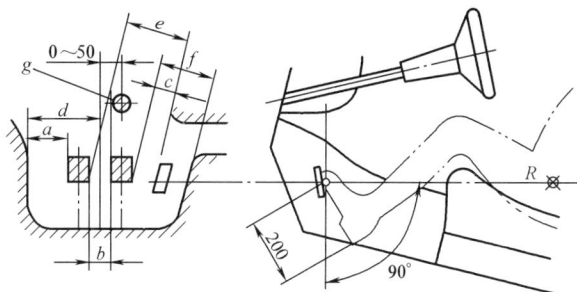

图 2-14 DIN73001 标准推荐的踏板布置

d—离合器踏板所占空间；e—制动踏板所占空间；f—油门踏板所占空间；g—转向管柱

推荐尺寸：$a = 130mm$；$b = 60mm$；$c = 70mm$；$d = 260mm$；$e = 200mm$；$f = 170mm$

（2）备胎。乘用车备胎常布置在行李箱内，要求在装满行李的情况下，仍能方便地取出备胎，如将备胎立置于行李箱侧壁或后壁。此时，行李箱侧壁或后壁必须有大于车轮直径的高度。

（3）行李箱。要求中级乘用车行李箱有效容积为 $0.4 \sim 0.7m^3$，高级乘用车为 $0.7 \sim 0.9m^3$。为了能整齐地安放手提箱，行李箱底部应平整。受外形尺寸限制，当普通级、中级乘用车难以达到上述要求时，可利用座椅下、车门和侧壁之间的空间来安放小件行李。客货两用乘用车将后排座椅设计成可翻式，翻转后后部形成一个有效容积很大的行李箱。

（4）蓄电池的布置。蓄电池与起动机应位于同侧，并且它们之间的距离越近越好，以缩短线路，同时还要考虑拆装方便性和良好的接近性。

8. 车身内部布置

乘用车车身内部布置必须考虑有良好的乘坐舒适性和足够的安全性。进行车身内部布置时，要同时考虑使之适合人体特性要求，就离不开人体尺寸这一基本参数。为了获得人体尺寸分布规律，要进行抽样测量。将实测尺寸值由小到大排列到数轴上，再将这一尺寸段均分为 100 份，将第几份点上的数值作为该百分位数。例如，我国成年男子身高分布图上，第 50 份点上的数值为 1688mm，则称第 50 百分位数为 1688mm，表明有 50% 的人身高低于 1688mm，另有 50% 的人身高高于此值。所以第 50 百分位对应的身高可理解为平均身高。图 2-15 和表 2-9 所示为我国各地人体尺寸测量所得统计数据。车身内部空间和操纵机构的布置，以及驾驶员与乘客座椅的尺寸和布置等，均以该统计数据作为依据。以表中均值来决定基本尺寸，以标准差来决定调整量。例如，男子身高均值为 μ（1688mm），标准差 σ 为 81.83mm，取 $\mu \pm 1.645\sigma$，表明男子总数的 90%，其身高在 $1553 \sim 1822mm$ 范围内。根据这一尺寸范围进行设计，就可以达到设计结果满足 90% 的使用对象。

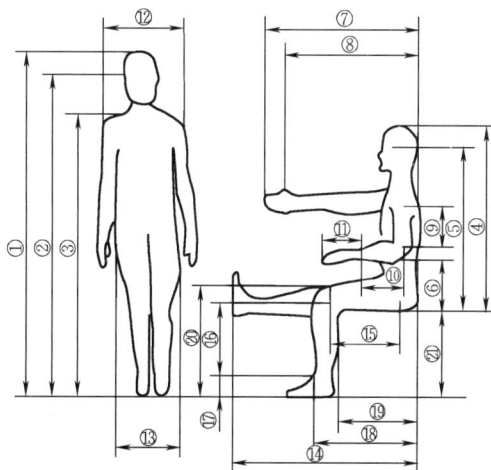

图 2-15 人体基本尺寸

表 2-9　　　　　　　　　　　　　人 体 基 本 尺 寸　　　　　　　　　　　　（mm）

序号	测量项目	男		女	
		均值	标准差	均值	标准差
①	身高	1688.25	81.83	1586.17	51.29
②	眼高	1585.32	61.61	1480.25	76.02
③	肩高	1420.98	54.35	1320.26	60.96
④	坐高	896.53	36.12	848.52	31.58
⑤	坐姿眼高	794		743	
⑥	肘到座平面	245.23	41.81	238.63	25.63
⑦	上肢前伸长	837.78	36.81	784.50	37.98
⑧	拳前伸长	730.87	47.07	688.84	36.79
⑨	大臂长	269.21	16.36	260.74	19.79
⑩	小臂长	247.08	13.22	225.93	17.03
⑪	手长	192.53	9.46	179.00	9.52
⑫	肩宽	426.32	20.35	391.71	21.67
⑬	臀宽	333.75	22.62	394.71	23.99
⑭	下肢前伸长	1015.91	58.91	976.79	50.84
⑮	大腿长	422.48	28.44	409.21	35.39
⑯	小腿长	401.34	21.57	368.60	22.21
⑰	足高	70.69	5.46	65.78	6.94
⑱	膝臀间距	550.78	27.49	527.77	31.28
⑲	大腿平长	422.92	23.31	431.76	30.34
⑳	膝上到足底	515.08	24.67	479.89	23.61
㉑	膝弯到足底	405.79	19.49	382.77	20.83

注　表中序号同图 2-15 中的尺寸序号对应。

　　人体样板由躯干、大腿、小腿、脚以及基准杆等组成的，用来进行车身的内部布置如图 2-16（a）所示。各组成件之间铰接，便于使各组成部分相互变换位置，并经各铰接处的角度标尺读出各部分之间的夹角。通常采用第 10、50、95 百分位三种尺寸的人体样板，分别代表矮小、中等、高大三种人体身材。不同百分位的人体样板的躯干长度尺寸相同，不同处是小腿长度 A 和大腿长度 B 尺寸不一样，分别如表 2-10 所示。

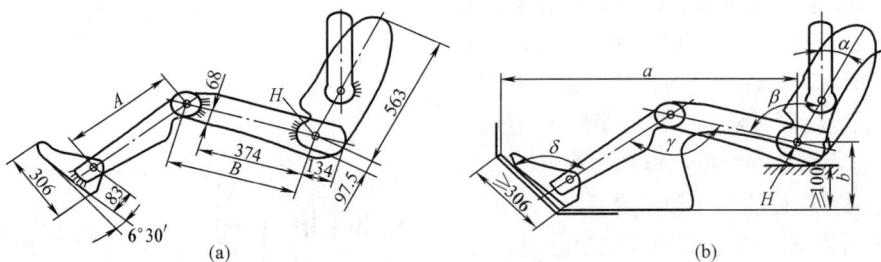

图 2-16　人体样板

（a）人体样板；（b）用人体样板进行车内布置

表 2-10　　　　　　不同百分位的人体样板小腿长度和大腿长度尺寸图　　　　　　（mm）

百分位	第 10	第 50	第 95
A	390	417	460
B	406	432	456

Note

　　人体样板可以用有机玻璃或胶合板制作，其比例分别为 1:5、1:2 或 1:1。中等身材人体样板用来确定基本尺寸，而大、小人体样板用来确定座椅调整量。总布置设计初期绘尺寸控制图时，用 1:5 的比例绘制。在进行正式总布置时，可用 1:2 或 1:1 的比例绘制。

　　在车身侧视图上安放人体样板时，首先要确定人体样板踵点与胯点之间的垂直高度 b，还要考虑到座垫、靠背压缩量以后的胯点位置。布置时要使人体样板上的胯点与初选的座椅上的"胯点"重合，并将人体样板的踵点安放在油门踏板处的地板上的踵点，然后根据选定的坐姿角 α、β、γ 及 δ 在图样上进行布置，检查初选的 b 值等是否合适。

　　从人体工程学的观点出发，当人体处在驾驶姿势时人体各部分夹角的合理范围如图 2-17 所示。

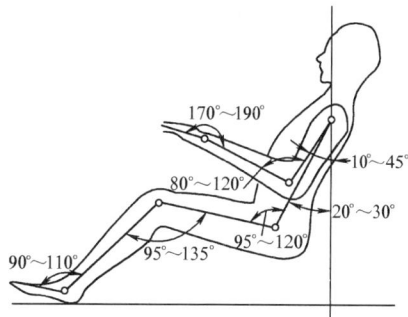

图 2-17　驾驶姿势时人体各部分夹角的合理范围

　　乘用车的内部布置和有关参考尺寸如图 2-18 和表 2-11 所示。

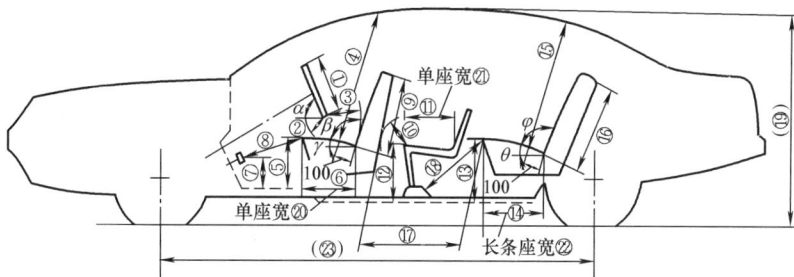

图 2-18　乘用车身的内部布置尺寸

表 2-11　　　　　　　　　　乘用车内部布置尺寸的范围

尺寸序号 发动机排量 V(L)	①	②	③	④	⑤	⑥	⑦
	(mm)						
$V>4.0$	300~420	140~180	360~160	940~960	300~380	450~510	150~180
$1.6<V\leqslant2.5$	300~420	140~180	350~370	940~960	300~360	450~480	150~180
$1.0<V\leqslant1.6$	300~420	130~170	330~370	900~950	300~340	450~480	150~180

尺寸序号 发动机排量 V(L)	⑧	⑨	⑩	⑪	⑫	⑬	⑭
	(mm)						
$V>4.0$	420~450	480~560	250~350	320~400	300~390	350~410	460~530
$1.6<V\leqslant2.5$	420~500	460~570				340~400	420~500
$1.0<V\leqslant1.6$	420~520	460~520				340~380	420~460

尺寸序号 发动机排量 V(L)	⑮	⑯	⑰	⑱	⑲	⑳	㉑
	(mm)						
$V>4.0$	900~950	580~660	三、二排 850~700 500~650	500~700	1500~1800	150~650	550~580

23

Note

续表

尺寸序号	⑮	⑯	⑰	⑱	⑲	⑳	㉑
发动机排量 V（L）				（mm）			
1.6＜V≤2.5	900～930	560～620	250～500	500～600	1400～1600	500～600	
1.0＜V≤1.6	860～910	510～600	250～350	500～600	1290～1400	480～550	

尺寸序号	㉒	㉓	α	β	γ	θ	φ
发动机排量 V（L）	（mm）				（°）		
V＞4.0	1400～1700	2800～3500	55～70	97～105	6～10	8～13	99～105
1.6＜V≤2.5	1200～1400	2500～3000	55～70	97～105	6～10	8～13	99～105
1.0＜V≤1.6	800～1250	2000～2500	55～70	97～102	6～10	8～10	97～100

注　表中尺寸序号同图 2-18 中的尺寸序号对应。

9. 乘用车外廓尺寸的确定

（1）H 点和 R 点。能够比较准确地确定驾驶员或乘员在座椅中位置的参考点是躯干与大腿相连的旋转点"胯点"。实车测得的"胯点"位置称为 H 点。

先根据总布置要求确定一个座椅调至最后、最下位置时的"胯点"并称该点是 R 点；然后以 R 点作为设计参考点进行设计。试制出样车后，将座椅调至最后、最下位置，用如图 2-19 所示的三维人体模型测量"胯点"，此"胯点"即为 H 点。而后将 H 点与 R 点相认证，并按 H 点位置确认或修改设计。如果测定的 H 点不超出以 R 点为中心的水平边长 30mm、垂直边长 20mm 的矩形方框内范围，并且靠背角与设计值之间差值不大于 3°，则认为 H 点与 R 点的相对位置满足要求。

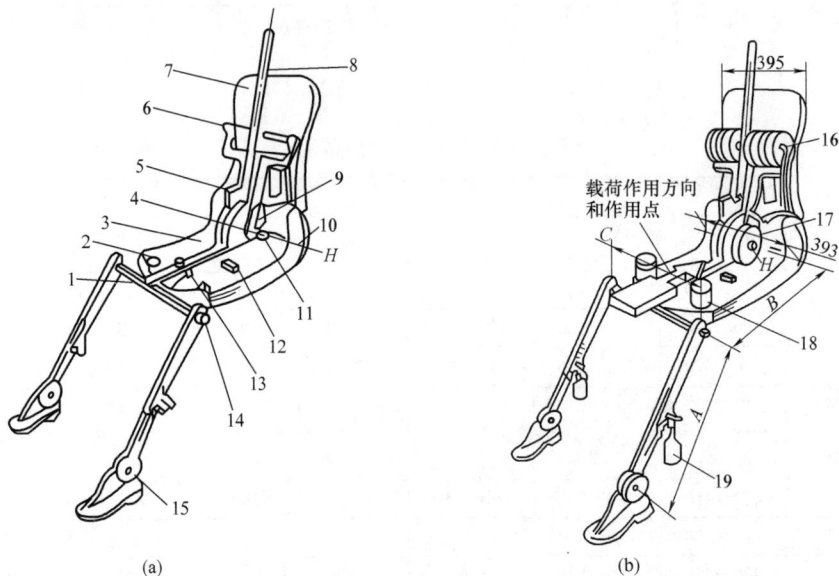

(a)　　　　　　　　　　(b)

图 2-19　三维人体模型

（a）H 点人体模型各构件名称；（b）H 点人体模型各构件的尺寸与负荷分布

1—连接膝关节的 T 形杆；2—大腿重块垫块；3—座位盘；4—臀部角度量角器；5—靠背角水平仪；
6—躯干重块悬架；7—靠背盘；8—头部空间探测杆；9—靠背角量角器；10—H 点标记钮；
11—H 点支枢；12—横向水平仪；13—大腿杆；14—膝部角量角器；15—小腿夹角量角器；
16—躯干重块；17—臀部重块；18—大腿重块；19—小腿重块

驾驶员入座后，体重的大部分通过臀部作用于座椅的座垫，一部分通过背部由靠背承受，少部分通过左、右手和脚的踵点分别作用于转向盘和地板上。在这种坐姿条件下，驾驶员在操作时身体上部的活动一定是绕 H 点的横向水平轴线转动。因此，H 点的位置决定了与驾驶员操作方便、乘坐舒适相关的车内尺寸的基准。

（2）顶盖轮廓线的确定。首先将座椅放置在高度方向和长度方向的平均位置处，然后确定 H 点，并引出一条与铅垂线成 8° 的斜线，见图 2-20，再从 H 点沿 8° 斜线方向截取 765mm 的 F 点。F 点相当于第 50 百分位驾驶员的头部最高点。从 F 点垂直向上截取 100～135mm 为车顶内饰线。车顶包括钢板、隔离层、蒙面等，厚度为 15～25mm。因顶盖轮廓是上凸的曲面，并对称于汽车的纵轴线，故再增加 20～40mm 才是汽车顶盖横剖面上的最高点。用同样方法找出后排座椅上方最高点，前、后座椅上方两点连线即为顶盖的纵向轮廓线。

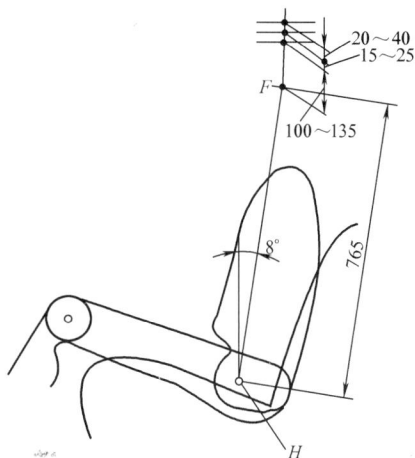

图 2-20 顶盖轮廓线的确定

（3）车身横截面。乘用车车身横截面由顶盖、车门和地板的外形来形成。将在确定顶盖纵向轮廓时求得的左、右座椅乘员头部上方顶盖上的点，画到横截面图上，再加上顶盖纵向轮廓线上的点，共三点即可画出顶盖横向轮廓线。

在确定乘用车车身侧壁倾斜度时，应考虑上、下车的方便性。当车门上、下槛边缘之间的间距为零时，乘员上身需倾斜 30° 左右方能入座；当此间距为 100～150mm 时（上窄下宽），乘员上身只需倾斜 0～10° 即可入座。但此间距过大会使汽车上下比例失调，影响外观，且玻璃升降占用车门内空间大，并影响肩部和玻璃之间的间隙（要求大于 100mm）、肘部和车门内表面之间的间隙（要求大于 70mm）、车门玻璃下降的轨迹、门锁和玻璃升降器的尺寸等，这些都对车身外表面有影响。

10. 安全带的位置

为了保证驾驶员和乘员的安全，一方面客厢内不应有容易使人致伤的尖锐突出物，在头部可能触及的区域应尽量软化设计，如采用软化仪表板，前排座椅靠枕、靠背表面包装要软化；另一方面就是要设置安全带。

安全带有两点式安全带、三点式安全带和四点式安全带之分。目前乘用车前排和商用车前排驾驶员座位及其旁边座位均采用三点式安全带。三点式安全带由腰带和肩带组合而成。它既能防止驾驶员和乘员下半身有过大的位移，又能阻止上半身向前运动。

安全带固定点的位置十分重要，各国均有相应的规定。下面介绍日本的规定。

（1）腰带在车体上的固定点位置。如图 2-21 所示，腰带固定点与 H 点的连线与水平线之间的夹角 α 在座椅各调节位置时应为 45°±3°，并要求固定装置的宽度应大于 350mm。结构上无法实现时宽度可减少至 300mm。

（2）肩带固定点的位置。肩带固定点的位置应在如图 2-21

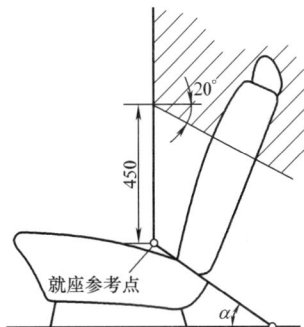

图 2-21 安全带的固定点位置

所示的阴影线范围内。

安全气囊系统是辅助安全带而起到辅助防护作用的。只有在安全带使用的条件下，安全气囊才能充分发挥保护驾驶员和乘员的作用，两者共同使用可使驾驶员和前排乘员的伤亡人数减少 43%～46%，达到最佳保护效果。

在汽车发生一次碰撞与二次碰撞之间的间隔时间内，在驾驶员、乘员的前部形成一充满气体的气囊。一方面驾驶员、乘员的头部和胸部压在气囊上与前面的车内物体隔开；另一方面利用气囊本身的阻尼作用或气囊背面的排气孔排气节流的阻尼作用，来吸收人体惯性力产生的动能，达到保护人体的目的。安全气囊布置在转向盘内或者在乘员前部的仪表板内。

CHAPTER 2
第四节　商用车（货车）总体设计

国际 GB/T 3730.1—2001 规定，商用车是指设计和技术特性上主要用于运送人员和货物的汽车，可以牵引挂车。包括客车（小型、公交、旅游等）、半挂牵引车、货车（普通、多用途、全挂车、越野、专用车）等。

一、题目及要求

本节目的是使读者了解商用货车总体设计的任务、工作顺序和现代设计方法，掌握汽车主要尺寸、参数、发动机、轮胎的选择和总体布置的方法。示例设计参数如表 2-12 所示。

表 2-12　　　　　　　　　　　　　　　示 例 设 计 参 数

额定载荷（kg）	最大总质量（kg）	最高车速（km/h）	比功率（kW/t）	比转矩（N·m/t）
500	1420	110	28	44

二、驱动形式及主要参数的选择

（一）驱动形式

商用货车驱动形式有 4×2、4×4、6×2、6×4、6×6、8×4、8×8 等，普通商用货车一般采用 4×2 发动机前置后桥驱动。总质量在 19～26t 的公路用汽车，采用 6×2 或 6×4 的驱动形式。它有如下主要优点：维修发动机方便；离合器、变速器等操纵机构简单；货箱地板高度低；可以采用直列发动机、V 型发动机或卧式发动机；发现发动机故障容易。

（二）布置形式

1. 按驾驶室与发动机相对位置不同分类

商用货车按驾驶室与发动机相对位置的不同有长头式、短头式、平头式和偏置式。长头式的特点是发动机位于驾驶室前部；当发动机有少部分位于驾驶室内时称为短头式；发动机位于驾驶室内时称为平头式；驾驶室偏置在发动机旁的称为偏置式。

（1）平头式。

平头式的货车的主要优点如下，汽车总长和轴距尺寸短；最小转弯直径小；机动性能良好；不需要发动机罩和翼子板，加上总长缩短等因素的影响，汽车整备质量减小；驾驶员的视野得到明显改善；采用翻转式驾驶室时能改善发动机及其附件的接近性；汽车面积利用率高。

平头式货车的主要缺点如下，前轴负荷大，因而汽车通过性能变坏；因为驾驶室有翻转机构和锁住机构，使机构复杂；进、出驾驶室不如长头式货车方便；离合器、变速器等操纵机构复杂；驾驶室内受热及振动均比较大；汽车正面与其他物体发生碰撞时，特别是微型、轻型平头货车，使驾驶员和前排乘员受到严重伤害的可能性增加。

平头式货车的发动机可以布置在座椅下后部，此时中间座椅处没有很高的凸起，可以布置3人座椅，故得到广泛应用。发动机布置在驾驶员和副驾驶员座椅中间形成凸起隔断的布置方案仅在早期的平头车上得到应用。平头式货车在各种级别的货车上得到广泛应用。

（2）长头式和短头式。

长头式货车的主要优缺点与平头式货车的优缺点相反，而短头式介于两者之间，但更趋于与长头式优缺点相近。长头式货车的前轮相对车头的位置有3种：靠前、居中、靠后。前轮靠前时因轴荷分配不合理，已不采用；前轮靠后时，轮罩凸包会影响驾驶员的操作空间；前轮居中时外形美观、布置匀称，故得到广泛应用。

（3）偏置式。

偏置式驾驶室的货车主要用于重型矿用自卸车上。它具有平头式货车的一些优点，如轴距短、视野良好等，此外还具有驾驶室通风条件好、维修发动机方便等优点。

2. 按发动机位置不同分类

货车按照发动机位置不同，可分为发动机前置、中置和后置三种布置形式。其中发动机前置后桥驱动货车得到广泛应用。它与其他两种布置形式比较有如下主要优点，维修发动机方便；离合器、变速器等操纵机构简单；货箱地板高度低；可以采用直列发动机、V型发动机或卧式发动机；发现发动机故障容易。

发动机前置后桥驱动的货车有下述主要缺点：如果采用平头式驾驶室，而且发动机布置在前轴之上，处于两侧座位之间时，驾驶室内部拥挤，隔热、隔振、密封和降低噪声问题难以解决；如果采用长头式驾驶室，为保证具有良好的视野，驾驶员座椅须布置高些，这又影响整车和质心高度，同时增加了整车长度。

采用卧式发动机，且布置在货箱下方的后桥驱动货车，因发动机通用性不好，需特殊设计，维修不便；油门、离合器、变速器等操纵机构因距驾驶员远，导致机构复杂；发动机距地面近，容易被车轮带动起来的泥土弄脏；受发动机位置影响，货箱地板高度高。目前这种布置形式的货车已不采用。

发动机后置后轮驱动货车是由发动机后置后轮驱动的乘用车变形而来，所以极少采用。这种形式的货车的主要缺点是后桥超载；操纵机构复杂；发现发动机故障和维修发动机都困难以及发动机容易被泥土弄脏等。

（三）主要参数的选择

1. 货车主要尺寸参数的选择

（1）货车的外廓尺寸。

GB 1589—2004《道路车辆外廓尺寸，轴荷及质量限值》规定货车外廓尺寸长不应超过12m，半挂汽车列车不超过16.5m，全挂汽车列车不超过20m；不包括后视镜，汽车宽不超过2.5m；空载、顶窗关闭状态下，汽车高不超过4m；后视镜等单侧外伸量不得超出最大宽度处250mm；顶窗、换气装置开启时不得超出车高300mm。

（2）货车的轴距 L。

轴距 L 对整备质量、汽车总长、最小转弯直径、传动轴长度、纵向通过半径有影响。当轴距短时，上述各指标减小。此外，轴距还对轴荷分配有影响。轴距过短会使车厢（箱）长度不足或后悬过长；上坡或制动时轴荷转移过大，汽车制动性和操纵稳定性变坏；车身纵向角振动增大，对平顺性不利；万向节传动轴的夹角增大。

在整车选型初期，可根据要求的货厢长度及驾驶室布置尺寸初步确定轴距 L

$$L = L_H + L_J + S - L_R$$

式中：L_H 为货厢长度，可根据汽车的载货质量、载货长度来确定，或参考同类型、同装载量汽车的货厢长度和装载面积来初步确定；L_J 为前轮中心至驾驶室后壁的距离；S 为驾驶室与货厢之间的间隙，一般取 50～100mm；L_R 为后悬尺寸，可根据道路条件或参考同类型汽车初步确定。

根据货车总质量可以确定轴距的范围如表 2-13 所示。

（3）前后轮距 b_1 与 b_2。

受汽车总宽不得超过 2.5m 限制，轮距不宜过大。但在取定的前轮距 b_1 范围内，应能布置下发动机、车架、前悬架和前轮，并保证前轮有足够的转向空间，同时转向杆系与车架、车轮之间有足够的运动间隙。在确定后轮距 b_2 时应考虑两纵梁之间的宽度、悬架宽度和轮胎宽度及它们之间应留有必要的间隙。

各类汽车的轮距可参考如表 2-13 所示提供的数据确定。

表 2-13　　　　　　　　　　货车的轴距和轮距

车型	汽车总质量（t）	轴距 L（m）	轮距 b（m）
4×2 载货汽车	<1.8	1.70～2.90	1.15～1.35
	1.8～6.0	2.30～3.60	1.30～1.65
	6.0～14.0	3.60～5.50	1.70～2.00
	>14.0	4.50～5.60	1.84～2.00

（4）汽车的前悬 L_F 和后悬 L_R。

前、后悬加长时，汽车接近角和离去角都小，影响汽车通过性能。对长头汽车，前悬不能缩短，原因是在这段尺寸内要布置保险杠、散热器、风扇、发动机等部件。从撞车安全性考虑希望前悬长些，从视野角度考虑又要求前悬短些。前悬对平头汽车上下车的方便性有影响，前钢板弹簧长度也影响前悬尺寸。长头货车前悬一般在 1.1～1.3m 范围内。

货车后悬长度取决于货箱、轴距和轴荷分配的要求。轻型、中型货车的后悬一般在 1.2～2.2m 之间，特长货箱汽车的后悬可达 2.6m，但不得超过轴距的 55%。

（5）货车车头长度。

货车车头长度系指从汽车的前保险杠到驾驶室后围的距离。车身形式即长头型还是平头型对车头长度有绝对影响。此外，车头长度尺寸对汽车外观效果、驾驶室居住性和发动机的接近性等有影响。

长头型货车车头长度尺寸一般在 2500～3000mm 之间，平头型货车一般在 1400～1500mm 之间。

（6）货车车厢尺寸。

要求车厢尺寸在运送散装煤和袋装粮食时能装足额定吨数。车箱边板高度对汽车质心高度和装卸货物的方便性有影响，一般应在 450～650mm 范围内选取。车箱内宽应在汽车外宽符合国家标准的前提下适当取宽些，以利缩短边板高度和车箱长度。行驶速度能达到较高车速的货车，使用过宽的车箱会增加汽车迎风面积，导致空气阻力增加。车箱内长应在能满足运送上述货物额定吨位的条件下尽可能取短些，以利于减小整备质量。

2. 货车质量参数的确定

（1）货车的整备质量 m_0。

整车整备质量对汽车的成本和使用经济性均有影响。目前，尽可能减少整车整备质量的目的是通过减轻整备质量增加装载量或载客量；抵消因满足安全标准、排气净化标准和噪声标准所带来的整备质量的增加；节约燃料。减少整车整备质量的措施主要有：采用强度足够的轻质材料，新设计的车型应使其结构更合理。减少整车整备质量，是从事汽车设计工作中必须遵守的一项重要原则。

整车整备质量在设计阶段需估算确定。在日常工作中，收集大量同类型汽车各总成、部件和整车的有关质量数据，结合新车设计的结构特点、工艺水平等初步估算出各总成、部件的质量，再累计构成整车整备质量。

（2）货车的装载质量 m_e。

货车装载质量 m_e 的确定，首先应与行业产品规划的系列符合，其次要考虑到汽车的用途和使用条件。原则上货流大、运距长或矿用自卸车应采用大吨位货车；货源变化频繁、运距短的市内运输车采用中、小吨位的货车比较经济。

（3）货车质量系数 η_{m_0}

质量系数 η_{m_0} 是指汽车装载质量与整车整备质量的比值，即 $\eta_{m_0} = m_e/m_0$。该系数反映了汽车的设计水平和工艺水平，η_{m_0} 值越大，说明该汽车的结构和制造工艺越先进。在参考同类型汽车选定 η_{m_0} 以后（见表2-14），可根据任务书中给定的 m_e 值计算出整车整备质量 m_0。

表 2-14   货 车 质 量 系 数 选 择

车　　型	总质量 m_a（t）	η_{m_0}
货车	$1.8 < m_a \leq 6.0$	$0.80 \sim 1.10$
	$6.0 < m_a \leq 14.0$	$1.20 \sim 1.35$
	$m_a > 14.0$	$1.30 \sim 1.70$

（4）货车的总质量 m_a。

商用货车的总质量 m_a 由装备质量 m_0，载质量 m_e 和驾驶员以及随行人员质量三部分组成，即

$$m_a = m_0 + m_e + 65n_1$$

式中：n_1 为包括驾驶员及随行人员数在内的人数，应等于座位数。

（5）轴荷分配。

货车的轴荷分配见表2-15。

表 2-15   货 车 的 轴 荷 分 配

货　　车	满　载		空　载	
	前　轴	后　轴	前　轴	后　轴
4×2 后轮单胎	32%~40%	60%~68%	50%~59%	41%~50%
4×2 后轮双胎，长、短头	25%~27%	73%~75%	44%~49%	51%~56%
4×2 后轮双胎，平头式	30%~35%	65%~70%	48%~54%	46%~52%
6×4 后轮双胎	19%~25%	75%~81%	31%~37%	63%~69%

3. 货车性能参数的选择

（1）动力性参数。

1）选择最高车速 v_{amax} 时应考虑汽车的类型、用途、道路条件、具备的安全条件和发动机功率的大小等。微型、轻型货车最高车速大于中型、重型货车的最高车速，重型货车最高车速较低。这一参数值可参考表 2-16。

2）载货汽车常用 0～60km/h 的换挡加速时间或在直接挡下由 20km/h 加速到某一车速的时间 t 来评价。装载质量 2～2.5t 的轻型载货汽车的 0～60km/h 的换挡加速时间多在 17.5～30s；重型货车的 0～50km/h 的换挡加速时间为 40～60s。

3）用汽车满载时在良好路面上的最大坡度阻力系数 i_{max} 来表示汽车上坡能力。通常要求货车能克服 30% 坡度。

4）为保证路上行驶车辆的动力性不低于一定的水平，防止某些性能差的车辆阻碍交通，应对车辆的最小比功率作出规定。比转矩能反映汽车的牵引能力。不同车型的比功率和比转矩范围见表 2-16。

表 2-16 比 功 率 和 比 转 矩

货 车 类 别	最高车速 v_{amax} （km/h）	比功率 P/m_a （kW/t）	比转矩 T/m_a （N·m/t）
微型	80～135	16～28	30～44
轻型		15～25	38～44
中型	75～120	10～20	33～47
重型		6～20	29～50

（2）燃油经济性参数。

汽车的燃油经济性用汽车在水平的水泥或沥青路面上，以经济车速或多工况满载行驶百公里的燃油消耗量（L/100km）来评价，如图 2-17 所示。

表 2-17 货车单位质量百公里燃油消耗量 ［L/（100t·km）］

总质量 m_a（t）	汽油机	柴油机	总质量 m_a（t）	汽油机	柴油机
<4	3.0～4.0	2.0～2.8	6～14	2.68～2.82	1.55～1.86
4～6	2.8～3.2	1.9～2.1	>14	2.50～2.60	1.43～1.53

（3）最小转弯直径 D_{min}。

转向盘转至极限位置时，汽车前外转向轮轮辙中心在支承平面上的轨迹圆的直径称为最小转弯直径 D_{min}。D_{min} 用来描述汽车转向机动性，是汽车转向能力和转向安全性能的一项重要指标。货车的最小转弯直径 D_{min} 可参考如表 2-18 所示。

表 2-18 货车最小转弯直径 D_{min}

车 型	级 别	D_{min}（m）
商用货车	微型	8～12
	轻型	10～19
	中型	12～20
	重型	13～21

（4）通过性的几何参数。

总体设计要确定的通过性几何参数有最小离地间隙 h_{min}，接近角 γ_1，离去角 γ_2，纵向通过半径 ρ 等。各类汽车的通过性参数视车型和用途而异，其范围见表2-19。

表2-19　　　　　　　　　　　　　汽车的通过性参数

车　　型	h_{min}（mm）	γ_1（°）	γ_2（°）	ρ（m）
4×2货车	180～300	40～60	25～45	2.3～6.0
4×4、6×6货车	260～350	45～60	35～45	1.9～3.6

（5）操纵稳定性参数。

汽车操纵稳定性的评价参数较多，与总体设计有关并能作为设计指标的如下。

1）为了保证有良好的操纵稳定性，汽车应具有一定程度的不足转向。通常用汽车以 $0.4g$ 的向心加速度沿定圆转向时，前、后轮侧偏角之差（$\delta_1 - \delta_2$）作为评价参数。此参数在 1°～3° 为宜。

2）汽车以 $0.4g$ 的向心加速度沿定圆等速行驶时，车身侧倾角控制在 3° 以内较好，最大不允许超过 7°。

3）为了不影响乘坐舒适性，要求汽车以 $0.4g$ 减速度制动时，车身的前俯角不大于 1.5°。

（6）制动性参数。

常以制动距离、制动减速度和制动踏板力作为汽车制动性能的主要设计指标和评价参数。对货车制动效能的要求如表2-20所示，而且规定在踏板力不大于700N的条件下，总制动距离不得大于表2-20规定的120%，制动减速度不得大于该表规定值的80%。

表2-20　　　　　　　　　　　货车路试检验行车制动和应急制动性能要求

车辆类型		行　车　制　动					应　急　制　动			
		制动初车速（km/h）	制动距离（m）	FMDD（m/s²）	试车道宽度（m）	踏板力（N）	制动初车速（km/h）	制动距离（m）	FMDD（m/s²）	操纵力（N）≤
$m_a \leqslant$ 4.5t	满载	50	≤22	≥5.4	2.5	≤700	30	≤18	≥2.6	手600 脚700
	空载		≤21	≥5.8		≤450				
其他汽车	满载	30	≤10	≥5.0	3.0	≤700	30	≤20	≥2.2	手600 脚700
	空载		≤9	≥5.4		≤450				

（7）舒适性。

舒适性应包括平顺性、空气调节性能（温度、湿度等）、车内噪声、乘坐环境（活动空间、车门及通道宽度、内部设施等）及驾驶员的操作性能。

其中汽车行驶平顺性常用垂直振动参数评价，包括频率和振动加速度等，此外悬架动挠度也用来作为评价参数之一，详见第七章悬架设计。商用货车的悬架静挠度范围一般在 50～110mm，动挠度范围一般在 60～90mm，偏频范围一般在 1.5～2.2Hz。

（四）发动机的选择

1. 发动机形式的选择

对于在中型以及以下的货车上一般采用直列式柴油机，而在重型货车上一般采用V型柴油机。

2. 发动机主要性能指标的选择

（1）发动机最大功率 P_{emax} 和相应转速 n_P。

根据所需要的最高车速 v_{amax}，用式（2-1）估算发动机最大功率，其中 f_r 对货车取 0.02；C_D 对货车取 0.80～1.00。

参考同级汽车的比功率统计值，然后选定新设计汽车的比功率值，并乘以汽车总质量，也可以求得所需的最大功率值。

最大功率转速 n_P 的范围如下，轻型货车的 n_P 值在 4000～5000r/min 之间，中型货车的 n_P 值更低些。柴油机的 n_P 值在 1800～4000r/min 之间，轻型货车用高速柴油机，n_P 值常取在 3200～4000r/min 之间。

（2）发动机最大转矩 T_{emax} 和相应转速 n_T。

发动机最大转矩与发动机最大功率以及最大功率对应转速可用式（2-2）计算。

对于本节给定的设计题目，根据题目要求的商用货车参数可以判断，这是一种微型货车，最高车速较低，通常运行在一般的道路上。

（1）因其用途一般，所以轴数根据其特点可以定为 2 轴。

（2）驱动形式为 4×2，后轮驱动。

（3）布置形式。

参考我国微型货车可以选定为前置后驱，平头驾驶室。原因是发动机容易布置，容易发现故障，维修方便，离合器变速器等操纵机构结构简单，容易布置，货厢地板低平。

（4）发动机的选择。

1）对发动机类型选择应该选用往复活塞式液体燃料发动机，即常用车用发动机。

2）对于发动机形式选择应考虑此车可以采用四冲程汽油或柴油发动机，如从提高燃油经济性以及农用车用途出发优先选用柴油发动机，否则从通用性出发选用汽油机。由于汽车排量、总质量较小，确定选用四缸直列水冷式汽油发动机。

3）发动机主要性能指标的选择：

a. 发动机最大功率 P_{emax} 和相应转速 n_P 计算可根据题目给出的比功率和最大总质量计算得到 P_{emax}=39.76kW。根据式（2-1）进行计算，各参数取值见表 2-21。

表 2-21   参 数 计 算 取 值

η_T	f_r	C_D	A (m²)	m_a (kg)	v_{amax} (km/h)
0.9	0.02	0.8	2.33	1420	110

代入式（2-1）计算得 P_{emax}=45.6（kW），为满足动力性要求，所选发动机功率不小于此值。

对以上两个计算结果对比后，为满足设计要求取 P_{emax}=50kW。最大功率对应转速取值范围如表 2-22 所示。

表 2-22   最大功率对应转速范围   (r/min)

汽油机 3000～7000	乘用车	4000～7000
	轻、微型货车	4000～5000
	中型货车	4000 以下
柴油机 1800～4000	乘用车、轻、微型货车	3200～4000
	大货车	1800～2600

查表 2-22，取 n_P=4500r/min。

b. 发动机最大转矩 T_{emax} 和相应转速 n_T 的计算根据式（2-2）进行计算，α 在此取 1.2，代入式（2-2）计算得 $T_{emax}\approx119.4$N·m。

n_P/n_T 取值范围在 1.4～2.0 之间，在此取值 1.6，则 n_T=2800r/min。

根据以上参数，可以选择国产 462QE 发动机。

三、外形设计及总体布置

在初步确定汽车的载客量、驱动形式、车身形式、发动机形式等以后，要深入做更具体的工作，包括绘制总布置草图，并校核初步选定的各部件结构和尺寸是否符合整车尺寸和参数的要求，以寻求合理的总布置方案。绘图前要确定画图的基准线（面）。

（一）整车布置的基准线（面）——零线的确定

确定整车的零线（三维坐标面的交线）、正负方向及标注方式，均应在汽车满载状态下进行，并且绘图时应将汽车前部绘在左侧。

1. 车架上平面线

纵梁上翼面较长的一段平面在侧（前）视图上的投影线称为车架上平面，它作为垂直方向尺寸的基准线（面），即 z 坐标线，向上为"+"、向下为"−"，该线标记为z/0。货车的车架上平面在满载静止位置时，通常与地面倾斜 0.5°～1.5°，使车架呈前低后高状，这样在汽车加速时，货箱可接近水平。为了画图方便，可将车架上平面线画成水平的，将地面线画成斜的。

2. 前轮中心线

通过左右前轮中心，并垂直于车架平面线的平面，在侧视图和俯视图上的投影线称为前轮中心线，它作为纵向方向尺寸的基准线（面），即 x 坐标线，向前为"−"，向后为"+"，该线标记为x/0。

3. 汽车中心线

汽车纵向垂直对称平面在俯视图和前视图上的投影线称为汽车中心线，用它作为横向尺寸的基准线（面），即 y 坐标线，向左为"+"、向右为"−"，该线标记为y/0。

4. 地面线

地平面在侧视图和前视图上的投影线称为地面线，此线是标注汽车高度、接近角、离去角、离地间隙和货台高度等尺寸的基准线。

5. 前轮垂直线

通过左、右前轮中心，并垂直于地面的平面，在侧视图和俯视图上的投影线称为前轮垂直线。此线用来作为标注汽车轴距和前悬的基准线。当车架与地面平行时，前轮垂直线与前轮中心线重合。

（二）各部件的布置

1. 发动机的布置

（1）发动机的上下位置。商用车通常将发动机布置在前轴上方，前轴的最大向上跳动量达70～100mm。油底壳通常设计成深浅不一的形状，使位于前轴上方的地方最浅，同时再将前梁中部锻成下凹形状（注意前梁下部尺寸必须保证所要求的最小离地间隙）。除此之外，还要检查油底壳与横拉杆之间的间隙。发动机高度位置初定之后，用气缸体前端面与曲轴中心线交点，K 到地面高度尺寸 b 来标明其高度位置，如图 2-22 所示。

在发动机高度位置初步确定之后，风扇和散热器的高度随之而定，要求风扇中心与散热器几何中心相重合。护风罩用来增大送风量和减小散热器尺寸。为了保证空气的畅通，散热器中心与风扇之间应有不小于 50mm 的间隙，护风罩时可减小到 30mm。

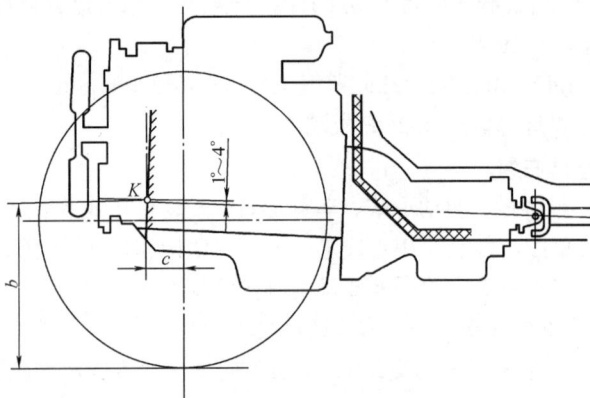

图 2-22　确定动力总成位置的主要尺寸

由于空气滤清器位于发动机进气歧管上，其高度影响发动机罩高度，为此将空气滤清器做成扁平状。发动机罩与发动机零件之间的间隙不得小于 25mm，以防止关闭发动机罩时受到损伤。

（2）发动机的前后位置。发动机的前后位置会影响汽车的轴荷分配，发动机前置后轮驱动汽车的传动轴长度和夹角，以及货车的面积利用率。为减小传动轴夹角，发动机前置后轮驱动汽车的发动机常布置成向后倾斜状，使曲轴中心线与水平线之间形成 1°～4° 夹角，见图 2-22。

前后位置确定以后，在侧视图上画下它的外形轮廓，然后用气缸体前端面与曲轴中心线交点 K 到前轮中心线之间的距离来标明其前后位置，如图 2-21 中的尺寸 c 所示。此后可以确定汽车前围的位置，发动机与前围间必须留有足够的间隙，以防止热量传入客厢和保证零部件的安装。离合器壳与变速器应能同时拆下，而无需拆卸发动机的固定点，此时应特别注意离合器壳上面螺钉的接近性。

（3）发动机的左右位置。发动机曲轴中心线在一般情况下与汽车中心线一致。少数汽车如 4×4 汽车，考虑到前桥是驱动桥，为了使前驱动桥的主减速器总成上跳时不与发动机发生运动干涉，将发动机和前桥主减速器向相反方向偏移。

2. 传动系的布置

由于发动机、离合器、变速器装成一体，所以在发动机位置确定以后，包括发动机、离合器、变速器在内的动力总成位置也随之而定。驱动桥的位置取决于驱动轮的位置，同时为了使左右半轴通用，差速器壳体中心线应与汽车中心线重合。为满足万向节传动轴两端夹角相等，而且在满载静止时不大于 4°，最大不得大于 7° 的要求，常将后桥主减速器的轴向上翘起。

3. 转向装置的布置

（1）转向盘的位置。应注意转向盘平面与水平面之间的夹角，并以取得转向盘前部盲区距离最小为佳，同时转向盘又不应当影响驾驶员观察仪表，还要照顾到转向盘周围（如风窗玻璃等）有足够的空间。

（2）转向器的位置。前悬架采用钢板弹簧时，为了避免悬架运动与转向机构运动出现不协调现象，应该将转向器布置在前钢板弹簧跳动中心附近，即前钢板弹簧前支架偏后不多的位置处。

因转向器固定在车架上，其轴线常与转向盘中心线不在一条直线上，为此用万向节和转向传动轴将它们连接起来。此时因万向节连接的轴不在一个平面内，在正面撞车时这又对防止转向盘后移伤及驾驶员有利（详见第八章转向系设计）。长头车一般用两个万向节，平头车不用或用一个万向节的居多。

如果转向盘与转向器之间通过一根刚性轴直接连接时，要求转向轴在水平面内与汽车中心线之间的夹角不得大于5°。

转向摇臂与纵拉杆和转向节臂与纵拉杆之间的夹角，在中间位置时应尽可能布置成接近直角，以保证有较高的传动效率。

4. 悬架的布置

货车的前、后悬架和一些轿车的后悬架，多采用纵置半椭圆形钢板弹簧。为了满足转向轮偏转所需的空间，常将前钢板弹簧布置在纵梁下面。钢板弹簧前端通过弹簧销和支架与车架连接，而后端用吊耳和支架与车架相连。这样布置有利于缓和来自路面的冲击。同时，为了满足主销后倾角的要求，货车的前钢板弹簧应布置成前高后低状。后钢板弹簧布置在车架与车轮之间，应注意钢板弹簧上的U形螺栓和固定弹簧的螺栓与车架之间应当有足够的间隙。

减振器应尽可能布置成直立状，以充分利用其有效行程，在空间上不允许时才布置成斜置状。

5. 制动系布置

制动踏板应布置在靠近驾驶员处，并且还要做到脚制动踏板和手制动操纵轻便。应检查杆件运动时有无干涉和死角，更不应当在车轮跳动时自行制动。

布置制动管路要注意安全可靠、整齐美观。在一条管路上，当两个固定点之间有相对运动时，要采用软管过渡。平行管之间的距离不小于5mm，或者完全束在一起，交叉管之间的距离应不小于20mm，同时注意不要将管子布置在车架纵梁内侧下翼上，以免由于积水使管腐蚀。

6. 踏板的布置

与乘用车布置方法相同，参见第三节内容。

7. 油箱、备胎和蓄电池的布置

（1）油箱。根据汽车最大续驶里程（一般为200～600km）来确定油箱的容积。布置油箱时应遵守的一条重要原则是油箱应远离消声器和排气管，更不应当布置在发动机舱内。商用车油箱布置在纵梁上。考虑到发生车祸时不会因冲撞到油箱而发生火灾，油箱又应当布置在撞车时油箱不会受到损坏的地方。

（2）备胎。商用货车的备胎可以布置在车架尾部下方或是车架中部上方货箱底板下部。布置在车架尾部时常采用悬链式，可保证拆、装方便，并使汽车质心位置降低。但此时汽车离去角减小，通过性变坏。备胎置于车架中部上方时，常用翻转式结构。但在转动备胎时需要足够的空间，导致抬高货箱，使汽车质心位置增高。

（3）蓄电池的布置。蓄电池与起动机应位于同侧，并且它们之间的距离越近越好，以缩短线路，同时还要考虑拆装方便性和良好的接近性。

8. 车身内部布置

人体尺寸分布规律，参见第三节内容。货车车身的内部布置，应满足标准GB/T 15705—1995《载货汽车驾驶员操作位置尺寸》要求。其具体位置尺寸见图2-23，尺寸范围见表2-23。

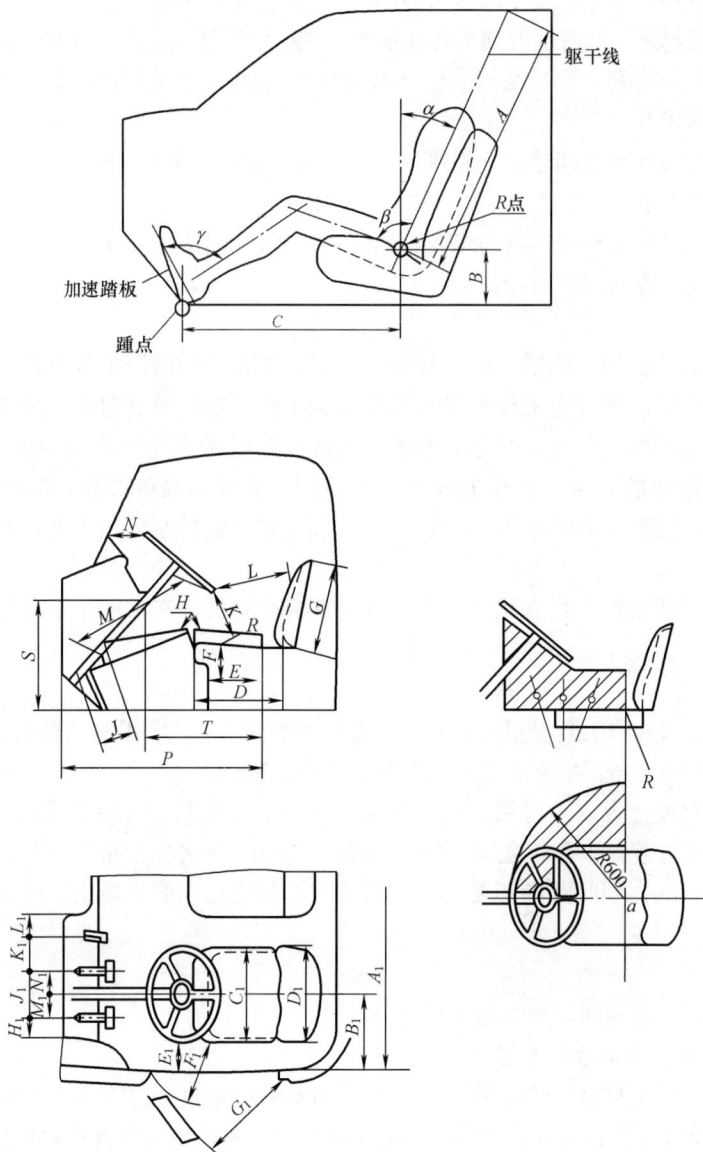

图 2-23　货车驾驶员操作位置尺寸（驾驶室轮廓指其内表面）

表 2-23　　　　　　　　　　货车驾驶员操作位置尺寸　　　　　　　　　　（mm）

尺寸序号	尺寸代码	尺 寸 名 称	尺寸范围	说　明
（1）	A	R 点至顶棚高	≥950	（1）沿躯干线量取。 （2）N_1 类货车≥910mm
（2）	B	R 点至地板距离	370±130	
（3）	C	R 点至驾驶员踵点的水平距离	550～900	踵点按 GB/T 11563—1995 中压下加速踏板的情况确定
（4）	α	背角（°）	5～28	
（5）	β	臀角（°）	90～11.5	

尺寸序号	尺寸代码	尺寸名称	尺寸范围	说明
（6）	γ	足角（°）	87～95	
（7）	D	座垫深度	440±60	
（8）	E	座椅前后最小调整范围	100	140mm 为佳
（9）	F	座椅上下最小调整范围	40	（1）70mm 为佳。 （2）轻型货车允许不调
（10）	G	靠背高度	520±70	带头枕的整体式靠骨，此尺寸可以增加，但增加部分的宽度应减小
（11）	H	R 点至离合器和制动踏板中心在座椅纵向中心面上的距离	750～850	气制动或带有加力器的离合器和制动器，此尺寸的增加不大于 100mm
（12）	J	离合器、制动踏板行程	≤200	
（13）	K	转向盘下缘至座垫上表面距离	≥160	
（14）	L	转向盘后缘至靠背距离	≥350	
（15）	M	转向盘下缘至离合器和制动踏板中心在转向柱纵向中心面上的距离	≥600	
（16）	N	转向盘外缘至前面及下面障碍物的距离	≥80	
（17）	P	R 点至前围的水平距离	≥950	脚能伸到的最前位置
（18）	T	R 点至仪表盘的水平距离	≥500	此两项规定达到一项即可
（19）	S	仪表盘下缘至地板距离	≥540	
（20）	A_1	单人座驾驶室内部宽度 双人座驾驶室内部宽度 三人座驾驶室内部宽度	≥850 ≥1250 ≥1650	内宽是在高度为车门窗下缘、前门后支柱内侧量取
（21）	B_1	座椅中心面至前门后支柱内侧距离	360±30	（1）在高度为前门窗下缘处量取。 （2）轻型货车≥310mm
（22）	C_1	座垫宽度	≥450	
（23）	D_1	靠背宽度	≥450	在靠背最宽处测量
（24）	E_1	转向盘外缘至侧面障碍物的距离	≥10.00	轻型货车≥80mm
（25）	F_1	车门打开时下部通道宽度	≥250	
（26）	G_1	车门打开时上部通道宽度	≥650	
（27）	H_1	离合器踏板中心至侧壁距离	≥80	
（28）	J_1	离合器踏板纵向中心面至制动踏板纵向中心面距离	≥110	
（29）	K_1	制动踏板纵向中心面至通过加速踏板中心的纵向中心面的距离	≥100	
（30）	L_1	加速踏板纵向中心面至最近障碍物的距离	≥60	
（31）	M_1	离合器踏板纵向中心面至转向柱纵向中心面的距离	50～150	
（32）		转向盘中心对座椅中心的偏移量	≤40	
（33）	N_1	制动踏板纵向中心面至转向柱纵向中心面的距离	50～150	
（34）		转向盘平面与汽车对称平面间的夹角（°）	90±5	

续表

尺寸序号	尺寸代码	尺 寸 名 称	尺寸范围	说　明
(35)		变速杆手柄在所有工作位置时，应位于转向盘下面和驾驶员座椅右面，不低于座椅表面，在通过 R 点横向垂直平面之前，而在投影平面上距 a 点（此点为 R 点在水平面上的投影）的距离≤600mm（如图 2-23 阴影线所示范围）		
(36)		变速杆和手制动器的手柄在任意位置时，距驾驶室内其他零件或操纵杆的距离≥50mm		

注　对于平头式货车，转向盘与水平面夹角较小，该尺寸可参考客车的有关尺寸确定。

9. 安全带的布置

安全带的布置可以参考乘用车安全带的布置。

第三章 离合器设计

第一节 题目及要求

一、题目

请按如表 3-1 所示提供的参数，设计出一套完整的离合器。

表 3-1 离合器设计参数

序号	发动机型号	发动机最大转矩 [N·m/（r/min）]	传动系传动比		驱动轮类型 与规格	汽车总 质量（kg）	使用 工况	离合器 形式
			1挡	主减速比				
1	LJ276Q	47.1/3000	4.111	5.833	5.00-10	1310	城乡	
2	TJ370Q	58.8/3200	3.966	5.125	5.00-12-8PR 145/70SR12	1429	城市	
3	DA462Q	51.5/3750	3.428	5.142	4.50-12-8PR	1245	城乡	
4	JL462Q	52.45/3500	3.843	5.125	4.50-12	1380	城市	
5	492QA2	179.3/2500	3.835	4.55	P215/75R15	2500	城乡	
6	CS475Q	108/3200	4.896	4.875	5.5-13	2000	城乡	
7	CA488	157/2800	4.218	4.55	195/80R14	2105	城乡	
8	LB4	315/2800	4.03	3.08	P205/75R15	2205	城乡	
9	4JA1	152/2000	5.089	4.875	6.50-15-10PR	3320	城乡	单 摩 擦 片
10	492QA2E	179.3/2500	5.594	4.875	6.50-15-10PR	3340	城乡	
11	492QC-2	181.3/2500	5.647	5.83	6.5-16	3450	城乡	
12	485Q	139.16/2200	6.09	5.83	6.50-1610PR	3700	乡间	
13	492QA2F	179/2500	5.557	5.83	6.50-16	4095	乡间	
14	4102	201/2200	5.557	5.83	6.50-16	4465	乡间	
15	CA488	157/2800	6.478	5.83	6.50R16	4195	乡间	
16	4JB1	173/2000	5.016	5.571	7.00-15-12PR	3920	乡间	
17	D433A	194/2350	6.40	6.67	7.00-20	5955	乡间	
18	YZ495Q3	202/1900	6.40	6.67	7.00-20	6045	乡间	
19	CA6102	373/1300	7.640	5.77	8.25-20	9550	乡间	
20	EQ6100-1	352/1300	7.31	6.33	9.00-20	9610	乡间	
21	6102QC	353/2000	7.31	6.23	9.00-20	10195	乡间	
22	CA6110	430/1900	7.64	6.31	9.00-20	15286	乡间	
23	6110Z	608/1800	7.287	5.326	10.00-20	14300	乡间	双 摩 擦 片
24	6120QK	608/1800	7.46	4.88	11.00-20	14730	乡间	
25	6135Q	687/1300	7.64	4.88	11.00-20	14 960	乡间	
26	SX6130Q	765/1200	7.34	5.73	11.00-20	16 000	乡间	
27	LR6100ZQ	519/1900	7.015	4.625	11.00-20	17 100	乡间	
28	6135Q-22	785/1400	9.111	1.812 5	11.00-R20	18 695	乡间	
29	WD615.61	830/1650	9.01	1.647	12.00-R20	19 000	乡间	
30	WD615.77	1070/1450	9.36	3.39	11.00-20	25 520	乡间	
31	EQ6135Q	784/1300	9.111	1.500	11.00-20	26 000	乡间	
32	WD615.61	830/1650	7.03	1.65	11.00-20	26 000	乡间	
33	T3A-929-34	1030/1499	9.36	3.39	11.00-20	28 500	乡间	
34	NTC-290	1254/1300	8.48	1.647	12.00-20	30 000	乡间	
35	WD615.77	1070/1450	12.42	1.933	12.00R20	32 000	乡间	

离合器形式栏（跨多行）：采用何种类型的弹簧；采用何种操纵方式；自己根据情况确定

二、要求

根据表 3-1 给出的基本参数，设计出一套完整的离合器装置。所谓完整是指，按照你设计出的图纸进行加工，并按一定的装配工艺进行装配，不再需要任何其他的辅助工作，离合器就能正常使用。

三、汽车离合器综述

（一）离合器的结构类型

通过汽车构造课的学习，我们知道，离合器的结构必须保证主动部分与从动部分既能暂时分离，又可逐渐接合，而且在接合过程中，主、从部分之间还要有相对转动，所以，离合器的主动件与从动件之间不能采用刚性连接，而必须通过另外的方式来实现转矩的传递。为达此目的，离合器的结构形式是多种多样的。通常可以按以下几种方式进行分类。

1. 按传递转矩的方式分类

按传递转矩的方式，离合器可分为以下三类。

（1）摩擦式离合器。

摩擦式离合器是利用摩擦力把转矩从主动元件传递给从动元件的离合器。它是目前各种汽车传动系中应用最广泛的一种结构。摩擦式离合器按摩擦表面的形状可分为锥式、鼓式 （蹄式）和片式三种，汽车多采用片式。片式离合器又可按以下几种方式分类。

1）根据从动摩擦片数可分为单片、双片和多片；

2）根据压紧弹簧的形式可分为螺管弹簧式，碟形膜片弹簧式和蜗形（盘形）弹簧式；

3）根据摩擦片的工作条件可分为干式、湿式（在油液中工作）。

（2）液力式离合器。

液力式离合器的主、从两元件间利用液体介质进行转矩的传递。常见的有液力耦合器和液力变矩器两种，但不能起到离合器的全部作用。多用在由机械式齿轮变速机构组成的液力—机械式传动系中，如中、高级轿车，一些大型公共汽车和重型自卸汽车上。

（3）电磁式离合器。

电磁式离合器的主、从动两元件间是利用电磁力的作用而传递转矩的。

2. 按离合器操纵方式分类

按离合器操纵方式可分为以下两类：

（1）强制操纵式。

这类离合器的操纵是根据驾驶员意志通过一定形式的操纵机构强制性地进行。通常有机械式、液力式和气动式几种。其中机械式和液力式操纵机构又常和各种形式的助力器配合使用。助力器有弹簧助力、液压助力和气动助力等几种。

（2）自动操纵式。

这类离合器能根据汽车的行驶速度或发动机的转速变化自动地进入接合或分离，无须驾驶员操作，使得汽车的操纵更为简单，驾驶更轻便舒适。

以上只是简单介绍了汽车常用离合器的分类情况，离合器的详细分类情况请参见 GB/T 10043—2003《离合器分类》，如图 3-1 所示。

（二）对离合器的要求

摩擦式离合器的结构类型非常多，而且有多种组合方式，但不管哪种结构类型，也不管是什么组合方式，对它们的使用要求是一致的。

（1）能可靠地传递发动机的最大转矩。

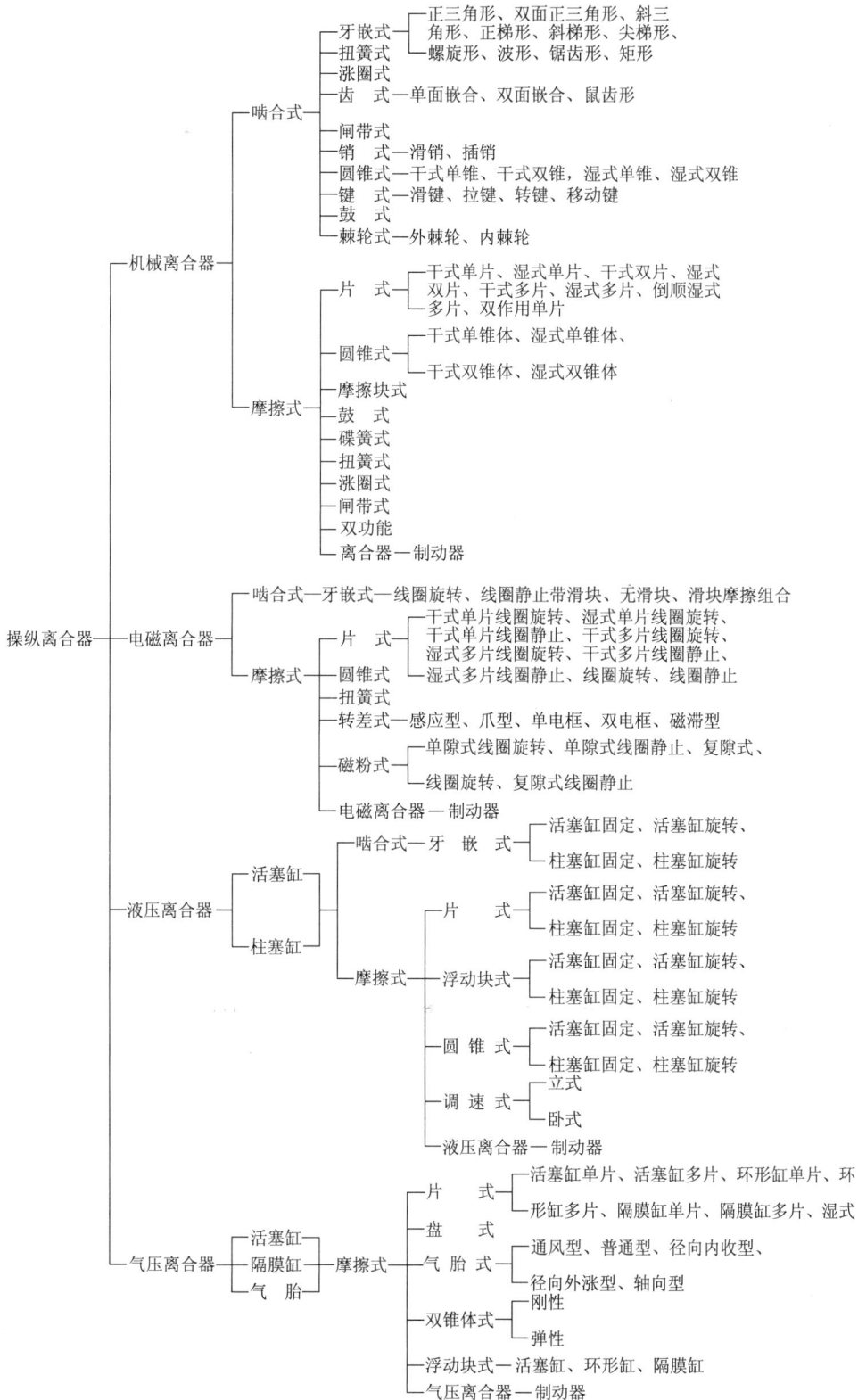

操纵离合器

```
机械离合器
├─ 啮合式
│   ├─ 牙嵌式 ── 正三角形、双面正三角形、斜三角形、正梯形、斜梯形、尖梯形、螺旋形、波形、锯齿形、矩形
│   ├─ 扭簧式
│   ├─ 涨圈式
│   ├─ 齿 式 ── 单面嵌合、双面嵌合、鼠齿形
│   ├─ 闸带式
│   ├─ 销 式 ── 滑销、插销
│   ├─ 圆锥式 ── 干式单锥、干式双锥，湿式单锥、湿式双锥
│   ├─ 键 式 ── 滑键、拉键、转键、移动键
│   ├─ 鼓 式
│   └─ 棘轮式 ── 外棘轮、内棘轮
└─ 摩擦式
    ├─ 片 式 ── 干式单片、湿式单片、干式双片、湿式双片、干式多片、湿式多片、倒顺湿式多片、双作用单片
    ├─ 圆锥式 ── 干式单锥体、湿式单锥体、干式双锥体、湿式双锥体
    ├─ 摩擦块式
    ├─ 鼓 式
    ├─ 碟簧式
    ├─ 扭簧式
    ├─ 涨圈式
    ├─ 闸带式
    ├─ 双功能
    └─ 离合器 ── 制动器
```

```
电磁离合器
├─ 啮合式 ── 牙嵌式 ── 线圈旋转、线圈静止带滑块、无滑块、滑块摩擦组合
├─ 摩擦式
│   ├─ 片 式 ── 干式单片线圈旋转、湿式单片线圈旋转、干式单片线圈静止、干式多片线圈旋转、湿式多片线圈旋转、干式多片线圈静止、湿式多片线圈静止、线圈旋转、线圈静止
│   ├─ 圆锥式
│   └─ 扭簧式
├─ 转差式 ── 感应型、爪型、单电框、双电框、磁滞型
├─ 磁粉式 ── 单隙式线圈旋转、单隙式线圈静止、复隙式、线圈旋转、复隙式线圈静止
└─ 电磁离合器 ── 制动器
```

```
液压离合器
├─ 活塞缸
├─ 柱塞缸
    ├─ 啮合式 ── 牙 嵌 式 ── 活塞缸固定、活塞缸旋转、柱塞缸固定、柱塞缸旋转
    ├─ 摩擦式
    │   ├─ 片 式 ── 活塞缸固定、活塞缸旋转、柱塞缸固定、柱塞缸旋转
    │   ├─ 浮动块式 ── 活塞缸固定、活塞缸旋转、柱塞缸固定、柱塞缸旋转
    │   ├─ 圆锥式 ── 活塞缸固定、活塞缸旋转、柱塞缸固定、柱塞缸旋转
    │   └─ 调速式 ── 立式、卧式
    └─ 液压离合器 ── 制动器
```

```
气压离合器
├─ 活塞缸
├─ 隔膜缸
├─ 气 胎
    └─ 摩擦式
        ├─ 片 式 ── 活塞缸单片、活塞缸多片、环形缸单片、环形缸多片、隔膜缸单片、隔膜缸多片、湿式
        ├─ 盘 式
        ├─ 气 胎 式 ── 通风型、普通型、径向内收型、径向外涨型、轴向型
        ├─ 双锥体式 ── 刚性、弹性
        ├─ 浮动块式 ── 活塞缸、环形缸、隔膜缸
        └─ 气压离合器 ── 制动器
```

```
                          ┌─ 牙嵌式
              ┌─ 啮合式 ─┼─ 棘轮式
              │          └─ 滑销式
超越离合器 ─┤          ┌─ 滚柱式—内星轮型、外星轮型、双向型、单向型
              └─ 摩擦式 ─┼─ 楔块式—接触型、非接触型、双向型、单向型
                         └─ 同步式—棘齿型
                          ┌─ 钢柱式
              ┌─ 散状体式 ┼─ 钢球式
              │           └─ 钢砂式
离心离合器 ─┤           ┌─ 缓冲式
              └─ 刚体式 ─┼─ 橡胶弹性式
                         └─ 闸块式—铰链型、弹簧型
              剪销式     ┌─ 牙嵌式
              啮合式 ───┼─ 钢球式
              │          └─ 滑销式
安全离合器 ─┤          ┌─ 片式—单片、多片
              └─ 摩擦式 ─┼─ 圆锥式—单锥体型、双锥体型
                         ├─ 圆盘式
                         └─ 圆周式
```
自控离合器

(b)

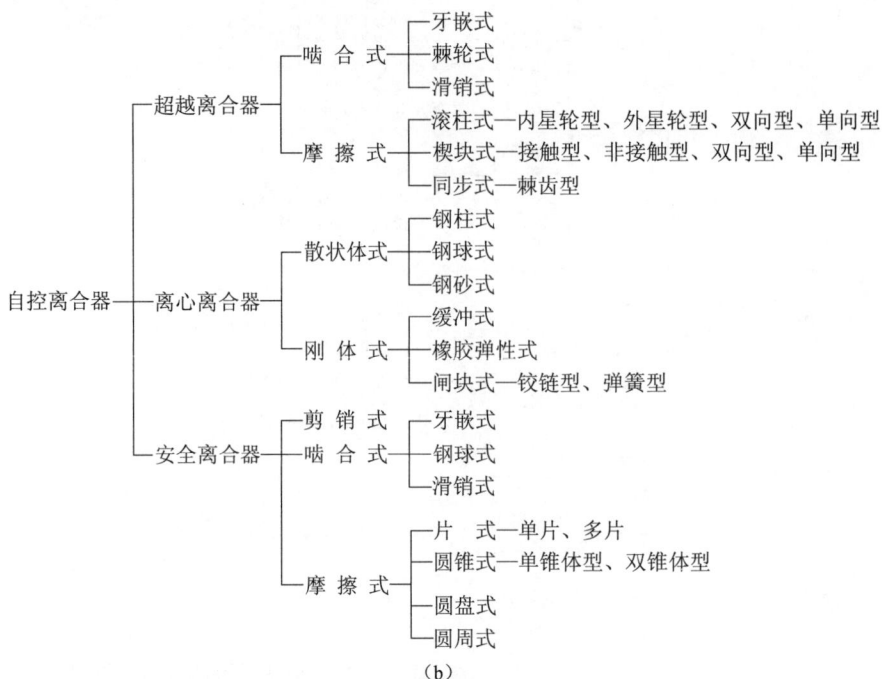

图 3-1　离合器分类

（a）操纵离合器分类；（b）自控离合器分类

（2）接合过程要平顺、柔和，使汽车起步时没有抖动和冲击。

（3）分离时要迅速、彻底。

（4）离合器从动部分的转动惯量要小，以减轻换挡时变速器齿轮间的冲击。

（5）高速旋转时具有可靠的强度，应注意平衡，免受离心力的影响。

（6）应使汽车传动系避免共振，具有吸收振动、冲击和减小噪声的功能。

（7）操纵轻便，工作性能稳定，使用寿命长。

以上这些要求都要依靠离合器的某些机构来保证，因此，要牢记这些要求，以便在进行离合器的结构设计时，合理地选择离合器的结构参数。

四、设计指导说明

本指导书只是对汽车传动系中摩擦式离合器的设计进行介绍，而且着重讨论汽车上常用的干式摩擦离合器，详细地分析有关结构、设计、计算等方面的基本理论和知识。通过对汽车上常用的摩擦式离合器的设计理论、方法和计算的学习和设计实践，对解决其他类型离合器的设计问题会有所启发和帮助。

CHAPTER 3

第二节　膜片弹簧离合器的设计

一、结构实例拆装和测算

膜片弹簧离合器是目前汽车上应用最多的一类离合器，它的压紧弹性元件是膜片弹簧，同

时膜片弹簧还起到分离杠杆机构的作用,结构非常简单。但它仍然包含主动部分、从动部分、压紧装置、分离机构和操纵机构五大组成部分,其常规结构如图3-2所示。

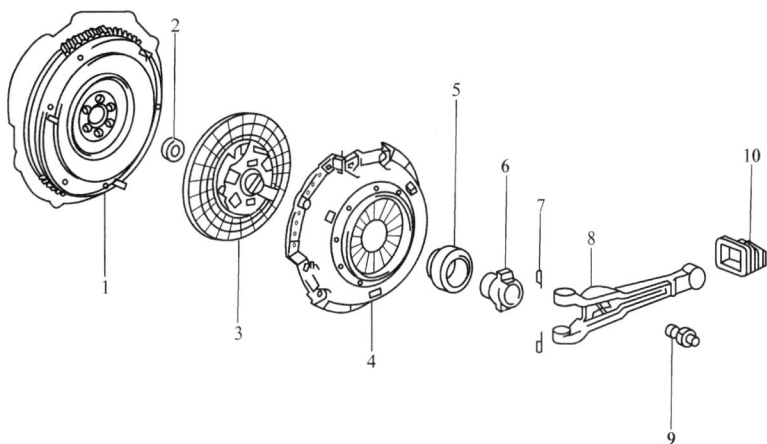

图 3-2 常规结构的膜片弹簧离合器

1—飞轮;2—支撑轴承;3—从动盘;4—离合器盖总成(包括离合器盖、压盘、膜片弹簧);

5—分离轴承;6—分离轴承套筒;7—卡簧;8—分离叉;9—分离叉支撑;10—防尘罩

1. 主动部分

离合器主动部分由飞轮、离合器盖和压盘等组成。离合器盖是用低碳钢冲压制成的,其特点是质轻,维修拆装方便。为了保证离合器与飞轮同心,离合器盖通过定位销或止口与飞轮定位,用螺栓固定。

为了加强散热效果,离合器盖的侧面设有通风窗,当离合器工作时热空气由此散出,以提高离合器的热稳定性。

压盘和飞轮的工作面要平整光洁。工作过程中压盘承受很大的机械负荷,为防止变形,常用强度和刚度都较大且耐热性也比较好的高强度铸铁制成。

2. 压紧装置与分离机构

离合器压紧装置与分离机构由膜片弹簧、支撑环、压盘、传力片及分离弹簧片等组成,如图3-3所示。

膜片弹簧的形状像一个碟子,其上开有径向槽,既起压紧机构的作用,又起分离杠杆的作用,可使离合器的结构大为简化,缩短了离合器的轴向尺寸。由于膜片弹簧和压盘是环形接触,可保证压盘上的压力均匀,使得离合器接合平顺。再者,膜片弹簧的弹性曲线是非线性的,如果设计合理,当摩擦衬片磨损变薄时,弹簧压力变化很小,同时还可以使离合器分离时所需的力量较小,操纵轻便。

支撑环装在膜片弹簧外侧,当膜片弹簧工作时,它作为支撑点。分离弹簧片连接压盘和离合器盖,当离合器分离时,将压盘拉离结合位置,使得分离彻底。

3. 从动部分

离合器从动部分的主要部件是从动盘。

从动盘分为不带扭转减振器和带扭转减振器两种类型。

(1)不带扭转减振器的从动盘。

不带扭转减振器的从动盘由两片摩擦衬片、从动盘钢片、弹簧钢片、从动盘毂等组成,如

图 3-4 所示。

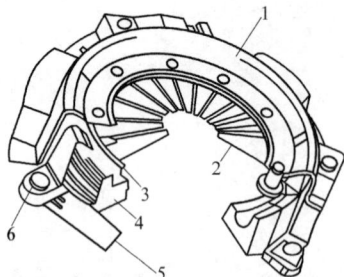

图 3-3　离合器压紧装置与分离机构

1—离合器外壳；2—膜片弹簧；3—支撑环；

4—压盘；5—传力片；6—分离弹簧片

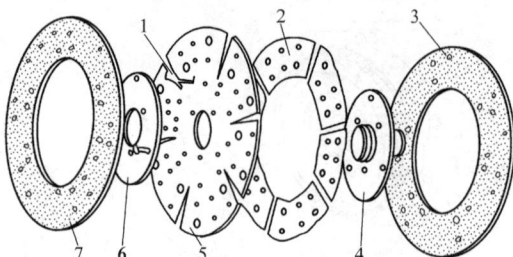

图 3-4　不带扭转减振器的从动盘

1—平衡片；2—波浪形弹簧钢片；3—后摩擦片；

4—从动盘毂；5—从动盘钢片；6—压片；7—前摩擦片

从动盘钢片通常是用薄弹簧钢板冲压制成，并与从动盘毂铆在一起，其上开有辐射状的槽，可防止热变形。摩擦衬片应有较大的摩擦系数、良好的耐磨性和耐热性。摩擦衬片通常用石棉（或加铜丝、铝丝等）、黏合剂及其他辅助材料经热压合制成。衬片和从动盘钢片之间一般用铜或铝铆钉铆合，也有用树脂胶粘接的。

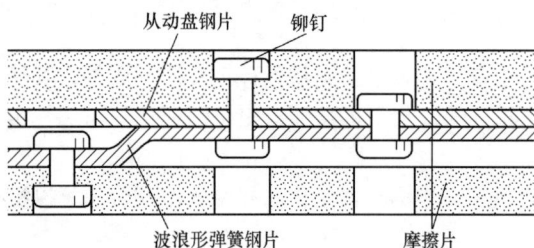

图 3-5　摩擦片连接结构示意图

为了使离合器接合柔顺、起步平稳，单片离合器从动盘总成一般都具有轴向弹性结构。图 3-4 中的六块扇形波浪形弹簧钢片 2 就起这个作用。其上有多个孔，其中两个孔与后摩擦片铆接，两孔将波浪形弹簧钢片和从动盘钢片铆接在一起（如图 3-5 所示）。这样，从动盘在自由状态时，后摩擦片与弹簧钢片之间有一定间隙，在离合器接合时，产生轴向弹性变形，使压紧力逐渐增加，同时摩擦力矩逐渐增大，使接合柔顺。

（2）带扭转减振器的从动盘。

由于发动机传到汽车传动系的转速和转矩是随汽车行驶工况的不同而不断变化的，使传动系产生扭转振动，对传动系零件造成冲击性载荷，使其寿命缩短，甚至会损坏零件。为了消除扭转振动和避免共振，防止传动系过载，多数离合器从动盘中装有扭转减振器。带扭转减振器的从动盘的构造如图 3-6（a）所示。

从动盘和从动盘毂通过弹簧弹性地连接在一起，构成减振器的缓冲机构，从动盘毂夹在从动钢片和减振器盘之间，在从动盘毂与从动钢片、从动盘毂与减振器盘之间还装有环状摩擦片，它是减振器的阻尼元件。从动盘毂、从动盘钢片和减振器盘上都有六个圆周均布的窗孔，减振弹簧装在窗孔中。特种铆钉将钢片和盘铆接成一体，但铆钉中部与毂上的缺口存在一定的间隙，毂可相对钢片和盘作一定量的转动。从动盘不受转矩作用时，如图 3-6（b）所示。从动盘受转矩作用时，由摩擦衬片传来的转矩，首先传到钢片，再经弹簧传给毂，这时弹簧被进一步压缩，如图 3-6（c）所示。就这样，从发动机曲轴传来的扭转振动所产生的冲击被弹簧缓冲以及被摩擦片吸收，而不会传到变速器以后的总成部件上。

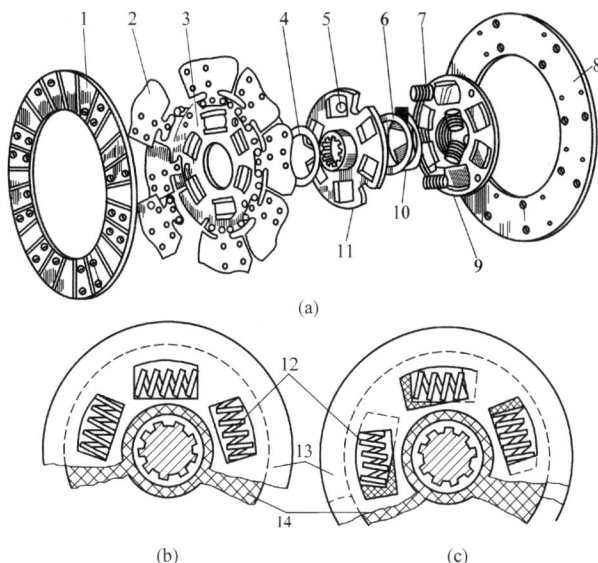

图 3-6 带扭转减振器的从动盘的组成及工作示意图

（a）带扭转减振器的从动盘构造；（b）从动盘不受转矩作用时；（c）从动盘受转矩作用时

1—摩擦衬片；2—波浪形弹簧钢片；3—从动盘钢片；4、6—摩擦片；5—特种铆钉；7—减振器弹簧；

8—摩擦衬片；9—减振器盘；10—调整垫片；11、14—从动盘毂；12—减振器弹簧；13—从动盘本体

有些汽车上采用刚度不等（圈数不同）的弹簧，并将装弹簧的窗孔长度制成不同尺寸，从而使弹簧起作用的时间先后不一而获得变刚度的特性，可避免传动系的共振和降低传动系的噪声。另外，也有采用橡胶弹性元件的。

4. 膜片弹簧的弹性特性及其特点

如图 3-7 所示为两种弹簧的特性曲线。曲线 1 为膜片弹簧特性曲线，呈非线性特性；曲线 2 为螺旋弹簧特性曲线，呈线性特性。

图中 a 点表示两种弹簧离合器的接合点，其压紧力都为 p_a。分离时，两种弹簧都附加压缩变形量 ΔL_1，此时膜片弹簧的压力 p_b，小于螺旋弹簧的压力 p_b'，且 $p_b < p_a$，即膜片弹簧分离时的作用力小于接合时的作用力，因而具有操纵轻便的特点。

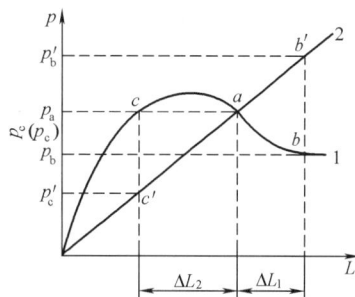

图 3-7 弹簧弹性比较

1—膜片弹簧；2—螺旋弹簧

当摩擦片磨损变薄使弹簧都伸长 ΔL_2 时，螺旋弹簧的压紧力由 p_a 直线下降到 p_c'，而膜片弹簧的压力 p_c 却几乎等于 p_a。因此，膜片弹簧离合器具有摩擦片磨损而压紧力几乎保持不变特点；另外，周置螺旋弹簧式离合器在高转速下，离心力会使弹簧产生弯曲而导致弹力下降，而膜片式弹簧的压紧力几乎与转速无关，即具有高转速压紧力稳定的特点。

膜片弹簧离合器在整体结构上还有一个特点，按其分离轴承运动的方向可分为推式和拉式两种。如图 3-8（a）所示属于推式结构。拉式结构如图 3-8（b）所示，它和推式离合器的结构区别如下，膜片弹簧安装时和推式相反，膜片弹簧的小端靠近飞轮（推式远离飞轮）。膜片弹簧的最外端与离合器盖接触，接触处只有 1 个支承环（推式结构需要有两个，且在膜片弹簧径

向的中部），拉式膜片弹簧与压盘凸台的接触处相对靠近旋转中心（推式远离旋转中心）。另外从图 3-8 中也能看到，在支承环处，无论离合器是在分离状态还是在接合状态，它对膜片弹簧作用力的方向永不改变。因此，在该支承处就不可能出现间隙。即使支承环有磨损，它也能自动补偿，这是拉式膜片弹簧离合器的一大优点。另外，两种离合器分离时，拉式的力臂大于推式的，即拉式比推式操纵省力，这是拉式膜片弹簧离合器的另一大优点。推式和拉式膜片弹簧优缺点比较如表 3-2 所示。

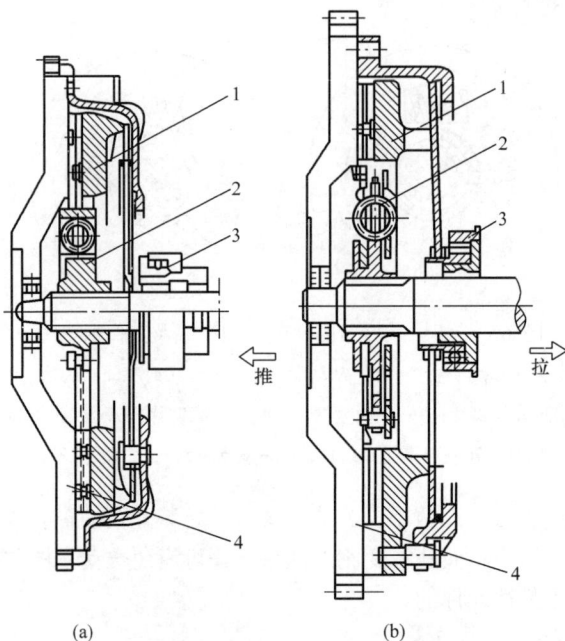

图 3-8 推式和拉式膜片弹簧离合器结构

（a）推式膜片弹簧离合器；（b）拉式膜片弹簧离合器

1—离合器压盘总成；2—离合器从动盘总成；3—离合器分离轴承；4—飞轮

表 3-2 推式和拉式膜片弹簧优缺点比较

类 型	离合器盖变形程度	分离轴承			膜片弹簧外径	弹簧应力	压紧载荷	支承环数
		设计	负荷	安装				
推式	大	简单	大	容易	相对小	相对大	相对小	2
拉式	小	复杂	小	较难	相对大	相对小	相对大	1

由上述分析可知，拉式膜片弹簧离合器较推式在性能上有更多的优点，但由于受到分离机构设计困难、拆装复杂等因素的困扰，因此在许多场合还是宁愿选用推式结构形式。也有设法把拉式结构的分离动作改变，使其分离的运动方向由"拉"改成"推"，如图 3-9 所示结构。从图 3-9 中可以看到飞轮 2 与装在曲轴末端上的冲压的驱动盘 14 用螺钉相连接，而且冲压的驱动盘 14 与离合器压盘 6 用驱动指销 3 相连接直接驱动压盘 6，压盘 6 和从动盘 5 都在飞轮凹孔之内，面向发动机，压盘 6 与冲压的驱动盘 14 之间装有拉式膜片弹簧 7。分离离合器时，从变速器输入轴的中心孔内顶出分离推杆 12 推动离合器的分离柱塞 13 带动分离指 15 使离合器分离。膜片弹簧 7 上的窗孔 16 用作消除应力集中。这种结构形式的优点是简化了拉式膜片弹簧离合

器的分离轴承机构的设计。但是离合器安装拆卸复杂,而且变速器输入轴内要加工长孔,它仅适用于前置前驱动两轴式变速器的汽车上。

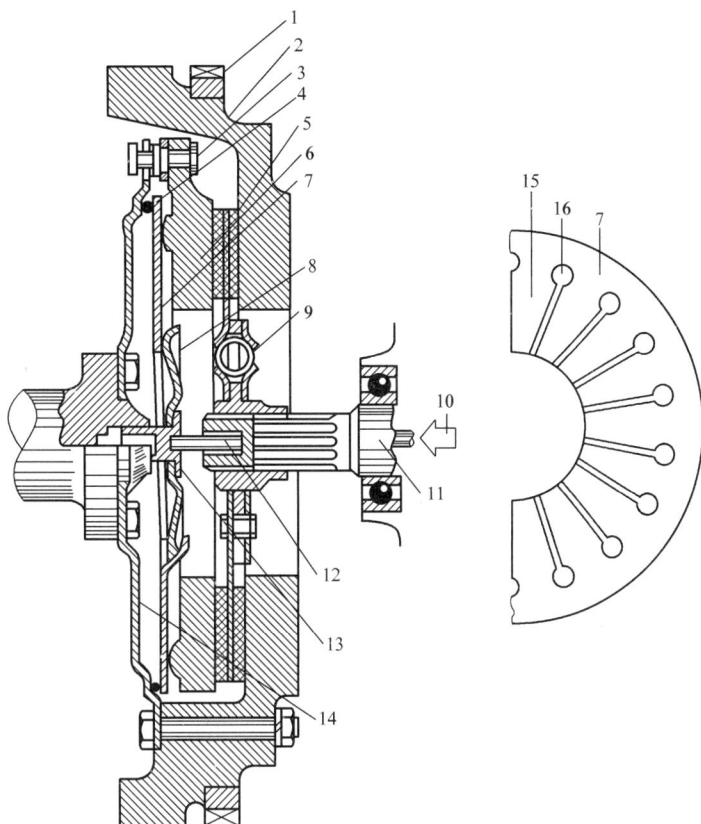

图 3-9　推型拉式膜片弹簧离合器

1—齿圈;2—飞轮;3—驱动指销;4—支承环;5—从动盘;6—压盘;7—膜片弹簧;8—分离盘;

9—扭转减振器弹簧;10—分离力作用方向;11—花键轴;12—分离推杆;

13—分离柱塞;14—驱动盘;15—分离指;16—窗孔

总之,膜片弹簧式离合器具有结构简单、轴向尺寸小、理想的弹性特性,在使用期限内能保持压紧力不变,操纵轻便、高速时压紧力稳定、分离杠杆平整无需调整等优点,已在现代汽车上得到广泛使用。

二、离合器主要参数的选择

汽车上所用的摩擦离合器,要求既要可靠传递发动机转矩,又要靠它的滑磨来使汽车平稳起步,工作条件甚为恶劣。因此,要合理地选择离合器的设计参数和基本结构尺寸。

(一)基本公式

1. 离合器转矩容量

离合器转矩容量 T_e,根据对压盘压力分布的两种假设,有两种计算公式。

1)假设压盘压力均匀分布

$$T_e = \frac{2}{3} \frac{R_o^3 - R_i^3}{R_o^2 - R_i^2} Z\mu F \qquad (3-1)$$

2）假设压盘压力从 R_i 到 R_o 递减

$$T_e = \frac{(R_o + R_i)}{2} Z\mu F \qquad (3\text{-}2)$$

式中：R_i、R_o 为摩擦盘的内、外半径，m；F 为作用在压盘上的正压力，N；μ 为摩擦材料的摩擦系数；Z 为摩擦盘工作面数，单盘为 2，双盘为 4……

两种不同的假设，产生了上述两种不同的计算公式，它们是把复杂过程作一系列简化后得出的，只能起到对离合器转矩容量作估算的作用。要精确地计算出离合器转矩容量 T_e，是相当复杂的，因为实用工况中，μ、F、R_e（摩擦盘上摩擦力等效作用半径）都不是一简单的常数。

2. 离合器的转矩容量与发动机最大转矩的基本性能关系

为了保证离合器能可靠地传递发动机的转矩，将离合器转矩容量 T_e 和发动机最大转矩 T_{emax} 写成如下关系式

$$T_e = \beta T_{emax}$$

或写成

$$\beta T_{emax} = Z R_e \mu F \qquad (3\text{-}3)$$

式中：β 为离合器的后备系数，$\beta > 1$；R_e 为摩擦盘上摩擦力等效作用半径，不同的模型有不同的取值。

当引入单位压力 p（$p = F/A$）这一参数时，就可把面积因素引入。可把式（3-3）改写成

$$\beta T_{emax} = Z R_e \mu p A \qquad (3\text{-}4)$$

式中：A 为摩擦片单面面积，m^2。

（二）离合器基本结构尺寸和参数的选择

首先要确定离合器的结构形式（如单片、多片等），而后就要确定其基本结构尺寸和参数，它们是摩擦片外径 D；单位压力 p；后备系数 β。

在选定这些尺寸和参数时，发动机最大转矩 T_{emax}；整车总质量 m_a；传动系总的速比（变速器传动比×主减速器速比）i_Σ；车轮滚动半径 r_K 等一些车辆参数对它们有重大影响。

1. 离合器后备系数 β 的确定

后备系数 β 是离合器很重要的参数，它在保证离合器能可靠传递发动机转矩的同时，还有助于减少汽车起步时的滑磨，提高离合器的使用寿命。

在开始设计离合器时，一般是参照已有的经验和统计资料，并根据汽车的使用条件、离合器结构形式的特点等，初步选定后备系数。汽车离合器的后备系数 β 推荐如下（供参考）。

小轿车：$\beta = 1.2 \sim 1.3$；载货车：$\beta = 1.7 \sim 2.25$；带拖挂的重型车或牵引车：$\beta = 2.0 \sim 3.0$。

国外对小轿车的离合器推荐其后备系数 β 值为 1.2，因为小轿车的离合器都采用膜片弹簧离合器，在使用过程中其摩擦片的磨损工作压力几乎不会变小（开始时还有些增加），再加上小轿车的后备功率较大，使用条件较好，故宜取小值。反之，对于有拖挂的载货汽车，由于它们起步时阻力大，相对于小轿车来说，其后备功率较小，就要选取较大的后备系数。

在同类型汽车中，其后备系数也可不完全一样。例如采用压簧，其工作压力可以调整的离合器时，β 值就可以取小一些。否则，像一般螺旋弹簧离合器，摩擦片磨损后工作压力要减小，就要适当加大后备系数。

2. 摩擦系数 μ 的确定

摩擦系数 μ 的大小与选取的摩擦材料有直接的关系，常用摩擦材料的摩擦系数见表 3-3。

表3-3　　　　　　　　常用摩擦材料的摩擦系数、许用应力和许用温度

摩　擦　副		摩擦系数		许用压强［p］（MPa）		许用温度（℃）	
摩擦材料	对偶材料	干式	湿式	干式	湿式	干式	湿式
淬火钢	淬火钢	0.15～0.20 (0.12～0.16)	0.05～0.10 (0.04～0.08)	0.2～0.4	0.6～1.0	<260	
铸铁	铸铁、钢	0.15～0.25 (0.12～0.16)	0.05～0.12 (0.04～0.08)	0.2～0.4	0.6～1.0	<250	
青铜	铸铁、钢、青铜	0.15～0.20 (0.12～0.16)	0.05～0.12 (0.05～0.10)	0.2～0.4	0.6～1.0	<150	<120
钢基粉末冶金	铸铁、钢	0.25～0.33 (0.20～0.30)	0.10～0.12 (0.05～0.10)	1.0～3.0	1.2～4.0	<560	
铁基粉末冶金	铸铁、钢	0.3～0.4	0.10～0.12	1.2～3.0	2.0～3.0	<680	
石棉基摩擦材料	铸铁、钢	0.25～0.40	0.08～0.12	0.2～0.3	0.4～0.6	<260	<120
纸基摩擦材料	铸铁、钢		0.10～0.20 (0.04～0.08)		1.0		
石墨基摩擦材料	钢		0.12～0.15 (0.09～0.11)		3.0～6.0		
半金属基摩擦材料	钢	0.26～0.37	0.12～0.20	1.68		<350	
夹布胶木			0.10～0.12		0.4～0.6	<150	<120
皮革	铸铁、钢	0.3～0.4	0.12～0.15	0.07～0.15	0.15～0.28	<110	
软木		0.3～0.5	0.15～0.25	0.05～0.10	0.10～0.15	<110	

3. 摩擦片外径 D 的确定

摩擦片外径是离合器的重要尺寸之一，它直接影响离合器所能传递的转矩大小，也关系到离合器的结构重量和使用寿命。在确定尺寸 D 时，发动机最大转矩参数必须是已知的。

在结构空间允许的情况下，尽量选用比较大的 D 尺寸，这样既可保证使用性能，也可提高离合器的使用寿命。初步确定 D 的方法有两种。

1）用式（3-4）反算参数 A，再通过 A 和离合器的实际结构空间尺寸确定 D。

2）按发动机的最大转矩 T_{emax}（N·m）来初选 D，可参考下列公式

$$D = 100\sqrt{\frac{T_{emax}}{K}} \tag{3-5}$$

式中：系数 K 反映了不同结构和使用条件对 D 的影响，可参考下列范围选取，小轿车 $K=47$；一般载货汽车 $K=36$（单片）或 $K=50$（双片）；自卸车或使用条件恶劣的载货汽车 $K=19$。

无论用哪种方法初选 D 以后，还需注意摩擦片尺寸的系列化和标准化，就近套用标准尺寸。表3-4为我国摩擦片尺寸的标准。

表3-4　　　　　　　　离合器摩擦片尺寸系列和参数

外径 D（mm）	160	180	200	225	250	280	300	325	350	380	405	430
内径 d（mm）	110	125	140	150	155	165	175	190	195	205	220	230
厚度（mm）	3.2	3.5	3.5	3.5	3.5	3.5	3.5	3.5	4	4	4	4
$C'=d/D$	0.687	0.694	0.700	0.667	0.620	0.589	0.583	0.585	0.557	0.540	0.543	0.535
$1-C'^{3}$	0.676	0.667	0.657	0.703	0.762	0.796	0.802	0.800	0.827	0.843	0.840	0.847
单面面积（mm²）	106	132	160	221	302	402	466	546	678	729	908	1037

摩擦片内径 d 不作为一个独立的参数，它和外径 D 有一定关系，用比值 C' 来反映，定义为

$$C' = d/D$$

比值 C' 关系到从动盘钢片总成的结构设计和使用性能。具体来说，由于现在广泛采用扭转减振器，所以布置扭转减振器时要求加大内径 d，从而 C' 要变大；但过分加大 C' 值会使摩擦面积变小，这也是不利的。按照目前的设计经验，推荐 $C' = 0.53 \sim 0.7$，一般来说，发动机转速越高，C' 取值越大。

对摩擦片的厚度 h，我国已规定了 3 种规格：3.2mm，3.5mm 和 4mm，无更多选择余地。

4. 单位压力 p 的确定

确定单位压力 p 的时候，应从两个方面考虑。一是摩擦材料的耐压强度（可从表 3-3 中查到）；二是摩擦材料的耐磨性，影响摩擦片磨损的直接物理量是 pv（v 为摩擦片与压盘之间的相对速度），表面上看，单独考虑 p 的大小对摩擦片耐磨性的影响是没有直接意义的，但是对同一转矩容量的离合器来说，降低 p 值就意味着要增加摩擦片面积，这样就增大了摩擦材料的可磨损体积，直接意义是提高了摩擦离合器的使用寿命。因此，在一定意义上来说，p 的大小反映了离合器的使用寿命，p 值小，寿命长；p 值大，寿命短。这样，在确定摩擦片上的单位压力 p 值时，在保证离合器的可靠使用性能的前提下，应尽可能选择小的 p 值，以利于提高离合器的寿命。

如果知道离合器的工作条件，选择 p 的原则是当离合器使用频繁（如城市公共汽车和矿用载重车）时，相对滑磨的时间就长，单位压力 p 取较小的值为好。因为只有降低单位压力 p，增大摩擦面积，加大容许的磨耗的体积，才能延长使用时间。

对于采用有机材料作为基础的摩擦面片，下列一些数据可以作为参考。

对于小轿车，$D \leq 230$mm 时，p 约为 0.25MPa；$D > 230$mm 时，p 可由下式选取

$$p = 1.18/\sqrt{D}$$

对于载货车，$D = 230$mm 时，p 约为 0.2MPa；$D = 380 \sim 480$mm 时，p 约为 0.14MPa。

对于城市公共汽车，一般单片离合器 p 约为 0.13MPa；大的双片离合器 p 约为 0.1MPa（考虑中间的散热困难）。

对于陶瓷摩擦材料，它的单位压力允许较高。国外推荐值为 $0.4 \sim 0.8$MPa，国内生产的陶瓷片（实际上为含陶瓷成分的粉末冶金材料），其设计值约为 0.4MPa。

【例 3-1】某一般用途的载货汽车，其发动机的最大转矩为 $T_{emax} = 310$N·m（1200 ～ 1700r/min），一般情况下不拖挂，基本上在公路上行驶。试为其选择离合器结构基本尺寸及其参数。

首先，确定离合器的基本结构为单片干式，按照结构的布置和飞轮尺寸，先初选摩擦片外径 D，由式（3-5），根据实际使用情况取 $K=36$，则摩擦片外径为

$$D = 100\sqrt{\frac{T_{emax}}{K}} \approx 293 \text{（mm）}$$

按照我国摩擦片尺寸系列标准（见表 3-4），最后选定摩擦片的尺寸为 $D = 300$mm，$d = 175$mm，$h = 3.5$mm，单面面积为 466mm²。

依据使用条件，取 $\beta = 1.8$，初选摩擦材料为石棉基摩擦材料，由表 3-3 可知，μ 的取值范围为 $0.25 \sim 0.40$，取 $\mu = 0.3$。用式（3-4）验算单位压力 p。

Note

（1）取 $R_e = \dfrac{2}{3} \dfrac{R_o^3 - R_i^3}{R_o^2 - R_i^2}$ 时

$$1.8 \times 310 = 2 \times [2/3 \times (0.15^3 - 0.087\,5^3)/(0.15^2 - 0.087\,5^2)] \times 0.3 \times p \times 0.046\,6$$
$$558 \approx 2 \times (2/3 \times 0.002\,705\,078/0.014\,843\,75) \times 0.3 \times p \times 0.046\,6$$
$$558 \approx 0.003\,396\,894p$$
$$p \approx 164\,267.686\,3 \approx 0.164\,（MPa）$$

（2）取 $R_e = \dfrac{1}{2}(R_o + R_i)$ 时

$$1.8 \times 310 = 2 \times [(0.15 + 0.087\,5)/2] \times 0.3 \times p \times 0.046\,6$$
$$558 = 2 \times 0.118\,75 \times 0.3 \times p \times 0.046\,6$$
$$558 = 0.003\,320\,25p$$
$$p \approx 168\,059.634\,1 \approx 0.168\,（MPa）$$

单位压力 p 在容许范围之内，认为所选离合器的尺寸、参数合适。

陶瓷离合器尺寸参数选择计算的基本过程与此类似，主要是单位压力的大小有明显差别。

三、离合器的结构设计与计算

离合器的结构类型很多，以下主要以单片干式摩擦离合器为主，详细介绍其主要零件的结构选型及设计计算。

（一）从动盘总成

1. 从动盘的结构组成与选型

从动盘有两种结构形式：不带扭转减振器的和带扭转减振器的，如图 3-4 和图 3-6 所示。

不带扭转减振器的从动盘结构简单，重量较轻，转动惯量小，主要使用在早期和多片离合器的载货汽车上。带扭转减振器的从动盘，可以避免汽车传动系的共振，缓和冲击，减少噪声，提高传动系零件的寿命，改善汽车行驶的舒适性，并使汽车起步平稳，已被现代汽车广泛采用。

由图 3-4 和图 3-6 可以看出，不论从动盘是否带有减振器，它们都有从动盘钢片、摩擦片和从动盘毂等 3 个基本组成部分。两者不同之处在于，不带扭转减振器的从动盘，从动盘钢片直接铆在从动盘毂上；而在带扭转减振器的从动盘中，其从动盘钢片和从动盘毂之间是通过减振弹簧弹性地连接在一起。

无论选择什么类型的从动盘，它都应该满足以下要求。

（1）为了减少变速器换挡时轮齿间的冲击，从动盘的转动惯量应尽可能小。

（2）为了保证汽车平稳起步、摩擦面片上的压力分布更均匀等，从动盘应具有轴向弹性。

（3）要有足够的抗爆裂强度。

（4）为了避免传动系的扭转共振以及缓和冲击载荷，从动盘中应尽量选装扭转减振器。

根据上述分析，结合所设计离合器的使用情况，确定从动盘总成的结构。

2. 从动盘总成设计

下面分别叙述从动盘钢片、从动盘毂和摩擦片等零件的结构选型和设计。

（1）从动盘钢片。

所设计的从动盘钢片应达到以下几个方面的要求。

1）尽量小的转动惯量。设计从动盘钢片时，要尽量减轻其重量，并应使其质量的分布尽可能地靠近旋转中心，以获得最小的转动惯量。从动盘钢片一般都比较薄，通常是用 1.3～2.0mm 厚的钢板冲制而成。为了进一步减小从动盘钢片的转动惯量，有时将从动盘钢片外缘的盘形部分磨薄至 0.65～1.0mm，使其质量分布更加靠近旋转中心。

2）具有轴向弹性结构。为了使离合器接合平顺，保证汽车平稳起步，单片离合器的从动盘钢片一般都做成具有轴向弹性的结构。这样，在离合器盘接合过程中，主动盘和从动盘之间的压力是逐渐增加的。

现代常用的具有轴向弹性的从动盘钢片，主要有以下 3 种结构类型。

a. 整体式弹性从动盘钢片的结构如图 3-10 所示。为使具有轴向弹性，将钢片沿半径方向开槽，将钢片外缘部分分割成许多扇形，并将扇形部分冲压成依次向不同方向弯曲的波浪形，两边的摩擦片则分别铆在扇形片上。在离合器接合时，从动盘钢

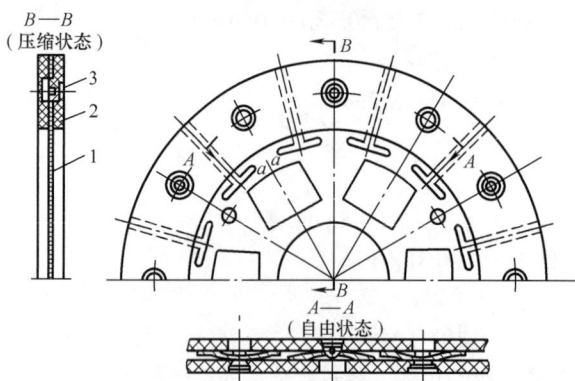

图 3-10　整体式弹性从动盘钢片

1—从动盘钢片；2—摩擦片；3—铆钉

片被压紧，弯曲的波浪形扇形部分逐渐被压平，从动盘摩擦面片所传递的转矩逐渐增大，使接合过程（即转矩增长过程）较平顺、柔和。

根据从动盘钢片尺寸的大小可制成 6～12 个切槽。这种切槽还有利于减少从动盘钢片的翘曲。为了进一步减小从动盘钢片的刚度，增加其弹性，减少应力集中，常常将切槽的根部切成 T 形。

b. 分开式弹性从动盘钢片是将钢片沿半径尺寸方向分开，装配后才能达到钢片的使用尺寸，结构组成见图 3-11。优点是具有更小的转动惯量，因为波形弹簧片较薄，且位于从动盘钢片的最大半径上，从动盘钢片的尺寸较大，但它在旋转中心。图 3-6 中的从动盘钢片也是这种结构。

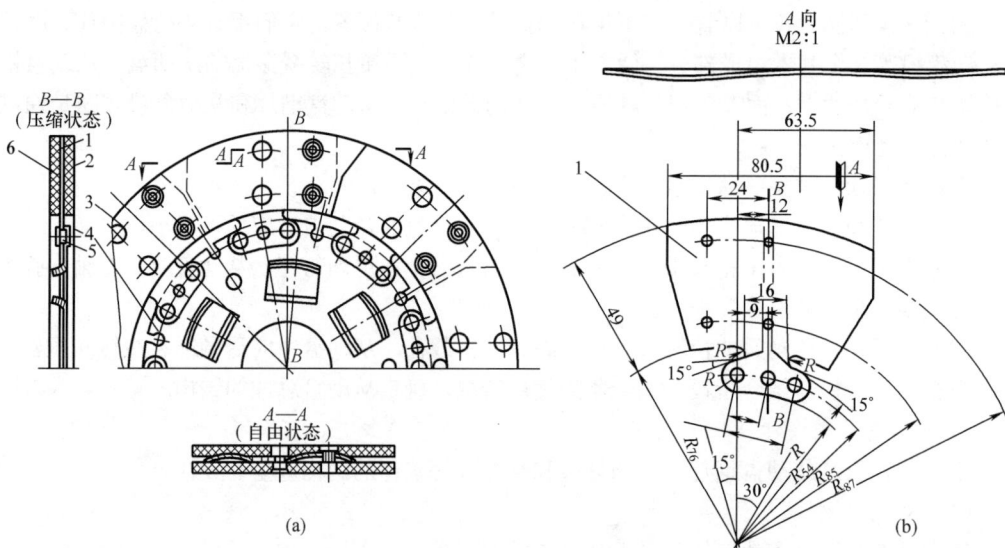

图 3-11　分开式弹性从动盘钢片

（a）分开式弹性从动盘总成；（b）波形弹簧片

1—波形弹簧片；2、6—摩擦片；3—摩擦片铆钉；4—从动盘钢片；5—波形弹簧片铆钉

c. 组合式弹性从动盘钢片。前面两种结构的从动盘钢片都属于双向轴向弹性，在传动负荷不太大的小型车上广泛采用，它们工作的特点是，在离合器分离与结合的过程当中，两边的摩擦片都要产生变形，引起从动盘毂沿变速器第一轴轴向移动，有可能造成从动盘在靠近飞轮一侧分离不彻底（从动盘毂花键滑动阻力较大时），影响变速器挂挡性能。因此在载货汽车上常采用另一种所谓组合式的从动盘钢片（见图 3-12）。所谓组合式弹性从动盘钢片，就是将从动盘钢片沿轴向分开，在从动盘钢片上附加一些波形弹簧片。设计和装配时一定要注意使靠近飞轮的一侧无波形弹簧片，否则，这种结构就失去它的意义。显然，这种组合式从动盘钢片的转动惯量比前两种的大，但对于要求刚度较高、传动负荷比较大的大型从动盘钢片来说，这个缺点是可以接受的。图 3-4 的从动盘钢片结构也属于此类。

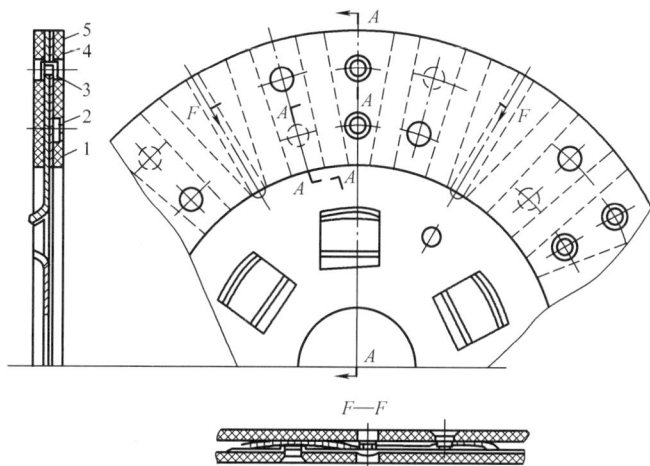

图 3-12　组合式弹性从动盘钢片

1—从动盘钢片；2—摩擦片铆钉；3—波形弹簧片铆钉；4—摩擦片；5—波形弹簧片

在设计时，为了保证从动盘钢片的弹性作用，波形弹簧片的压缩行程可取为 0.8～1.1mm，至少不应小于 0.6mm。从动盘钢片轴向弹性变化规律（即轴向加载与其变形的关系）的大致趋势是抛物线形，即在开始变形时力较小，而后随着变形的增加，力的增长很快，最后被压平。

具有轴向弹性的从动盘钢片结构比较复杂，而且由于轴向弹性需要增加分离行程才能保证离合器的彻底分离。因此某些特殊情况下（如双片离合器），从动盘钢片采用刚性的更有利。

从动盘钢片的材料与所采用的结构形式有关，不带波形弹簧片的从动盘钢片（即整体式）一般用高碳钢板或弹簧钢板冲压而成，经热处理后达到所要求的硬度。采用波形弹簧片时（即分开式或组合式），从动盘钢片可用低碳钢板，波形弹簧片用弹簧钢板。

无论何种从动盘钢片都要保证其结构形状的热稳定性，防止翘曲变形，以免摩擦面片压力不匀。

（2）从动盘毂。

从动盘毂结构形状如图 3-13 所示，需要确定的主要参数有扭转减振器弹簧装配窗孔半径，花键相关尺寸等。扭转减振器弹簧装配窗孔半径尺寸受到摩擦片内径的限制，在结构条件允许的情况下，该尺寸尽可能大一点。从动盘毂的花键孔与变速器第 1 轴的花键轴配合，目前大都采用齿侧定心的矩形花键，花键副之间为间隙配合，目的是在离合器分离和接合过程中，从动盘毂能在花键轴上自由滑动。花键相关尺寸包含两个方面。

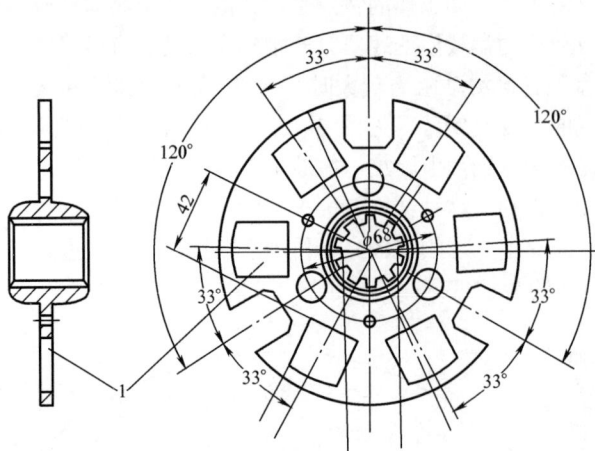

图 3-13　从动盘毂结构

1—扭转减振器弹簧装配窗孔

1）花键形状尺寸可以采用两种结构形式。

a. 采用 SAE（美国汽车工程师学会）标准，结构见图 3-14，有关尺寸见表 3-5。

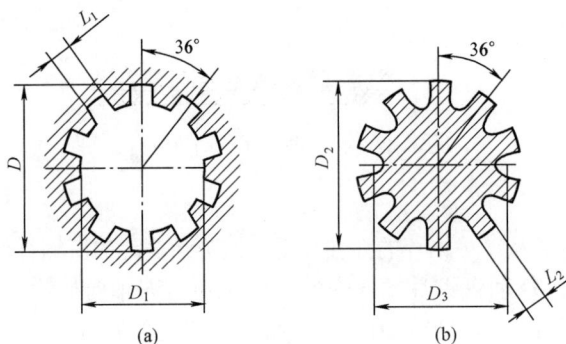

图 3-14　从动盘毂花键结构

（a）花键孔；（b）花键轴

表 3-5　　　　　　　　　　　　　　SAE 矩形花键尺寸系列　　　　　　　　　　　（mm）

SAE 标记	D	D_1	L_1	D_2	D_3	L_2
$\frac{7}{8}"10B$	$22.2_0^{+0.13}$	$19.1_0^{+0.084}$	$3.45_0^{+0.03}$	$22.15_{-0.022}^0$	18.5	$3.42_{-0.03}^0$
$1"10C$	$25.8_0^{+0.13}$	$20.6_0^{+0.1}$	$3.93_0^{+0.03}$	$25.3_0^{+0.025}$	20.4	$3.9_{-0.03}^0$
$1\frac{1}{8}"10C$	$28.9_0^{+0.13}$	$23.4_0^{+0.084}$	$4.45_0^{+0.02}$	$28.3_{-0.05}^0$	23	$4.41_{-0.03}^0$
$1\frac{1}{4}"10C$	$32.1_0^{+0.16}$	$25.8_0^{+0.084}$	$4.93_0^{+0.02}$	$31.75_{-0.05}^0$	25.5	$4.89_{-0.03}^0$
$1\frac{3}{8}"10C$	$35.2_0^{+0.16}$	$28.7_0^{+0.1}$	$5.43_0^{+0.03}$	$34.8_{-0.05}^0$	28.2	$5.4_{-0.03}^0$

SAE 标记	D	D_1	L_1	D_2	D_3	L_2
$1\frac{1}{2}''10C$	$38.1^{+0.16}_{0}$	$30.9^{+0.1}_{0}$	$5.97^{+0.02}_{0}$	$38.1^{0}_{-0.55}$	30.75	$5.93^{0}_{-0.04}$
$1\frac{5}{8}''10C$	$41.3^{+0.16}_{0}$	$33.4^{+0.1}_{0}$	$6.4^{+0.05}_{0}$	$40.8^{0}_{-0.2}$	33.2	$6.37^{0}_{-0.04}$
$1\frac{3}{4}''10B$	$44.5^{+0.16}_{0}$	$38.2^{+0.1}_{0}$	$6.88^{+0.04}_{0}$	$44^{0}_{-0.07}$	38.05	$6.85^{0}_{-0.04}$
$1\frac{3}{4}''10C$	$44.5^{+0.16}_{0}$	$36^{+0.1}_{0}$	$6.88^{+0.04}_{0}$	$44^{0}_{-0.07}$	35.8	$6.85^{0}_{-0.04}$
$2''10C$	$50.8^{+0.13}_{0}$	$41.1^{+0.1}_{0}$	$7.88^{+0.044}_{0}$	$50^{+0.0}$	40.8	$7.87^{0}_{-0.04}$

b. 按表 3-6 选取花键结构参数，花键结构尺寸的选择依据是从动盘外径和发动机转矩，更详细的内容请参阅 GB/T 1144—2001《矩形花键尺寸、公差和检验》。

表 3-6 　　　　　　　　　　　　　从动盘毂花键尺寸系列

从动盘外径 D（mm）	发动机转矩 T_e（N·m）	花键齿数 n	花键外径 D'（mm）	花键内径 d'（mm）	齿厚 b（mm）	有效齿长 l（mm）	挤压应力 σ（MPa）
160	50	10	23	18	3	20	10
180	70	10	26	21	3	20	11.8
200	110	10	29	23	4	25	11.3
225	150	10	32	26	4	30	11.5
250	200	10	35	28	4	35	10.4
280	280	10	35	32	4	40	12.7
300	310	10	40	32	5	40	10.7
325	380	10	40	32	5	45	11.6
350	480	10	40	32	5	50	13.2
380	600	10	40	32	5	55	15.2
410	720	10	45	36	5	60	13.1
430	800	10	45	36	5	65	13.5
450	950	10	52	41	6	65	12.5

2）花键毂轴向工作长度应满足以下两个方面的要求。

a. 导向要求。为了保证从动盘毂在变速器第 1 轴上滑动时不产生自锁，花键毂的轴向长度不宜过小，一般应与花键外径大小相同，对于工作条件恶劣的离合器，其盘毂的长度更大，可达花键外径的 1.4 倍。

b. 强度要求。花键尺寸选定后应进行强度校核。由于花键损坏的主要形式是由于表面受挤压过大而破坏，所以花键要进行挤压应力计算，当应力偏大时可适当增加花键毂的轴向长度。

挤压应力的计算公式如下

$$\sigma_{jy} = \frac{F}{nhl} \tag{3-6}$$

$$F = \frac{2\beta T_{e\max}}{(D' + d')Z}$$

$$h = (D' - d')/2$$

Note

式中：F 为花键的齿侧面压力，N；d'，D' 分别为花键的内外直径，m；Z 为从动盘毂的数目；T_{emax} 为发动机最大转矩，N·m；n 为花键齿数；h 为花键齿工作高度，m；l 为花键有效长度，m。

从动盘毂一般都由中碳钢锻造而成，并经调质处理，其挤压应力不应超过 20MPa。

（3）从动盘摩擦片。

离合器摩擦面片的结构见图 3-15。在离合器接合、分离过程中，它将遭到严重的滑磨，在相对很短的时间内产生大量的热，因此，要求摩擦面片应有下列一些综合性能。

1）在工作时有相对较高且稳定的摩擦系数；

2）具有小的转动惯量，材料加工性能良好；

3）在短时间内能吸收相对高的能量，且有好的热稳定性；

4）能承受较高的压盘作用载荷；

5）承受相对较大的离心力载荷而不破坏；

6）有足够的剪切强度；

7）摩擦副有高度的容污性能，不易影响它们的摩擦特性；

8）具有优良的性能/价格比，不会污染环境。

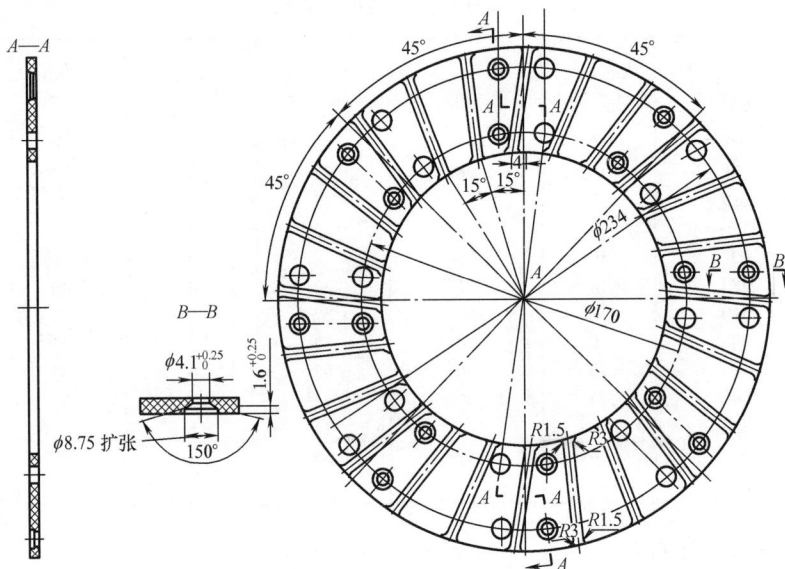

图 3-15　离合器摩擦面片

对于摩擦面片来说，有两个方面要选择确定，一是结构尺寸，内、外直径已在前面选定，厚度可根据使用寿命确定。二是材料，近年来，摩擦材料的种类增加极快，常用的摩擦材料如下。

1）石棉基摩擦材料。石棉基摩擦材料是由石棉纤维和铜丝或锌丝绕制成石棉线绳制成的。它的特点是，石棉有好的耐热性能，而铜丝或锌丝有相对高的强度，是一种性能比较良好的摩擦材料。但它的粉尘对环境有污染，国外已经淘汰。

石棉基摩擦材料的摩擦系数大约在 0.3 左右（即在 0.25～0.4 之间），其允许的单位压力在 0.2～0.3MPa，详见表 3-3。

2）替代石棉的有机摩擦材料。美国杜邦公司曾开发出一种由芳香族聚酰胺纤维派生出来的摩擦材料，属于高分子尼龙家族，商业名称为芳纶（kevlar aramid）。它相对石棉基的面片有如下一些工作特性。

Note

a. 在正常工作压力和温度范围内有较高的耐磨性能，在高的工作温度下有稳定的摩擦特性，温度达到 425℃ 以后才开始烧裂（而不是变软、熔化），这种状况持续到 500℃。

b. 质量比石棉材料轻，因而从动盘的转动惯量小，其抗拉强度是钢的 5 倍。

c. 有较高的抗离心力强度，有效抵抗摩擦面片的飞裂。

用有机材料代替石棉材料时，离合器的结构等完全相同。

3）金属陶瓷摩擦材料。离合器面片所用的金属陶瓷摩擦材料是由金属基体、陶瓷成分和润滑剂组成的一种多元复合材料。金属基体的主要作用是以机械结合方式将陶瓷成分和润滑剂保持其中，形成具有一定机械强度的整体；陶瓷成分主要起摩擦剂的作用；而润滑剂成分则主要起提高材料抗咬合性和抗粘接性的润滑作用，特别有利于降低对偶件材料的磨损，并使摩擦副工作平稳。润滑剂组分和陶瓷组分一起共同形成金属陶瓷摩擦磨损性能的调节剂。金属陶瓷面片的单位面积允许压力通常为 0.44～0.82MPa，摩擦系数 μ 在 0.35～0.4 之间。

（二）压盘和离合器盖

1. 压盘设计

压盘设计主要包括几何尺寸选择和传力方式确定两个方面。

（1）压盘几何尺寸的确定。

压盘的结构形状与传力、压紧和分离方式有关。当采用周置圆柱螺旋弹簧压紧时，压盘上应铸有圆柱形凸台作为弹簧的导向座。当采用膜片弹簧或中央弹簧时，则在压盘上铸有一圈凸起以供支承膜片弹簧或弹性压杆之用。

前面已经分析了如何确定摩擦片的内、外径尺寸。当摩擦片的尺寸确定后，与它配合工作的压盘内、外径尺寸也就基本确定下来了。这样，压盘几何尺寸最后归结为如何确定它的厚度。

压盘厚度的确定主要依据以下两点。

1）压盘应具有足够的质量。由离合器工作原理可知，在离合器的接合和分离过程中都要产生大量的热，而每次接合和分离的时间很短（大约 3s 左右），因此热量根本来不及全部散发出去，大部分热量滞留在摩擦副中，必然导致摩擦副的温升。为了使每次接合和分离时的温升不致过高，故要求压盘具有足够大的质量来吸收热量。

2）压盘应具有较大的刚度。要使压盘在正常工作的情况下，不产生翘曲变形，则压盘必须具有较大的刚度。

为满足上述要求，压盘应做得厚些（一般不小于 10mm）。此外，还应注意加强通风冷却，如双片离合器的中间压盘体内开有许多径向通风孔，见图 3-16。近年来这种结构也开始在单片离合器的压盘中采用。

压盘形状一般都比较复杂，而且还要求耐磨、传热性好和具有较理想的摩擦性能，通常由灰铸铁铸成（注意不能用低碳钢来代替铸铁，因为在低碳钢表面容易产生擦痕），其金相组织呈珠光体结构，硬度为 HB170～227，为了增加其机械强度，可另外增添少量合金元素（如镍、铁锰合金等）。

在初步确定压盘厚度以后，应校核离合器接合一次时的温升，它不应超过 8～10℃。若温升过高，可适当增加压盘的厚度。

校核计算的公式如下

$$\Delta t = \frac{\gamma L}{c m_y} \tag{3-7}$$

$$L = 0.5 J_a \omega_0^2$$

$$J_a = \frac{m_a r_K^2}{i_0^2 i_K^2}$$

式中：Δt 为温升，℃；L 为滑磨功，N·m，J_a 为汽车整车质量转化的转动惯量；m_a 为汽车总质量；r_K 为车轮滚动半径；i_0 为主传动比，i_K 为变速器起步挡传动比；ω_0 为离合器开始滑磨时发动机的角速度；γ 为分配到压盘上的滑磨功所占的百分比，单片离合器压盘，$\gamma = 0.50$；双片离合器压盘，$\gamma = 0.25$；双片离合器中间压盘，$\gamma = 0.50$；c 为压盘的比热容，对铸铁压盘 $c = 544.28$J/(kg·K)；m_y 为压盘质量，kg。

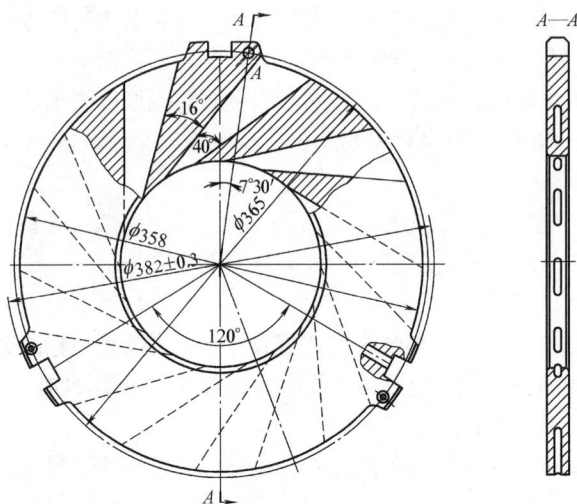

图 3-16　黄河 JN150 型汽车离合器中间压盘（材料：HT18～36）

（2）压盘传力结构设计。

1）传力方式的选择。压盘是离合器的主动部件，它与飞轮必须有一定的连接关系，圆周方向与飞轮不能有相对转动，但轴向必须有相对移动。如图 3-17 所示是压盘和飞轮间常用的几种典型连接方式。

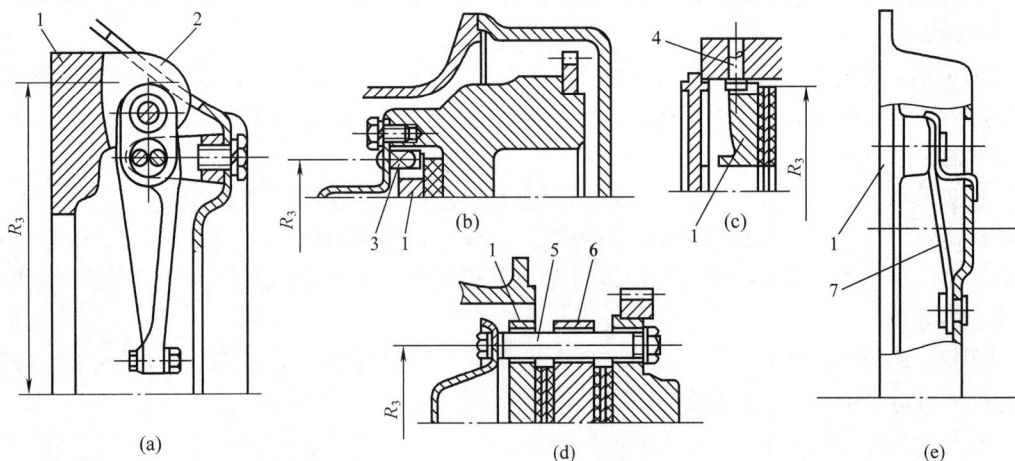

图 3-17　压盘的几种传力（动）方式

（a）凸台式；（b）键式（轴向键）；（c）键式（径向键）；（d）销式；（e）传力片式

1—压盘；2—压盘凸台；3—轴向键；4—径向键；5—销；6—中间压盘；7—传力片

汽车离合器压盘连接处的尺寸及公差配合举例如下。

北京吉普 BJ212 离合器压盘用 3 个凸台，凸台尺寸为 $35_{-0.15}^{-0.08}$，离合器盖窗口尺寸为 $35_0^{+0.10}$；解放牌 5t 载货汽车的双片离合器压盘用 6 个传力销，传力销尺寸为 $\phi18.5_{-0.084}^0$；压盘上的传力销孔尺寸为 $\phi19_0^{+0.07}$；黄河牌 8t 载货汽车离合器中间盘用 3 个传力块，压盘用 3 个凸台，中间压盘传力块尺寸为 $20_{-0.35}^{-0.30}$，中间盘缺口尺寸为 $20_0^{+0.084}$，压盘凸台尺寸为 $45_{-0.15}^{-0.08}$，离合器盖窗口尺寸为 $45_0^{+0.17}$。

图 3-17 的前四种传力方式有一个共同的缺点，即传力件之间有间隙（如凸台和窗口之间的间隙约为 0.2mm 左右）。这样，在传力开始的一瞬间，将产生冲击和噪声。并且，随着接触部分磨损的增加而越加严重，这有可能使凸台根部出现裂纹而造成零件的早期损坏，还降低离合器操纵部分的传动效率；但传递的转矩比较大，正反向特性相同。

图 3-17（e）的传力方式，即传力片方式，不但消除了上述缺点，还简化了压盘的结构，有利于压盘的定中。为了改善传力片的受力状况，它们沿圆周切向布置，一般有 3～4 组，每组 3～4 个弹性薄片组成，片厚一般为 1～1.2mm。但它们的正反向特性不相同。

传力片在离合器中的作用有两种情况，一是只传递动力到压盘（如周置螺旋弹簧离合器中的传力片），受力单一，结构简单；二是既传递动力又负责压盘的分离运动（如膜片弹簧离合器中的传力片），受力和结构都相对复杂，在设计时应特别注意。

2）压盘传力部分及传力零件的强度校核。

a. 凸台强度校核。凸台传力时，受力如图 3-18 所示。通常进行挤压应力校核，而不校核弯曲应力。

挤压应力的计算公式如下

图 3-18 凸台计算简图

$$\sigma_{\mathrm{j}} = F/A$$

式中：F 为作用在每个凸台上的力，N；A 为离合器盖与凸台的接触面积，cm^2。

计算面积 A 时，应考虑到由于摩擦片的磨损，压盘前移而使接触面积减少的情况。由图 3-18 可见，在磨损前凸台的接触面积为 ABC_1D_1，而在磨损后，其接触面积减少了 CDD_1C_1。

计算 F 时，分配给该压盘上的发动机转矩按该压盘摩擦面的数目 Z 和离合器的全部摩擦面的数目 Z_c 之比来确定（例如，单片离合器的压盘 $Z=1$，$Z_c=2$），因此

$$F = T_{\mathrm{emax}} \frac{Z}{Z_c} \frac{1}{R_3 Z_{\mathrm{t}}} \tag{3-8}$$

式中：T_{emax} 为发动机最大转矩，$\mathrm{N \cdot m}$；Z/Z_c 为分配到该压盘上的转矩占发动机总转矩的百分比，显然对双片离合器中的压盘 $Z/Z_c=0.25$；R_3 为凸台分布的平均半径，m；Z_{t} 为凸台数目。

最后得到

$$\sigma_{\mathrm{j}} = \frac{Z/Z_c}{R_3 Z_{\mathrm{t}}} \frac{T_{\mathrm{emax}}}{A \times 100} \tag{3-9}$$

凸台挤压许用应力为 10～15MPa。

b. 传力销的强度校核。

传力销的受力如图 3-19 所示。传力销同时承受力 F'_Q、F''_Q 所引起的弯曲应力和 F（接合时

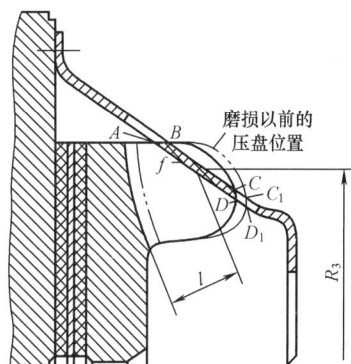

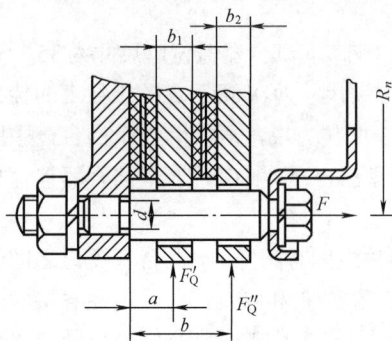

图 3-19 传力销受力图

的弹簧压紧力）引起的拉伸应力。此外，传力销表面在宽度 b_1 与 b_2 的范围内还受其 F_Q' 与 F_Q'' 的挤压作用。其强度校核如下。

（a）拉弯复合应力。

作用力

$$F_Q' = \frac{T_{e\max}}{2nR_n} ; \quad F_Q'' = \frac{T_{e\max}}{4nR_n}$$

式中：$T_{e\max}$ 为发动机最大转矩，N·m；n 为传力销数目；R_n 为力 F_Q' 和 F_Q'' 的作用半径，m。

传力销根部的弯曲应力为

$$\sigma_w = M_B / W_B = \frac{T_{e\max}(2a+b)}{4R_n \, n \times 0.1d^3} \tag{3-10}$$

$$M_B = \frac{T_{e\max}(2a+b)}{4R_n}$$

式中：M_B 为弯矩，N·cm；d 为传力销根部直径，cm；W_B 为传力销抗弯截面模量，cm³；a，b 为力 F_Q' 和 F_Q'' 的作用力臂，cm。

传力销的拉伸应力为

$$\sigma_l = \frac{4F}{\pi d^2 n} \tag{3-11}$$

传力销的复合应力为

$$\sigma_h = \sigma_w + \sigma_l \tag{3-12}$$

（b）传力销的挤压应力

$$\sigma_j' = \frac{F_Q'}{b_1 d_1 \times 100} \tag{3-13}$$

$$\sigma_j'' = \frac{F_Q''}{b_2 d_1 \times 100} \tag{3-14}$$

式中：d_1 为传力销的直径，cm；b_1、b_2 为作用宽度，cm。

（3）传力片（传动片）的强度校核。

下面主要针对膜片弹簧离合器的压盘传力片（即最为复杂的情况）进行分析和讨论。对于较为简单的周置螺旋弹簧离合器传力片的强度校核可按二力杆拉伸应力分析计算。

离合器在正常工作时，传力片既受弯又受拉（见图 3-20）。为精确校核传力片强度，首先应建立传力片的分析计算模型（这里略）。

经过分析研究，膜片弹簧离合器压盘传力片的校核包含下面三个方面。

1）正向驱动应力为

$$\sigma_{\max} = \frac{3f_{\max}Eh}{l_1^2} - \frac{6T_{e\max}f_{\max}}{inRbh^2} + \frac{T_{e\max}}{inRbh} \tag{3-15}$$

2）反向驱动应力为

$$\sigma_{\max} = \frac{3f_{\max}Eh}{l_1^2} + \frac{6T_{e\max}f_{\max}}{inRbh^2} - \frac{T_{e\max}}{inRbh} \tag{3-16}$$

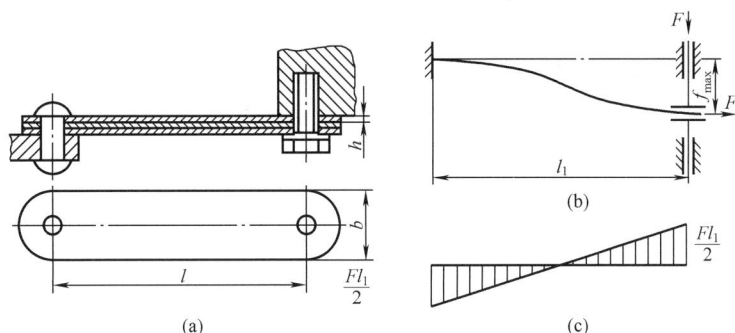

图 3-20 传力片分析计算图

（a）传力片结构；（b）变形图；（c）弯矩图

3）轴向弹性恢复力为

$$F_{max} = 12EJ_x nif_{max} / l_1^3 \qquad (3\text{-}17)$$

式中：l_1 为传力片有效长度，$l_1 = l - 1.5d$（d 为螺钉孔直径）；i 为传力片组数；n 为每组有传力片数；J_x 为每一传力片的截面惯性矩；E 为材料弹性模量；f_{max} 为正常工作时传力片的轴向最大变形量；h 为传力片厚度；R 为传力片布置半径；b 为传力片宽度；T_{emax} 为发动机最大转矩。

由于在简化计算载荷时比较保守，取值偏大，因此传力片的许用应力可取材料的屈服极限。

【例 3-2】已知一 $\phi 380$ 膜片弹簧离合器，装于某一发动机上，发动机的转矩为 $T_{emax} = 700 \text{N·m}$。根据初步布置，初定离合器压盘传力片的设计参数如下。共设 3 组传力片（$i = 3$），每组 4 片（$n = 4$），传力片的几何尺寸为宽 $b = 25\text{mm}$，厚 $h = 1\text{mm}$，传力片上两孔间的距离 $l = 86\text{mm}$，螺钉孔的直径 $d = 10\text{mm}$，传力片切向布置，圆周半径 $R = 178\text{mm}$，传力片材料的弹性模量 $E = 2 \times 10^5 \text{MPa}$，通过结构参数分析计算可知 $f_{max} = 4.74\text{mm}$。试校核传力片。

计算传力片的有效长度 l_1

$$l_1 = 86 - 1.5 \times 10 = 71 \text{（mm）}$$

计算传力片的弯曲总刚度

$$K_\Sigma = 12 \times 2 \times 10^5 \times (1/12) \times 25 \times 1^3 \times 4 \times (3/71^3) \times (1/1000) = 0.17 \text{（MN/m）}$$

1）由式（3-15）计算正向驱动应力（发动机 → 车轮）

$$\sigma_{max} = \frac{3 \times 4.74 \times 2 \times 10^5 \times 1}{71^2} - \frac{6 \times 700 \times 4.74 \times 1000}{3 \times 4 \times 178 \times 25 \times 1^2} + \frac{700 \times 1000}{3 \times 4 \times 178 \times 25 \times 1} \approx 204.5 \text{（MPa）}$$

2）由式（3-16）计算反向驱动应力（车轮 → 发动机）

$$\sigma_{max} = \frac{3 \times 4.74 \times 2 \times 10^5 \times 1}{71^2} + \frac{6 \times 700 \times 4.74 \times 1000}{3 \times 4 \times 178 \times 25 \times 1^2} - \frac{700 \times 1000}{3 \times 4 \times 178 \times 25 \times 1} \approx 923.9 \text{（MPa）}$$

鉴于上述传动力片的应力状况，应选用 80 号钢。

3）传力片的最小分离力（弹性恢复力）F_{tan} 发生在新装离合器的时候，从动盘尚未磨损，离合器在接合状态下的弹性弯曲变形量此时最小，根据设计图纸确定 $f = 1.74\text{mm}$。

由式（3-17）计算出的最小弹性恢复力为

$$F_{tan} = K_\Sigma \times f = 0.17 \times 10^6 \times 1.74/1000 = 295.8 \text{（N）}$$

认为可以。

2. 离合器盖设计

离合器盖是离合器的主动件之一,它必须与飞轮固定在一起,通过它传递发动机的一部分转矩给压盘。此外它还是离合器压紧弹簧和分离杆的支承壳体。在设计时应特别注意以下几个问题。

（1）刚度问题。

为了增加刚度,小轿车和一般载货汽车的离合器盖常用厚度约为 3～5mm 的低碳钢板（如 08 号钢板）冲压成比较复杂的形状。重型汽车由于批量少,为了降低成本、增加刚度则常采用铸铁材料制成的离合器盖。

（2）通风散热问题。

为了加强离合器的冷却,离合器盖上必须开设多个通风窗口。

（3）对中问题。

离合器盖内装有压盘、分离杆、压紧弹簧等零件,因此它相对发动机飞轮曲轴中心线必须要有良好的定心对中,否则会破坏系统整体的平衡,严重影响离合器的正常工作。

常用的对中方式有以下两种:一是用止口对中,铸造的离合器盖外圆与飞轮上的内圆止口对中;二是用定位销或定位螺栓对中,这种定位对中方式中的定位销孔或定位螺栓孔要现场"配做"。

（三）离合器的分离装置设计

离合器的分离装置包括分离杆、分离轴承和分离套筒。

1. 分离杆结构形式的选择

在采用膜片弹簧作为压紧弹簧的离合器中,分离杆的作用由膜片弹簧中的分离指来完成,分离指设计的有关内容请参阅膜片弹簧设计部分。在这里只讨论膜片弹簧与离合器盖的连接问题。

拉式膜片弹簧离合器中,膜片弹簧与离合器盖的连接方式比较简单,这里不再叙述;对于推式,连接方式很多,如图 3-21 所示的几种连接方式,供设计时参考。

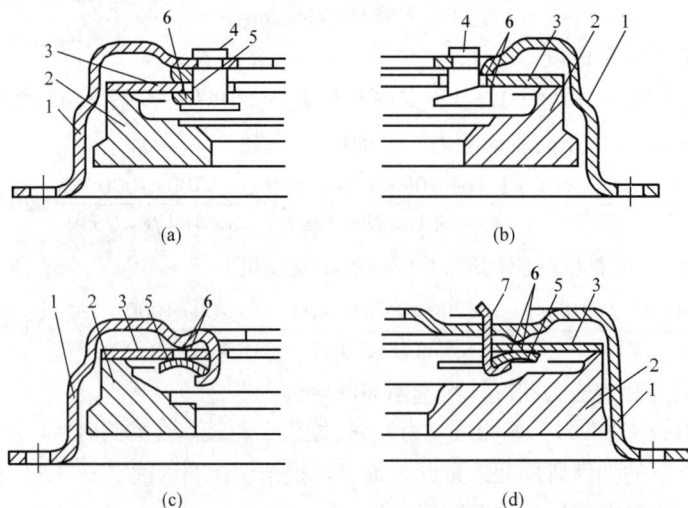

图 3-21　膜片弹簧与离合器盖的连接方式

（a）双刚性支承环式;（b）无支承环式;（c）弹性支承环式;（d）梳状板+弹性支承环式

1—离合器盖;2—压盘;3—膜片弹簧;4—铆钉;5—支承环;6—支承点;7—梳状板

图 3-21（a）中，膜片弹簧 3 由其上、下面两个支承环 5 通过铆钉 4 和离合器盖 1 相连接；图 3-21（b）的结构形式，减少了两个支承环，结构简单；图 3-21（c）的结构，其下面的支承环改制成弹性的支承环 5，安装时有一定的预紧度，消除了间隙，工作稳定性较高；图 3-21（d）的结构，离合器盖边不折弯，改用梳状板 7 来支撑支承环 5，提高了支承刚性。

2. 分离轴承与分离套筒设计

（1）结构选择。在工作中分离轴承主要承受轴向力，某些情况下还要承受径向力。现在分离轴承的结构形式很多，从轴承受力的方向分主要有两类，径向推力轴承和轴向推力轴承。径向推力类适用于高速、低轴向负荷的情况；轴向推力类则适用低速、高轴向负荷的情况。如图 3-22 所示的其中几种结构，供设计时参考。

图 3-22（a）属于径向推力轴承；图 3-22（b）属于轴向推力轴承；图 3-22（c）属于浸油的碳和石墨混合压制而成的滑动止推轴承；图 3-22（d）属于自位（自动调准中心）的分离轴承装置，它的工作过程如下，当膜片弹簧分离指接触圆的旋转轴线与分离轴承工作圆的旋转轴线有偏移时，分离轴承在旋转力的作用下会自动地径向浮动到与离合器膜片弹簧分离指接触圆的同轴位置上，从而完成调心过程。其中关键件是盘形弹簧 7，它的小端卡紧在轴承套筒座 8 的外凸台部位，其大端压紧轴承外圈 3 的内端面，依靠摩擦力把分离轴承与轴承套筒座 8 连在一起。弹簧的设计既要控制住使分离轴承做径向移动所需要的力，又要能保持住使分离轴承不

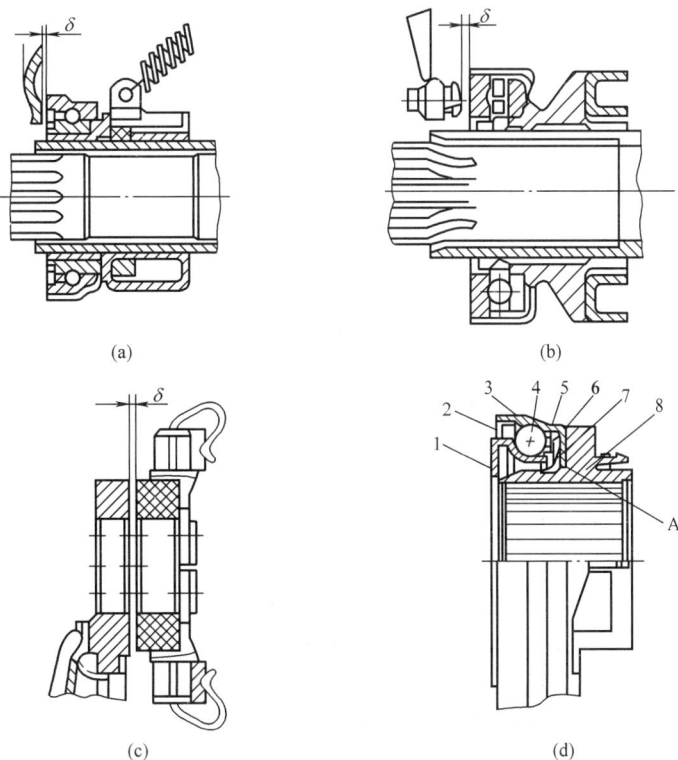

图 3-22 分离轴承与分离套筒结构

（a）径向推力轴承；（b）轴向推力轴承；（c）滑动止推轴承；（d）自位分离轴承

1—轴承内圈；2—外密封环；3—轴承外圈；4—钢球；5—保持架；6—内密封环；

7—盘形弹簧；8—轴承套筒座；A—调节间隙

会在径向上随意移动。这样就能保证分离轴承一旦找到它的作用中心，就能在整个使用周期内维持原位不变。

图 3-22（d）采用的轴承属于角接触球轴承，详细内容请参阅 JB/T 5312—2001《汽车离合器分离轴承及其单元》。

轴承套筒座常用尼龙和玻璃纤维、铸铁或铸钢材料模压成形，前一种用于轻型汽车，后两种用于重型汽车。设计时要考虑润滑措施，有些套筒座中加有 1% 的二硫化钼，起自润滑的作用，有些在套筒座的内孔中开有矩形键槽，目的是减少滑动阻力，减缓来自变速器轴承盖套管的振动，同时也起到通风散热和导屑的作用。

（2）分离轴承寿命计算。经过计算推导（略），分离轴承的寿命里程计算公式如下。

1）对于单排径向和径向推力轴承

$$
\left.\begin{array}{l}
\dfrac{6\times10^6\left(\dfrac{C_r}{P_r}\right)^3}{(t_1+0.5t_2)Z_{km}n_1}\geqslant s \\[4mm]
C_r=f_c(\cos\alpha)^{0.7}Z^{2/3}D_b^{1.8}\psi \\[2mm]
P_r=F_aYK_\sigma K_t K_p
\end{array}\right\}
\tag{3-18}
$$

2）对于轴向推力轴承

$$
\left.\begin{array}{l}
\dfrac{6\times10^6\left(\dfrac{C_a}{P_a}\right)^3}{(t_1+0.5t_2)Z_{km}n_1}\geqslant s \\[4mm]
C_a=f_c Z^{2/3}D_b^{1.8}\psi \\[2mm]
P_a=F_aK_\sigma K_t K_p
\end{array}\right\}
\tag{3-19}
$$

式中：C_r 为额定动载荷；C_a 为额定动载荷；P_r 为当量动载荷；P_a 为当量动载荷；Z_{km} 为行驶 1km 的平均接合—分离次数；n_1 为接合、分离时轴承的转速；t_1 为一次分离—接合的过程中，稳定保持在分离状态的平均时间；t_2 为一次分离—接合的过程中，用于使离合器分离和接合的平均时间；f_c 为和轴承几何尺寸、制造精度、材料有关的系数；α 为名义接触角；Z 为滚珠数；D_b 为球的直径；ψ 为计及装入轴承密封影响的系数，其值为 0.75~0.80；F_a 为作用在轴承上的轴向载荷，N，可用分离压盘的力除以分离杆的杠杆比获得；Y 为轴向力系数；K_σ 为安全系数；K_t 为温度系数，一般在温度小于 120℃ 时可取 $K_t=1$；其他参数可查阅相关手册。

s 为额定使用里程，现今我国规定汽车使用里程为 500 000km，因此，计算出的分离轴承的寿命里程应大于 500 000km。

（四）膜片弹簧设计

膜片弹簧的设计计算比较复杂，这里只给出膜片弹簧的结构参数选择范围及有关性能和强度的计算公式，要了解膜片弹簧设计计算公式的详细推导过程，请参阅碟形弹簧设计的相关资料。

在设计膜片弹簧，首先要初步选结构尺寸，然后进行一系列的验算，最后优选出合适的尺寸。下面提供一些参数选择范围作为初选尺寸时的参考，各字母含义见图 3-23。

（1）膜片弹簧外形几何尺寸参数。

1）比值 H/h 和 h 的选择。此值对膜片弹簧的弹性特性影响极大（见图 3-24）。一般汽车膜片弹簧的 H/h 值在如下范围之内，H/h=1.5~2.0；常用膜片弹簧的厚度 h 为 2~4mm。

2）R/r 比值和 R 的确定。比值 R/r 对弹簧的载荷和应力特性都有影响。对于汽车离合器膜片弹簧，是根据结构布置和压紧力的需要来决定，一般 R/r 取值为 1.2~1.3。

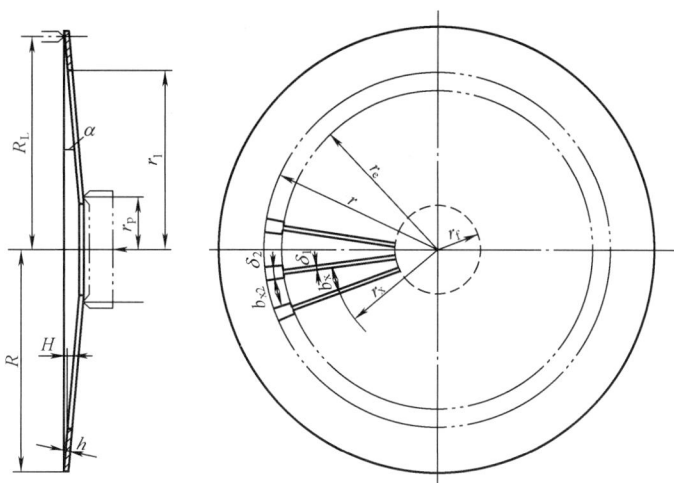

图 3-23 膜片弹簧尺寸符号示意图

对于 R，应和摩擦片的外径尺寸相适应，大于摩擦片内径，近似等于摩擦片外径。此外，当 H、h 及 R/r 等不变时，增加 R 将有利于膜片弹簧应力的下降。

3）膜片弹簧起始圆锥底角 α。汽车膜片弹簧一般起始底角 α 在 $9°\sim15°$ 之间，$\alpha \approx H/(R-r)$。

4）膜片弹簧小端半径 r_f 及分离轴承作用半径 r_p。r_f 值主要由结构决定，其最小值应大于变速器第 1 轴花键的外径以便安装。分离轴承作用半径 r_p 大于 r_f。

5）分离指数目 n、切槽宽 δ_1、窗孔槽

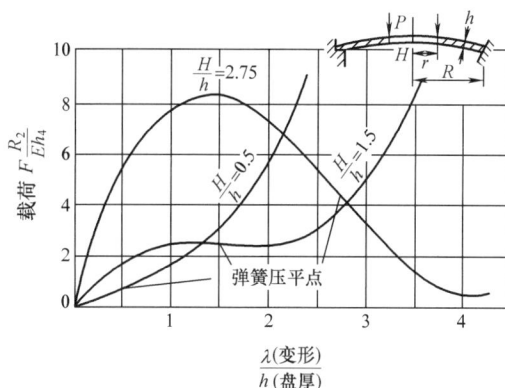

图 3-24 H/h 对膜片弹簧特性的影响

宽 δ_2 及窗孔内半径 r_c。汽车离合器膜片弹簧的分离指数目 $n>12$，一般在 18 左右，采用偶数，便于制造时模具分度；切槽宽 δ_1 约为 4mm；窗孔槽宽 $\delta_2 \approx (2.5\sim4.5)\delta_1$；窗孔内半径 r_c 一般情况下由（$r-r_c$）$\approx(0.8\sim1.4)\delta_2$ 计算。

6）支承环作用半径 r_1（或 R_L）和膜片弹簧与压盘接触半径 R_L（或 r_1）。膜片弹簧离合器有推式和拉式之分。推式盘支承环作用半径靠里，用 r_1 表示；拉式靠外，用 R_L 表示。相应地与压盘的接触半径，推式在外，用 R_L 表示；拉式在里，用 r_1 表示。r_1 和 R_L 的大小将影响膜片弹簧的刚度，一般来说，r_1 值应尽量接近 r 而略大于 r，R_L 应接近 R 而略小于 R。

（2）膜片弹簧工作点位置的选择。

如图 3-25 所示为膜片弹簧特性曲线形状，曲线上有几个特定的工作点 A、B、C。合理地确定上述各点的位置很重要。

B 点为新离合器（即摩擦片没有磨损的情况）膜片弹簧处于压紧状态时的工作点位置。一般来说，在该点膜片弹簧的轴向变形量 λ_{1b}，可在下列范围内选取

$$\lambda_{1b} = (0.7\sim0.85)H$$

选 B 点时应当注意摩擦片磨损后及分离时（见图 3-25）膜片弹簧作用力的变化。摩擦片开

始磨损时的一段时间压紧力要上升，过了峰值压紧力才开始下降，一般要求峰值较设计值的增加量应不大于 12%。

A 点为摩擦片磨损到极限的位置，要依据 B 点的位置再由摩擦片总磨损量 $\Delta\lambda$ 求得。应注意在 A 点处的膜片弹簧工作压紧力要较 B 点处略高（考虑弹力衰减）。$\Delta\lambda$ 可按下式求出

$$\Delta\lambda = Z_c \Delta s_0$$

式中：Z_c 为摩擦片总的工作面数，单片式取 $Z_c = 2$；Δs_0 为每摩擦工作面最大允许磨损量（铆钉头外露），一般视情况 Δs_0 在 0.65～1.1mm 之间。

C 点为离合器分离时膜片弹簧的工作位置，它一般在特性曲线的凹点附近，此时分离力较小。C 点的位置取决于压盘升程 λ_{1f}。λ_{1f} 可由下式求得

$$\lambda_{1f} = Z_c \Delta s$$

式中：Δs 为彻底分离时每对摩擦片面之间的间隙，单片式可取 $\Delta s = 0.75$～1.0mm，双片式可取小一点，约为 0.5mm。

上述各参数确定后，应按下式绘制膜片弹簧特性曲线（推式和拉式），检验是否符合各工作点要求，如果不符合，可适当调整一些参数，使其符合要求

$$F_1 = \frac{\pi E h \lambda_1}{6(1-\mu^2)} \cdot \frac{\ln(R/r)}{(R_L - r_1)^2} \left\{ \left(H - \lambda_1 \frac{R-r}{R_L - r_1} \right) \left[H - \frac{\lambda_1}{2} \left(\frac{R-r}{R_L - r_1} \right) \right] + h^2 \right\} \tag{3-20}$$

式中：E 为弹性模量，钢材料取 $E = 2.0 \times 10^5$ MPa；μ 为泊松比，钢材料取 $\mu = 0.3$；h 为弹簧片厚，mm；H 为碟簧部分内截锥高，mm；λ_1 为轴向变形量，mm；R 为碟簧部分外半径（大端半径），mm；r 为碟簧部分内半径，mm；R_L 为膜片弹簧与压盘接触半径，mm；r_1 为支承环平均半径，mm。

（3）许用应力 $[\sigma]$ 的确定。

膜片弹簧的应力计算公式如下

$$\sigma_{Bd} = \frac{3}{\pi} \frac{r - r_p}{r} \frac{F_2}{\beta_2 h^2} + \frac{E}{1-\mu^2} \left[\left(\frac{R-r}{r \ln \frac{R}{r}} - 1 \right) \left(\frac{H}{R-r} - \frac{1}{2} \frac{\lambda_1}{R_L - r_1} \right) \times \frac{\lambda_1}{R_L - r_1} + \frac{h}{2r} \frac{\lambda_1}{R_L - r_1} \right] \tag{3-21}$$

式中：F_2 为膜片弹簧小端分离轴承作用力；β_2 为宽度系数，$\beta_2 = 1 - \dfrac{\delta_2 n}{\pi(r_e + r)}$。

当选用的材料为弹簧钢 60Si2MnA 或 50CrVA 时，许用应力 $[\sigma]$ 可取为 1500～1700MPa。

【例 3-3】某车发动机装膜片弹簧离合器，已知参数为：发动机最大转矩 $T_{emax} = 190$N·m（此时转速为 3500r/min）；摩擦片外径 $D = 225$mm；摩擦片内径 $d = 150$mm；采用 60Si2MnA 材料；离合器后备系数初选为 $\beta = 1.3$。请为该离合器设计膜片弹簧。

首先进行一系列的调研和资料查阅，参考一些同类汽车的成熟产品，并结合本车的具体使用情况，初步选定膜片弹簧的一些参数和尺寸如下，$H/h = 1.54$，$R/r = 1.257$，$\alpha = 11°30'$，$R = 105$mm。膜片弹簧的其他尺寸如下，$H = 4.3$mm，$h = 2.8$mm，$R = 105$mm，$r = 83.5$mm，$r_1 = 84$mm，$R_L = 103$mm，$r_f = 22.54$mm，$r_p = 26$mm，$n = 18$，$\delta_1 = 3.2$mm，$\delta_2 = 11$mm。

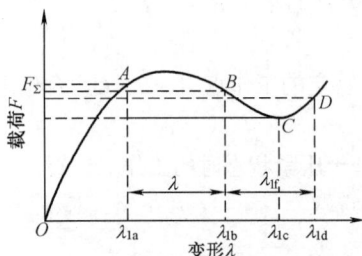

图 3-25　膜片弹簧工作点位置

（1）初选了上述参数以后，可根据式（3-20）利用 Microsoft office Excel 或其他计算机软件的表格计算（见表 3-7、表 3-8）和绘制曲线功能画出 F_1–λ_1 特性曲线（见图 3-26、图 3-27）。

表 3-7 　　　　　　　　　　λ_1—F_1 计 算 值 　　　　　　　　（mm）

λ_1	0.26	0.52	0.78	1.04	1.3	1.56	1.82	2.08	2.34	2.6	2.86	3.12
F_1(N)	1299.2	2410.7	3348.3	4125.8	4756.9	5255.6	5635.5	5910.4	6094.1	6200.5	6243.2	6236.1
λ_1	3.38	3.64	3.9	4.16	4.42	4.68	4.94	5.2	5.46	5.72	5.98	6.24
F_1(N)	6192.9	6127.5	6053.6	5985.0	5935.5	5918.8	5948.8	6039.2	6203.9	6456.5	6811.0	7281.0

注　膜片弹簧厚度 h=2.8mm。

表 3-8 　　　　　　　　　　λ_1—F_1 计 算 值 　　　　　　　　（mm）

λ_1	0.26	0.52	0.78	1.04	1.3	1.56	1.82	2.08	2.34	2.6	2.86	3.12
F_1(N)	1153.1	2132.0	2949.4	3618.1	4151.0	4560.8	4860.3	5062.4	5179.8	5225.3	5211.7	5151.9
λ_1	3.38	3.64	3.9	4.16	4.42	4.68	4.94	5.2	5.46	5.72	5.98	6.24
F_1(N)	5058.6	4944.6	4822.7	4705.8	4606.6	4537.9	4512.5	4543.2	4642.9	4824.3	5100.2	5483.4

注　膜片弹簧厚度 h=2.6mm。

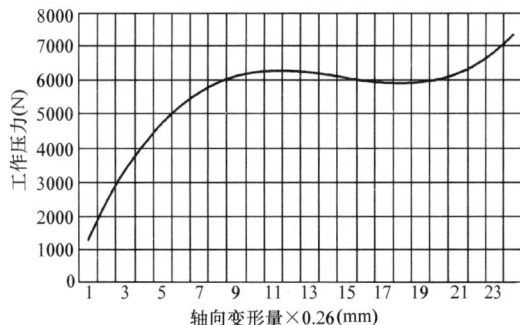
图 3-26　h=2.8mm 的特性曲线

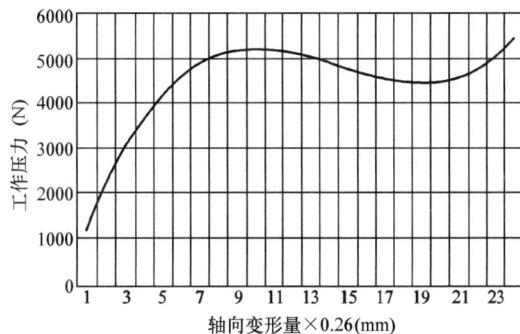
图 3-27　h=2.6mm 的特性曲线

由图 3-26 和图 3-27 对比可知，当选择膜片弹簧厚度 h=2.8mm，曲线的中间部分太平直，不利于各工作点的布置；当选择膜片弹簧厚度 h=2.6mm，特性曲线的形状比较符合我们的需要，故选择膜片弹簧厚度 h=2.6mm，同时 $H/h = 1.65$。

在调整参数观察特性曲线时，也可以调整其他参数，如 R/r、H 等，最终优选出最佳的曲线。

（2）工作点位置确定与后备系数校核。

B 点，当离合器处在结合状态时，膜片弹簧的轴向变形量 λ_{1B}，可在下列范围内选取

$$\lambda_{1B} =(0.7\sim0.85)H = (0.7\sim0.85)\times4.3 = 3.01\sim3.655（mm）$$

取 $\lambda_{1B} = 3.33$，则 $F_B= 5078.5N$，与 F_1 的最大值相差 3%，虽不太理想，但可以使用。

后备系数可按下式计算

$$\beta=\frac{F_1\mu R_c Z_c}{T_{e\max}}=\frac{5078.5\times0.3\times94.5\times2}{190\,000}\approx1.52$$

将初选的后备系数由原来的 1.3 调整为 1.52。

A 点，由图 3-27 和表 3-8 可知，适合作为 A 点的 λ_1 值为 2.34（对应 F_1 值为 5179.8N，大过 B 点），由式 $\Delta\lambda = Z_c\Delta s_0$ 可算出

$$\Delta s_0 = \frac{\Delta\lambda}{Z_c}=\frac{3.33-2.34}{2}\approx0.5（mm）$$

该值小了一点，可以调整 B 点向右移，在保证后备系数的同时，增大 ΔS_0 值，以利于增长离合器使用寿命。调整过程略。

C 点，由前面的分析可知，单片式可取 $\Delta s =0.75\sim1.0mm$，这里取为 0.8mm，则

$$\lambda_{1f} = Z_c\Delta s = 2\times0.8=1.6（mm）$$

此时，膜片弹簧总的变形量为 $\lambda_1 = 3.33+1.6=4.93（mm）$，则对应的压紧力 $F_1=4512.5N$，从特性曲线可知，该点比较合适。

（3）分离轴承载荷计算。

推式 $F_2=$
$$\frac{\pi Eh\lambda_1\ln\dfrac{R}{r}}{6(1-\mu^2)(R_L-r_1)(r_1-r_p)}\left[\left(H-\lambda_1\frac{R-r}{R_L-r_1}\right)\left(H-\frac{\lambda_1}{2}\frac{R-r}{R_L-r_1}\right)+h^2\right]$$

$$=\frac{3.14\times2\times10^5\times4.93\times\ln1.257}{6\times(1-0.3^2)\times19\times58}\times\left[\left(4.3-4.93\times\frac{21.5}{19}\right)\times\left(4.3-\frac{4.93}{2}\times\frac{21.5}{19}\right)+2.6^2\right]$$

$$=568.55（N）$$

拉式 $F_2=$
$$\frac{\pi Eh\lambda_1\ln\dfrac{R}{r}}{6(1-\mu^2)(R_L-r_1)(R_L-r_p)}\left[\left(H-\lambda_1\frac{R-r}{R_L-r_1}\right)\left(H-\frac{\lambda_1}{2}\frac{R-r}{R_L-r_1}\right)+h^2\right]$$

$$=\frac{3.14\times2\times10^5\times4.93\times\ln1.257}{6\times(1-0.3^2)\times19\times77}\times\left[\left(4.3-4.93\times\frac{21.5}{19}\right)\times\left(4.3-\frac{4.93}{2}\times\frac{21.5}{19}\right)+2.6^2\right]$$

$$=428（N）$$

其他参数的计算，如分离轴承行程等应根据离合器的实际结构参数计算。

（4）强度校核。用式（3-21）计算膜片弹簧的应力

$$\sigma_{Bd}=\frac{3}{\pi}\frac{r-r_p}{r}\frac{F_1}{\beta_2 h^2}+\frac{E}{1-\mu^2}\left[\left(\frac{R-r}{r\ln\dfrac{R}{r}}-1\right)\left(\frac{H}{R-r}-\frac{1}{2}\frac{\lambda_1}{R_L-r_1}\right)\times\frac{\lambda_1}{R_L-r_1}+\frac{h}{2r}\frac{\lambda_1}{R_L-r_1}\right]$$

$$= \frac{3}{3.14} \times \frac{83.5-26}{83.5} \times \frac{568.55}{0.591 \times 2.6^2} + \frac{2 \times 10^5}{1-0.3^2} \times$$

$$\left[\left(\frac{105-83.5}{83.5\ln 1.257} - 1 \right) \left(\frac{4.3}{105-83.5} - \frac{1}{2} \times \frac{4.93}{103-84} \right) \times \frac{4.93}{103-84} + \frac{2.6}{2 \times 83.5} \times \frac{4.93}{103-84} \right]$$

$$=1485.43 \text{（MPa）}$$

四、扭转减振器的设计

汽车传动系的扭转减振器，按其所在位置的不同，可分成两类：一类装在从动盘总成中（以下简称扭转减振器）；另一类装在飞轮处（以下简称双质量飞轮减振器或双质量飞轮）。两者都和离合器的结构设计有关。扭转减振器已普遍应用于现代汽车的传动系中；双质量飞轮减振器出现得较晚，目前采用的并不普遍。

两种减振器的结构和安装部位是不同的，但它们的减振设计理论分析基础是一样的，工作基本原理也是完全类似的。因此，本部分重点放在扭转减振器设计上。

（一）扭转减振器的常见结构

扭转减振器主要由两部分组成：弹性元件和阻尼元件。依据弹簧元件的不同，扭转减振器又可分成弹簧摩擦式、液阻式和橡胶金属式三种。

1. 弹簧摩擦式

如图 3-28 所示是一种弹簧摩擦式扭转减振器的结构图。在这种结构中，从动盘 1 和从动盘毂 5 通过沿圆周方向放置的减振弹簧 2 弹性地连接在一起。为了有效抑止传动系可能出现的共振，在从动盘钢片 1、减振盘 7 与从动盘毂 5 之间还装有减振摩擦片 6，以增加系统阻尼，提高减振效果，螺钉 4 和碟形弹簧垫圈 3 用来调整摩擦片 6 的摩擦力矩，碟形弹簧垫圈可以防止摩擦片 6 磨损后摩擦力矩的变化。

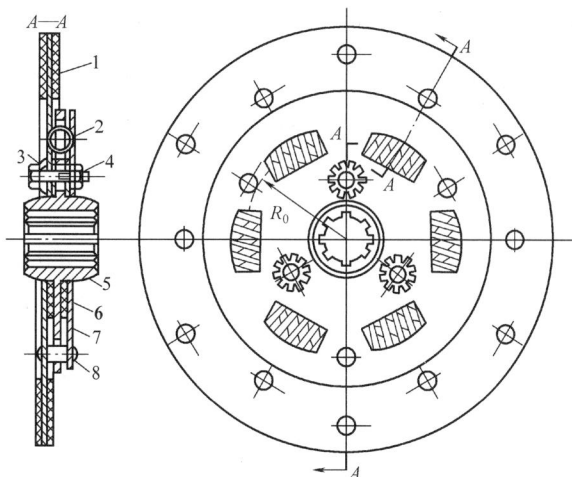

图 3-28 弹簧摩擦式扭转减振器的从动盘

1—从动盘钢片；2—减振弹簧；3—碟形弹簧垫圈；4—紧固螺钉；

5—从动盘毂；6—减振摩擦片；7—减振盘；8—限位销

在弹簧摩擦减振器结构中限位销 8 的作用是除将从动盘钢片 1 和减振盘 7 铆在一起外，还用来限制从动盘毂相对从动盘钢片转动的角度，目的是限制减振弹簧 2 的变形，防止它的早期损坏。

2. 液阻式

液阻式的结构如图 3-29 所示。从动盘钢片 7 通过减振弹簧 3 与从动盘毂 1 弹性地连接在一起。减振弹簧 3 内装有油缸 5 和柱塞 4，油缸 5 上开有小孔 6 与充满油液的密封腔 2 相通。当从动盘钢片 7 相对从动盘毂 1 运动时，柱塞 4 也跟随着在油缸 5 中做相对运动，油液在经小孔 6 的流出流进中产生阻力，阻力大小和其运动速度有关。液阻式扭转减振器结构复杂、笨重，而且其阻尼特性对于装在离合器从动盘中的减振器来说不如摩擦式好，它在普通减振器中已不采用。

3. 橡胶金属式

最简单的一种橡胶金属式减振器结构如图 3-30 所示。其工作原理和弹簧摩擦式十分相似，区别是由弹性元件 2 本身的弹性和内阻完全代替弹簧摩擦式扭转减振器中的减振弹簧和摩擦片，因此结构非常简单，且具有非线性特性。缺点是，不利的工作环境（高温、油污）会影响普通橡胶的工作寿命和工作的稳定性，所以一定要用专门的合成橡胶。

现在绝大多数离合器从动盘减振器采用弹簧摩擦式。

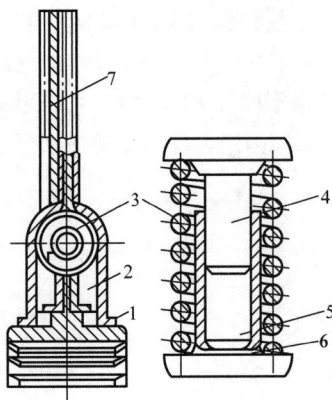

图 3-29 液阻式扭转减振器

1—从动盘毂；2—密封腔；3—减振弹簧；
4—柱塞；5—油缸；6—小孔；7—从动盘钢片

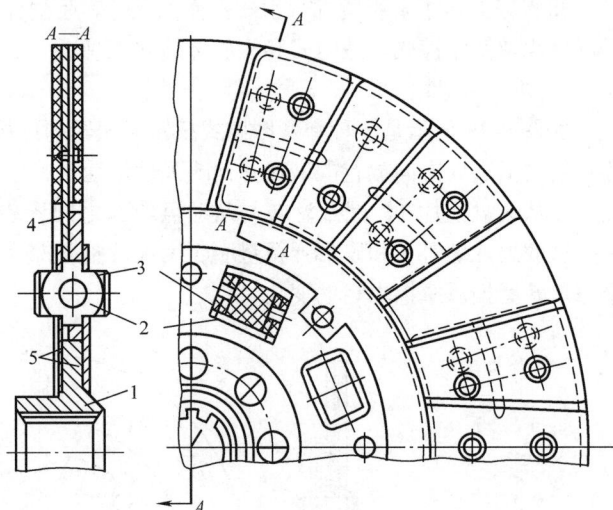

图 3-30 带橡胶减振元件的从动盘

1—从动盘毂；2—弹性元件；3—金属片；
4—从动盘钢片；5—减振盘

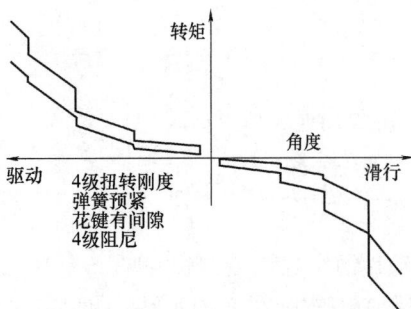

图 3-31 扭转减振器特性曲线示例

（二）扭转减振器的特性及主要参数的选择

如图 3-31 所示为离合器扭转减振器特性曲线图例。图中反映了扭转减振器的一些特性参数，其中斜线表示扭转力矩，四组平行斜线，表示有四级刚度，垂直线表示从一级进入另一级需要克服的预紧转矩 T_n；两平行斜线间的间隔反映了减振器工作时的摩擦（摩擦阻尼）转矩 T_μ，离合器减振器特性曲线在水平坐标轴上的距离表示离合器从动盘毂花键中的间隙。

在设计离合器减振器时，需要合理选择减振

器的扭转刚度 k_φ、摩擦力矩 T_μ、预紧力矩 T_n 及刚度级数等，以确保系统的性能。

1. 极限转矩 T_j

极限转矩为减振器在消除限位销与从动盘毂缺口之间的间隙时所能传递的最大转矩，即限位销起作用时的转矩。它与发动机最大转矩有关，一般可取

$$T = (1.5 \sim 2.0)T_{e\max}$$

式中：商用车，系数取 1.5；乘用车，系数取 2.0。

实验表明，当减振器传递的极限转矩 T_j 与汽车驱动轮的最大附着力矩 $T_{\varphi \max}$ 相等时，传动系的动载荷最小；若 $T_j < T_{\varphi \max}$，系统将会产生冲击载荷；若 $T_j > T_{\varphi \max}$，则应增大减振器的扭转刚度，传动系的动载荷有所增大，因此，也可按下式选取

$$T_j = T_{\varphi \max} = \frac{G_2 \varphi r_r}{i_0 i_{g1}} \tag{3-22}$$

式中：G_2 为满载驱动桥静载荷；φ 为附着系数，计算时取 $\varphi = 0.8$；r_r 为车轮滚动半径；i_0 为主减速比；i_{g1} 为变速器 1 挡传动比。

2. 扭转刚度 k_φ

为了避免引起系统的共振，要合理选择减振器的扭转刚度 k_φ，使共振现象不发生在发动机常用工作转速范围内。

k_φ 决定于减振弹簧的线刚度及其结构布置尺寸（见图 3-28）。设减振弹簧分布在半径为 R_0 的圆周上，当从动片相对从动盘毂转过 φ 弧度时，弹簧相应变形量为 $R_0\varphi$。此时需加在从动片上的转矩为

$$T = 1000KZ_j R_0^2 \varphi$$

式中：T 为使从动片相对从动盘毂转过 φ 弧度所需加的转矩，N·m；K 为每个减振弹簧的线刚度，N/mm；Z_j 为减振弹簧个数；R_0 为减振弹簧位置半径，m。

根据扭转刚度的定义，$k_\varphi = T / \varphi$ 则

$$k_\varphi = 1000KZ_j R_0^2$$

式中：k_φ 为减振器扭转刚度，N·m/rad。

设计时可按经验来初选 k_φ

$$k_\varphi \leqslant 13 T_j \tag{3-23}$$

3. 阻尼摩擦转矩 T_μ

由于减振器扭转刚度 k_φ 受结构及发动机最大转矩的限制，不可能很低，故为了在发动机工作转速范围内最有效地消振，必须合理选择减振器阻尼装置的阻尼摩擦转矩 T_μ。一般可按下式初选

$$T_\mu = (0.06 \sim 0.17)T_{e\max} \tag{3-24}$$

4. 预紧转矩 T_n

减振弹簧在安装时都有一定的预紧。研究表明，T_n 增加，共振频率将向减小频率的方向移动，这是有利的。但是 T_n 不应大于 T_μ，否则在反向工作时，扭转减振器将提前停止工作，故取

$$T_n = (0.05 \sim 0.15)T_{e\max} \tag{3-25}$$

5. 减振弹簧的位置半径 R_0

R_0 的尺寸应尽可能大些，如图 3-28 所示，一般取

$$R_0 = (0.60 \sim 0.75)\frac{d}{2} \tag{3-26}$$

式中：d 为摩擦片直径。

6. 减振弹簧个数 Z_j

Z_j 参照表 3-9 选取。

表 3-9 减振弹簧个数的选取

摩擦片外径 D（mm）	225～250	250～325	325～350	>350
Z_j	4～6	6～8	8～10	>10

7. 减振弹簧总压力 F_Σ

当限位销与从动盘毂之间的间隙 $\Delta 1$ 或 $\Delta 2$ 被消除，减振弹簧传递转矩达到最大值 T_j 时，减振弹簧受到的压力 F_Σ 为

$$F_\Sigma = T_j / R_0 \tag{3-27}$$

（三）减振弹簧计算

在初步选定减振器的主要参数以后，根据离合器的总体布置，确定和计算减振弹簧的相关尺寸。

1. 单个减振弹簧的工作负荷 F

$$F = F_\Sigma / Z_j$$

2. 减振弹簧尺寸（见图 3-32）

（1）弹簧中径 D_c。一般由结构布置来决定，通常 $D_c=11\sim15$mm。

（2）弹簧钢丝直径 d。

$$d = \sqrt{\frac{8FD_c}{\pi[\tau]}} \tag{3-28}$$

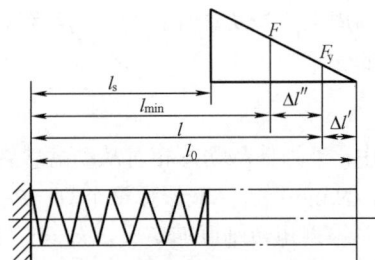

图 3-32 减振弹簧计算简图

式中：扭转许用应力 $[\tau]$ 可取 550～600MPa；通常 $d=3\sim4$mm。

（3）减振弹簧刚度 K。应根据已选定的减振器扭转刚度 k_φ 及其分布半径尺寸 R_0，由下式算出，即

$$K=\frac{k_\varphi}{1000R_0^2 Z_j} \tag{3-29}$$

（4）减振弹簧有效圈数 i。

$$i=\frac{Ed^4}{8D_c^3 K} \tag{3-30}$$

式中：E 为材料的剪切弹性模量，对碳钢可取 $E = 8.3\times10^4$MPa。

（5）减振弹簧总圈数 n。一般在 6 圈左右，总圈数 n 和有效圈数 i 间的关系为

$$n=i+(1.5\sim2)$$

（6）减振弹簧最小长（高）度 l_{min}。指减振弹簧在最大工作负荷下的工作长（高）度，考虑到此时弹簧的被压缩各圈之间仍需留一定的间隙，可确定为

$$l_{min}=n(d+\delta) \approx 1.1dn$$

（7）减振弹簧总变形量Δl。指减振弹簧在最大工作负荷下所产生的最大压缩变形，为

$$\Delta l = F/K$$

（8）减振弹簧自由高度l_0。指减振弹簧无负荷时的高度，为

$$l_0 = l_{\min} + \Delta l$$

（9）减振弹簧预变形量$\Delta l'$。指减振弹簧安装时的预压缩变形，它和选取的预紧力矩 T_n 有关，其值为

$$\Delta l' = \frac{T_n}{K Z_j R_0}$$

（10）减振弹簧安装工作高度l。它关系到从动盘毂等零件窗口尺寸的设计，为

$$l = l_0 - \Delta l'$$

3. 从动盘钢片相对从动盘毂的最大转角 φ_j

减振器从预紧转矩增加到极限转矩时，从动钢片相对从动盘毂的极限转角 φ_j 与减振弹簧的工作变形量$\Delta l''$（$\Delta l'' = \Delta l - \Delta l'$）有关，其值为

$$\varphi_j = 2\arcsin\frac{\Delta l''}{2R_0} \tag{3-31}$$

φ_j 通常取 $3° \sim 12°$，对平顺性要求高或对工作不均匀的发动机，取上限。

4. 限位销与从动盘毂缺口侧边的间隙λ

$$\lambda = R_2 \sin\varphi_j \tag{3-32}$$

式中：R_2 为限位销的安装半径。λ值一般为 2.5~4mm。

5. 限位销直径 d'

d' 按结构布置选定，一般 $d' = 9.5 \sim 12$mm。

（四）双质量飞轮结构

双质量飞轮结构如图 3-33 所示。

由图 3-33 可知，双质量飞轮减振器就是在结构设计上把原先装在离合器从动盘上的扭转减振器移至飞轮处，把飞轮分成两部分；第 1 质量飞轮（图中的 2）和第 2 质量飞轮（图中的 3）。第 1 质量飞轮直接装在曲轴上，起原先飞轮的作用；第 2 质量飞轮独立于第 1 质量飞轮，两者之间装有大容量扭转减振器，通过该扭转减振器将两飞轮弹性地相联系，第 2 质量飞轮起附加质量的作用。离合器总成装在第 2 质量飞轮上，也是第 2 质量飞轮总质量的一部分。

采用双质量飞轮减振器具有以下优点。

（1）可以降低发动机、变速器振动系统的固有频率，以避免在怠速转速时的共振。

（2）增大减振弹簧的位置半径，降低减振弹簧刚度K，并允许增大转角。

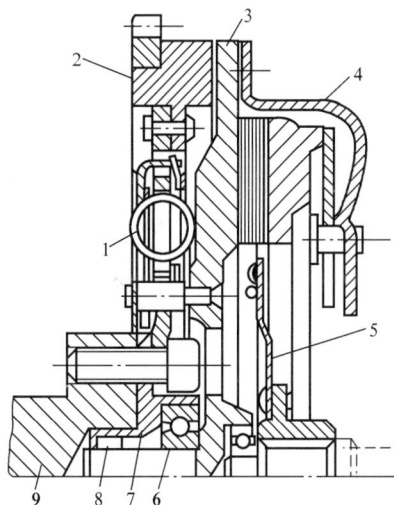

图 3-33 具有双质量飞轮减振器的膜片弹簧离合器

1—扭转减振器弹簧；2—第 1 质量飞轮；3—第 2 质量飞轮；

4—离合器盖总成；5—离合器从动盘；6—轴承；

7—连接盘；8—滚针轴承；9—发动机曲轴

（3）由于双质量飞轮减振器的减振效果较好，在变速器中可采用黏度较低的齿轮油而不致产生齿轮冲击噪声，并可改善冬季的换挡过程。而且由于从动盘没有减振器，可以减小从动盘的转动惯量，这也有利于换挡。

但是它也存在一定的缺点，如由于减振弹簧位置半径较大，高速时受到较大离心力的作用，使减振弹簧中段横向翘曲而鼓出，与弹簧座接触产生摩擦，使弹簧磨损严重，甚至引起早期损坏。

五、操纵机构设计计算

（一）离合器操纵机构的基本要求与常用结构类型

1. 对离合器操纵机构的基本要求

（1）踏板力要尽可能小，乘用车一般在 80~150N 范围内，商用车不大于 150~200N。

（2）踏板行程一般在 80~150mm 内，最大不应超过 180mm。

（3）应有踏板行程调整装置，以保证摩擦片磨损后，分离轴承的自由行程可以复原。

（4）应有踏板行程限位装置，以防止操纵机构的零件因受力过大而损坏。

（5）应有足够的刚度，传动效率要高，工作可靠，寿命长，维修保养方便。

2. 常用离合器操纵机构的类型

常用的离合器操纵机构，主要有机械式、液压式、气压式和自动操纵机构等，其中有些操纵机构还带有助力器。

机械式操纵机构有杆系式（如图 3-34 所示）和拉索式（如图 3-35 所示）两种。杆系操纵机构结构简单、工作可靠，早期广泛应用于各种车辆当中；但其质量大，传动效率低，车架、车身的变形会造成离合器在接合过程中出现抖动现象，特别是远距离操纵时，布置比较困难。拉索式可克服上述缺点，且可采用适宜驾驶员操纵的吊挂式踏板结构；但其寿命较短，机械效率仍不高，多用于发动机排量不大的车辆中。

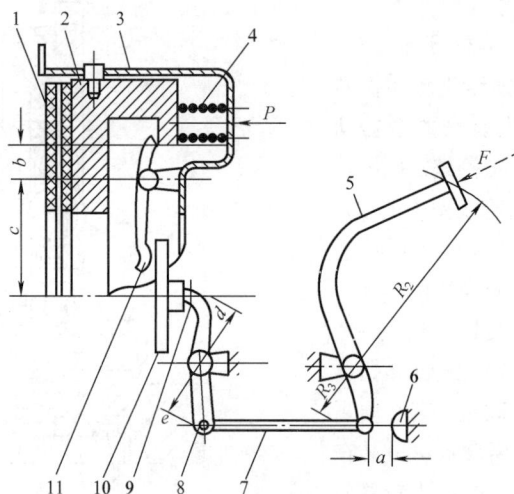

图 3-34 杆系操纵系统简图

1—从动盘；2—压盘；3—离合器盖；4—压紧弹簧；5—踏板及踏板臂；6—限位块；

7—拉杆；8—摇臂；9—分离叉；10—分离轴承；11—分离杆

液压式操纵机构（如图 3-36 所示），具有质量小、布置方便、传动效率高，便于采用吊挂式踏板，驾驶室容易密封、发动机的振动和驾驶室与车架变形不影响其正常工作，离合器结合比较柔顺等优点，故广泛应用于各种形式的汽车中。

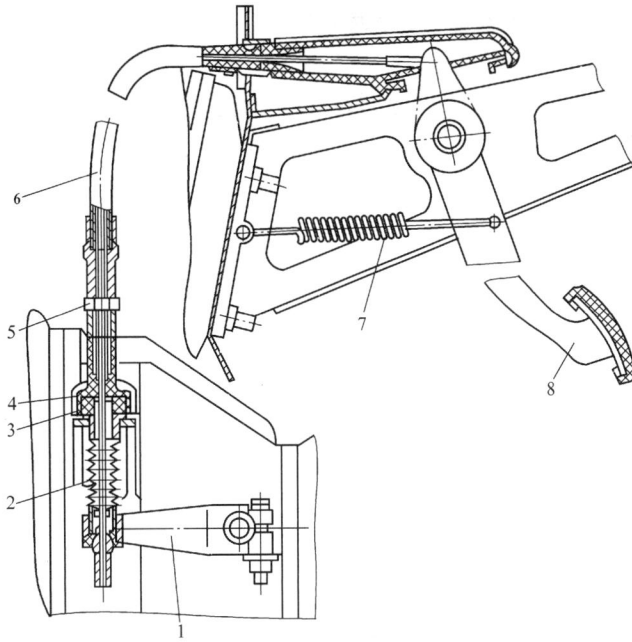

图 3-35 拉索操纵系统简图

1—分离叉传动杆；2—拉索；3—橡胶缓冲器；4—接头；5—调整螺母；6—拉索护套；7—复位弹簧；8—踏板

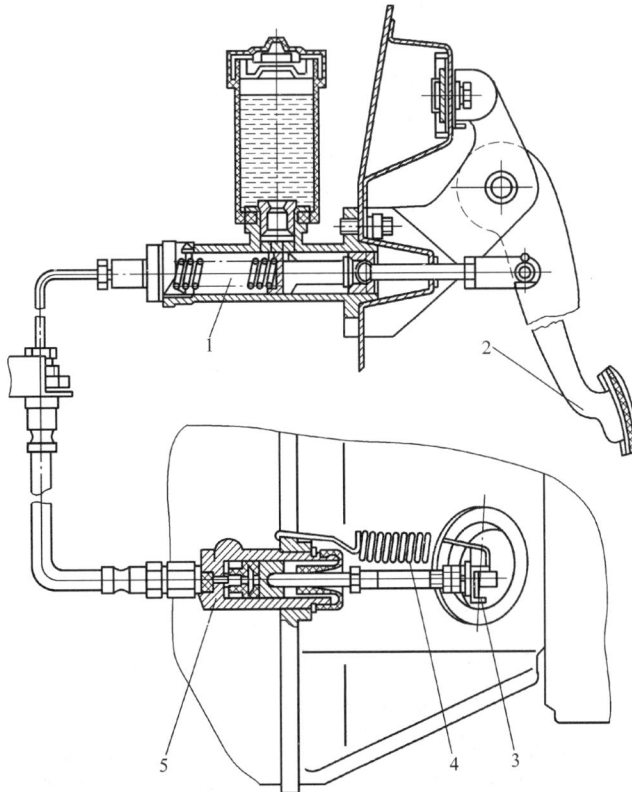

图 3-36 离合器液压操纵系统

1—主缸；2—踏板；3—分离叉杠杆；4—分离叉复位弹簧；5—分缸

（二）离合器操纵机构主要参数的确定与计算

1. 操纵机构的传动比 i_c

在设计离合器操纵系统时，为了满足前述对踏板力和踏板行程的要求，需根据离合器的具体结构类型和操纵系统传动线路，合理地定出操纵系统的传动比 i_c。

常用离合器的结构类型和操纵系统传动线路简图见图3-37。

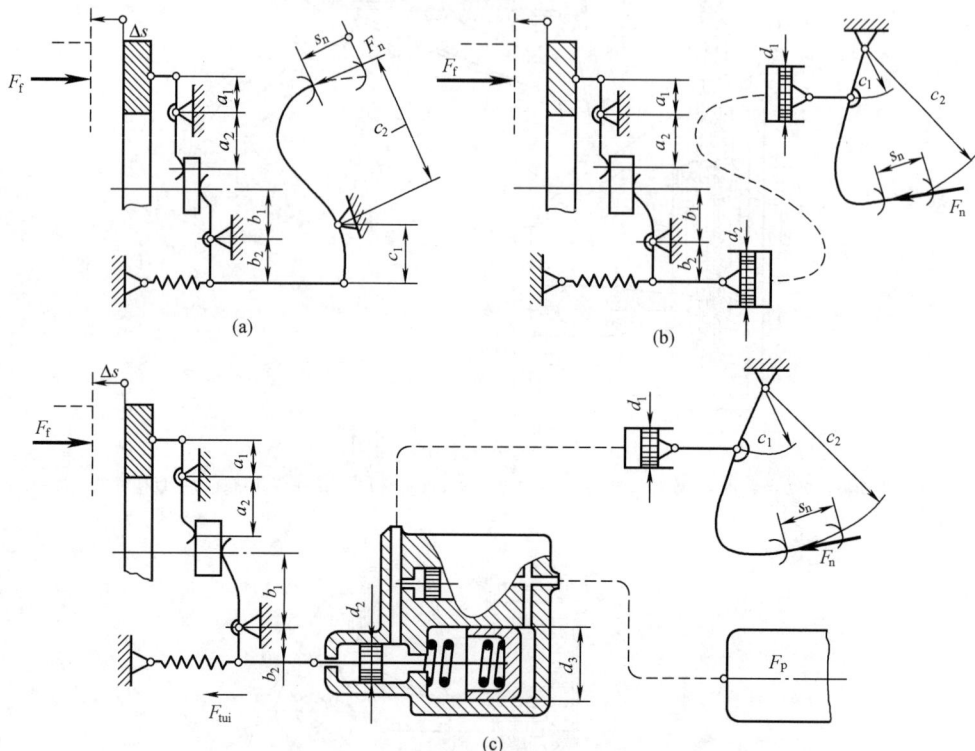

图3-37　常用离合器的结构类型和操纵系统传动线路简图
（a）机械式；（b）液压式；（c）带空气助力的液压式

（1）机械式离合器操纵机构传动比 i_c 的确定 ［见图3-37（a）］。

$$i_c = \frac{b_2}{b_1} \times \frac{c_2}{c_1} \tag{3-33}$$

（2）液压式式离合器操纵机构传动比 i_c 的确定 ［见图3-37（b）、（c）］。

$$i_c = \frac{b_2}{b_1} \times \frac{c_2}{c_1} \times \left(\frac{d_2^2}{d_1^2}\right)^2 \tag{3-34}$$

式中：d_1、d_2 分别为主缸和分缸的油缸直径 ［见图3-37（b）］。

（3）根据人体工程学要求所确定的踏板行程值 $[s_n]$，i_c 按下式初定

$$i_c = [s_n]\eta /(s_0 + Z_c \Delta s i_f) \tag{3-35}$$

式中：s_0 为分离轴承与分离杆之间的间隙，没有间隙自动调节机构，s_0 一般为 2～4mm；有间隙自动调节机构，$s_0 = 0$。Δs 为摩擦片与压盘、飞轮之间的间隙，对于单片离合器取 0.75～1.3mm，双片离合器可取 0.5～0.9mm。Z_c 为摩擦面数目，单片为 2，双片为 4。$i_f = a_2/a_1$。η 为考虑传动中由于变形等原因造成的行程损失 $\eta < 1$。

一般离合器 i_f 及 i_c 的大致范围如表 3-10 所示。

表 3-10 离合器操纵传动比一览表

压紧弹簧类型	i_f	i_c
周置螺旋弹簧	3.6～6.2	7～12
膜片弹簧	2.7～5.4	10～16
中央弹簧	7～8	13～15

在初选了 i_c 以后，应按下式校验离合器踏板力 F_n 是否合适

$$F_n \approx F_f/(i_c i_f \eta_t) \tag{3-36}$$

式中：F_f 为压盘的分离载荷；η_t 为总的系统效率，一般为 0.8～0.9。

如果算出的踏板力 F_n 不合适，不能在推荐的范围内，应调整传动比，直到合适为止。

2. 离合器踏板行程 s_n 的确定

踏板行程 s_n 与压盘的升程 Δs 有如下关系（见图 3-37）

$$s_n = (s_0 + Z_c \Delta s i_f) i_c / \eta \tag{3-37}$$

将相关参数带入上述公式，计算出的行程应在推荐的范围内，否则应修改 i_c，使行程和踏板力都符合要求。

（三）助力器

在机械式和液压式操纵机构中，为了降低踏板力，改善驾驶员的操作条件，常用各种助力器，其中使用得较多的有机械式和气压式两种。

1. 机械式助力器

机械式助力器结构简单，但因没有借助其他外力的帮助，故其助力效果有限（一般只能增加原踏板力的 20%～30%），所以只是在吨位较小的汽车上采用。机械式助力器结构的工作原理如图 3-38 所示。

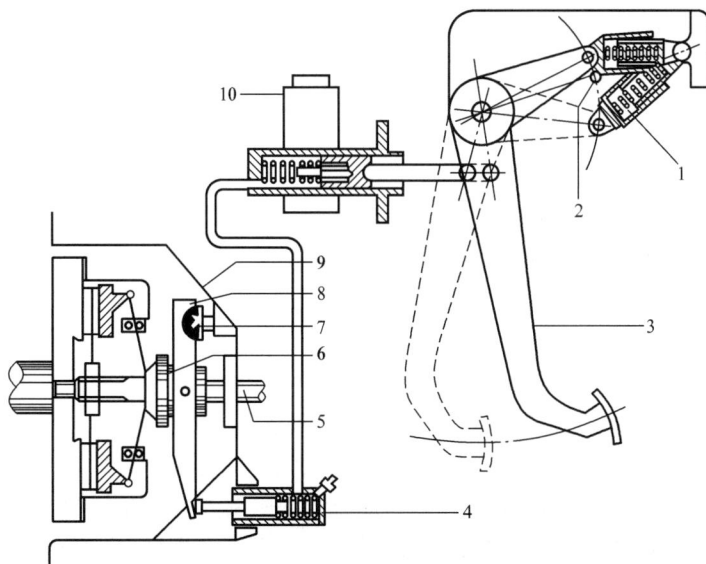

图 3-38 机械式助力器结构工作原理图

1—弹簧助力器；2—偏心点变化情况；3—离合器踏板；4—分缸；5—轴套；6—分离轴承；

7—支柱销；8—分离叉；9—飞轮壳；10—主缸

从图 3-38 中可以看到,离合器踏板 3 上端轴销处另有一短臂,短臂末端铰接了弹簧助力器,弹簧助力器另一端则铰接在车身上。离合器踏板在松开位置时,短臂处于图中上方实线位置;当踩下离合器踏板时,短臂末端铰链处的运动轨迹呈圆弧形,开始时踏板上要附加力使弹簧压缩。当踏板到某一位置后,弹簧恢复力的作用点位置下降,此时它作用的力矩恰好使踏板继续向下运动,从而起助力作用。实际上,它是在离合器分离初期分离力较小时储存能量,而在最终需要较大分离力时释放能量。

2. 杆系操纵机构的气压式助力器

在一些杆系操纵系统中,特别是在大型重型汽车上,由于分离离合器时所需踏板力很大,驾驶员难以操作,在这种情况下常采用气压式助力器。

离合器的操纵机构不一样,气压式助力器及其系统也会有一些差别。如图 3-39 所示为采用机械式操纵机构气压助力器的布置图,它由随动阀 4,加力缸 8,连接软管 5 及传动杆系 6、7、9 等组成。

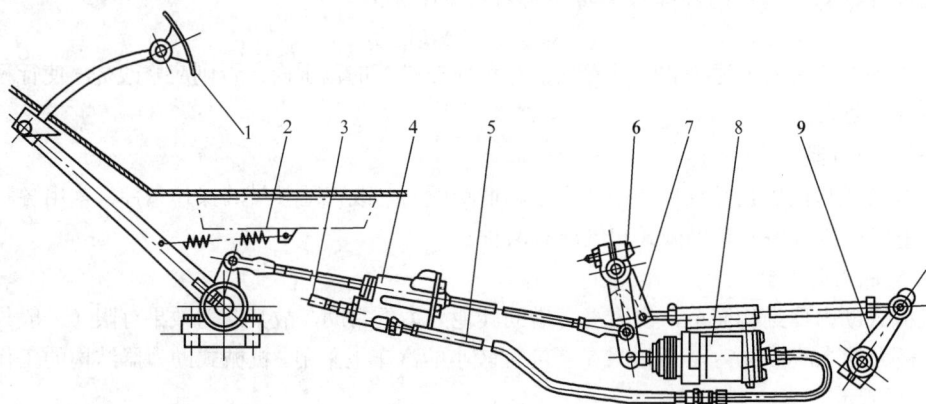

图 3-39 红岩 CQ261 型汽车机械式操纵机构气压助力器系统

1—踏板;2—复位弹簧;3—随动阀进气软管;4—随动阀;5—随动阀加力缸连接软管;6—中间轴摇臂;
7—中间轴内摇臂;8—加力缸;9—拨叉轴摇臂

3. 液压操纵系统中的气压助力器

对于液压操纵系统,其助力器的工作原理如图 3-40 所示。图 3-40 中（a）为离合器处于接合状态,即离合器踏板处在放松位置,离合器主缸 3 内无油压。此时,助力器控制部分的排气阀门 16 打开,进气阀门 17 关闭,气缸 2 内高压空气排出。整个活塞杆上无推力输出,离合器不可能分离。

当踩下离合器踏板时［见图 3-40（b）］,主缸中产生油压,油分两路,一路到分缸可直接推动分离拨叉 6;另一路到助力器的控制部分,克服弹簧阻力推动柱塞 10 向右移动,关闭排气阀门 16,打开进气阀门 17,此时由储气筒 19 来的压缩空气通过进气阀 17 进入加力气缸 2,推动气缸活塞 1 向右,由气缸活塞推力加上前一路分缸油压直接产生的推力一起推动分离拨叉 6,使离合器分离。其运动作用的原理为［见图 3-40（c）］当离合器踏板固定在某一位置时,与柱塞 10 成一体的右侧活塞作用面积较大,在气体压力和油压作用下,作用在柱塞 10 上的力平衡。由于弹簧力的作用,柱塞 10 往回移,关闭了进气阀,这样推动分离拨叉移动的活塞 1 也不再运动,离合器不再分离。此时,可分成两种情况。

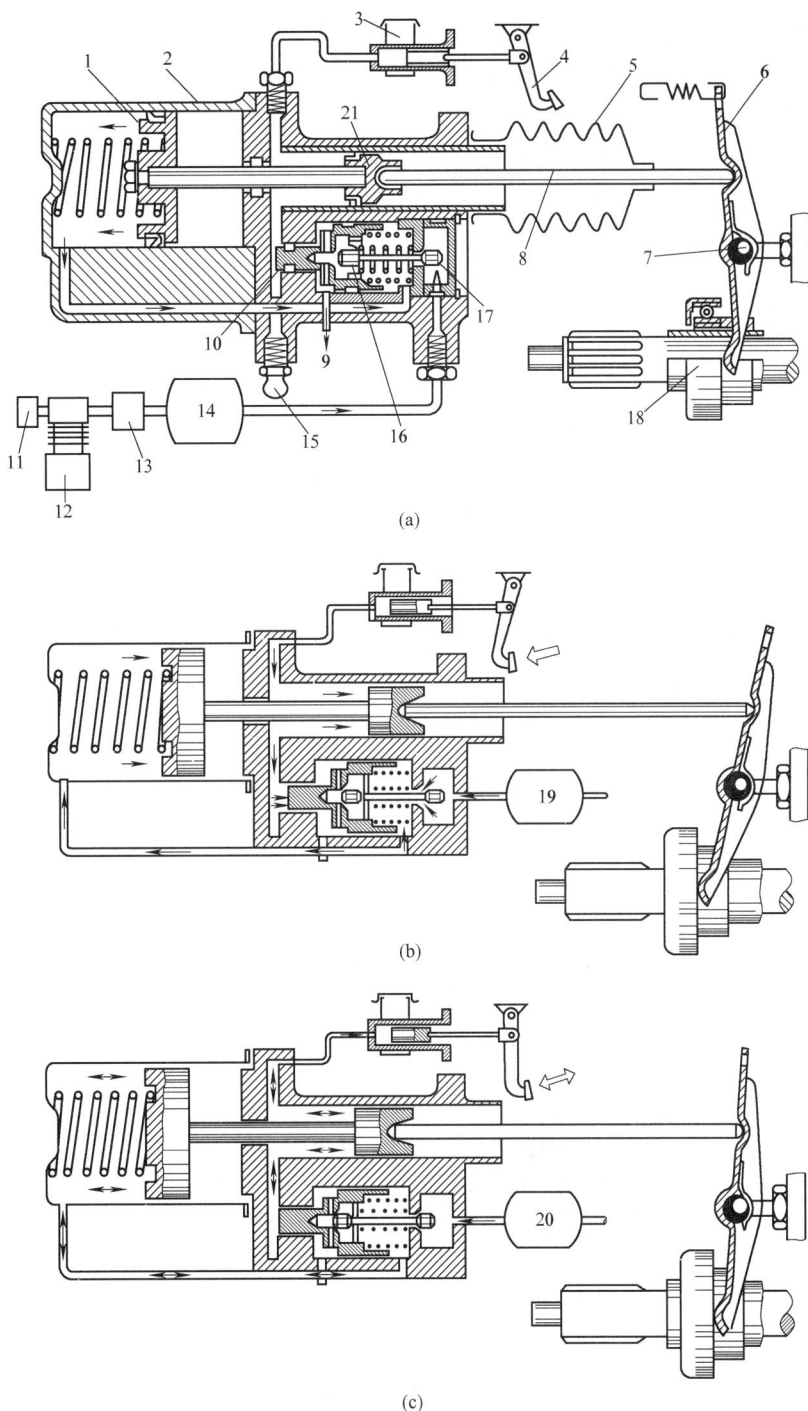

图 3-40　液压空气加力系统

（a）离合器接合踏板放松；（b）离合器分离过程空气助力；（c）离合器分离不动助力系统平衡

1—活塞；2—气缸；3—主缸；4—离合器踏板；5—防尘套；6—分离拨叉；7—球头支柱；8—推杆；

9—排气口；10—柱塞；11—滤清器；12—空气压缩机；13—卸载阀；14、19、20—储气筒；

15—放气螺钉；16—排气阀；17—进气阀；18—分离轴承；21—液压活塞

（1）若继续对踏板施加压力，主缸油压增加，系统的平衡破坏，此时系统的工作回到图3-40（b）的情况，进气阀打开，向气缸充气，进一步分离离合器。

（2）若放松踏板，这意味着主缸油压下降，系统的平衡也发生了变化，此时系统的工作回到图 3-40（a）的情况，进气阀关闭，排气阀打开，气缸放气，离合器开始接合。通过控制离合器踏板的运动速度就可控制离合器接合速度的快慢。

（四）分离轴承间隙调整机构

前面已提及，由于摩擦片的磨损，在压紧弹簧作用下，分离杆内端与分离键承之间的间隙将变小。若间隙小于零，离合器就要发生滑磨，不能正常工作。因此，在离合器使用期间要不断调整分离轴承处的间隙，这无疑增加了保养作业。现今汽车上大多采用间隙自动调整机构，其结构因不同操纵系统而不同。

1. 拉索式操纵系统调整机构

拉索式操纵系统自动调整机构如图 3-41 所示，其调整机构在离合器踏板 4 处。在踏板臂轴销 2 上自由套着棘轮 1，离合器拉索 6 和棘轮 1 相连，只要能转动棘轮，就能拉动拉索，使离合器分离。从图中可以看到，在棘轮上面有一棘爪 5，它和踏板上臂相连，通常情况下棘爪和棘轮相啮合。因此，只要踩下踏板，通过棘爪就能使棘轮转动，使离合器分离。当摩擦片磨损后，膜片弹簧的分离指连带分离轴承 14 向后退并以相反方向拉动拉索 6，这时放开棘爪让棘轮自由地逆时针方向转动，直到自动停止，从而起到调整间隙的作用，不会使分离指（或杆）和分离轴承之间出现负间隙。

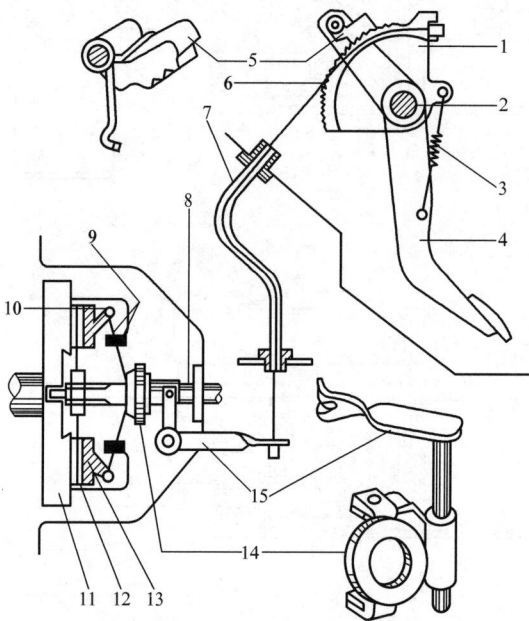

图 3-41　拉索式操纵系统自动调整机构

1—棘轮；2—踏板臂轴销；3—复位弹簧；4—离合器踏板；5—棘爪；6—拉索；7—拉索外套；8—套管；
9—膜片弹簧支承环；10—分离钩；11—飞轮；12—从动盘；13—压盘；14—分离轴承；15—分离叉

2. 液压式操纵系统自动调整机构

不同于拉索式操纵系统，液压式操纵系统的自动调整机构不在踏板处，而是在离合器的分缸处，其结构如图 3-42 所示。

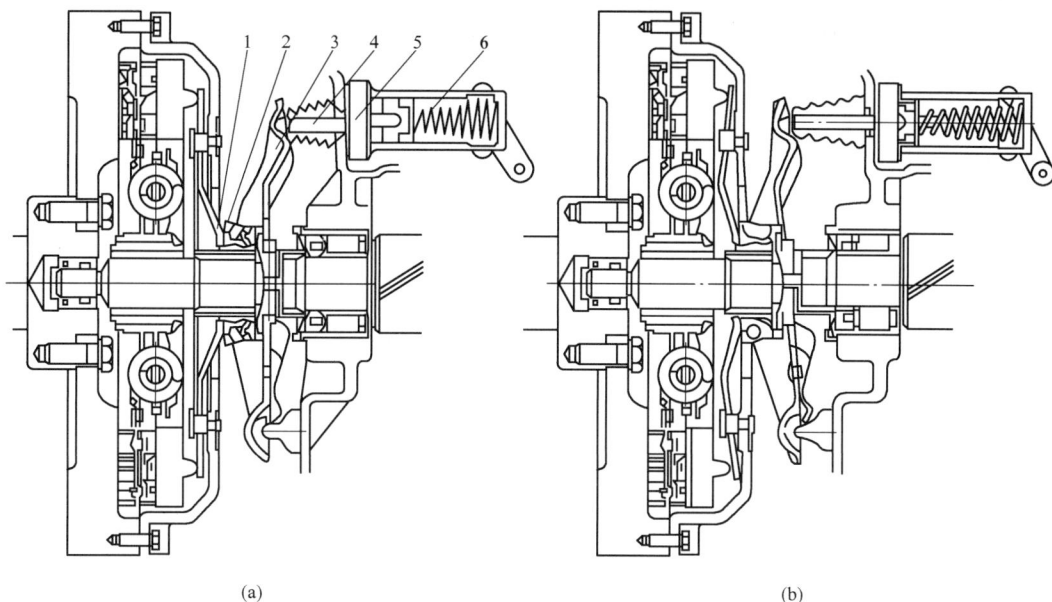

图 3-42 液压式操纵系统间隙自动调整机构

（a）离合器处于接合状态；（b）离合器处于分离状态

1—膜片弹簧；2—分离轴承；3—分离叉；4—分缸挺杆；5—分缸；6—分缸内锥形弹簧

离合器接合时，在离合器分缸内锥形弹簧 6 的作用下通过分缸挺杆 4 经分离叉 3 的推动，使分离轴承 2 和膜片弹簧 1 的分离指永远相接触没有间隙。来自主缸的油压进入分缸后，由活塞推动工作缸挺杆 4 使离合器分离。离合器摩擦片磨损后，分离指连同分离轴承 2 往后退，同时工作缸挺杆 4 带动活塞克服锥形弹簧 6 亦向后退。由于锥形弹簧阻力很小，对膜片弹簧压紧力的损失微不足道，因此在客观上也就起到了自动调整的作用。

六、其他元件的设计

1. 油管设计

油管的功能是将由主缸输出的油液及油压输送至分缸，完成对离合器的分离和接合控制信息的传递。油管中的油压不可避免地会引起油管的膨胀，从而减少流量的输出，因此需要增加踏板行程 s_n。参看式（3-37），可将 s_n 改写成下式

$$s_n = s_n' / \eta \tag{3-38}$$

下面通过油管膨胀引发体积的变化 ΔV 来估计 η。假设流量是连续的定量的，由踏板直接操纵的主缸流出的油液体积为 V，它等于进入分缸的油液体积，但实际上主缸需输出 $V+\Delta V$ 的体积，才能保证有 V 的体积进入分缸，因此其传输效率，可写成

$$\eta = V / (V + \Delta V) \tag{3-39}$$

体积的改变量 ΔV 的计算如下。设油压为 p_y，油管内径为 d_n，油管壁厚为 h_t；在油压作用下，油管内壁上的应力 σ_r 为

$$\sigma_r = p_y d_n / 2h_t \tag{3-40}$$

油管内径增大，其径向应变 ε_r 为

$$\varepsilon_r = \Delta d_n / d_n \tag{3-41}$$

式中：Δd_n 为油管内径增加量。

由材料力学可知，$\sigma_r = E\varepsilon_r$，故

$$\Delta d_n = \frac{p_y d_n^2}{2h_t E} \tag{3-42}$$

油管断面面积的增加量ΔA 为

$$\Delta A \approx 2\pi d_n \Delta d_n \tag{3-43}$$

故所需增加的油的输出ΔV 为

$$\Delta V = \Delta AL = \frac{\pi p_y d_n^2}{4h_t E}L \tag{3-44}$$

式中：E 为油管材料的弹性模量；L 为油管的长度。

从式（3-39）、式（3-44）中可以看到在布置上尽量减小管子长度 L、增加壁厚 h_t、采用弹性模量 E 较大的管子材料等可提高效率 η。

另一方面，在布置油液管路时，油管应有足够的长度，以免发动机在晃动时使油管受到附加应力；油管要有足够的柔性，以便于安装维护；管路的走向要注意避免热源，防止管内液油产生气泡。

2. 拉索设计

在此讨论拉索设计主要出于功能上的考虑，其强度校核比较简单而且不是关键，故不进行仔细分析。

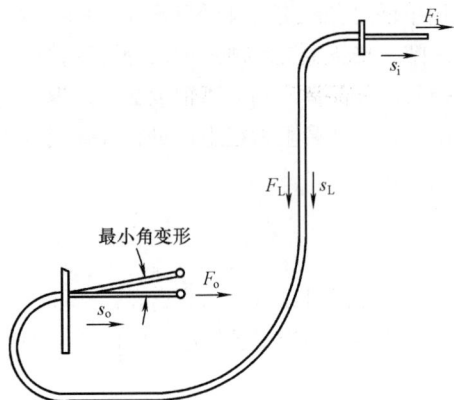

拉索的功能是把离合器踏板输出的力和行程传到分离叉上，再由分离叉传至分离轴承使离合器动作。

现设踏板作用在拉索上的力为 F_i，拉出拉索的长度（行程）为 s_i，拉索在另一端的输出力为 F_o，而在其输出端（分离叉处）被拉进去的长度（行程）为 s_o，如图 3-43 所示。

理论上，$F_i = F_o$，$s_i = s_o$，但实际上有损失，即 $F_o < F_i$，$s_o < s_i$。可以写成

$$F_o = F_i - \sum F_{L_i} \text{ 和 } s_o = s_i - \sum s_{L_i}$$

图 3-43　拉索计算示意图

式中：$\sum F_{L_i}$ 为输入力的总损失，它是由于摩擦造成的，包括几个方面，可采取以下措施使其损失达到最小。

（1）尽量减小折弯，如要折弯，折弯处的曲率半径至少是钢索直径的 100 倍。

（2）尽量减小钢索与其导套之间的摩擦，钢索与导套之间要适当润滑。

（3）减少拉索两端角位移。

$\sum s_{L_i}$ 为输出行程的损失，用来补偿拉索在使用中产生的伸长，包括以下几个方面。

（1）钢索受力后的弹性伸长 ΔL_s

$$\Delta L_s = \frac{F_i L}{AE} \tag{3-45}$$

式中：L 为钢索有效长度；A 为钢索横截面积；E 为材料弹性模量。

（2）拉索结构性伸长。因钢索由多股钢丝铰合而成，所以钢丝间会有间隙，施加载荷后，

间隙的消除导致了拉索的伸长。股数愈多伸长量愈大。要减少这种伸长，需用较工作负荷有更大安全系数的拉索。

（3）弯曲变化引起的伸长。在工作过程中，拉索发生弯曲变化会使行程受损。要减少这种损失，可在弯曲处任一端沿其曲线的切线方向将拉索固定住。

（4）温度改变引起的伸长。其伸长量可用下式表示

$$\Delta L_t = \alpha L \Delta t \tag{3-46}$$

式中，Δt 为温度变化量；α 为拉索材料的线膨胀系数。

通过上面的分析可以看到，如果拉索在设计上能按照上面的要求去做，拉索的强度可满足要求，不一定再进一步作强度校核。

七、三维造型设计及二维装配图绘制

如果有能力，可用三维设计软件进行离合器结构设计，目前常用的三维设计软件有 Pro/E、UG、SolidWorks、CATIA、Inventor、Solid Edge、I-DEAS、Think3、SOLID3000、OneSpaceDesigner 等。

也可以采用二维软件绘制离合器结构图，目前常用的二维设计软件有 AUTOCAD、MDT、CAXA、TH、KM 等。

CHAPTER 3
第三节 双盘周布弹簧离合器的设计

由于单片离合器受到压紧弹簧结构布置和整体结构设计的限制，其转矩容量也受到了限制。据有关资料介绍，单片离合器的最大转矩容量可达 2300N·m。超过这一值就应该用双片离合器。

一、结构实例拆装和测算

双片周布弹簧离合器的结构形式很多，如图 3-44 所示为黄河 JN1181C13 型汽车双片离合器的结构。其主动部分由飞轮 8、压盘 6、中间压盘 7 及离合器盖 16 组成，两个从动盘 3 和 4 夹在飞轮、中间压盘及压盘的中间。离合器中沿圆周均布十二个压紧弹簧，弹簧轴线平行于离合器旋转轴线，使压盘和中间压盘紧紧地压向飞轮。中间压盘的边缘上有四个缺口，飞轮上的四个定位块即嵌装在这四个缺口中，用以传递发动机的转矩，同时保证中间压盘的正确位置。这种传力方法与前述的用传力片传力的方法比较起来，传动更为可靠，但其传力件接触部分的尺寸和位置的精确度要求较高，而且在分离接合的过程中，传力件相对运动的摩擦及磨损均较大。磨损后的传力件在离合器传动过程中会产生冲击和噪声。

由于摩擦片数增多，其接合较为柔和，但是必须有专门装置，以保证各主动和从动盘之间能彻底分离。在图 3-44 中，当离合器分离时，压盘被四个分离杠杆以支承销 9 为中心转动而拉向后方，而中间压盘则被装在它和飞轮之间的分离弹簧 2 推向后方，与前从动盘 4 脱离接触。同时为了使后从动盘 3 不被中间压盘和压盘夹住，在离合器盖上装有四个限位螺钉 17，用以限制中间压盘的行程。限位螺钉的位置可以调节。

双片周布弹簧离合器的另一结构形式如图 3-45 所示，它常在重型汽车上出现。周向布置的若干个压紧弹簧 6 安装在离合器盖与传力盘 2 之间，各个弹簧的轴线相对于离合器轴线倾斜一

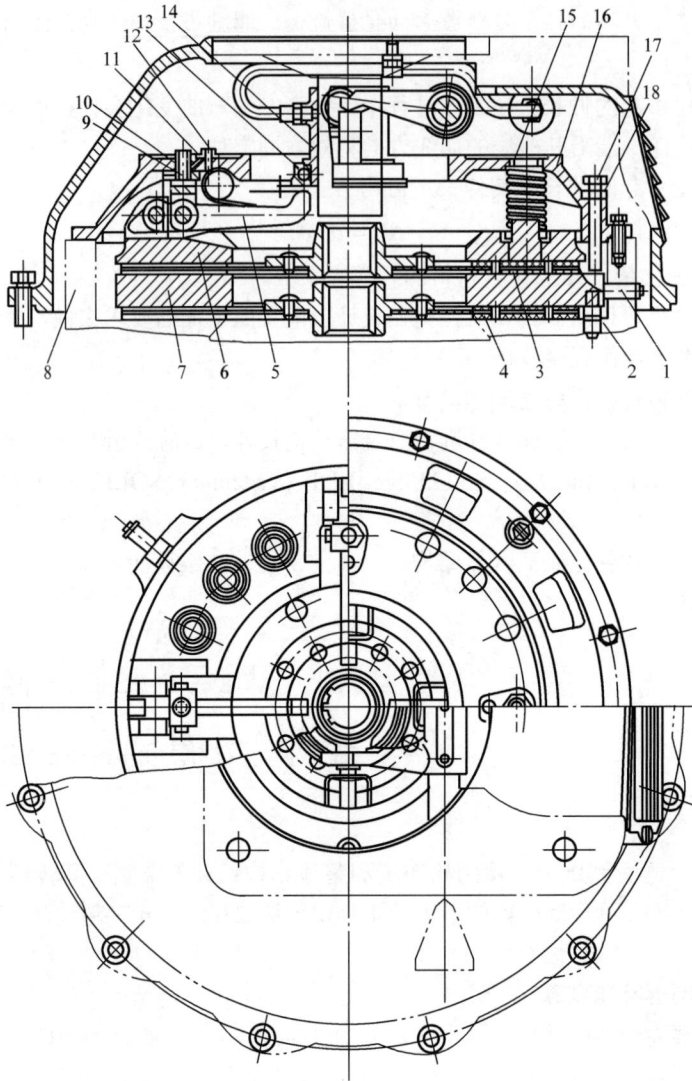

图 3-44 黄河 JN1181C13 型汽车双片离合器

1—定位块；2—分离弹簧；3、4—从动盘；5—分离杠杆；6—压盘；7—中间压盘；8—飞轮；

9—支承销；10—调整螺母；11—压片；12—锁紧螺钉；13—分离轴承；14—分离套筒；

15—压紧弹簧；16—离合器盖；17—限位螺钉；18—锁紧螺母

个角度 α。作用在传力盘上的全部压紧弹簧力盘轴向分力之和通过以外端为支点的压紧杠杆 1 放大后再施加于压盘上。分离离合器时，分离叉 4 通过分离轴承 3 和分离套筒 5 将传力盘 2 向右拉，撤除压紧杠杆对压盘的压紧力，使压盘得以在分离弹簧 7 的作用下与从动盘脱离接触。压紧弹簧倾斜安装的目的是对摩擦片磨损起补偿作用。设每个弹簧的作用力为 F，则其轴向分力 $F_z=F\cos\alpha$。当摩擦片磨损时，压紧杠杆内端左移，弹簧伸长，力 F 减小，但与此同时，夹角 α 也减小，$\cos\alpha$ 增大。这样，在摩擦片磨损范围内，弹簧作用力的轴向分力 $F_z=F\cos\alpha$ 几乎保持不变（从而使压盘压紧力不变）。同样，当分离过程中向右拉传力盘时，力 F_z 值也大致不变。因此，这种离合器的突出优点是工作性能十分稳定，彻底分离所需踏板力较小。

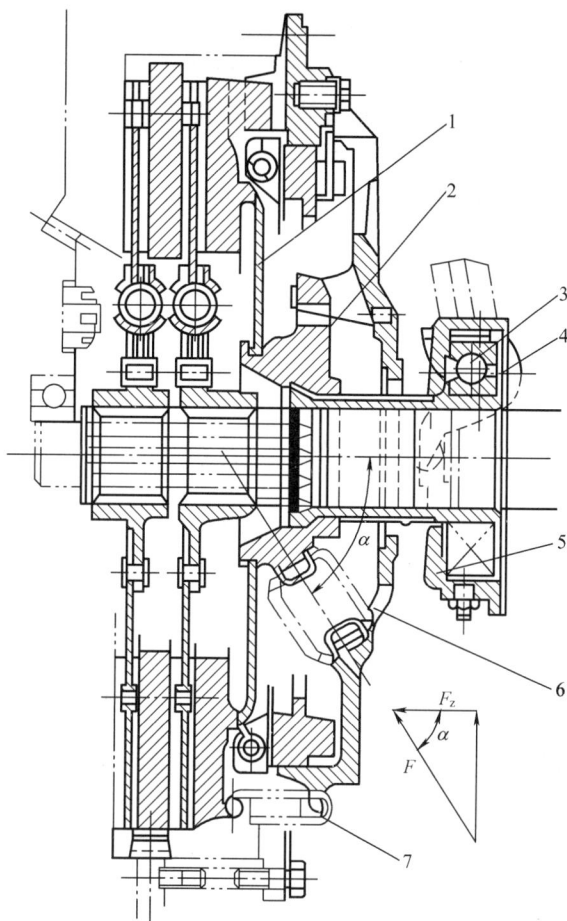

图 3-45 斜置周布弹簧离合器

1—压紧杠杆；2—传力盘；3—分离轴承；4—分离叉；5—分离套筒；6—压紧弹簧；7—分离弹簧

二、离合器主要参数的选择

尽管双片离合器结构与单片离合器结构有所差异，但都属于摩擦式离合器的范畴，所以，本章第二节讲述离合器主要参数选择的内容，对双片离合器一样适用，这里不再叙述。

根据双片离合器的结构特点，在设计双片离合器时应注意下述问题。

1. 转动惯量大的问题

双片离合器由于多了一个从动盘，使离合器从动部分的转动惯量增大，容易造成换挡困难。为此，双片离合器中常装有离合器制动装置。

离合器制动的目的是，当离合器完全分离后，使变速器输入轴（包括与其相连的离合器从动部分、变速器中间轴及各挡常啮合副齿轮）迅速减速以致停止转动，以便在车辆静止怠速状态下能迅速而无冲击地挂上前进挡或倒挡。

在行驶中，由低挡换高挡时，离合器制动显然也有助于换挡操作。但是，由高挡换入低挡时，离合器制动就会带来不利影响，不过这种换挡操作往往发生在重载上坡而感到牵引力不足的情况，这时车辆会因行驶阻力增大而很快减速，所以离合器制动并不会给换挡操作带来特殊困难。

85

　　如图 3-46 所示为一带有离合器制动装置的双盘周布弹簧离合器，从图 3-46 中可以看到，当离合器分离时，分离轴承 24 向后退。当退到一定距离后，分离轴承座 25 立即和固定在变速器输入轴 23 上的离合器制动摩擦片 21 相接触，就可使离合器双从动盘 13 的转速减下来。显然，控制离合器踏板的行程，就可控制离合器制动装置的制动强度，它们间的行程可以通过调整分离轴承座 25 的前后位置来获得。调整时，先松开螺母，转动分离轴承座 25 的内套，当达到所必需的行程后，重新上紧螺母即可。

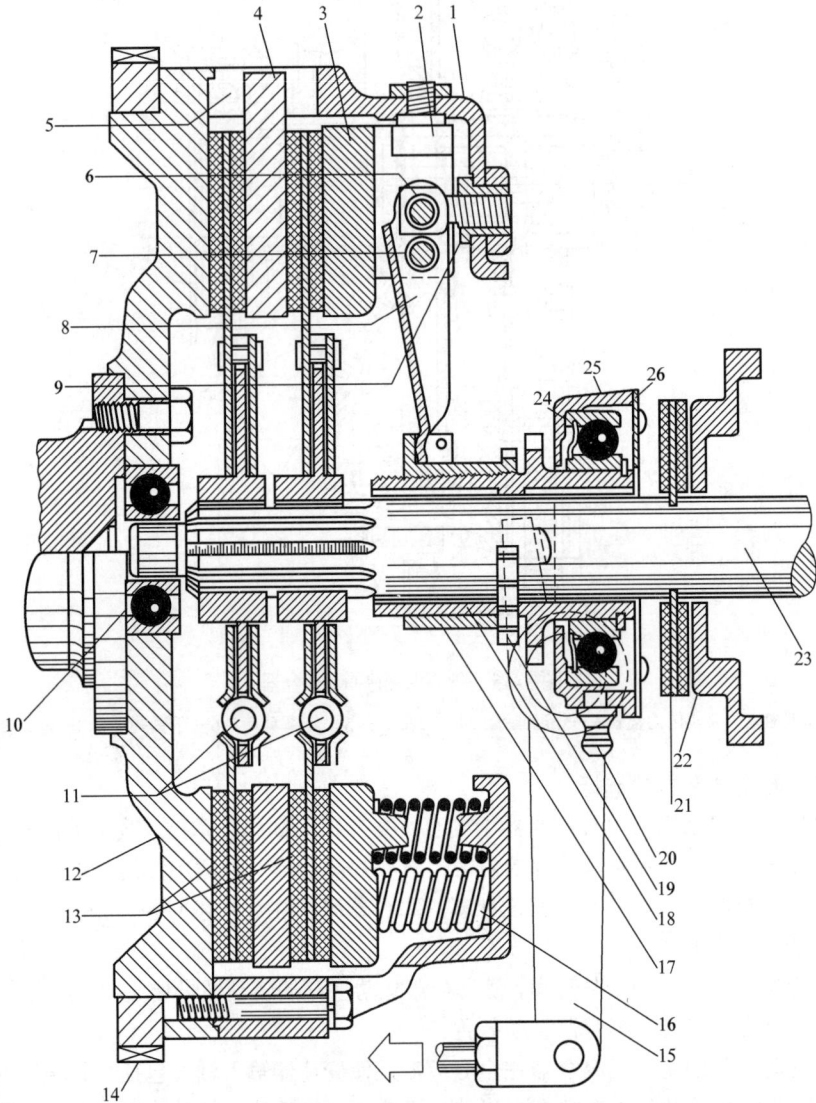

图 3-46　带有离合器制动装置的双片拉式离合器

1—离合器盖；2—驱动块；3—压盘；4—中间压盘；5—导槽；6—孔眼螺栓销和滚针轴承；
7—压盘轴销和滚针轴承；8—分离杆；9—孔眼螺栓螺纹套；10—导向轴套；11—扭转减振弹簧；
12—飞轮；13—双从动盘；14—齿圈；15—分离叉杆；16—压簧；17—分离轴承可调整外套；
18—分离轴承内套；19—锁止螺母；20—黄油嘴；21—离合器制动摩擦片；22—变速器壳端面；
23—变速器输入轴；24—分离轴承；25—分离轴承座；26—轴承座盖

2. 双片离合器的彻底分离问题

要使双片离合器彻底分离，双片离合器中间压盘的分离是一个重要问题。在离合器分离时，要求中间压盘前后都不能和从动盘接触，可有如下一些结构措施。

1）在中间压盘的两侧各装有若干个（例如 3 个，总数为 6 个）分离弹簧，在分离离合器时，靠近飞轮侧的几个分离弹簧将中间压盘推离飞轮，而在中间压盘和压盘之间的几个分离弹簧则保证两个压盘之间留有必要的间隙。为了保证间隙一样，6 个分离弹簧的压力大小应一致，如图 3-47 所示中的 3、6。

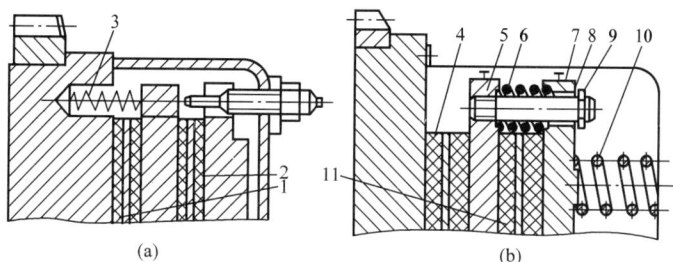

图 3-47　中间压盘分离机构

（a）分离弹簧式，（b）分离拉杆式

1、2、4、11—从动盘；3、6—分离弹簧；5、7—压盘；8—螺杆；9—卡圈；10—压紧弹簧

2）采用定位螺钉来强制保证分离间隙，如图 3-47（a）所示。在离合器接合状态时，离合器盖上的定位螺钉与中间压盘之间的间隙可调整至 1mm 左右，中间压盘与飞轮之间有分离弹簧 3。离合器分离时，压簧 3 将中间压盘推离飞轮，但由于受到后面定位螺钉的限制，最多只能移过 1mm 左右，从而也保证了后从动盘与压盘之间的分离间隙，离合器得以彻底分离。在摩擦片磨损后，中间压盘与定位螺钉的间隙增大，应该及时调整以恢复原来间隙的大小。定位螺钉上有一锁片，防止定位螺钉因转动而破坏原已调好的位置。

除了上述的结构措施外，能够保证离合器中间盘可靠分离的机构是非常多的，请大家在设计过程中，发挥自己的想象能力，设计出完美的机构。

3. 散热问题

双片离合器中间压盘的两个表面与传热性能不好的摩擦片接触，散热条件是很差的。在正常使用条件下，离合器一般都不会产生过热现象。然而在某些特殊条件下，如汽车起步时在无路的陡坡上或陷入雪堆中情况就不同了。此时，发动机的转速比较高，并且滑磨的时间也比较长，这样就必然要产生大量的热，使中间压盘温升较高，容易造成摩擦片早期磨损或烧损，压盘也可能因热变形过大而产生裂纹。为了改善双片离合器的热负荷，可采取以下措施。

（1）压盘盖零件做得比较大使其具有较大的热容量，中间压盘体内开径向通风槽。

（2）离合器盖及飞轮壳上开较大的通风口。

（3）离合器的旋转零件（如分离杆、离合器盖等）制成特殊的叶片形状，用以鼓风。

（4）采用耐热性能更好的摩擦材料，如金属陶瓷摩擦片等。

4. 调整问题

双片离合器还存在一个磨损后压紧力的调整问题。单片离合器（螺旋簧）摩擦片磨损后弹簧的压紧力要变小，通常在它们磨损至换新片之前，弹簧压紧力是不调整的，而双片离合器摩擦片总的允许磨损量要比单片多 1 倍，所以压紧力的改变要比单片大 1 倍。压紧力的下降较大，这有可能严重影响离合器传递转矩的能力。有些离合器（如中央弹簧离合器）采用调整垫片的办法来调整弹簧的压紧力，摩擦片磨损后，通过减少垫片的数量可以恢复原压紧力的大小。采用斜置螺旋弹簧离合器，能自动补偿因摩擦片磨损后所造成的压紧力的损失。

三、离合器的结构设计与计算

有关双盘离合器的结构设计内容，可参阅本章第二节的相关内容进行，不再叙述。这里重点介绍螺旋弹簧的设计与计算。

1. 结构设计要点

压紧弹簧沿着离合器压盘圆周布置时通常都用圆柱螺旋弹簧。螺旋弹簧的两端拼紧并磨平（见图 3-48），这样可使弹簧的两端支撑面较大，各圈受力均匀，且弹簧的垂直度偏差较小。

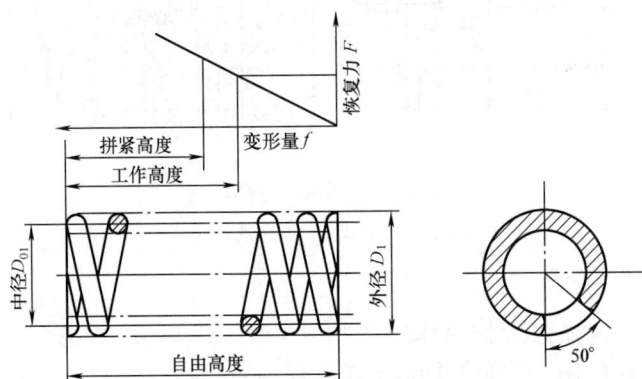

图 3-48　离合器压紧弹簧工作图

为了保证离合器摩擦片上有均匀的压紧力，螺旋弹簧的数目一般不得少于 6 个，而且应该随摩擦片外径的增大而增加弹簧的数目。此外，在布置圆柱螺旋弹簧时，要注意分离杆的数目，使弹簧均布于分离杆之间。因此，弹簧的数目 Z 应该是分离杆数 n 的倍数，即

$$Z=mn$$

式中：m 为任意正整数。

在设计圆柱螺旋弹簧时，应根据摩擦片的外径 D 选定弹簧的数目 Z，并根据离合器工作的总压力 F_Σ，确定每一个弹簧的工作压力 F

$$F=F_\Sigma/Z \tag{3-47}$$

式中：F_Σ 为工作总压力，N；Z 为离合器压簧的数目。

离合器压簧的数目可参照表 3-11 选择。

表 3-11　　　　　　　　　　　周置圆柱螺旋弹簧的数目　　　　　　　　　　　（mm）

摩擦片外径	弹簧数目（个）	摩擦片外径	弹簧数目（个）
>200	6	280～380	12～18
200～280	9～12	380～450	18～30

设计时，每一个周置圆柱螺旋弹簧的工作压力 F 应不超过 1000N。

周置压紧弹簧的外径通常限制在 27～30mm 之间。这样，便于把同样的压簧装在不同尺寸的离合器上。有些离合器制造厂，还把使用得较多的一些弹簧的工作高度做成相同的尺寸（见

表 3-12）。用改变钢丝直径和工作圈数的办法，以获得弹簧的不同压紧力，有利于压簧在不同的离合器上通用。

表 3-12   国外离合器厂周置圆柱螺旋弹簧的数据

弹簧压力 F（N）		弹簧外径 D_1（mm）	弹簧工作高度 H（mm）	弹簧圈数 n（圈）
最 小	最 大			
113	136	17.5	39.7	14
226	245	17.5	39.7	13+1/2
450	475	17.5	39.7	10+1/4
510	535	17.5	39.7	8+3/4
500	545	17.5	39.7	8+4/5
545	590	30	39.7	8+1/4
545	590	30	41.3	8
545	590	32.5	39.7	7+3/4
565	590	27	39.7	13
565	610	27	39.7	8+3/4
590	635	30	39.7	8
590	635	28.5	32.5	7+1/4
590	635	27	39.7	8+1/2
680	725	27	39.7	8+1/2
660	680	27	39.7	8+3/4
770	820	28.5	39.7	7+2/5
1000	1060	32.5	42.9	8

2. 弹簧的计算公式、材料及许用应力

周置弹簧离合器压紧弹簧的计算公式见表 3-13。

表 3-13   **压 簧 计 算 公 式 表**

序号	所求项目	计 算 公 式	备 注
1	弹簧丝直径（mm）	$d_1 = 1.6\sqrt{\dfrac{FK'C}{[\tau]}}$	F 为工作负荷，N；$[\tau]$为许用应力，MPa
2	弹簧中径（mm）	$D_{01} = D_1 - d_1$	D_1 为弹簧外径，mm
3	弹簧指数（旋绕比）	$C = D_{01}/d_1$	对离合器压簧来说，C 值约在 6～8 之间
4	曲度系数	$K' = \dfrac{4C-1}{4C-4} + \dfrac{0.615}{C}$ 或见表 3-14	实际上 K' 是弹簧工作应力 τ 的校正系数，以考虑簧杆曲率、负荷 F 所引起的弯曲应力等一些因素的影响
5	弹簧的工作应力（MPa）	$\tau = \dfrac{8FCK'}{\pi d_1^2}$	
6	弹簧刚度（N/mm）	$K = \dfrac{Gd_1^4}{8D_{01}^3 i} = \dfrac{F_{max}-F}{\Delta f}$	对离合器压簧来说，希望 K 尽量小，一般 $K=20～45$N/mm
7	弹簧工作圈数	$i = \dfrac{Gd_1^4}{8D_{01}^3 K}$	G 为材料的剪切弹性模数。对于碳钢：$G=8.0\times10^4$～8.3×10^4MPa

序号	所求项目	计 算 公 式	备 注
8	弹簧总圈数	$n = i + (1.5 \sim 2.5)$	汽车离合器上一般采用 $n = i+1.5$，即每端有 3/4 圈拼紧，并把端部钢丝磨薄至直径的 1/4
9	工作负荷下的变形（mm）	$f = F / K$	
10	弹簧的附加变形量（mm）	单片离合器：$\Delta f = 1.5 \sim 2.5$ 双片离合器：$\Delta f = 1.5 \sim 3.0$	附加变形量即为压盘的分离行程
11	弹簧的自由高度（mm）	$H_0 = (n - 0.5)d_1 + f + \Delta f + i\delta$	
12	弹簧最大负荷时的间隙（mm）	$\delta = 0.5 \sim 1.5$	
13	弹簧工作高度（mm）	$H = H_0 - f$	
14	弹簧的最大负荷（N）	$F_{max} = K\Delta f + F$	F_{max} 为离合器彻底分离时的弹簧最大负荷，一般规定 $F_{max} \leqslant (1.15 \sim 1.20)F$

曲度系数 K' 值可按表 3-13 中序号 4 的公式计算，根据此公式计算的常用 K' 值列入表 3-14。

表 3-14   曲 度 系 数 K' 值

C	5.5	5.6	5.8	6.0	6.2	6.4	6.5	6.6	6.8
K'	1.28	1.27	1.26	1.25	1.24	1.24	1.23	1.23	1.22
C	7.0	7.2	7.4	7.5	7.6	7.8	8.0	8.5	9.0
K'	1.21	1.21	1.20	1.20	1.19	1.19	1.18	1.17	1.16

离合器螺旋弹簧的钢丝直径一般在 4mm 左右，由于其直径不大，周围环境的工作温度也在正常范围之内，所以弹簧的材料大都选用 65Mn 钢或碳素弹簧钢。碳素弹簧钢的特点是价格低廉，原材料来源方便，钢中杂质较少，在相同表面状态及热处理条件下，它的疲劳性能也不低于合金弹簧钢。锰弹簧钢与碳素弹簧钢比较，优点是淬透性好和强度较高，脱碳倾向小，虽然它有过热敏感性和回火脆性的缺点，但锰弹簧钢价格便宜，原材料易得，故很适合于做离合器弹簧。

弹簧材料的许用应力 $[\tau]$ 必须按照弹簧的工作特点来确定。

一般弹簧按工作特点及所受负荷的类型可分为 3 类。

1 类：受动负荷的弹簧；

2 类：受静负荷或负荷均匀增加的弹簧；

3 类：不重要的弹簧。

由于弹簧的许用应力受材料、负荷特点、制造工艺等因素的影响，因此要根据具体情况规定许用应力值。对于汽车离合器的压簧来说其负荷状况介于 1 类和 2 类之间，按照目前我国的工艺条件，一般推荐其许用应力 $[\tau]$ 为 800MPa 左右。

在实际设计计算离合器压紧簧时，对于单个弹簧表 3-15 中的取值可供参考。

表 3-15   离合器压簧数据（参考）

工作压力 F（N）	弹簧外径 D_1（mm）	钢丝直径 d_1（mm）	工作高度 H（mm）	自由高度 H_0（mm）	总圈数 n	有效圈数 i	弹簧刚度 K（N/mm）	最大应力 τ（MPa）
390	27	3.75	40	58	8+3/4	7+1/4	22.0	554
441	27	3.75	40	58	8	6+1/2	24.5	623
490	27	3.75	40	58	7+1/4	5+3/4	27.6	692
540	30	4.0	40	62	7+1/2	6	24.5	697
590	30	4.0	40	62	7	5+1/2	26.8	760
640	30	4.0	40	62	7+1/4	5+3/4	25.6	825
690	27	4.0	40	62	8+1/2	7	30.5	805
735	27	4.0	40	62	8	6+1/2	32.9	864
785	30	4.5	42	64	8+1/2	7	35.8	715
835	30	4.5	42	64	8	6+1/2	38.6	760
980	30	4.5	42	64	7+34	6+1/4	40.1	803

3. 离合器螺旋弹簧参考设计方法和步骤

（1）根据工作情况及具体条件选定弹簧材料，并查取其机械性能数据。

（2）选择弹簧指数 C，通常可取 $C \approx 6 \sim 8$（极限状态是不超过 $4 \sim 16$），并按表 3-13 相关公式计算出 K' 值。

（3）根据离合器压盘工作载荷计算单个弹簧工作负荷，并按表 3-13 估算弹簧最大负荷。

（4）按表 3-13 相关公式计算弹簧钢丝直径 d 值。

（5）按表 3-13 相关公式计算弹簧其他结构尺寸 [注：如果弹簧的某些结构参数不能满足离合器装配要求，则应参返回第（2）步重新计算，直至满意]。

（6）按工程制图要求绘制弹簧设计图。

4. 组合式弹簧设计

当弹簧沿离合器压盘圆周方向布置，受到尺寸限制而不能布置更多的弹簧时，可采用组合式弹簧（见图 3-49）。设计时，通常遵循以下设计理念。

（1）两弹簧等强度（有利于延长维修里程）；

（2）两弹簧等自由高度（有利于弹簧的通用性）；

（3）两弹簧压缩到各圈并紧时，应有接近相等的长度（有利于弹性充分利用）；

此外，为了两弹簧在工作时相互之间不发生干涉，还要采取如下措施。

（1）两弹簧旋向相反，即一组弹簧中一个为右旋，另一个必须是左旋；

（2）两弹簧安装后两者间必须有一定的径向间隙 δ，且要满足如下关系式

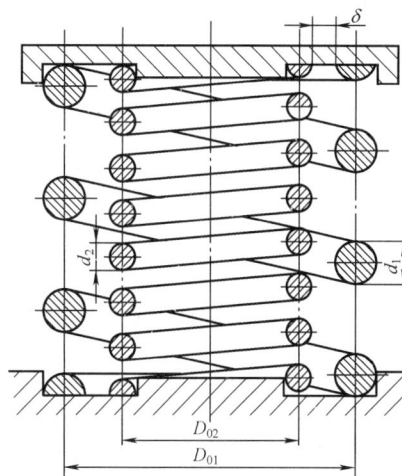

图 3-49 组合弹簧结构布置

$$\delta \geqslant 0.5(d_1 - d_2) \qquad (3\text{-}48)$$

式中：d_1 和 d_2 分别为大弹簧和小弹簧的簧丝直径。

【例 3-4】已知某离合器作用在压盘上的工作负荷为 14 500N，要求在圆周均布 16 套组合式

弹簧，离合器彻底分离时的附加变形 Δf=2.5mm。请计算组合弹簧的参数。

解：依题意，每套组合弹簧的工作负荷为 F_N =14500/16≈906（N）。一般离合器在分离时的最大负荷应满足 F_M≤(1.1～1.2)F_N。现取 F_M=1.1F_N，则每套组合弹簧的最大负荷为 F_M=1.1F_N≈997（N），取 [τ] = 800MPa。

按等强度设计，首先要计算一组大、小弹簧在承受最大负荷时（相当于离合器彻底分离状态）的负荷分配。

由螺旋弹簧应力公式可知，若两弹簧强度相等，则可推出

$$F_{M1}/F_{M2}=C_2 D_{01}^2 /(C_1 D_{02}^2)$$

在进行这类弹簧设计时，常把内外两层弹簧的弹簧指数选为等值，即 C_1=C_2=C，故，上式简化为

$$F_{M1} / F_{M2} = D_{01}^2 / D_{02}^2 \tag{3-49}$$

式中：F_{M1}，F_{M2} 分别为大弹簧和小弹簧在离合器彻底分离时所分配到的最大负荷；D_{01} 和 D_{02} 分别为大小弹簧的中径。

如果取两个弹簧之间的间隙 $\delta=0.5(d_1 - d_2)$，则小弹簧的中径为

$$D_{02} = D_{01}-2d_1$$

小弹簧的簧丝直径为

$$d_2 = D_{02} / C$$

作用于一组大、小弹簧上的最大负荷值有如下关系式：

$$F_M = F_{M1} + F_{M2} \tag{3-50}$$

式中：F_M 为一组两个弹簧上总的最大负荷。

通过推导可导出大、小弹簧的最大负荷计算公式

大弹簧为

$$F_{M1} = \frac{F_M C^2}{C^2 +(C-2)^2} \tag{3-51}$$

小弹簧为

$$F_{M2} = F_M - F_{M1} \tag{3-52}$$

有了上面的相关公式，就可进行组合式弹簧的设计，在设计中可根据具体情况作必要的参数调整。

若初取弹簧旋绕比 C=6，由式（3-51）得大弹簧的最大负荷 F_{M1} 为

$$F_{M1} = \frac{F_M C^2}{C^2 +(C-2)^2} = \frac{997×6^2}{6^2 +(6-2)^2} ≈690（N）$$

小弹簧的最大负荷 F_{M2} 为

$$F_{M2}=F_M-F_{M1} = 997–690=307（N）$$

由表 3-13 中的公式，得

$$d_1=1.6 \sqrt{\frac{FK'C}{[\tau]}} = 1.6 \sqrt{\frac{690×1.25×6}{800}} ≈4.07（mm）$$

取大弹簧丝直径 d_1=4mm，则

大弹簧的中径：$D_{01}=C \times d_1=6 \times 4=24$（mm）

小弹簧的中径：$D_{02}=D_{01}-2d_1=24-2 \times 4=16$（mm）

若按强度相等的要求，大、小弹簧的旋绕比应相等，则

$$d_2=D_{02}/C=2.7mm$$

按弹簧钢丝标准直径取 $d_2=2.8mm$，此时小弹簧旋绕比 $C=16/2.8=5.70$。

弹簧的其他参数可按表 3-13 相关公式计算。

已知大弹簧的最大负荷（离合器彻底分离时）为 690N，而工作负荷为

$$F_{N1}=\frac{F_N C^2}{C^2+(C-2)^2}=\frac{906 \times 6^2}{6^2+(6-2)^2} \approx 627 \text{（N）}$$

大弹簧的刚度

$$K_1=\frac{F_{M1}-F_{N1}}{\Delta f}=\frac{690-627}{2.5}=25.2 \text{（N/mm）}$$

同理，小弹簧的刚度

$$K_2=\frac{P_{M2}-P_{N2}}{\Delta f}=\frac{307-279}{2.5}=11.2 \text{（N/mm）}$$

大弹簧工作圈数

$$i_1=\frac{Gd_1^4}{8D_{01}^3 K}=\frac{83\,000 \times 4^4}{8 \times 24^3 \times 25.2}=7.6 \text{ 圈}$$

取 $i_1=8$ 圈，取整后 $K_1=23.9$N/mm。

大弹簧总圈数

$$n=8+1.5=9.5 \text{（圈）}$$

小弹簧工作圈数

$$i_2=\frac{83\,000 \times 2.8^4}{8 \times 16^3 \times 11.2}=13.9 \text{（圈）}$$

取 $i_2=14$ 圈，取整后 $K_2=11.1$N/mm，小弹簧总圈数为 $n=14+1.5=15.5$（圈）。

大弹簧工作负荷下变形

$$f_1=\frac{F_{N1}}{K_1}=\frac{627}{23.9} \approx 26.2 \text{（mm）}$$

小弹簧工作负荷下变形

$$f_2=\frac{F_{N2}}{K_2}=\frac{279}{11.1} \approx 25 \text{（mm）}$$

大弹簧实际最大负荷

$$F_{M1}=K_1(f_1+\Delta f)=23.9 \times (26.2+2.5) \approx 685.9 \text{（N）}$$

小弹簧实际最大负荷

$$F_{M2}=K_2(f_2+\Delta f)=11.1 \times (25+2.5) \approx 305 \text{（N）}$$

大弹簧的最大应力

$$\tau_1=\frac{8F_{M1}CK'}{\pi d_1^2}=\frac{8 \times 685.93 \times 6 \times 1.25}{\pi \times 4^2} \approx 818.8 \text{（MPa）}$$

小弹簧的最大应力

$$\tau_2 = \frac{8F_{M2}CK'}{\pi d_2^2} = \frac{8 \times 305 \times 5.7 \times 1.265}{\pi \times 2.8^2} \approx 713.9 \ (\text{MPa})$$

对上面计算结果进行分析，认为小弹簧工作圈数 $i_2=14$ 太多，不符合设计理念的第三条，将其改为 $i_2=10$ 圈较为合适。此时小弹簧的刚度将变大，为 $K_2=15.6\text{N/mm}$，小弹簧的总圈数为 $n=11.5$ 圈。

小弹簧工作负荷下的变形

$$f_2 = \frac{F_{N2}}{K_2} = \frac{279}{15.6} \approx 17.9 \ (\text{mm})$$

小弹簧的最大负荷

$$F_{M2} = K_2 \ (f_2 + \Delta f) = 15.6 \times (17.9 + 2.5) \approx 318 \ (\text{N})$$

小弹簧的最大应力

$$\tau_2 = \frac{8F_{M2}CK'}{\pi d_2^2} = \frac{8 \times 318 \times 5.7 \times 1.265}{\pi \times 2.8^2} \approx 744 \ (\text{MPa})$$

离合器分离时每组弹簧的最大负荷

$$F_M = F_{M1} + F_{M2} = 685.9 + 318 = 1003.9 \ (\text{N})$$

大弹簧的自由高度

$$H_{01} = (n-0.5)d_1 + f_1 + \Delta f + i_1\delta = (9.5-0.5) \times 4 + 26.2 + 2.5 + 8 \times 0.5 \approx 69 \ (\text{mm})$$

小弹簧自由高度

$$H_{02} = H_{01} - (f_1 - f_2) = 69 - (26.2 - 17.9) = 60.7 \ (\text{mm})$$

第四章　机械式变速器设计

第一节　题目及要求

变速器用来改变发动机传到驱动轮上的转矩和转速，目的是在各种行驶工况下，使汽车获得不同的牵引力和速度，同时使发动机在最有利的工况范围内工作。变速器由变速传动机构和操纵机构组成。

变速器的基本设计要求如下。

1）保证汽车有必要的动力性和经济性。

2）设置空挡，用来切断发动机的动力传输。

3）设置倒挡，使汽车能倒退行驶。

4）设置动力输出装置。

5）换挡迅速、省力、方便。

6）工作可靠。变速器不得有跳挡、乱挡及换挡冲击等现象发生。

7）变速器应有高的工作效率。

8）变速器的工作噪声低。

除此之外，变速器还应当满足轮廓尺寸和质量小、制造成本低、维修方便等要求。

变速器由变速传动机构和操纵机构组成，变速器传动机构有前进挡位数和轴的形式两种分类方法。

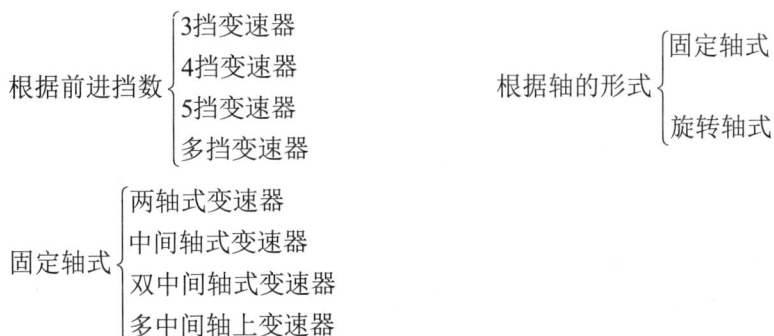

$$
\text{根据前进挡数}
\begin{cases}
3\text{挡变速器} \\
4\text{挡变速器} \\
5\text{挡变速器} \\
\text{多挡变速器}
\end{cases}
\qquad
\text{根据轴的形式}
\begin{cases}
\text{固定轴式} \\
\\
\text{旋转轴式}
\end{cases}
$$

$$
\text{固定轴式}
\begin{cases}
\text{两轴式变速器} \\
\text{中间轴式变速器} \\
\text{双中间轴式变速器} \\
\text{多中间轴上变速器}
\end{cases}
$$

固定轴式应用广泛，其中两轴式变速器多用于发动机前置前轮驱动的汽车上，中间轴式变速器多用于发动机前置后轮驱动的汽车上。

设计题目为某商用货车，其基本参数如表 4-1 所示。

表 4-1　　　　　　　　　　　　某商用货车的基本参数

额定载荷（kg）	最大总质量（kg）	最高车速（km/h）	比功率（kW/t）	比转矩（N·m/t）
500	1620	100	28	44

其他设计参数在根据第二章的设计结果中已经得出。

一、传动方案和零部件方案的确定

根据题目给定参数和总体设计结果可以确定，作为一辆前置后轮驱动的货车，毫无疑问应该选用中间轴式多挡位机械式变速器。中间轴式变速器传动方案的共同特点如下。

（1）设有直接挡；

（2）1 挡有较大的传动比；

（3）挡位高的齿轮采用常啮合齿轮传动，挡位低的齿轮（1 挡）可以采用或不采用常啮合齿轮传动；

（4）除 1 挡以外，其他挡位采用同步器或啮合套换挡；

（5）除直接挡以外，其他挡位工作时的传动效率略低。

（一）传动方案初步确定

（1）变速器第 1 轴后端与常啮合主动齿轮做成一体，第 2 轴前端经轴承支撑在第 1 轴后端的孔内，且保持两轴轴线在同一条直线上，经啮合套将它们连接后可得到直接挡。挡位高的齿轮采用常啮合齿轮传动，1 挡采用滑动直齿齿轮传动。

（2）倒挡利用率不高，而且都是在停车后在挂入倒挡，因此可以采用支持滑动齿轮作为换挡方式。倒挡齿轮采用联体齿轮，避免中间齿轮在最不利的正负交替对称变化的弯曲应力状态下工作，提高寿命，并使倒挡传动比有所增加，装在靠近支承处的中间轴 1 挡齿轮处。

（二）零部件结构方案

1. 齿轮形式

齿轮形式为直齿圆柱齿轮、斜齿圆柱齿轮。两者相比较，斜齿圆柱齿轮有使用寿命长、工作时噪声低的优点；缺点是制造时稍复杂，工作时有轴向力。

变速器中的常啮合齿轮均采用斜齿圆柱齿轮。直齿圆柱齿轮仅用于低挡和倒挡。

2. 换挡机构形式

此变速器换挡机构有直齿滑动齿轮和同步器换挡三种形式。

采用轴向滑动直齿齿轮换挡，会在轮齿端面产生冲击，齿轮端部磨损加剧并过早损坏，并伴随着噪声，不宜用于高挡位。为简化机构，降低成本，此变速器 1 挡、倒挡采用此种方式。

常啮合齿轮可用移动啮合套换挡。因承受换挡冲击载荷的接合齿齿数多，啮合套不会过早被损坏，但不能消除换挡冲击。目前这种换挡方法只在某些要求不高的挡位及重型货车变速器上应用。因此不适用于本设计中的变速器，不采用啮合套换挡。

使用同步器能保证换挡迅速、无冲击、无噪声，得到广泛应用。虽然结构复杂、制造精度要求高、轴向尺寸大，但为了降低驾驶员工作强度，降低操作难度，2 挡以上都采用同步器换挡。

3. 变速器轴承

变速器轴承常采用圆柱滚子轴承、球轴承、滚针轴承、圆锥滚子轴承、滑动轴套等。

变速器第 1 轴、第 2 轴的后部轴承以及中间轴前、后轴承，按直径系列一般选用中系列球轴承或圆柱滚子轴承。中间轴上齿轮工作时产生的轴向力，原则上由前或后轴承来承受都可以；但当在壳体前端面布置轴承盖有困难的时候，必须由后端轴承承受轴向力，前端采用圆柱滚子轴承来承受径向力。滚针轴承、滑动轴套用于齿轮与轴不固定连接，有相对转动的地方，比如高挡区域同步器换挡的第 2 轴齿轮与第 2 轴的连接，由于滚针轴承滚动摩擦损失小，传动效率高，径向配合间隙小，定位及运转精度高，有利于齿轮啮合，在不影响齿轮结构的情况下，应尽量使用滚针轴承。

二、主要参数的选择和计算

目前，轿车一般用 4～5 个挡位变速器，货车变速器采用 4～5 个挡或多挡，多挡变速器多用于重型货车和越野汽车。因此挡位数大致在 4～5 个，需要通过计算传动比范围后最后确定。

（一）先确定最小传动比

传动系最小传动比可由变速器最小传动比 i_{gn} 和主减速器传动比 i_0 的乘积来表示

$$i_{tmin} = i_{gn} i_0 \qquad (4\text{-}1)$$

通常变速器最小传动比 i_{gn} 取决于传动系最小总传动比 i_{t0} 和最小传动比 i_0，而根据汽车理论，汽车最高车速时变速器传动比最小，则根据公式

$$u_a = 0.377 \frac{rn}{i_{gn} i_0} \qquad (4\text{-}2)$$

式中：u_a 为汽车行驶车速，km/h；n 为发动机转速，r/min；r 为车轮半径，m；i_{gn} 为特指最高挡传动比。

可得

$$i_{tmin} = 0.377 \frac{rn}{u_{amax}} \qquad (4\text{-}3)$$

微型车轮胎尺寸根据 GB/T 2977—1997《载重汽车轮胎系列》可选用 4.5–12ULT，即轮胎名义宽度 4.5in，轮辋名义直径 12in，货车轮胎扁平率为 90～100，在此取 90，则轮胎直径可以计算为

$$r = \frac{(4.5 \times 2 \times 90\% + 12/2) \times 25.4}{1000} \approx 0.255 \text{（m）}$$

一般来说，汽车发挥最大车速与对应的发动机转速有如下关系

$$\zeta_n = \frac{n_e}{u_0}$$

式中：ζ_n 为发动机额定转速与直接挡车速之比。一般小客车为 30～40，货车为 40～50；n_e 为发动机额定转速；u_0 为直接挡最大车速。

根据条件给出的最大车速 100km/h，ζ_n 取值 45 得出发动机转速为 4950r/min，代入式（4-3）可得

$$i_{tmin} \approx 4.33$$

另外，为了满足足够的动力性能，还需要校核最高挡动力因数 D_{0max}。一般汽车直接挡或最高挡动力因数取值范围如表 4-2 所示。

表 4-2　　　　　　　　　动 力 因 数 取 值

中型货车	微型货车	轿车
0.04～0.08	0.08～0.1	0.1～0.12

本设计车型为微型货车，取 $D_{0max}=0.09$，最小传动比与最高挡动力因数 D_{0max} 有如下关系

$$D_{0max} = \frac{T_{tqmax}i_{tmin}\eta_T}{rG} - \frac{C_D A u_{at}^2}{21.15G} \tag{4-4}$$

式中：u_{at} 为直接挡或最高挡时，发动机发出最大扭矩时的最大车速，km/h，此时可近似取 $u_{at}=u_{amax}$。

其他参数见表 4-3。

表 4-3 参数说明

η_T	T_{tqmax}（N·m）	最大转矩对应转速（r/min）	空气阻力系数 C_D	迎风面积 A（m²）	u_{amax}（km/h）
0.9	119.4	2800	0.8	2.33	110

根据式（4-4）可得 $i_{tmin} \approx 4.59 > 4.33$，从满足最高挡动力因数兼顾燃油经济性，传动系最小传动比取中间值 4.47。若直接挡 $i_{gn}=1$，则 $i_0=4.47$，该车采用单级主减速器，主减速器传动比 $i_0 \leqslant 7$，满足要求。

（二）确定最大传动比

确定传动系最大传动比，要考虑三方面问题，最大爬坡度或 1 挡最大动力因数 D_{1max}、附着力和汽车最低稳定车速。传动系出最大传动比通常是变速器 1 挡传动比 i_{g1} 与主减速器传动比 i_0 的乘积，即

$$i_{tmax} = i_{g1}i_0 \tag{4-5}$$

当汽车爬坡时车速很低，可以忽略空气阻力，汽车的最大驱动力应为

$$F_{tmax} = F_f + F_{imax} \tag{4-6}$$

各表达式展开

$$\frac{T_{tqmax}i_{tmax}\eta_T}{r} = Gf\cos\alpha_{max} + G\sin\alpha_{max} \tag{4-7}$$

则

$$i_{g1} \geqslant \frac{G(f\cos\alpha_{max} + \sin\alpha_{max})r}{T_{tqmax}i_0\eta_T} \tag{4-8}$$

一般货车最大爬坡度为 30%，即 $\alpha \approx 16.7°$。其他参数见表 4-4。

表 4-4 计算参数表

η_T	f	i_0	r（m）	m_a（kg）	T_{tqmax}（N·m）
0.9	0.02	6.0	0.255	1420	119.4

代入式（4-7）计算可得 $i_{g1} \geqslant 2.26$。

1 挡传动比还应满足附着条件

$$F_{tmax} = \frac{T_{tqmax}i_{g1}i_0\eta_T}{r} \leqslant F_\varphi \tag{4-9}$$

对于后轮驱动汽车，最大附着力有如下公式

$$F_\varphi = F_{z2}\varphi = G_2\varphi = m_2 g\varphi \qquad (4\text{-}10)$$

式中：m_2 为后轴质量，其值可从表 2-15 中查取，对于本例可取 65%m_a。

将式（4-9）代入式（4-10）求得

$$i_{g1} \leqslant \frac{m_2 g\varphi r}{T_{tqmax} i_0 \eta_T}$$

对于本例，可求得 $i_{g1} \leqslant 3.84$，取 $i_{g1}=3.8$。因此，变速器传动比范围是 1～3.8，传动系最大传动比 $i_{tmax}=16.99$。

（三）挡位数确定

增加变速器的挡位数能够改善汽车的动力性和经济性。挡位数越多，变速器的结构越复杂，使轮廓尺寸和质量加大，而且在使用时换挡频率也增高。

在最低挡传动比不变的条件下，增加变速器的挡位数会使变速器相邻的低挡与高挡之间的传动比比值减小，使换挡工作容易进行。在确定汽车最大和最小传动比之后，应该确定中间各挡的传动比。实际上，汽车传动系各挡传动比大体上是按照等比级数分配的。因此，各挡传动比大致关系为

$$\frac{i_{g1}}{i_{g2}} = \frac{i_{g2}}{i_{g3}} = \cdots = q$$

式中：q 为各挡之间的公比。

因此，各挡的传动比为

$$i_{g1} = qi_{g2}$$
$$i_{g2} = qi_{g3}$$
$$i_{g3} = qi_{g4}$$
$$\cdots\cdots$$

若为 5 挡变速器，且 $i_{g5}=1$，则各挡传动比与 q 有如下关系

$$i_{g4} = qi_{g5} = q$$
$$i_{g3} = qi_{g4} = q^2$$
$$i_{g2} = q^3$$
$$i_{g1} = q^4$$

或

$$q = \sqrt[4]{i_{g1}}$$

当挡位数为 n 时，有

$$q = \sqrt[n-1]{i_{g1}} \qquad (4\text{-}11)$$

对于本例暂定挡位数为 4，则

$$q = \sqrt[n-1]{i_{g1}} = \sqrt[3]{3.8} \approx 1.56 < 1.8$$

一般挡数选择要求如下。

1）为了减小换挡难度，相邻挡位之间的传动比比值在 1.8 以下。

99

2）高挡区相邻挡位之间的传动比比值要比低挡区相邻挡位之间的比值小。

对于本例满足要求，确定挡位数为 4，则 $i_{g1}=3.8$，$i_{g2}=q^2=2.43$，$i_{g3}=q=1.56$，$i_{g4}=q^0=1$。

由于本例车型最高车速较高，也可以考虑最高挡采用超速挡形成 5 挡变速器，读者可以自行计算。

（四）中心距 A

对于中间轴式变速器，中间轴与第 2 轴之间的距离称为变速器中心距 A。变速器中心距是一个基本参数，对变速器的外形尺寸、体积和质量大小、轮齿的接触强度有影响。

中心距越小，轮齿的接触应力越大，齿轮寿命越短。因此，最小允许中心距应当由保证轮齿有必要的接触强度来确定。

初选中心距 A 时，可根据下面的经验公式计算

$$A = K_A \sqrt[3]{T_{emax} i_{g1} \eta_g} \qquad (4\text{-}12)$$

式中：K_A 为中心距系数，轿车为 K_A=8.9～9.3，货车为 K_A=8.6～9.6，多挡变速器为 K_A=9.5～11.0；T_{emax} 为发动机最大转矩，N·m；i_{g1} 为变速器 1 挡传动比；η_g 为变速器传动效率，取 96%。

轿车变速器的中心距在 65～80mm 范围内变化，而货车的变速器中心距在 80～170mm 范围内变化。

对于本例微型货车，可取 K_A=8.8，其余取值按照已有参数计算式(4-12)可得 $A \approx$ 68.22mm。

（五）外形尺寸

轿车 4 挡变速器壳体的轴向尺寸为（3.0～3.4）A。货车变速器壳体的轴向尺寸与挡数有关，可参考下列数据选用。4 挡为（2.2～2.7）A，5 挡为（2.7～3.0）A，6 挡为（3.2～3.5）A。

当变速器选用的常啮合齿轮对数和同步器多时，应取给出范围的上限。

对于本例微型货车，4 挡变速器壳体的轴向尺寸取 2.7A，取整得 L=180mm。

（六）齿轮参数

1. 模数的选取

齿轮模数选取的一般原则如下（见表 4-5）。

1）为了减少噪声应合理减小模数，同时增加齿宽；

2）为使质量小些，应该增加模数，同时减少齿宽；

3）从工艺方面考虑，各挡齿轮应该选用一种模数；

4）从强度方面考虑，各挡齿轮应有不同的模数；

5）对于轿车，减少工作噪声较为重要，因此模数应选得小些；

6）对于货车，减小质量比减小噪声更重要，因此模数应选得大些。

7）低挡齿轮选用大一些的模数，其他挡位选用另一种模数。

表 4-5　　　　　　　　　　　汽车变速器齿轮法向模数范围　　　　　　　　　　（mm）

微型、普通级轿车 $1.0<V\leqslant1.6$	中级轿车 $1.6<V\leqslant2.5$	微型货车 $m_a>6.0$	中型货车 $6.0<m_a\leqslant14$	重型货车 $m_a>14$
2.25～2.75	2.75～3.00	3.00～3.5	3.5～4.5	4.5～6.0

注　V 乘用车发动机排气量，L；m_a 为商用货车总质量，t。

所选模数值应符合国家标准 GB/T 1357—1987《渐开线圆柱齿轮模数》的规定。优先选用第一系列模数，尽量不选括号内的模数（见表 4-6）。

表 4-6				汽车变速器常用的齿轮模数				（mm）
第一系列	1.00	1.25	1.5	—	2.00	—	2.5	—	3.00
第二系列	—	—	—	1.75	—	22.25	—	2.75	—
第一系列	—	—	—	4.00	—	5.00	—	6.00	
第二系列	(3.25)	3.5	(3.75)	—	4.5	—	5.50	—	

遵照以上原则，本例 1 挡直齿齿轮选用模数 m =3.00mm，其余挡位斜齿轮选 m_n=3.00mm。

啮合套和同步器的结合齿多数采用渐开线齿形，由于工艺上的原因，同一变速器中的接合齿模数相同。其取用范围如下（见表 4-7）。

表 4-7	接合齿模数取值范围	（mm）
乘用车	中型货车	重型货车
	$1.8 < m_a \leqslant 14$	$m_a > 14$
2.0～3.5	2.0～3.5	3.5～5.0

注　m_a 为商用货车总质量，t。

选取较小的模数可使齿数增多，有利于换挡。在此取 2.0。

2. 压力角 α

压力角较小时，重合度较大，传动平稳，噪声较低；压力角较大时，可提高轮齿的抗弯强度和表面接触强度。

对于轿车，为了降低噪声，应选用 14.5°、15°、16°、16.5° 等小些的压力角。对货车，为提高齿轮强度，应选用 22.5° 或 25° 等大些的压力角。国家规定的标准压力角为 20°，所以普遍采用的压力角为 20°。啮合套或同步器的压力角有 20°、25°、30° 等，普遍采用 30° 压力角。遵照国家规定取齿轮压力角为 20°，啮合套或同步器的压力角为 30°。

3. 螺旋角 β

齿轮的螺旋角对齿轮工作噪声、轮齿的强度和轴向力有影响。选用大些的螺旋角时，使齿轮啮合的重合度增加，因而工作平稳、噪声降低。从提高低挡齿轮的抗弯强度出发，以 15°～25° 为宜；从提高高挡齿轮的接触强度和重合度出发，应当选用大一些的螺旋角。

斜齿轮螺旋角选用范围为货车变速器是 18°～26°。

4. 齿宽 b

齿宽对变速器的轴向尺寸、齿轮工作平稳性、齿轮强度和齿轮工作时受力的均匀程度等均有影响。选用较小的齿宽可以缩短变速器的轴向尺寸和减小质量，但齿宽减少使斜齿轮传动平稳的优点被削弱，齿轮的工作应力增加；选用较大的齿宽，工作时会因轴的变形导致齿轮倾斜，使齿轮沿齿宽方向受力不均匀并在齿宽方向磨损不均匀。

通常根据齿轮模数 m (m_n) 的大小来选定齿宽 b。直齿为 $b = K_c m$，K_c 为齿宽系数，取为 4.5～8.0。斜齿为 $b = K_c m_n$，K_c 取为 6.0～8.5。

啮合套或同步器接合齿的工作宽度初选时可取 2～4mm。

第 1 轴常啮合齿轮副的齿宽系数 K_c 可取大些，使接触线长度增加、接触应力降低，以提高传动平稳性和齿轮寿命。

因此，在此 1 挡第 1 轴常啮合直齿齿轮宽度取 $b_1 = 7.0 \times 3 = 21$，第 2 轴常啮合直齿齿轮宽度

取 b_2=6.0×3=18，其余挡位斜齿齿轮宽度取 b_n=7.0×3.0=21。

5. 齿轮变位系数的选择原则

采用变位齿轮的原因为① 配凑中心距；② 提高齿轮的强度和使用寿命；③ 降低齿轮的啮合噪声。

变位齿轮主要有两类，高度变位齿轮和角度变位齿轮。高度变位齿轮副的一对啮合齿轮的变位系数之和等于零。高度变位可增加小齿轮的齿根强度，使它达到和大齿轮强度接近的程度。角度变位系数之和不等于零。角度变位可获得良好的啮合性能及传动质量指标，故采用得较多。

变位系数的选择原则如下。

1）对于高挡齿轮，应按保证最大接触强度和抗胶合及耐磨损最有利的原则选择变位系数。

2）对于低挡齿轮，为提高小齿轮的齿根强度，应根据危险断面齿厚相等的条件来选择大、小齿轮的变位系数。

3）总变位系数越小，齿轮齿根抗弯强度越低。但易于吸收冲击振动，噪声要小一些。

为了降低噪声，对于变速器中除去 1、2 挡以外的其他各挡齿轮的总变位系数要选用较小一些的数值。一般情况下，随着挡位的降低，总变位系数应该逐挡增大。1、2 挡和倒挡齿轮，应该选用较大的值。

6. 齿顶高系数

齿顶高系数取值为 1.0。

7. 各挡齿轮齿数的分配

在初选中心距 A、齿轮模数 m_n 和螺旋角 β 以后，可根据变速器的挡数、传动比和传动方案来分配各挡齿轮的齿数。下面以图 4-1 所示 4 挡变速器为例，说明分配齿数的方法。

（1）确定 1 挡齿轮的齿数。

1 挡传动比

$$i_{g1} = \frac{z_2 z_7}{z_1 z_8} \tag{4-13}$$

如果 z_7 和 z_8 的齿数确定了，则 z_1 与 z_2 的传动比可求出。为了求 z_7 和 z_8 的齿数，先求其齿数和 z_Σ。

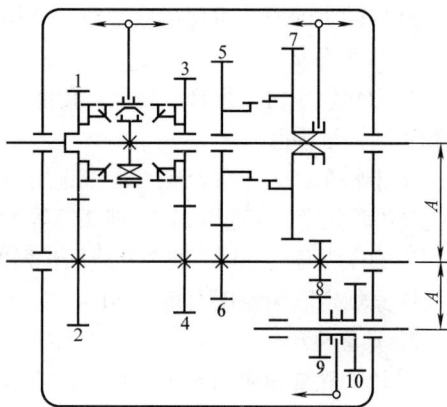

图 4-1 4 挡变速器示意图

$$\left. \begin{array}{l} 直齿\ z_\Sigma = \dfrac{2A}{m} \\ 斜齿\ z_\Sigma = \dfrac{2A\cos\beta}{m_n} \end{array} \right\} \tag{4-14}$$

本例中，1 挡采用滑动直齿齿轮传动，模数 m 为 3.0，中心距 A=68.2mm，代入式（4-14）计算后得 z_Σ=45.47，取 z_Σ 为整数 46，然后进行大、小齿轮齿数的分配。中间轴上的 1 挡齿轮 z_8 齿数尽量少些，以便使 z_7/z_8 的传动比大些。中间轴上小齿轮的最少齿数还受中间轴轴径尺寸的限制，即受刚度的限制。在选定时，对轴的尺寸及齿轮齿数都要统一考虑。轿车中间轴式变速器 1 挡传动比 i_{g1}=3.5～3.8 时，中间轴上 1 挡齿轮齿数可在 15～17 之间选取，货车可在 12～17 之间选取。因此 z_8 取 13，1 挡大齿轮齿数为

$$z_7 = z_\Sigma - z_8 = 33$$

（2）对中心距 A 进行修正。

因为计算齿数和 z_Σ 后，经过取整数使中心距有了变化，所以应根据取定的 z_Σ 和齿轮变位系数重新计算中心距 A，再以修正后的中心距 A 作为各挡齿轮齿数分配的依据。本例中根据新的齿数计算中心距为

$$A' = \frac{m z_\Sigma}{2} = 69\,(\text{mm})$$

通过选用正角度变位系数，可以凑出新的中心距为 $A=69\text{mm}$。

（3）确定常啮合传动齿轮副的齿数。

由式（4-13）求出常啮合传动齿轮的传动比

$$\frac{z_2}{z_1} = i_{g1} \frac{z_8}{z_7} \tag{4-15}$$

常啮合传动齿轮 z_1、z_2 中心距和 1 挡齿轮的中心距相等，即

$$A = \frac{m_n(z_1 + z_2)}{2\cos\beta_2} \tag{4-16}$$

其中，常啮合齿轮 z_1、z_2 采用斜齿圆柱齿轮，模数 $m_n=3.0$，初选螺旋角 $\beta=26°$，代入解式（4-15）和式（4-16）求得 $z_1 \approx 16.5$，取整为 16，则 z_2 取整为 25。

核算传动比，如相差较大，只要调整一下齿数即可。

对于本例 $i_{g1} = \frac{z_2 z_7}{z_1 z_8} \approx 3.97 \approx 3.8$ 则齿数分配合适。

根据所确定的齿数，按式（4-16）算出精确的螺旋角 β_2 值为 27°。

（4）确定其他各挡齿轮的齿数。

1）2 挡齿轮齿数。若 2 挡齿轮是直齿轮，模数与 1 挡齿轮相同时，则得

$$i_{g2} = \frac{z_2 z_5}{z_1 z_6} \tag{4-17}$$

$$A = \frac{m(z_5 + z_6)}{2} \tag{4-18}$$

解式（4-17）、式（4-18）求出 z_5、z_6。用取整数后的 z_5、z_6 计算中心距，若与中心距 A 有偏差，通过齿轮变位来调整。

若 2 挡齿轮是斜齿轮，螺旋角与常啮合轮的不同时，由式（4-17）得

$$\frac{z_5}{z_6} = i_{g2} \frac{z_1}{z_2} \tag{4-19}$$

$$A = \frac{m_n(z_5 + z_6)}{2\cos\beta_6} \tag{4-20}$$

此外，从抵消或减少中间轴上的轴向力出发，还必须满足下列关系式

$$\frac{\tan\beta_2}{\tan\beta_6} = \frac{z_2}{z_1 + z_2}\left(1 + \frac{z_5}{z_6}\right) = \frac{z_1 i_{g2} + z_2}{z_1 + z_2} \tag{4-21}$$

联解式（4-19）、式（4-20）、式（4-21），可求出 z_5、z_6 和 β_6 三个参数。但解此方程组比较麻烦，可采用比较方便的试凑法。先选定螺旋角 β_6，计算式（4-21）等号左端与右端的值，检查是否满足或近似满足轴向力平衡的关系。如果相差太大，则要调整螺旋角重新试凑，直至满足要求。

对于本例，其中 $i_{g2} = q^2 = 2.43$，先选定螺旋角 $\beta_6 = 22°$，计算式（4-21）左右两端得

$$\frac{z_1 i_{g2} + z_2}{z_1 + z_2} = 1.58$$

$$\frac{\tan \beta_2}{\tan \beta_6} = 1.26$$

相差较大，尽量缩小差距，取 $\beta_6 = 18°$，已是极限值，代入计算，得 $\dfrac{\tan \beta_2}{\tan \beta_6} = 1.57 < 1.58$，相差不大，满足基本要求。

将 β_6 值代入式（4-19）、式（4-20）求得 $z_6 = 17.1$，$z_5 = 26.6$，分别取整为 $z_6 = 17$，$z_5 = 27$。根据所确定的齿数，核算传动比 $i_{g2} = 2.48 \approx 2.43$，满足设计要求。

按式（4-16）算出精确的螺旋角 β_6 值为 $24°$。

2）3 挡齿轮齿数的计算。3 挡常啮合齿轮计算过程与 2 挡相似。对于本例，有公式

$$\frac{z_3}{z_4} = i_{g3} \frac{z_1}{z_2} \tag{4-22}$$

$$A = \frac{m_n(z_3 + z_4)}{2\cos\beta_4} \tag{4-23}$$

此外，从抵消或减少中间轴上的轴向力出发，还必须满足下列关系式

$$\frac{\tan\beta_2}{\tan\beta_4} = \frac{z_1 i_{g3} + z_2}{z_1 + z_2} \tag{4-24}$$

对于本例，先选定螺旋角 $\beta_4 = 22°$，$i_{g3} = q = 1.56$，计算式（4-24）左右两端得

$$\frac{z_1 i_{g3} + z_2}{z_1 + z_2} = 1.22$$

$$\frac{\tan\beta_2}{\tan\beta_4} = 1.26$$

相差不大，满足基本要求。

将 β_4 代入式（4-22）、式（4-23）求得 $z_4 = 21.3$，$z_3 = 21.3$，分别取整为 $z_4 = 21$，$z_3 = 21$。根据所确定的齿数，核算传动比 $i_{g3} = 1.56$，满足设计要求。

按式（4-23）算出精确的螺旋角 β_4 值为 $24°$。

3）4 挡为直接挡。

（5）确定倒挡齿轮齿数及中心距。

倒挡选用的模数与 1 挡齿轮相同，如图 4-1 所示的中间轴上倒挡齿轮 z_8 的齿数已确定为 13，倒挡轴上的倒挡齿轮 z_9 一般在 21～23 之间，初选 z_9 后，可计算出中间轴与倒挡轴的中心距 A'。

$$A' = \frac{m(z_8 + z_9)}{2} \tag{4-25}$$

本例中，z_9 取 21，m =3.0，则 A' =51mm。

倒挡齿轮 z_{10} 与 1 挡齿轮 z_7 啮合，初选 z_{10} 后，则可计算倒挡轴与第 2 轴的中心距 A''。

$$A'' = \frac{m(z_7 + z_{10})}{2} \tag{4-26}$$

本例中，z_{10}=23，m =3.0，则 A'' =69mm。

CHAPTER 4

第三节　主要零部件的设计与计算

一、变速器齿轮强度计算

（一）轮齿弯曲强度计算

（1）直齿轮弯曲应力 σ_w

$$\sigma_w = \frac{2T_g K_\sigma K_f}{\pi m^3 z K_c y} \tag{4-27}$$

式中：σ_w 为弯曲应力，MPa；T_g 为计算载荷，N•mm；K_σ 为应力集中系数，可近似取 K_σ =1.65；K_f 为摩擦力影响系数，主、从动齿轮在啮合点上的摩擦力方向不同，对弯曲应力的影响也不同，主动齿轮 K_f =1.1，从动齿轮 K_f =0.9；m 为模数，mm；y 为齿形系数，见图 4-2。

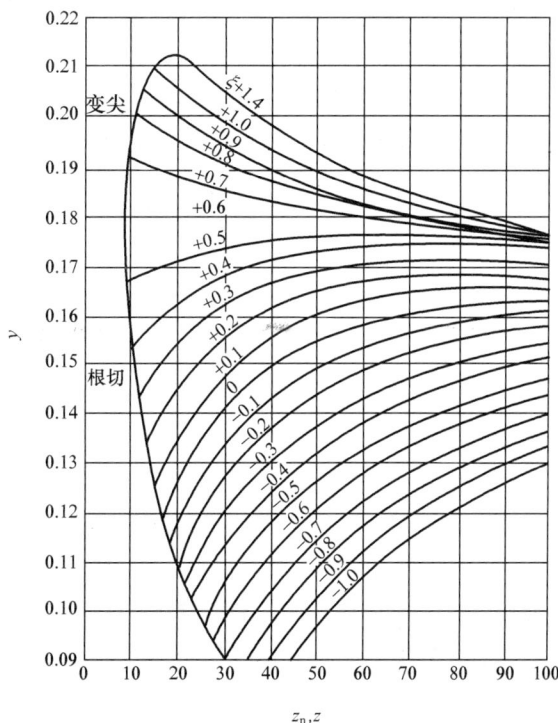

图 4-2　齿形系数图（假定载荷作用在齿顶 α =20°，f_0=1）

Note

当计算载荷 T_g 取作用到变速器第 1 轴上的最大转矩 T_{emax} 时，1 挡、倒挡直齿轮许用弯曲应力在 400～850MPa，货车可取下限，承受双向交变载荷作用的倒挡齿轮的许用应力应取下限。

对于本例，T_g 取作用到变速器第 1 轴上的最大转矩 T_{emax} 根据传动比换算到 1 挡的值，前面已经算出 $T_{emax}=129\,940$N·mm，代入下式

$$T_g = T_{emax} \frac{z_2}{z_1} \tag{4-28}$$

得 $T_g=198\,003$N·mm

1 挡和倒挡齿轮相同，齿宽系数 K_c 取 8.0，代入式（4-27）解得

$$\sigma_w = \frac{2T_g K_\sigma K_f}{\pi m^3 z K_c y} = \frac{2 \times 198\,003 \times 1.65 \times 1.1}{3.141\,59 \times 3^3 \times 12 \times 8.0 \times 0.19} = 464.5\,(\text{MPa})$$

弯曲应力略大于 400MPa，由于本例是微型货车，因此可以满足要求。倒挡轴上的倒挡直齿齿轮与 1 挡齿轮相同，且不承受交变载荷，同样适用。

（2）斜齿轮弯曲应力 σ_w

$$\sigma_w = \frac{2T_g \cos\beta K_\sigma}{\pi z m_n^3 y K_c K_\varepsilon} \tag{4-29}$$

式中：T_g 为计算载荷，N·mm；m_n 为法面模数，mm；z 为齿数；β 为斜齿轮螺旋角，（°）；K_σ 为应力集中系数，$K_\sigma=1.5$；y 为齿形系数，可按当量齿数 $z_n = z/\cos^3\beta$ 在图 4-2 中查得；K_ε 为重合度影响系数，$K_\varepsilon=2$。

当计算载荷 T_g 取作用到变速器第 1 轴上的最大转矩 T_{emax} 时，对轿车常啮合齿轮和高挡齿轮的许用应力在 180～350MPa，对货车为 100～250MPa。

对于本例，常啮合齿轮计算载荷 T_g 取作用到变速器第 1 轴上的最大转矩 T_{emax}，前面已经算出 $T_{emax}=129\,940$N·mm，齿宽系数 K_c 取 8.0，代入式（4-29）解得

$$\sigma_w = \frac{2T_g \cos\beta K_\sigma}{\pi z m_n^3 y K_c K_\varepsilon} = \frac{2 \times 129\,940 \times 1.5 \times \cos 26°}{3.141\,59 \times 3^3 \times 21 \times 8.0 \times 0.18 \times 2} \approx 62.7\,(\text{MPa})$$

满足弯曲应力要求。

（二）轮齿接触强度计算

$$\sigma_j = 0.418 \sqrt{\frac{FE}{b}\left(\frac{1}{\rho_z} + \frac{1}{\rho_b}\right)} \tag{4-30}$$

式中：σ_j 为轮齿的接触应力，MPa；F 为齿面上的法向力，N，$F = F_1/(\cos\alpha\cos\beta)$；$F_1$ 为圆周力，N；$F_1 = 2T_g/d$；T_g 为计算载荷，N·mm；d 为节圆直径，mm；α 为节点处压力角，（°），β 为齿轮螺旋角，（°）；E 为齿轮材料的弹性模量，N/mm²，$E = 2.1 \times 10^5$ MPa；b 为齿轮接触的实际宽度，mm；ρ_z、ρ_b 为主、从动齿轮节点处的曲率半径，mm，直齿轮为 $\rho_z = r_z \sin\alpha$，$\rho_b = r_b \sin\alpha$，斜齿轮为 $\rho_z = (r_z \sin\alpha)/\cos^2\beta$，$\rho_b = (r_b \sin\alpha)/\cos^2\beta$；$r_z$、$r_b$ 为主、从动齿轮节圆半径，mm。

将作用在变速器第 1 轴上的载荷 $T_{emax}/2$ 作为计算载荷时，变速器齿轮的许用接触应力 σ_j 见表 4-8。

表 4-8	变速器齿轮许用接触应力	（MPa）

齿 轮	σ_j	
	渗碳齿轮	液体碳氮共渗齿轮
1 挡和倒挡	1900～2000	950～1000
常啮合齿轮和高挡	1300～1400	650～700

（1）对于本例，计算第 1 轴常啮合齿轮接触应力。

$$F = \frac{F_1}{\cos\alpha\cos\beta} = \frac{2T_g}{d\cos\alpha\cos\beta} = \frac{T_{emax}}{m_n z_1 \cos\alpha} \approx 2647\,（N）$$

$$b = K_c m_n = 8.0 \times 3 = 24\,（mm）$$

$$\rho_z = \frac{r_z \sin\alpha}{\cos^2\beta} = \frac{m_n z_1 \sin\alpha}{2\cos^2\beta} \approx 10.3\,（mm）$$

$$\rho_b = \frac{r_b \sin\alpha}{\cos^2\beta} = \frac{m_n z_2 \sin\alpha}{2\cos^2\beta} \approx 16.2\,（mm）$$

$$E = 2.1 \times 10^5\,MPa$$

代入式（4-33）得 $\sigma_j \approx 827.2MPa$，满足设计要求。

（2）计算高挡——3 挡常啮合齿轮接触应力

$$F = \frac{F_1}{\cos\alpha\cos\beta} = \frac{2T_g}{d\cos\alpha\cos\beta} = \frac{T_{emax} z_1}{m_n z_4 z_2 \cos\alpha} \approx 1290N$$

$\sigma_j \approx 553MPa$，采用渗碳处理齿轮满足设计要求。

（3）计算 1 挡和倒挡直齿齿轮接触应力

$$F = \frac{F_1}{\cos\alpha} = \frac{2T_g}{d\cos\alpha} = \frac{T_{emax} z_1 z_9}{m z_8 z_{10} z_2 \cos\alpha} = 1903N$$

$$\rho_z = r_z \sin\alpha = \frac{m z_{10} \sin\alpha}{2} = 11.7mm$$

$$\rho_b = r_b \sin\alpha = \frac{m z_7 \sin\alpha}{2} = 16.9mm$$

代入式（4-33）得 $\sigma_j \approx 648.7MPa$，满足设计要求。

二、齿轮材料及热处理

国内汽车变速器齿轮材料主要用 20CrMnTi、20Mn2TiB、16MnCr5、20MnCr5、25MnCr5。渗碳齿轮表面硬度为 58～63HRC，芯部硬度为 33～48HRC。

变速器齿轮多数采用渗碳合金钢，其表层的高硬度与芯部的高韧性相结合，能大大提高齿轮的耐磨性及抗弯曲疲劳和接触疲劳的能力。在选用钢材及热处理时，对切削加工性能及成本也应考虑。值得指出的是，对齿轮进行强力喷丸处理以后，齿轮弯曲疲劳寿命和接触疲劳寿命都能提高。齿轮在热处理之后进行磨齿，能消除齿轮热处理的变形；磨齿齿轮精度高于热处理前剃齿和挤齿齿轮精度，使得传动平稳、效率提高；在同样负荷的条件下，磨齿的弯曲疲劳寿命比剃齿的要高。

三、轴的强度计算

变速器工作时，由于齿轮上有圆周力、径向力和轴向力作用，其轴要承受转矩和弯矩。变速器的轴应有足够的刚度和强度。因为刚度不足的轴会产生弯曲变形，破坏了齿轮的正确啮合，对齿轮的强度、耐磨性和工作噪声等均有不利影响。所以设计变速器轴时，其刚度大小应以保证齿轮能实现正确的啮合为前提条件。

（一）初选轴的直径

在已知中间轴式变速器中心距 A 时，第 2 轴和中间轴中部直径 $d≈0.45A$，轴的最大直径 d 和支承间距离 L 的比值，对中间轴，$d/L=0.16～0.18$；对第 2 轴，$d/L≈0.18～0.21$。

第 1 轴花键部分直径 d 可按下式初选

$$d = K\sqrt[3]{T_{emax}} \qquad (4\text{-}31)$$

式中：K 为经验系数，$K=4.0～4.6$；T_{emax} 为发动机最大转矩，N·m。

结合本例，K 取 4.4，计算得第 1 轴花键部分直径

$$d = 4.4\sqrt[3]{119.4} ≈ 21.7 ≈ 22（mm）$$

第 2 轴和中间轴中部直径 $d≈0.45A≈31.05≈31$（mm）。核算轴的最大直径 d 和支承间距离 L 的比值，对于本例微型货车，前面算过，4 挡变速器壳体的轴向尺寸取 2.7A，则 $L=186$mm，中间轴支承间的距离略小于变速器壳体的轴向尺寸 L，可近似取 180mm 进行计算。

中间轴 $d/L=31/180≈0.17$，满足设计要求。

第 2 轴支承间的距离通常由经验公式确定

$$L_z=L_k-2b_2$$
$$L_z=186-2×18=150（mm）$$

第 2 轴 $d/L=31/150≈0.21$，满足设计要求。

（二）轴的强度验算

（1）轴的刚度验算。

对齿轮工作影响最大的是轴在垂直面内产生的挠度和轴在水平面内的转角。前者使齿轮中心距发生变化，破坏了齿轮的正确啮合；后者使齿轮相互歪斜，如图 4-3 所示，致使沿齿长方向的压力分布不均匀。

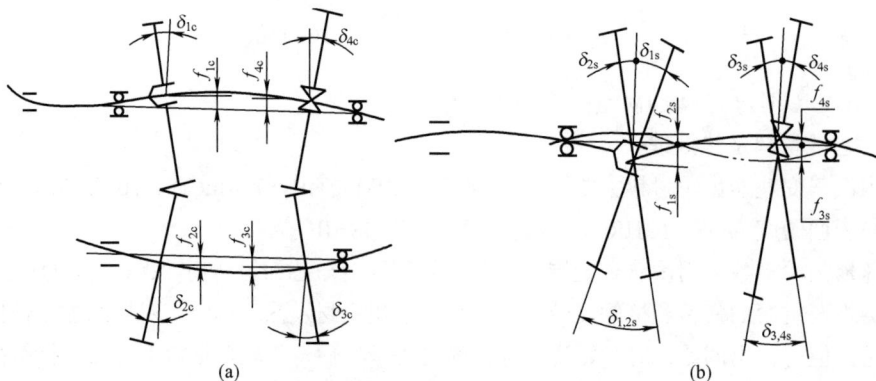

图 4-3　变形对接触的影响示意图

（a）轴在垂直面内变形；（b）轴在水平面内变形

初步确定轴的尺寸以后，可对轴进行刚度和强度验算。欲求中间轴式变速器第 1 轴的支点反作用力，必须先求第 2 轴的支点反力。挡位不同，不仅圆周力、径向力和轴向力不同，而且力到支点的距离也有变化，所以应当对每个挡位都进行验算。验算时将轴看做铰接支承的梁。作用在第 1 轴上的转矩应取 T_{emax}。

轴的挠度和转角可按《材料力学》有关公式计算。计算时仅计算齿轮所在位置处轴的挠度和转角。第 1 轴常啮合齿轮副，因距离支承点近、负荷又小，通常挠度不大，故可以不必计算。变速器齿轮在轴上的位置如图 4-4 所示时，若轴在垂直面内挠度为 f_c，在水平面内挠度为 f_s 和转角为 δ，则可分别用下式计算

$$\left.\begin{array}{l} f_c = \dfrac{F_1 a^2 b^2}{3EIL} \\[2mm] f_s = \dfrac{F_2 a^2 b^2}{3EIL} \\[2mm] \delta = \dfrac{F_1 ab(b-a)}{3EIL} \end{array}\right\} \quad (4\text{-}32)$$

轴的全挠度为

$$f = \sqrt{f_c^2 + f_s^2}$$

式中：F_1 为齿轮齿宽中间平面上的圆周力，N；F_2 为齿轮齿宽中间平面上的径向力，N；E 为弹性模量，MPa，$E = 2.1 \times 10^5$ MPa；I 为惯性矩，mm⁴，对于实心轴 $I = \pi d^4 / 64$；d 为轴的直径，mm，花键处按平均直径计算；a、b 为齿轮上作用力距支座 A、B 的距离；L 为支座间距离。

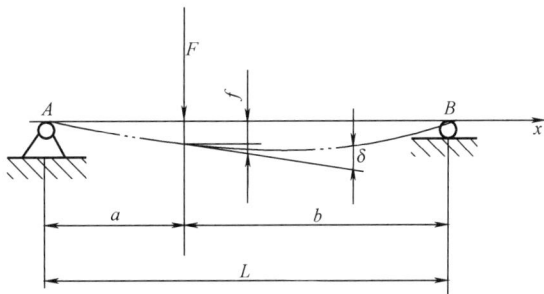

图 4-4　变速器轴的挠度和转角

对于本例，由于中间轴上常啮合齿轮上的圆周力最大，因此只需要验算中间轴上常啮合齿轮处的强度和刚度即可。变速器轴向尺寸 L=186mm，取 a=29mm，则 $b=L-a$=177（mm）。

$$F_1 = \frac{2T_g \tan\alpha}{d\cos\beta} = \frac{T_{emax}\tan\alpha}{zm_n} = \frac{119.4\times10^3 \tan20°}{16\times3.0} = 905（\text{N}）$$

$$F_2 = \frac{2T_g \tan\beta}{d} = \frac{2T_{emax}\sin\beta}{z_1 m_n} = \frac{119.4\times10^3 \tan27°}{16\times3.0} = 1129（\text{N}）$$

代入到式（4-32）可得到轴的刚度。

f_c=0.004 5mm<[f_c]=0.05～0.10mm

f_s=0.005 6mm<[f_s]=0.05～0.15mm

f=0.01mm<[f]=0.2mm

δ=2×10⁻⁴rad<[δ]=0.002rad

满足设计要求。

（2）轴的强度验算。

作用在齿轮上的径向力和轴向力，使轴在垂直面内弯曲变形，而圆周力使轴在水平面内弯曲变形。在求取支点的垂直面和水平面内的支反力 F_c 和 F_s 之后，计算相应的弯矩 M_c、M_s。轴在转矩 T_n 和弯矩同时作用下，其应力为

$$\sigma = \frac{M}{W} = \frac{32M}{\pi d^3}$$

$$M = \sqrt{M_c^2 + M_s^2 + T_n^2}$$

式中：d 为轴的直径，mm，花键处取内径；W 为抗弯截面系数。

在低挡工作时，$[\sigma] \leqslant 400 \text{N/mm}^2$。

变速器的轴采用与齿轮相同的材料制造。

对于本例，支点 A 的水平面内和垂直面内支反力为

$$F_s = \frac{F_2 b}{L} = 1074 \text{N}$$

$$F_c = \frac{F_1 b}{L} = 860.9 \text{N}$$

则由

$$M_c = F_c a = 24.97 \text{N} \cdot \text{m}$$

$$M_s = F_s a = 31.15 \text{N} \cdot \text{m}$$

$$T_n = T_{emax} = 119.4 \text{N} \cdot \text{m}$$

得出

$$M = \sqrt{M_c^2 + M_s^2 + T_n^2} = 125.9 \text{N} \cdot \text{m}$$

$$\sigma = 43.06 \text{MPa} < [\sigma]$$

满足设计要求。

第五章　万向传动轴设计

万向传动轴一般是由万向节、传动轴和中间支承组成。主要用于在工作过程中相对位置不断改变的两根轴间传递转矩和旋转运动。

万向传动轴设计应满足如下基本要求。

（1）保证所连接的两根轴的相对位置在预计范围内变动时，能可靠地传递动力。

（2）保证所连接两根轴尽可能等速运转。由万向节夹角而产生的附加载荷、振动和噪声应在允许范围内。

（3）传动效率高，使用寿命长，结构简单，制造方便，维修容易等。

变速器或分动器输出轴与驱动桥输入轴之间普遍采用十字轴万向传动轴。在转向驱动桥中，多采用等速万向传动轴。当后驱动桥为独立悬架时，采用万向传动轴。各种类型的万向传动轴如图 5-1 所示。

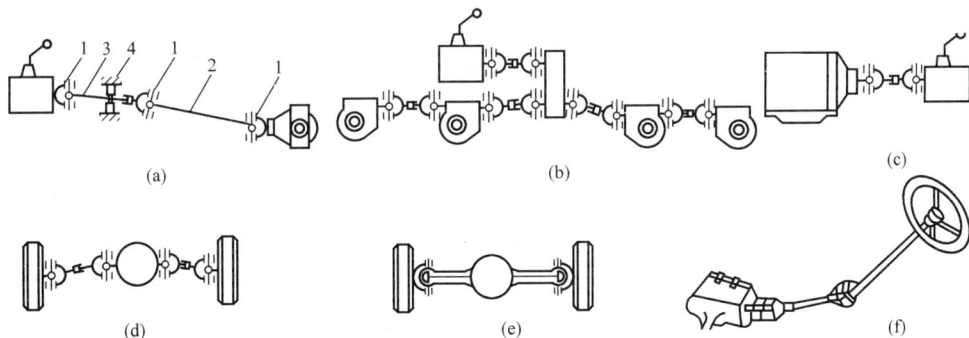

图 5-1　各种类型的万向节

（a）用于变速器和主减速器之间的万向传动轴；（b）用于变速器和分动器输出轴与驱动桥输入轴之间的万向节；

（c）用于离合器与变速器连接的万向传动轴；（d）转向驱动桥中采用的等速万向传动轴；

（e）后驱动桥为独立的弹性采用的万向传动轴；（f）用于方向盘和转向器连接的万向节

1—万向节；2—传动轴；3—前传动轴；4—中间支承

第一节　万向传动设计基础

一、万向传动的运动和受力分析

（一）单十字轴万向节传动

1. 运动分析

如图 5-2 所示，设主动叉由初始位置转过 φ_1 角，从动叉相应转过 φ_2 角，由机械原理分析

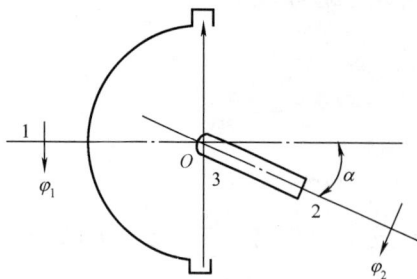

图 5-2　万向节的运动分析

1—主动叉；2—从动叉；3—十字轴

可以得出如下关系式

$$\tan\varphi_1=\tan\varphi_2\cos\alpha$$

当十字轴万向节的主动轴与从动轴存在一定夹角 α 时，主动轴的角速度 ω_1 与从动轴的角速度 ω_2 之间存在如下的关系

$$\frac{\omega_1}{\omega_2}=\frac{\cos\alpha}{1-\sin^2\alpha\cos^2\varphi_1} \qquad (5-1)$$

由于 $\cos\varphi_1$ 是周期为 2π 的周期函数，所以 ω_2/ω_1 也为同周期的周期函数。当 φ_1 为 0、π、2π 时，ω_2 达最大值 ω_{2max} 且为 $\omega_1/\cos\alpha$；当 φ_1 为 $\pi/2$、$3\pi/2$ 时，ω_2 有最小值 ω_{2min} 且为 $\omega_1\cos\alpha$。因此，当主动轴以等角速度转动时，从动轴时快时慢，即为普通十字轴万向节传动的不等速性。

十字轴万向节传动的不等速性可用转速不均匀系数 k 来表示

$$k=\frac{\omega_{2max}-\omega_{2min}}{\omega_1}=\sin\alpha\tan\alpha \qquad (5-2)$$

如不计万向节的摩擦损失，主动轴转矩 T_1 和从动轴转矩 T_2 与各自相应的角速度有关系式 $T_1\omega_1=T_2\omega_2$ 因此可得

$$T_2=\frac{1-\sin^2\alpha\cos^2\varphi_1}{\cos\alpha}T_1 \qquad (5-3)$$

2. 附加弯曲力偶矩的分析

具有夹角 α 的十字轴万向节，仅在主动轴驱动转矩和从动轴反转矩的作用下是不能平衡的。从万向节叉与十字轴之间的约束关系分析可知，主动叉对十字轴的作用力偶矩，除主动轴驱动转矩 T_1 之外，还有作用在主动叉平面的弯曲力偶矩 T_1'。同理，从动叉对十字轴也作用有从动轴反转矩 T_2 和作用在从动叉平面的弯曲力偶矩 T_2'。在这四个力矩作用下，使十字轴万向节得以平衡。

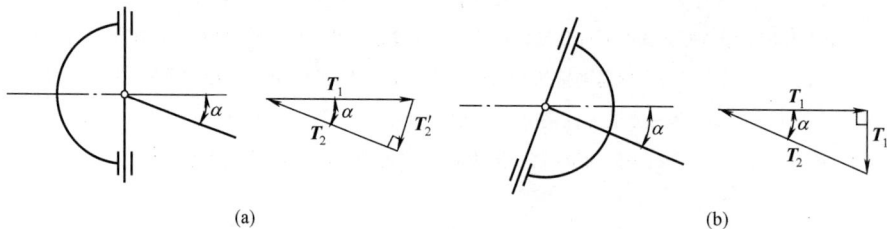

(a) 　　　　　　　　　　　　　(b)

图 5-3　十字轴万向节的力偶矩

（a）主动叉处于 0 和 π 位置时；（b）主动叉处于 $\pi/2$ 和 $3\pi/2$ 位置时

当主动叉处于 0 和 π 位置时［图 5-3（a）］，由于 T_1 作用在十字轴平面，T_1' 必为零；而 T_2 的作用平面与十字轴不共平面，必有 T_2' 存在，且矢量 T_2' 垂直于矢量 T_2；合矢量 $T_2'+T_2$ 指向十字轴平面的法线方向，与 T_1 大小相等、方向相反。这样，从动叉上的附加弯矩 $T_2'=T_1\sin\alpha$。

当主动叉处于 $\pi/2$ 和 $3\pi/2$ 位置时［图 5-3（b）］，同理可知 $T_2'=0$，主动叉上的附加弯矩 $T_1'=T_1\tan\alpha$。

分析可知，附加弯矩的大小是在零与上述两最大值之间变化，其变化周期为 π，即每一圈

变化两次。附加弯矩可引起与万向节相连零部件的弯曲振动，可在万向节主、从动轴支承上引起周期性变化的径向载荷，从而激起支承处的振动。因此，为了控制附加弯矩，应避免两轴之间的夹角过大。

（二）双十字轴万向节传动

当输入轴与输出轴之间存在夹角 α 时，单个十字轴万向节的输出轴相对于输入轴是不等速旋转的。为使处于同一平面的输出轴与输入轴等速旋转，可采用双万向节传动，但必须保证同传动轴相连的两万向节叉应布置在同一平面内，且使两万向节夹角 α_1 与 α_2 相等（如图 5-4 所示）。

当输入轴与输出轴平行时［见图 5-4（a）］，直接连接传动轴的两万向节叉所受的附加弯矩，使传动轴发生如图 5-4（b）中双点划线所示的弹性弯曲，从而引起传动轴的弯曲振动。

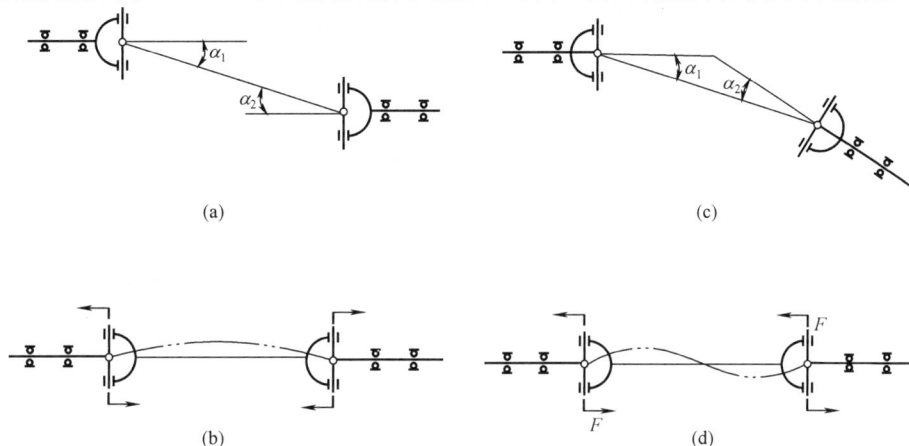

图 5-4　附加弯矩对传动轴的作用

（a）输入轴与输出轴平行；（b）传动轴发生弹性弯曲；

（c）输入轴与输出轴相交；（d）相交时传动轴发生弹性弯曲

当输入轴与输出轴相交时［图 5-4（c）］，传动轴两端万向节叉上所受的附加弯矩方向相同，不能彼此平衡，传动轴发生如图 5-4（d）所示中双点划线所示的弹性弯曲。

二、万向节主要类型

根据在扭矩方向上是否有明显的弹性，万向节分为刚性万向节和挠性万向节。

刚性万向节可分为不等速万向节（如十字轴式）、准等速万向节（如双联式、凸块式、三销轴式等）和等速万向节（如球叉式、球笼式等）。

不等速万向节是指万向节连接的两轴夹角大于零时，输出轴和输入轴之间以变化的瞬时角速度比传递运动的万向节。

准等速万向节是指在设计角度下工作时以等于 1 的瞬时角速度比传递运动，而在其他角度下工作时瞬时角速度比近似等于 1 的万向节。输出轴和输入轴以等于 1 的瞬时角速度比传递运动的万向节，称之为等速万向节。

挠性万向节是靠弹性零件传递动力的，具有缓冲减振作用。

三、传动轴设计方法与步骤

传动轴总成主要由传动轴及其两端焊接的花键和万向节叉组成。传动轴中一般设有由滑动叉和花键轴组成的滑动花键，以实现传动长度的变化。

传动轴在工作时，其长度和夹角是在一定范围变化的。设计时应保证在传动轴长度处在最大值时，花键套与轴有足够的配合长度，而在长度处在最小时不顶死。传动轴夹角的大小直接影响到万向节的寿命、万向传动的效率和十字轴旋转的不均匀性。

CHAPTER 5

第二节　十字轴式万向传动设计

一、结构分析

如图 5-5 所示，典型的十字轴万向节结构主要由主动叉、从动叉、十字轴、滚针轴承及其轴向定位件和橡胶密封件等组成。传动轴结构如图 5-6 所示。

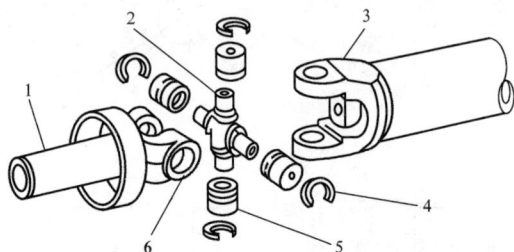

图 5-5　典型的十字轴万向节结构

1—套筒；2—十字轴；3—传动轴叉；4—卡环；

5—轴承外圈；6—套筒叉

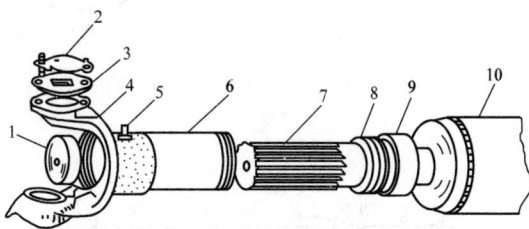

图 5-6　典型的传动轴结构示意图

1—盖子；2—盖板；3—盖垫；4—万向节叉；5—加油嘴；

6—伸缩套；7—滑动花键槽；8—油封；

9—油封盖；10—传动轴管

二、万向传动轴的计算载荷

万向传动轴因布置位置不同，计算载荷是不同的。计算载荷的计算方法主要有三种，见表 5-1。

表 5-1　　　　　　　　　　　万向传动轴计算载荷　　　　　　　　　　　（N·m）

位置 计算方法	用于变速器与驱动桥之间	用于转向驱动桥中
按发动机最大转矩和 1 挡传动比来确定	$T_{se1} = \dfrac{k_d T_{emax} k i_1 i_f \eta}{n}$	$T_{se2} = \dfrac{k_d T_{emax} k i_1 i_t i_o \eta}{2n}$
按驱动轮打滑来确定	$T_{ss1} = \dfrac{G_2 m_2' \varphi r_r}{i_o i_m \eta_m}$	$T_{ss2} = \dfrac{G_1 m_1' \varphi r_r}{2 i_m \eta_m}$
按日常平均使用 转矩来确定	$T_{sf1} = \dfrac{F_r r_r}{i_o i_m \eta_m n}$	$T_{sf2} = \dfrac{F_r r_r}{2 i_m \eta_m n}$

表 5-1 各式中，T_{emax} 为发动机最大转矩；n 为计算驱动桥数，取法见表 5-2；i_1 为变速器 1 挡传动比；η 为发动机到万向传动轴之间的传动效率；k 为液力变矩器变矩系数，$k=[(k_0-1)/2]+1$，k_0 为最大变矩系数；G_2 为满载状态下一个驱动桥上的静载荷，N；m_2' 为汽车最大加速度时的后轴负荷转移系数，轿车：$m_2'=1.2\sim1.4$，货车：$m_2'=1.1\sim1.2$；φ 为轮胎与路面间的附着系数，

对于安装一般轮胎的公路用汽车，在良好的混凝土或沥青路面上，φ 可取 0.85，对于安装防侧滑轮胎的轿车，φ 可取 1.25，对于越野车，φ 值变化较大，一般取 1；r_r 为车轮滚动半径，m；i_o 为主减速器传动化；i_m 为主减速器从动齿轮到车轮之间的传动比；η_m 为主减速器主动齿轮到车轮之间的传动效率；G_1 为满载状态下转向驱动桥上的静载荷，N；m_1' 为汽车最大加速度时的前轴负荷转移系数，轿车：m_1' =0.80～0.85，货车：m_1' =0.75～0.90；F_t 为日常汽车行驶平均牵引力，N；i_f 为分动器传动比，取法见表 5-2；k_d 为猛接离合器所产生的动载系数，对于液力自动变速器，k_d=1，对于具有手动操纵的机械变速器的高性能赛车，k_d=3，对于性能系数 f_i=0 的汽车（一般货车、矿用汽车和越野车），k_d=1，对于 f_i >0 的汽车，k_d=2 或由经验选定。性能系数由下式计算

$$f_i = \begin{cases} \dfrac{1}{100}\left(16 - 0.195\dfrac{m_a g}{T_{emax}}\right) & 0.195\dfrac{m_a g}{T_{emax}} < 16 \\ 0 & 0.195\dfrac{m_a g}{T_{emax}} \geq 16 \end{cases}$$

式中：m_a 为汽车满载质量（若有挂车，则要加上挂车质量），kg。

表 5-2　　　　　　　　　　　　n 与 i_f 选取表

车　型	高挡传动比 i_{fg} 与低挡传动比 i_{fd} 关系	i_f	n
4×4	$i_{fg} > i_{fd}/2$	i_{fg}	1
	$i_{fg} < i_{fd}/2$	i_{fd}	2
6×6	$i_{fg}/2 > i_{fd}/3$	i_{fg}	2
	$i_{fg}/2 < i_{fd}/3$	i_{fd}	3

对万向传动轴进行静强度计算时，计算载荷 T_s 取 T_{sel} 和 T_{ssl} 的最小值，或取 T_{se2} 和 T_{ss2} 的最小值，即 $T_s=\min[T_{sel},\ T_{ssl}]$ 或 $T_s=\min[T_{se2},\ T_{ss2}]$，安全系数一般取 2.5～3.0。当对万向传动轴进行疲劳寿命计算时，计算载荷 T_s 取 T_{sf1} 或 T_{sf2}。

十字轴万向节的损坏形式主要有十字轴轴颈和滚针轴承的磨损，十字轴轴颈和滚针轴承碗工作表面出现压痕和剥落。一般情况下，当磨损或压痕超过 0.15mm 时，十字轴万向节便报废。十字轴的主要失效形式是轴颈根部处的断裂，所以在设计十字轴万向节时，应保证十字轴轴颈有足够的抗弯强度。

设各滚针对十字轴轴颈作用力的合力为 F（见图 5-7），则

$$F = \frac{T_s}{2r\cos\alpha} \qquad (5-4)$$

式中：T_s 为万向传动的计算转矩，$T_s = \min[T_{se},\ T_{ss}]$；$r$ 为合力 F 作用线到十字轴中心之间的距离；α 为万向传动的最大夹角。

十字轴轴颈根部的弯曲应力 σ_w 应满足

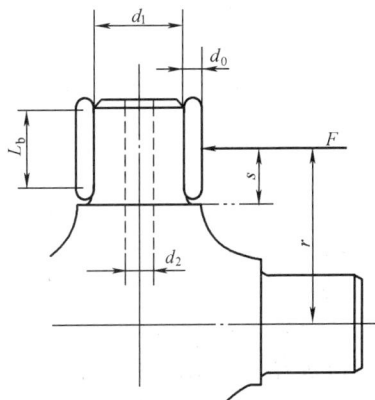

图 5-7　十字轴受力分析简图

$$\sigma_{w} = \frac{32d_1 Fs}{\pi(d_1^4 - d_2^4)} \leqslant [\sigma_w] \tag{5-5}$$

式中：d_1 为十字轴轴颈直径；d_2 为十字轴油道孔直径；s 为合力 F 作用线到轴颈根部的距离；$[\sigma_w]$ 为弯曲应力许用值，为 250～350MPa。

十字轴轴颈的切应力 τ 应满足

$$\tau = \frac{4F}{\pi(d_1^2 - d_2^2)} \leqslant [\tau] \tag{5-6}$$

式中：$[\tau]$ 为切应力 τ 许用值，为 80～120MPa。

滚针轴承中的滚针直径一般不小于 1.6mm，以免压碎，而且差别要小，否则会加重载荷在滚针间分配的不均匀性，一般控制在 0.003mm 以内。滚针轴承径向间隙过大时，承受载荷的滚针数减少，有出现滚针卡住的可能性；而间隙过小时，有可能出现受热卡住或因脏物阻滞卡住，合适的间隙为 0.009～0.095mm，滚针轴承的周向总间隙以 0.08～0.30mm 为好。滚针的长度一般不超过轴颈的长度，使其既有较高的承载能力，又不致因滚针过长发生歪斜而造成应力集中。滚针在轴向的游隙一般不应超过 0.2～0.4mm。

滚针轴承的接触应力为

$$\sigma_j = 272\sqrt{\left(\frac{1}{d_1} + \frac{1}{d_0}\right)\frac{F_n}{L_b}} \tag{5-7}$$

式中：d_0 为滚针直径，mm；L_b 为滚针工作长度，mm；F_n 为在合力 F 作用下一个滚针所受的最大载荷，N，由下式确定

$$F_n = \frac{4.6F}{iz} \tag{5-8}$$

式中：i 为滚针列数；z 为每列中的滚针数。

当滚针和十字轴轴颈表面硬度在 58HRC 以上时，许用接触应力为 3000～3200MPa。

万向节叉与十字轴组成连接支承。在万向节工作过程中产生支撑反力，叉体受到弯曲和剪切，一般在与十字轴轴孔中心线成 45° 的某一截面上的应力最大，所以也应对此处进行强度校核。

十字轴万向节的传动效率与两轴的轴间夹角 α、十字轴支承结构和材料、加工和装配精度以及润滑条件等有关。当 $\alpha \leqslant 25°$ 时可按下式计算

$$\eta_0 = 1 - f\frac{d_1}{r}\frac{2\tan\alpha}{\pi} \tag{5-9}$$

式中：η_0 为十字轴万向节传动效率；f 为轴颈与万向节叉的摩擦因数，滑动轴承，f=0.15～0.20，滚针轴承，f=0.05～0.10；其他符号意义同前。

通常情况下，十字轴万向节传动效率约为 97%～99%。

十字轴常用材料为 20CrMnTi、20Cr、20MnVB 等低碳合金钢，轴颈表面进行渗碳淬火处理，渗碳层深度为 0.8～1.2mm，表面硬度为 58～64HRC，轴颈端面硬度不低于 55HRC，芯部硬度为 33～48HRC。万向节叉一般采用 40 或 45 中碳钢，调质处理，硬度为 18～33HRC，滚针轴承碗材料一般采用 GCr15。

三、三维造型设计及二维装配图绘制

三维造型设计及二维装配图绘制见图 5-8，图 5-9。

图 5-8　十字轴万向节三维造型图

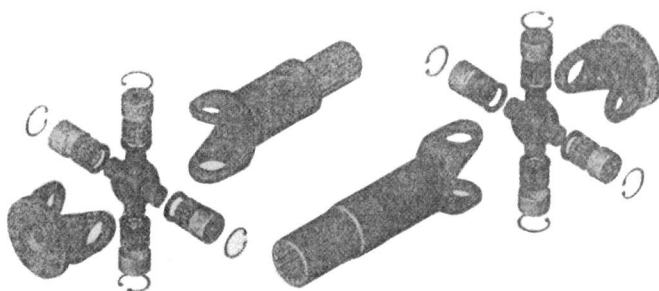

图 5-9　十字轴万向节和传动轴三维造型图

CHAPTER 5

第三节　球笼式万向节设计

一、结构分析

如图 5-10 所示，星形套以内花键与主动轴相连，其外表面有 6 条弧形凹槽，形成内滚道。球形壳的内表面有相应的 6 条弧形凹槽，形成外滚道。6 个钢球分别装在由 6 组内外滚道所对出的空间里，并被保持架限定在同一个平面内。动力由主动轴（及星形套）经钢球传到球形壳 8 输出。典型的固定型球笼式万向节实例图如图 5-11 所示的 Audi 车系的 RF&VL 球笼式万向节。

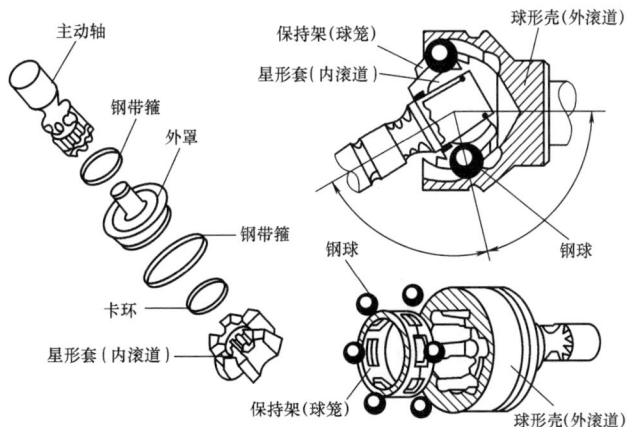

图 5-10　固定型球笼式等速万向节结构图

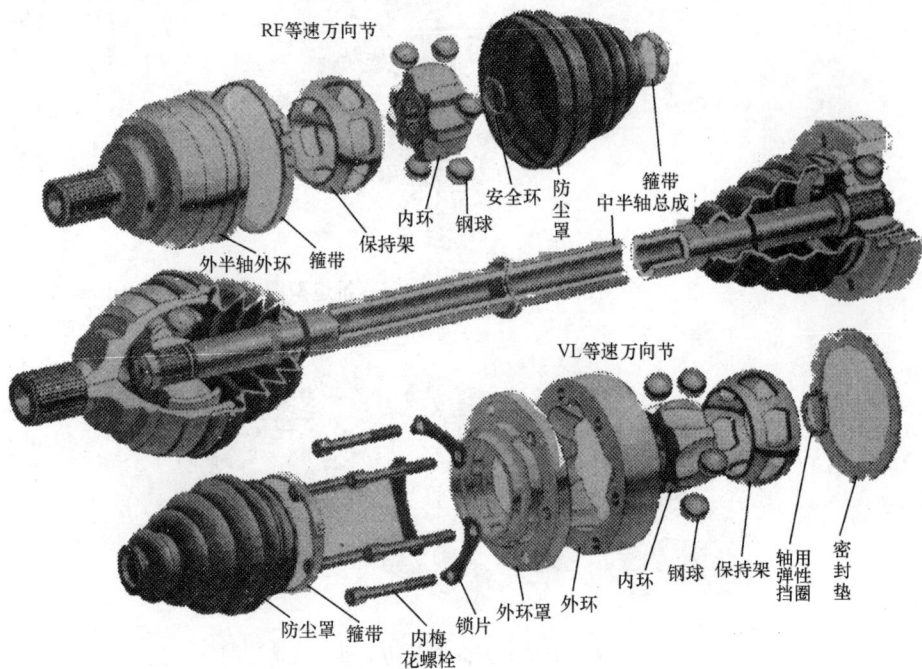

图 5-11　Audi 车系的 RF&VL

二、球笼式万向节设计

球笼式万向节的失效形式主要是钢球与接触滚道表面的疲劳点蚀。在特殊情况下，因热处理不妥、润滑不良或温度过高等，也会造成磨损而损坏。由于星形套滚道接触点的纵向曲率半径小于外半轴滚道的纵向曲率半径，所以前者上的接触椭圆比后者上的要小，即前者的接触应力大于后者。因此，应控制钢球与星形套滚道表面的接触应力，并以此来确定万向节的承载能力。不过，由于影响接触应力的因素较多，计算较复杂，目前还没有统一的计算方法。

假定球笼式万向节在传递转矩时 6 个传力钢球均匀受载，则钢球的直径可按下式确定

$$d = \sqrt[3]{\frac{T_s}{2.1 \times 10^2}} \qquad (5\text{-}10)$$

式中：d 为传力钢球直径，mm；T_s 为万向节的计算转矩，N·m，$T_s = \min[T_{se}, T_{ss}]$。

计算所得的钢球直径应圆整并取最接近标准的直径。钢球的标准直径可参考 GB 7549—1987《球笼式同步万向联轴器型式、基本参数和主要尺寸》。

当球笼式万向节中钢球的直径 d 确定后，其中的球笼、星形套等零件及有关结构尺寸可见图 5-12，并按如下关系确定。

钢球中心分布圆半径　　　　　$R=1.71d$

星形套宽度　　　　　　　　　$B=1.8d$

球笼宽度　　　　　　　　　　$B_1=1.8d$

星形套滚道底径　　　　　　　$D_1=2.5d$

万向节外径　　　　　　　　　$D=4.9d$

球笼厚度　　　　　　　　　　$b=0.185d$

球笼槽宽度　　　　　　　　　$b_1=d$

球笼槽长度　　　　　　　　　$L=(1.33\sim1.80)d$（普通型取下限，长型取上限）

滚道中心偏移距	$h=0.18d$
轴颈直径	$d'\geqslant 1.4d$
星形套花键外径	$D_2\geqslant 1.55d$
球形壳外滚道长度	$L_1=2.4d$
中心偏移角	$\delta\geqslant 6°$

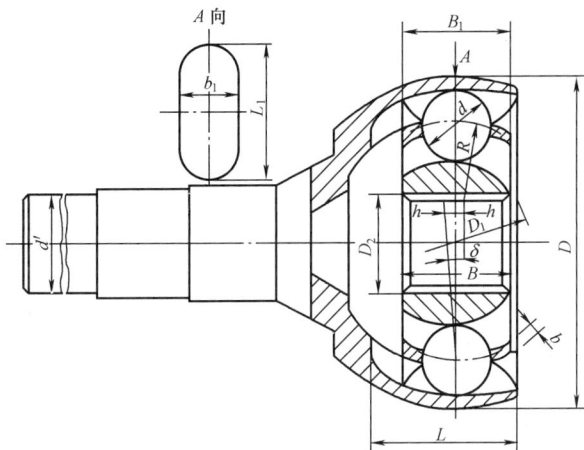

图 5-12　球笼式万向节的基本尺寸

1. 球笼式万向节的等速性的分析

（1）从结构上证明球笼式万向节的等速性。

球笼式万向节的等速性是由本身的结构所决定的，不论有无轴间角，沿着 6 个钢球球心所在的平面剖开，都可建立如图 5-13 所示的结构。

设星形套沟道和钢球的共轭接触点（或区）半径为 R_1，钟形壳沟道和钢球的共轭接触点的半径为 R_2，设钢球回转半径为 R，接触点 A 既是钟形壳沟道上的一部分，又是钢球上的一部分，即接触区为钟形壳沟道和钢球的共轭部分，因此存在 $\omega_{zA}=\omega_{qA}$，同理 $\omega_{xB}=\omega_{qB}$，同一个钢球具有同一个角速度，即 $\omega_{qA}=\omega_{qB}$，因此存在 $\omega_z=\omega_q=\omega_x$，这就充分证明球笼式万向节内部每一部件的角速度都相同，即整个球笼式万向节具有等速性。也可理解为钢球是一种链，它把钟形壳和星形套连接为同一个整体，因此具有相同的角速度。

（2）从投影几何学证明球笼式万向节的等速性。

投影学认为当输入轴和输出轴的传动点始终位于输入和输出连接角的某一个平面上，且这个平面是唯一的，这个机构具有等速性。见图 5-14，对球笼式万向节，A 面和 B 面的两个圆在 C 平面上的投影是一致的，C 平面也就是 6 个钢球球心所在的平面，因此证明球笼式万向节具有等速性。

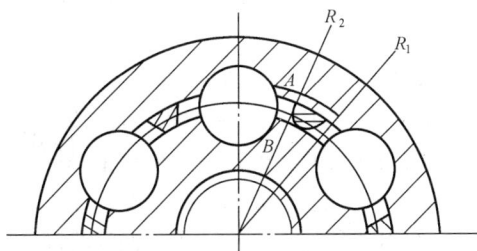

图 5-13　球笼式万向节的等速性分析图

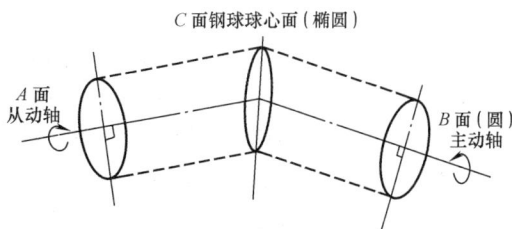

图 5-14　球笼式万向节的投影特性

Note

也可以这样理解：把一根橡胶管弯曲后，使其一端等速旋转，结果是中间弯曲部分不断产生拉伸和压缩，把力传递给另一端，使另一端也等速旋转。这样理解等速性，就可以把球笼式万向节和挠性联轴器看成同一种结构。

（3）球笼式万向节线速度的分析。

当球笼式万向节没有形成轴间角时，钟形壳轴线 OO_2 和星形套轴线 OO_1 重合，钢球球心为 A 点，在第三平面 C（OA 所在平面）中，任一钢球中心点 A 的线速度为 $V_A=\omega_1\cdot OA$（对于主动轴），$V'_A=\omega_2\cdot OA$（对于从动轴），由于存在 $\omega_1=\omega_2$，因此存在 $V_A=V'_A$，说明 B 平面（主动轴）的线速度和 A 平面（从动轴）的线速度经投影后在 C 平面上的线速度是相等的。如图 5-15 所示是球笼式万向节形成轴间角的运动原理图。

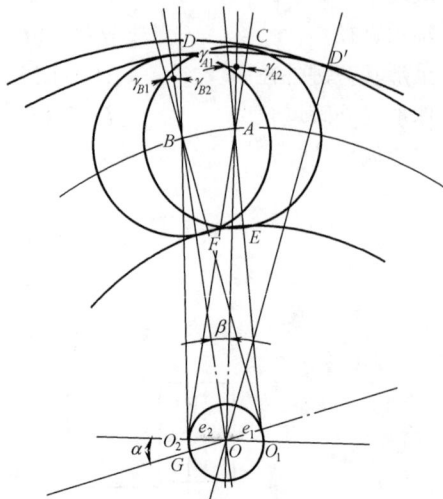

图 5-15　球笼式万向节形成轴间角的运动原理图

在平面 A 中，主动轴线速度 $V_1=O_1A\cdot\omega_1$，而在平面 B 从动轴线速度 $V_2=O_2A\cdot\omega_2$，由于球笼等速万向节存在 $\omega_1=\omega_2$，所以存在下式

$$\frac{V_1}{V_2}=\frac{O_1A}{O_2A} \qquad (5\text{-}11)$$

设 $OA=R$（钢球回转半径），设偏心距 $OO_1=e_1$，$OO_2=e_2$，由几何关系可得 $O_1A=R/\cos\gamma_{A1}$，$O_2A=R/\cos\gamma_{A2}$，由式（5-11）得

$$\frac{V_1}{V_2}=\frac{\cos\gamma_{A1}}{\cos\gamma_{A2}} \qquad (5\text{-}12)$$

因 $O_1A=\sqrt{R^2+e_1^2}$，$O_2A=\sqrt{R^2+e_2^2}$，所以

$$\frac{V_1}{V_2}=\frac{\sqrt{R^2+e_1^2}}{\sqrt{R^2+e_2^2}} \qquad (5\text{-}13)$$

式（5-12）表明，在 C 平面上的 A 点沿 γ_1 角投影为 B 平面上的主动轴线速度，沿 γ_2 角投影为 A 平面上的从动轴线速度，反过来也可认为由 γ_1 角和 γ_2 角就可以确定 C 平面。式（5-13）表明，主动轴的线速度 V_1 和从动轴的线速度 V_2 的比值是由球笼式万向节偏心距决定的。只有当 $e_1=e_2$ 时，才存在 $V_1=V_2$，球笼式万向节才存在 $\alpha=2\beta$ 这一特性。如果 $e_1\neq e_2$，就必然存在 $V_1\neq V_2$，$\alpha\neq2\beta$，但它们的角速度都相等，具备同步性。

当球笼式万向节形成轴间角 α 时，钢球转角为 β，钢球从点 A 移至点 B。在 B 点时，$V_{B1}/V_{B2}=O_1B/BG$，由于 $O_1B=O_1A$，$BG=O_2A$，因此在形成轴间角的过程中，式（5-11）永远成立。由于 $\gamma_{B1}\neq\gamma_1$，$\gamma_{B2}\neq\gamma_2$，在钢球转动形成 β 角时，投影角度随时发生变化，但投影角度比值是固定不变的。式（5-12）可改写为 $V_1/V_2=\cos\gamma_{A2}/\cos\gamma_{A1}=\cos\gamma_{B2}/\cos\gamma_{B1}$。也可以认为 O_1A 和 O_2A 为刚性连杆，在形成轴间角的过程中，连杆长度是不变的，但在钢球移动到不同位置时两连杆间的夹角发生变化。

2. 球笼式万向节方案分析与形式选择

（1）球笼式万向节的方案分析与形式选择。

目前运用较广的是结构简单的固定式球笼万向节和伸缩型万向节。固定式球笼万向节（RF型万向节）它取消了分度杆，球形壳和星形套的滚道做的不同心，令其圆心对称地偏离万向节中心。这样即使轴间夹角为 0° 时，靠内、外滚道的交叉也能使钢球停留在正确的位置。当轴间夹角为 0° 时，内、外滚道决定的钢球中心轨迹的夹角稍大于 11°，这是能可靠地确定钢球正确位置的最小角度。滚道的横断截面为椭圆形，接触点和球心间的连线与过球心的径向线成 45°角，椭圆在接触点处的曲率半径选为钢球半径的 1.03～1.05 倍。当受载时，钢球与滚道的接触点实际上为椭圆形接触区。在工作时，由于球的每个方向都有机会传递转矩，且由于球和球笼的配合是球形的，因此对这种万向节的润滑应给予足够的重视。这种万向节允许的工作角可达 42°。在传递转矩时，由于 6 个钢球同时参加工作，其承载能力和耐冲击能力强，传动效率高，结构紧凑，安装方便；但是滚道的制造精度高，成本较高。

伸缩型球笼式万向节的结构与一般球笼式万向节相近，仅内、外滚道为圆筒形直槽。在传递转矩时，星形套与筒形外壳可以轴向相对移动，故用于驱动车轮的万向节传动装置时可以省去伸缩花键。这不仅使结构简单，加工方便，而且由于轴向相对移动是通过钢球沿内、外滚道实现的，所以与滑动花键相比，其滚动阻力小，传动效率高，万向节允许的最大工作角为 20°。

RF 球笼式万向节和伸缩型球笼式万向节广泛的应用于具有独立悬架的转向驱动的桥上，在靠近转向轮的一侧采用 RF 球笼式万向节，靠近差速器一侧采用伸缩型球笼式万向节，可以补偿由于前轮跳动及载荷变化而引起的轮距变化。伸缩型球笼式万向节还被广泛地应用到断开式驱动桥中。

鉴于上述的对于两种万向节的论述，结合设计要点，本设计采用一端固定式球笼万向节另一端采用伸缩型球笼式万向节。

（2）零部件的结构分析与形式选择。

球笼式等速万向节的外圈（钟形壳、筒形壳）、内圈（星形套）和保持架三大部件构成了两对球面运动副，即外圈内球面和保持架外球面；内圈外球面和保持架内球面，如图 5-16 和图 5-17 所示。

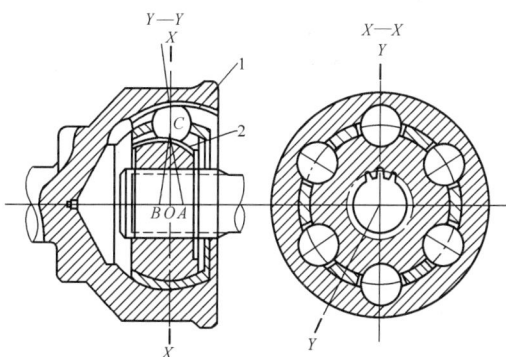

图 5-16　外圈内球面和保持架外球面　　　图 5-17　内圈外球面和保持架内球面

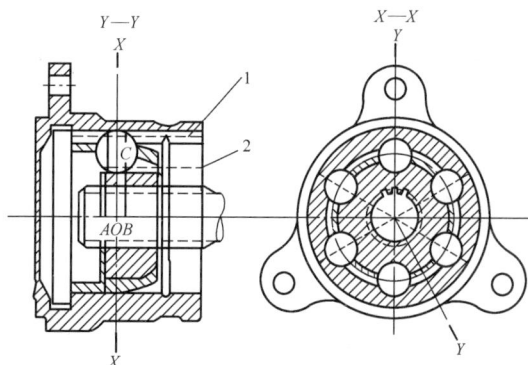

保持架引导外圈（内圈）沿保持架球面相对运动，使等速万向节的输入轴与输出轴可不在同一直线上，但能保证钢球中心圆平面处于输入轴与输出轴的角平分平面上。保持架的内（外）球面与外圈（内圈）球面球心在理论上应重合且无间隙，以满足万向节的等速性要求。RF 固

定球笼式万向节与其他结构的固定式球笼万向相比由于滚道在径向截面上为圆形，钢球与滚道为两点接触的中心固定型等速万向节，所以制造工艺简单，承载能力也较强，使用寿命较长。而 DOJ 型的伸缩式万向节由于采用的是直滚道所以设计制造简单，成本较低。

3. RF 型球笼式万向节的设计计算

RF 型球笼万向节在传递转矩时 6 个传力钢球均匀受载，则钢球的直径可按下列经验公式确定

$$d = \sqrt[3]{\frac{T_1}{2.1 \times 10^4}} \tag{5-14}$$

式中：d 为传力钢球直径，mm；T_1 为万向节的计算转矩，N·mm（DOJ 伸缩式球笼式万向节计算与此类似故整合为如表 5-3 所示）。

当钢球的直径 d 确定后，其中的球笼、星形套等零件及有关结构尺寸，按表 5-3 关系确定。

表 5-3　　　　　　　　　　球笼式万向节主要参数表

计算内容	计算公式	RF 型球笼万向节	DOJ 伸缩式球笼万向节
钢球的直径（mm）	$d = \sqrt[3]{\frac{T_1}{2.1 \times 10^4}}$	17.462	17.462
钢球中心分布圆半径（mm）	$R = 1.71d$	30	30
星形套宽度（mm）	$B = 1.8d$	31	31
万向节外径（mm）	$D = 4.9d$	86	86
球笼宽度（mm）	$B_1 = 1.8d$	31	31
星形套滚道底径（mm）	$D_1 = 2.5d$	44	44
球笼厚度（mm）	$b = 0.185d$	3	3
球笼槽宽度（mm）	$b_1 = d$	17	17
球笼槽长度（mm）	$L = 1.3d$	23	23
滚道中心偏移矩（mm）	$h = 0.18d$	3	—
轴径直径（mm）	$d' \geq 1.4d$	25	25
星形套花键外径（mm）	$D \geq 1.55d$	27	24
球形壳外滚道长度（mm）	$L_1 = 2.4d$	42	42
中心偏移角（°）	$\delta \geq 6°$	—	—

4. 球笼式万向节的寿命校核

（1）给定的某汽车参数表分别如表 5-4 和 5-5 所示。

表 5-4　　　　　　　　　　某汽车的总体参数表

最大发动机功率	$P_{eff} = 86\text{kW}$（$n = 5500\text{r/min}$）
最大转矩	$M_{max} = 145\text{N·m}$（$n_m = 3300\text{r/min}$）
汽车总质量	$G = 16758\text{N}$
前轴许用载荷	$G_F = 7200\text{N}$
驱动桥传动比	$i_A = 4.111$
满载重心高度	$h = 0.5\text{ m}$
滚动半径	$R_r = 0.249\text{ m}$

表 5-5　　　　　　　　　　某汽车的变速器变速比

挡位	1	2	3	4	5
变速箱 i_s	3.545	2.105	1.300	0.943	0.789

各挡的利用率为 1～5 挡分别是 1%、6%、18%、30% 和 45%，汽车至少应有 10 万 km 的寿命。

（2）转矩校核。

摩擦系数 $\mu=1$；振动系数 $K_s=1.2$。

汽车以 $\mu=1$ 和 $K_s=1.2$ 时最大转矩起动，以最大发动机转矩的 2/3 驱动而各挡匀速，计算其起动转矩 M_A 和附加转矩 M_H。

计算额定转矩为 $M_N=2650\text{N}\cdot\text{m}$

$$M_A=\frac{\varepsilon}{\mu}M_m i_A i_s=\frac{1}{1}\times145\times4.111\times3.545\approx2113\ (\text{N}\cdot\text{m})\leqslant2650\ (\text{N}\cdot\text{m}) \qquad (5\text{-}15)$$

$$M_h=K_s\mu\frac{G}{i_A}R_r=1.2\times1\times\frac{16\,758}{4.111}\times0.249\approx1218\ (\text{N}\cdot\text{m})\leqslant2650\ (\text{N}\cdot\text{m}) \qquad (5\text{-}16)$$

故满足设计要求。

（3）校核使用寿命，具体计算结构如表 5-6 所示。

表 5-6　　　　　　　　　　　　　某汽车的校核使用寿命计算表

挡　　位	1	2	3	4	5
a_x	0.01	0.06	0.18	0.30	0.45
$i_x=i_s\times i_A$	14.57	8.56	5.34	3.88	3.28
$n_x=n_m/i_x$	226	386	618	851	1006
$v_x=0.377R_r n_x$	21.2	42.1	58.0	79.9	94.4
$M_x=\frac{1}{3}M_M i_x$	713	414	258	188	159
$L_{hx}=\frac{25\,339}{n_x^{0.577}}\left(\frac{A_x M_d}{M_x}\right)^3 (n_x\leqslant1000\text{r/min})$ $L_{hx}=\frac{470\,756}{n_x}\left(\frac{A_x M_d}{M_x}\right)^3 (n_x\geqslant1000\text{r/min})$	120.6	452.4	1424.7	3061.6	4583.6

注　a_x—各挡传动利用率；i_x—总传动比；n_x—轴转速；n_m—最大转矩时的转速；v_x—路面行驶速度；M_x—转矩；L_{hx}—使用寿命；M_d—动态转矩。

由表 5-6 可以得到

$$\frac{1}{L_h}=\frac{a_x}{L_{h1}}+\frac{a_x}{L_{h2}}+\frac{a_x}{L_{h3}}+\frac{a_x}{L_{h4}}+\frac{a_x}{L_{h5}}=53.8\times10^{-5}$$

所以 $L_h=1858.7$h，汽车的平均行驶速度为

$$v_{av}=0.01\times21.2+0.06\times42.1+0.18\times58.0+0.3\times79.9+0.45\times94.4\approx79.63\ (\text{km/h})$$

其使用寿命为

$$L_s=1858.7\times79.63\approx148\,011\ (\text{km})>10\ 万\ \text{km}$$

故满足使用要求。

同理，伸缩型万向节的使用寿命为

$$L_s=1858.7\times79.63\times(367/360)^3\approx156\,813\ (\text{km})>10\ 万\ \text{km}$$

同样满足使用要求。

（4）传动轴的校核。

由于等速万向节总成采用双万向节，传动轴只受扭矩而不受弯矩。因此，只要对其进行扭转强度校核。

轴径最小处为 D=25mm，抗扭截面模量为

$$W_P = \frac{\pi D^3}{16} = \frac{\pi \times (0.002\,5)^3}{16} \approx 3.1 \times 10^{-9} \quad (\text{m}^3)$$

$$\tau_{max} = \frac{M_h}{W_P} = \frac{1218}{3.1 \times 10^{-9}} \approx 39.2 \quad (\text{MPa})$$

三、零件的三维造型及二维装配图绘制

（一）概论

三维造型实体模型除了可以将用户的设计思想—最真实的模型在计算机上表现出来之外，借助于系统参数，用户还可以随时计算出产品的体积、面积、重心、质量、惯性大小等，以了解产品的真实性，并弥补传统面结构、线结构的不足。用户在产品设计过程中，可以随时掌握以上重点，设计物理参数，并减少许多人为的计算时间。利用三维造型实体模型生成二维工程图，并且自动标注工程尺寸。不论在三维造型还是二维图形上做尺寸修改，其相关的二维和三维造型实体模型均自动修改，同时，装配、制造等相关设计也会自动修改，这样可以确保数据的准确性，避免反复修改耗时。由于单一数据库，提供了双向关联性的功能，这也符合了现代产品中的同步工程思想。

通过前面的球笼式万向节的设计计算，已初步确定了各零件的主要尺寸，接下来将对各零件生成三维造型，在设计过程中许多尺寸需进行适当地调整，所以采用了参数化设计。

（二）RF 型球笼式万向节的设计

（1）模型三维装配图（如图 5-18 所示）。

（2）分解图（如图 5-19 所示）。

图 5-18　模型三维装配图

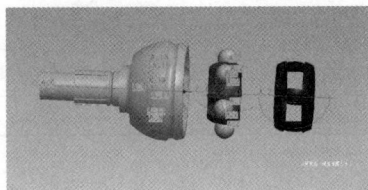

图 5-19　分解图

1. RF 型球笼式万向节钢球的设计

画钢球时首先画一个封闭的半圆弧，再作一个旋转的轴旋转就可以得到一个球（如图 5-20 所示）。

2. RF 型球笼式万向节保持架的设计

（1）保持架的设计的第 1 步是画球（如图 5-21 所示）。

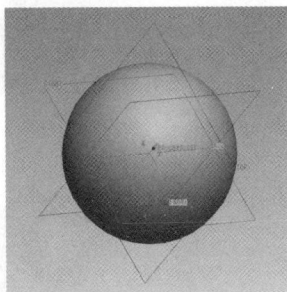

图 5-20　钢球设计

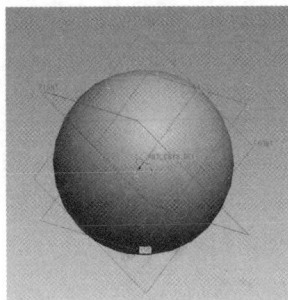

图 5-21　画球

（2）第 2 步是用 1 个截面截球（如图 5-22 所示）。

（3）第 3 步再截另一边并抽壳（如图 5-23 所示）。

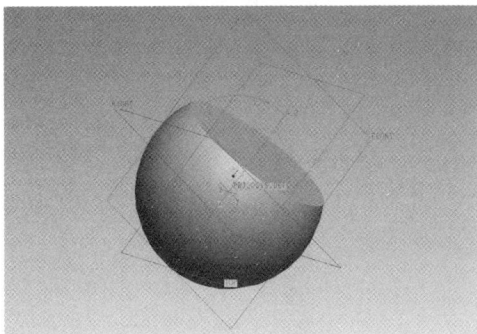

图 5-22　截球

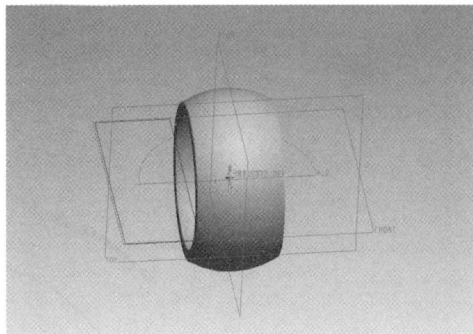

图 5-23　截另一边并抽壳

（4）第 4 步拉出一个窗口并阵列即可得出保持架（如图 5-24 所示）。

3. RF 型球笼式万向节星形套的设计

（1）画球（如图 5-25 所示）。

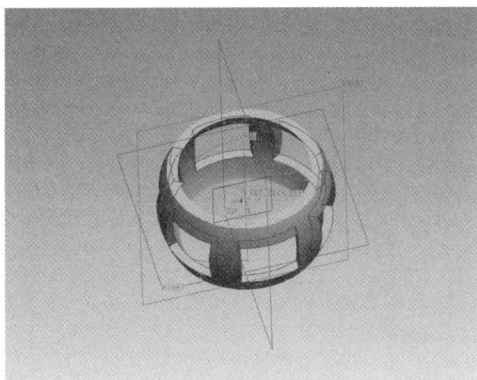

图 5-24　保持架绘制

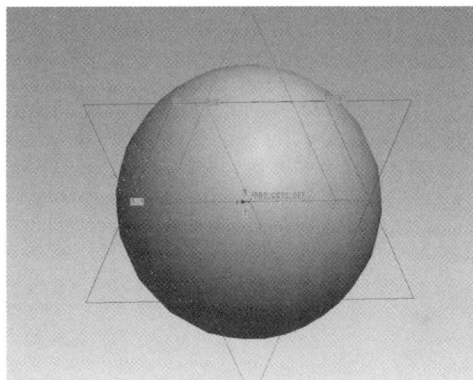

图 5-25　画球

（2）用两个平面截球（如图 5-26 所示）。

（3）作出并拉伸滚道的轨迹线，并拉出内花键的齿顶圆（如图 5-27 所示）。

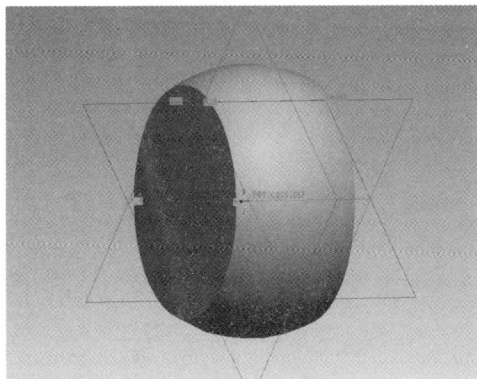

图 5-26　截球

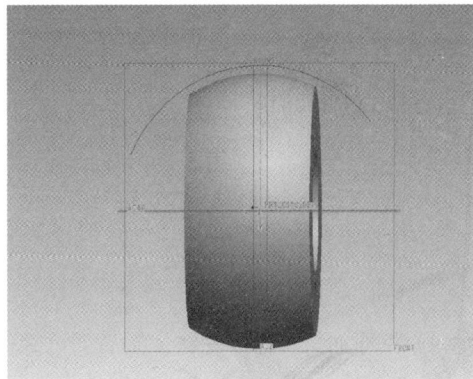

图 5-27　滚道轨迹线及齿顶圆

（4）扫描拉出滚道（如图 5-28 所示）。

（5）拉出花键（如图 5-29 所示）。

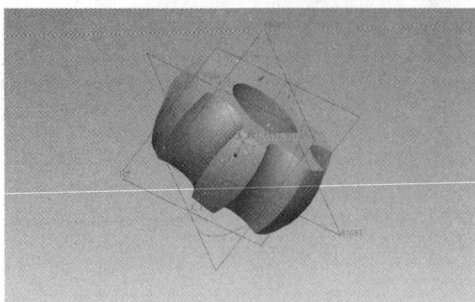

图 5-28　内滚道

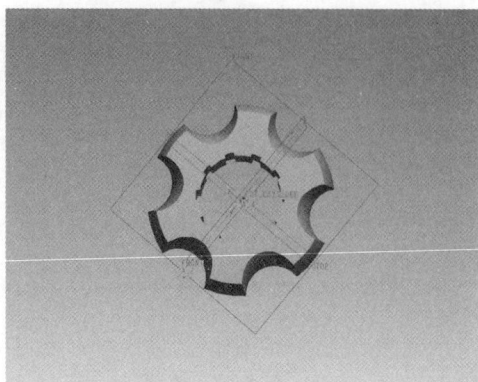

图 5-29　花键

4. RF 型球笼式万向节球形罩的设计

（1）利用旋转画出球形罩的外轮廓（如图 5-30 所示）。

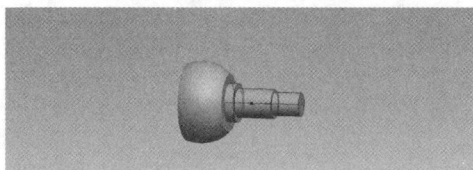

（a）

（b）

图 5-30　球形罩外轮廓

（a）正面；（b）旋转

（2）扫描画出外滚道的轨迹线，然后切出外滚道（如图 5-31 所示）。

（3）拉伸去材料得到防尘罩的安装槽（如图 5-32 所示）。

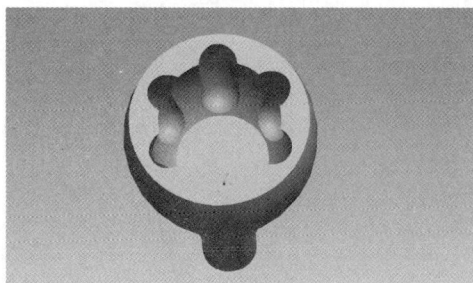

图 5-31　切外滚道

图 5-32　安装槽

（4）拉伸加材料得到花键，然后通过螺旋扫描生成螺纹（如图 5-33 所示）。

（三）DOJ 型球笼式等速万向节的设计

（1）模型三维装配图，如图 5-34 所示。

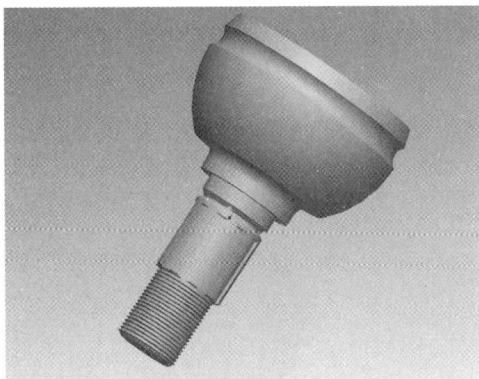

图 5-33　生成螺纹

图 5-34　模型三维装配图

（2）分解图，如图 5-35 所示。

1. DOJ 型球笼式等速万向节筒型罩的设计

（1）利用旋转画出筒形罩的轮廓（如图 5-36 所示）。

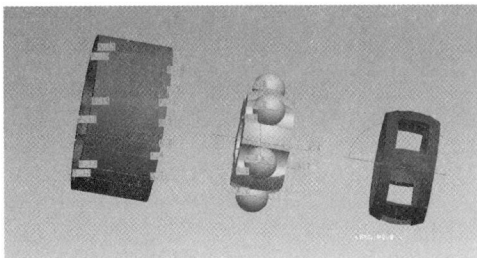

图 5-35　分解图

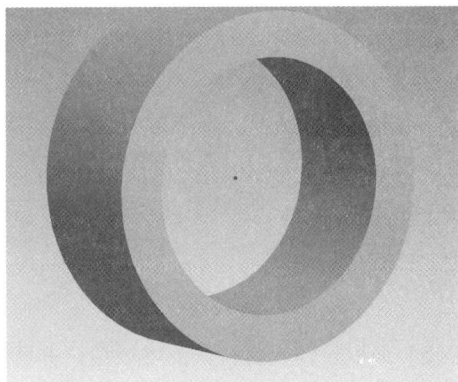

图 5-36　筒形罩的轮廓

（2）通过扫描切口切出外滚道（如图 5-37 所示）。

（3）拉伸出螺栓孔并阵列得到钟形罩（如图 5-38 所示）。

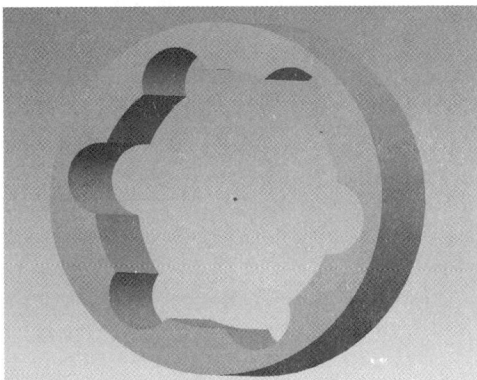

图 5-37　外滚道

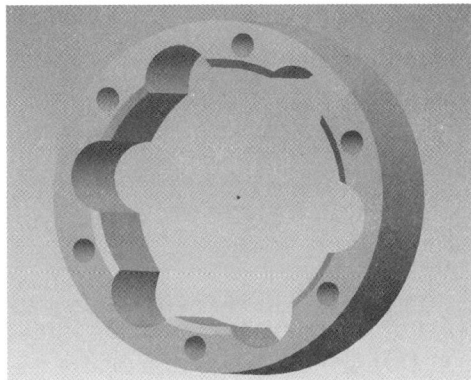

图 5-38　钟形罩

2. DOJ 型球笼式万向节星形套的设计

（1）先画一个球（如图 5-39 所示）。

（2）用两个平面截球（如图 5-40 所示）。

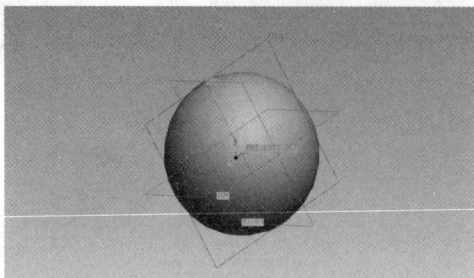

图 5-39　球

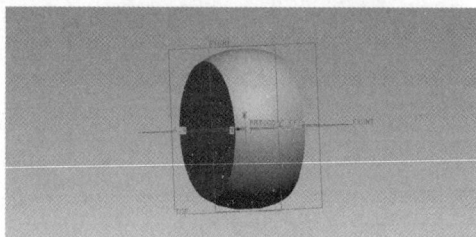

图 5-40　截球

（3）拉伸去材料得到内花键的齿顶圆（如图 5-41 所示）。

（4）拉伸出内花键（如图 5-42 所示）。

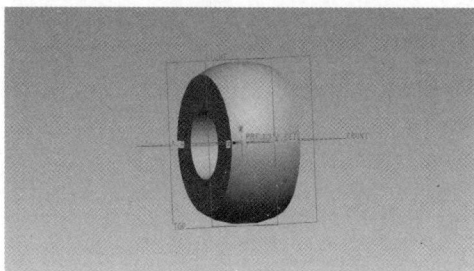

图 5-41　内花键的齿顶圆

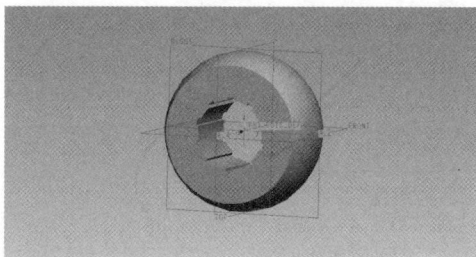

图 5-42　内花键

（5）最后拉伸去材料得倒内滚道，并阵列（如图 5-43 所示）。

3. 三维造型 DOJ 型球笼式万向节保持架的设计

设计过程与 RF 型球笼式万向节相同，不再重复（如图 5-44 所示）。

图 5-43　内滚道

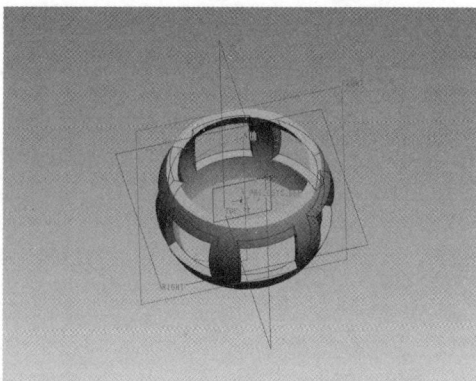

图 5-44　DOJ 型球笼式万向节保持架

4. DOJ 型球笼式万向节挡盖的设计

（1）利用旋转得到挡盖的轮廓（如图 5-45 所示）。

（2）利用拉伸得到螺栓孔（如图 5-46 所示）。

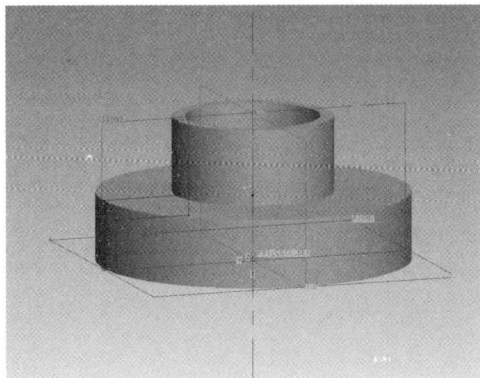

图 5-45　挡盖轮廓

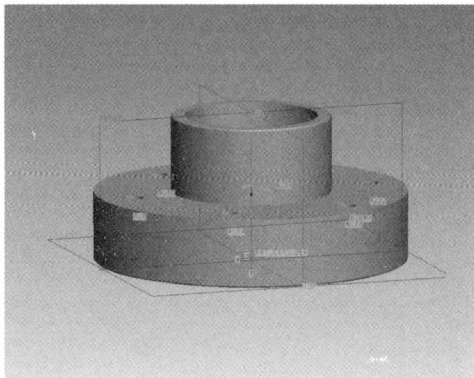

图 5-46　螺栓孔

（3）使用平移，拉伸减材料，最后倒角得到挡盖（如图 5-47 所示）。

（四）球笼式等速万向传动轴其他零件的设计

1. 卡簧的设计

通过旋转和拉伸得到卡簧（如图 5-48 所示）。

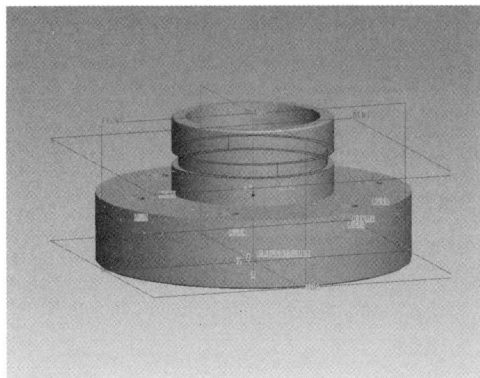

图 5-47　挡盖

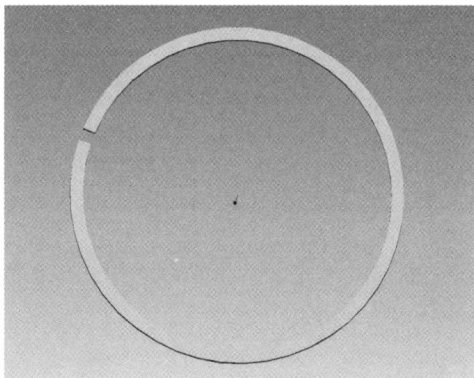

图 5-48　卡簧

2. 防尘罩的设计

利用旋转得到防尘罩的轮廓，之后倒圆角（如图 5-49 所示）。

3. 传动轴的设计

（1）通过旋转得到传动轴的轮廓（如图 5-50 所示）。

图 5-49　防尘罩轮廓

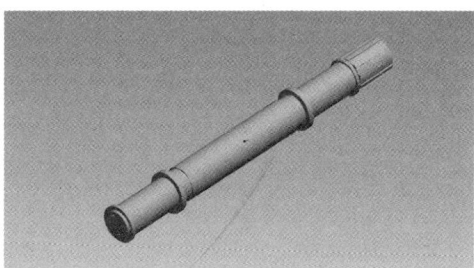

图 5-50　传动轴轮廓

（2）再通过拉伸和加材料做出花键，最后倒圆角得到整个传动轴（如图 5-51 所示）。

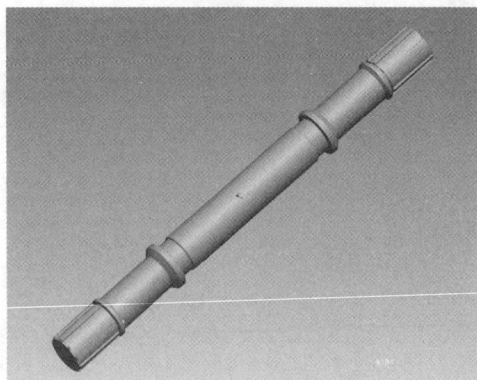

图 5-51　传动轴

（五）总体结构模型三维装配图

总体结构模型三维装配图如图 5-52 所示。

图 5-52　总体结构模型三维装配图

分解图，如图 5-53 所示。

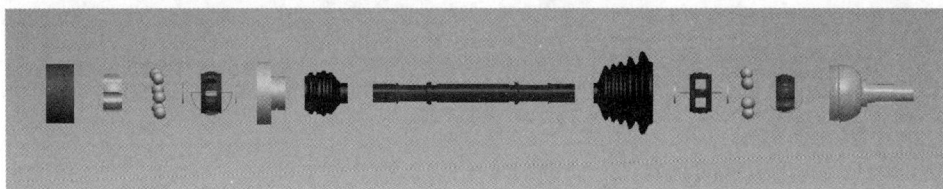

图 5-53　分解图

CHAPTER 5

第四节　传动轴的设计与计算

在传动轴长度一定时，传动轴断面尺寸的选择应保证传动轴有足够的强度和足够高的临界转速。所谓临界转速，就是当传动轴的工作转速接近于其弯曲固有振动频率时，即出现共振现

象，以致振幅急剧增加而引起传动轴折断时的转速。传动轴的临界转速 n_k 为

$$n_k = 1.2 \times 10^8 \frac{\sqrt{D_c^2 + d_c^2}}{L_c^2} \qquad (5-17)$$

式中：L_c 为传动轴长度，mm，即两万向节中心之间的距离；d_c 和 D_c 分别为传动轴轴管的内、外径，mm。

在设计传动轴时，取安全系数 $K = n_k/n_{max} = 1.2 \sim 2.0$，$K = 1.2$ 用于精确动平衡、高精度的伸缩花键及万向节间隙比较小时，n_{max} 为传动轴的最高转速，r/min。

由式（5-17）可知，在 D_c 和 L_c 相同时，实心轴比空心轴的临界转速低，且费材料。当传动轴长度超过 1.5m 时，为了提高 n_k 以及总布置上的考虑，常将传动轴断开成两根或三根，万向节用三个或四个，而在中间传动轴上加设中间支承。

传动轴轴管断面尺寸除满足临界转速的要求外，还应保证有足够的扭转强度。轴管的扭转切应力 τ_c 应满足

$$\tau_c = \frac{16 D_c T_s}{\pi(D_c^4 - d_c^4)} \leqslant [\tau_c] \qquad (5-18)$$

式中：$[\tau_c]$ 为许用扭转切应力，为 300MPa；其余符号同前。

对于传动轴上的花键轴，通常以底径计算其扭转切应力 τ_h，许用切应力一般按安全系数为 2～3 确定，即

$$\tau_h = \frac{16 T_s}{\pi d_h^3} \qquad (5-19)$$

式中：d_h 为花键轴的花键内径。

当传动轴滑动花键采用矩形花键时，齿侧挤压应力为

$$\sigma_y = \frac{T_s K'}{\left(\dfrac{D_h + d_h}{4}\right)\left(\dfrac{D_h - d_h}{2}\right) L_h n_0} \qquad (5-20)$$

式中：K' 为花键转矩分布不均匀系数，$K' = 1.3 \sim 1.4$；D_h 和 d_h 分别为花键的外径和内径；L_h 为花键的有效上作长度；n_0 为花键齿数。

对于齿面硬度大于 35HRC 的滑动花键，齿侧许用挤压应力为 25～50MPa；对于不滑动花键，齿侧许用挤压应力为 50～100MPa。

渐开线花键应力的计算方法与矩形花键相似，只是计算的作用面是按其工作面的投影进行。

传动轴总成不平衡是传动系弯曲振动的一个激励源，当高速回转时，将产生明显的振动和噪声。万向节中十字轴的轴向窜动、传动轴滑动花键中的间隙、传动轴总成两端连接处的定心精度、高速回转时传动轴的弹性变形、传动轴上点焊平衡片时的热影响等因素，都能改变传动轴总成的不平衡度。提高滑动花键的耐磨性和万向节花键的配合精度、缩短传动轴长度增加其弯曲刚度，都能降低传动轴的不平衡度。为了消除点焊平衡片的热影响，应在冷却后再进行不平衡度检验。传动轴的不平衡度，对于轿车，在 3000～6000r/min 时应不大于 25～35g·cm；对于货车，在 1000～4000r/min 时应不大于 50～100g·cm。另外，传动轴总成径向全跳动应不大于 0.5～0.8mm。

第六章 整体式单级主减速驱动桥设计

第一节 题 目 及 要 求

了解汽车主减速器的设计、差速器设计、车轮传动装置、驱动桥壳设计的基本方法和步骤。根据给定的设计参数，进行主减速器设计、对称锥齿轮式差速器设计、半轴设计计算、驱动桥壳计算以及三维造型设计或二维装配图绘制。

设计题目为某商用货车，其基本参数如表 6-1 所示。

表 6-1　　　　　　　　　　　　　　某商用货车的基本参数

额定载荷（kg）	最大总质量（kg）	后轴轴荷分配	最高车速（km/h）	最小离地间隙 H_{min}（mm）
500	1420	60%～68%	100	250～300

其他设计参数在根据第二章汽车总体设计结果中已经得出。

本课程设计采用了非断开式（或称为整体式）驱动桥作为设计对象，进行相关的设计学习。

第二节　整体式单级主减速器设计

一、主减速器结构方案分析

主减速器的结构形式主要是根据齿轮类型、主动齿轮和从动齿轮的安置方法以及减速形式的不同而不同。

主减速器的齿轮主要有螺旋锥齿轮、双曲面齿轮、圆柱齿轮和蜗轮蜗杆等形式。单级主减速器通常采用螺旋锥齿轮或双曲面齿轮传动。

1. 螺旋锥齿轮传动

螺旋锥齿轮传动［如图 6-1（a）所示］的主、从动齿轮轴线垂直相交于一点，齿轮并不同时在全长上啮合，而是逐渐从一端连续平稳地转向另一端。另外，由于轮齿端面重叠的影响，至少有两对以上的轮齿同时啮合，所以它工作平稳、能承受较大的负荷、制造也简单。但是在工作中噪声大，对啮合精度很敏感，齿轮副锥顶稍有不吻合便会使工作条件急剧变坏，并伴随磨损增大和噪声增大。为保证齿轮副的正确啮合，必须将支撑轴承预紧，提高支撑刚度，增大壳体刚度。

2. 双曲面齿轮传动

双曲面齿轮传动［如图 6-1（b）所示］的主、从动齿轮的轴线相互垂直而不相交，主动齿轮轴线相对从动齿轮轴线在空间偏移一距离 E，此距离称为偏移距。由于偏移距 E 的存在，使主动齿轮螺旋角 β_1 大于从动齿轮螺旋角 β_2（如图 6-2 所示）。根据啮合面上法向力相等，可求出主、从动齿轮圆周力之比

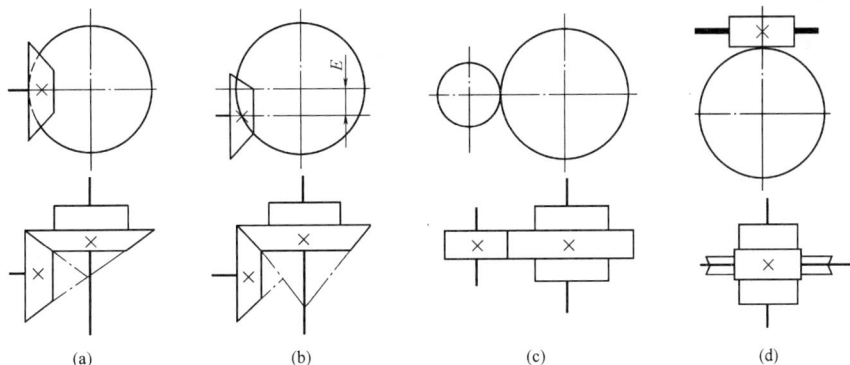

图 6-1 主减速器齿轮传动形式

（a）螺旋锥齿轮传动；（b）双曲面齿轮传动；（c）圆柱齿轮传动；（d）蜗杆传动

$$\frac{F_1}{F_2} = \frac{\cos \beta_1}{\cos \beta_2} \tag{6-1}$$

式中：F_1、F_2 分别为主、从动齿轮的圆周力；β_1、β_2 分别为主、从动齿轮的螺旋角。

螺旋角是指在锥齿轮节锥表面展开图上的齿线任意一点 A 的切线 TT 与该点和节锥顶点连线之间的夹角。在齿面宽中点处的螺旋角称为中点螺旋角（如图 6-2 所示）。通常不特殊说明，则螺旋角指中点螺旋角。

双曲面齿轮传动比为

$$i_{0s} = \frac{F_2 r_2}{F_1 r_1} = \frac{r_2 \cos \beta_2}{r_1 \cos \beta_1} \tag{6-2}$$

式中：i_{0s} 为双曲面齿轮传动比；r_1、r_2 分别为主、从动齿轮平均分度圆半径。

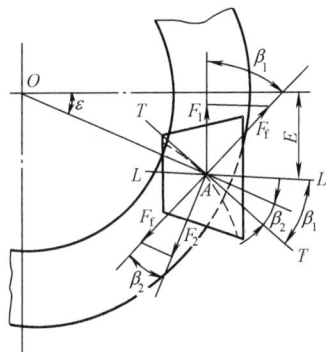

图 6-2 双曲面齿轮副受力情况

螺旋锥齿轮传动比 i_{0L} 为

$$i_{0L} = \frac{r_2}{r_1} \tag{6-3}$$

令 $K = \cos \beta_2 / \cos \beta_1$，则 $i_{0s} = K i_{0L}$。由于 $\beta_1 > \beta_2$，所以系数 $K > 1$，一般为 1.25~1.50。

这说明以下问题。

1）当双曲面齿轮与螺旋锥齿轮尺寸相同时，双曲面齿轮传动有更大的传动比。

2）当传动比一定，从动齿轮尺寸相同时，双曲面主动齿轮比相应的螺旋锥齿轮有较大的直径，较高的轮齿强度以及较大的主动齿轮轴和轴承刚度。

3）当传动比一定，主动齿轮尺寸相同时，双曲面从动齿轮直径比相应的螺旋锥齿轮为小，因而有较大的离地间隙。

另外，双曲面齿轮传动比螺旋锥齿轮传动还具有如下优点。

1）在工作过程中，双曲面齿轮副不仅存在沿齿高方向的侧向滑动，而且还有沿齿长方向的纵向滑动。纵向滑动可改善齿轮的磨合过程，使其具有更高的运转平稳性。

2）由于存在偏移距，双曲面齿轮副使其主动齿轮的 β_1 大于从动齿轮的 β_2，这样同时啮合的

133

齿数较多，重合度较大，不仅提高了传动平稳性，而且使齿轮的弯曲强度提高约30%。

3）双曲面齿轮传动的主动齿轮直径及螺旋角都较大，所以相啮合轮齿的当量曲率半径较相应的螺旋锥齿轮大，其结果使齿面的接触强度提高。

4）双曲面主动齿轮的 β_1 大，则不产生根切的最小齿数可减少，故可选用较少的齿数，有利于增加传动比。

5）双曲面齿轮传动的主动齿轮较大，加工时所需刀盘刀顶距较大，因而切削刃寿命较长。

6）双曲面主动齿轮轴布置在从动齿轮中心上方，便于实现多轴驱动桥的贯通，增大传动轴的离地高度。布置在从动齿轮中心下方可降低万向传动轴的高度，有利于降低轿车车身高度，并可减小车身地板中部凸起通道的高度。

但是，双曲面齿轮传动也存在如下缺点。

1）沿齿长的纵向滑动会使摩擦损失增加，降低传动效率。双曲面齿轮副传动效率约为96%，螺旋锥齿轮副的传动效率约为99%。

2）齿面间大的压力和摩擦功，可能导致油膜破坏和齿面烧结咬死，即抗胶合能力较低。

3）双曲面主动齿轮具有较大的轴向力，使其轴承负荷增大。

4）双曲面齿轮传动必须采用可改善油膜强度和防刮伤添加剂的特种润滑油，螺旋锥齿轮传动用普通润滑油即可。

由于双曲面齿轮具有一系列的优点，因而它比螺旋锥齿轮应用得更广泛。

一般情况下，当要求传动比大于4.5而轮廓尺寸又有限时，采用双曲面齿轮传动更合理。这是因为如果保持主动齿轮轴径不变，则双曲面从动齿轮直径比螺旋锥齿轮小。当传动比小于2时，双曲面主动齿轮相对螺旋锥齿轮主动齿轮显得过大，占据了过多空间，这时可选用螺旋锥齿轮传动，因为后者具有较大的差速器可利用空间。对于中等传动比，两种齿轮传动均可采用。

单级主减速器由一对圆锥齿轮传动，具有结构简单、质量小、成本低、使用简单等优点。但是其主传动比 i_0 不能太大，一般 $i_0 \leqslant 7$，进一步提高 i_0 将增大从动齿轮直径，从而减小离地间隙，且使从动齿轮热处理困难。

单级主减速器广泛应用于轿车和轻、中型货车的驱动桥中。

鉴于双曲面齿轮优点突出，结合本课程设计题目拟采用的是双曲面齿轮单级减速器。

二、主减速器主、从动锥齿轮的支承方案选择

主减速器中必须保证主、从动齿轮具有良好的啮合状况，才能使它们很好的工作。齿轮的正确啮合，除与齿轮的加工质量、装配调整及轴承、主减速器壳体的刚度有关以外，与齿轮的支承刚度也密切相关。

1. 主动锥齿轮的支承

主动锥齿轮的支承形式可分为悬臂式支承和跨置式支承两种。

悬臂式支承结构［图6-3（a）］的特点是在锥齿轮大端一侧采用较长的轴颈，其上安装两个圆锥滚子轴承。为了减小悬臂长度和增加两支承间的距离 b，以改善支承刚度，应使两轴承圆锥滚子的大端朝外，使作用在齿轮上离开锥顶的轴向力由靠近齿轮的轴承承受，而反向轴向力则由另一轴承承受。为了尽可能地增加支承刚度，支承距离 b 应大于2.5倍的悬臂长度 a，且应比齿轮节圆直径的70%还大，另外靠近齿轮的轴径应不小于尺寸 a。为了方便拆装，应使靠近齿轮的轴承的轴径比另一轴承的支承轴径大些。靠近齿轮的支承轴承有时也采用圆柱滚子轴承，这时另一轴承必须采用能承受双向轴向力的双列圆锥滚子轴承。支承刚度除了与轴承形式、轴径大小、支承间距离和悬臂长度有关以外，还与轴承与轴及轴承与座孔之间的配合紧度有关。

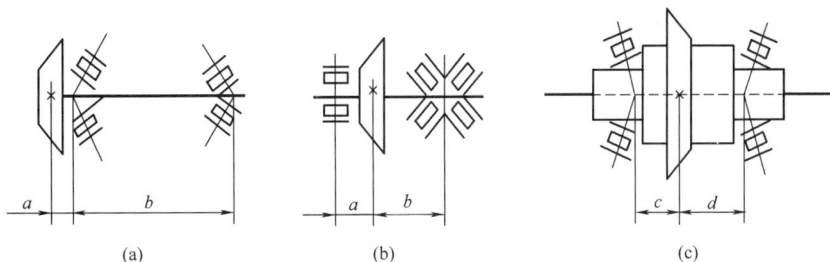

图 6-3　主减速器锥齿轮的支承形式

（a）主动锥齿轮悬臂式；（b）主动锥齿轮跨置式；（c）从动锥齿轮

悬臂式支承结构简单，支承刚度较差，用于传递转矩较小的轿车、轻型货车的单级主减速器及许多双级主减速器中。

跨置式支承结构［图 6-3（b）］的特点是在锥齿轮的两端均有轴承支撑，这样可大大增加支承刚度，又使轴承负荷减小，齿轮啮合条件改善，因此齿轮的承载能力高于悬臂式。此外，由于齿轮大端一侧轴颈上的两个相对安装的圆锥滚子轴承之间的距离很小，可以缩短主动齿轮轴的长度，使布置更紧凑，并可减小传动轴夹角，有利于整车布置。但是跨置式支承必须在主减速器壳体上有支承导向轴所需的轴承座，从而使主减速器壳体结构复杂，加工成本提高。另外，因主、从动齿轮之间的空间很小，致使主动齿轮的导向轴承尺寸受到限制，有时甚至布置不下或使齿轮拆装困难。跨置式支承中的导向轴承都为圆柱滚子轴承，并且内外圈可以分离或根本不带内圈。它仅承受径向力，尺寸根据布置位置而定，是易损坏的一种轴承。

在需要传递较大转矩情况下，最好采用跨置式支承结构。本设计题目是主减速器传递转矩较小的货车，因此采用悬臂式支承结构。

2. 从动锥齿轮的支承

从动锥齿轮的支承［图 6-3（c）］，其支承刚度与轴承的形式、支承间的距离及轴承之间的分布比例有关。从动锥齿轮多用圆锥滚子轴承支撑。为了增加支承刚度，两轴承的圆锥滚子大端应向内，以减小尺寸 $c+d$。为了使从动锥齿轮背面的差速器壳体处有足够的位置来设置加强肋以增强支承稳定性，$c+d$ 应不小于从动锥齿轮大端分度圆直径的 70%。为了使载荷能尽量均匀分配在两轴承上，应尽量使尺寸 c 等于或大于尺寸 d。在具有大的主传动比和径向尺寸较大的从动锥齿轮的主减速器中，为了限制从动锥齿轮因受轴向力作用而产生偏移，在从动锥齿轮的外缘背面加设辅助支承（图 6-4）。辅助支承与从动锥齿轮背面之间的间隙，应保证偏移量达到允许极限时能制止从动锥齿轮继续变形。主、从动齿轮受载变形或移动的许用偏移量如图 6-5 所示。

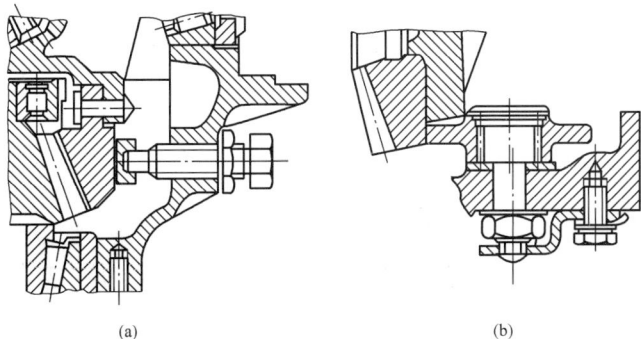

图 6-4　从动锥齿轮辅助支承

（a）支承螺栓；（b）支承轮

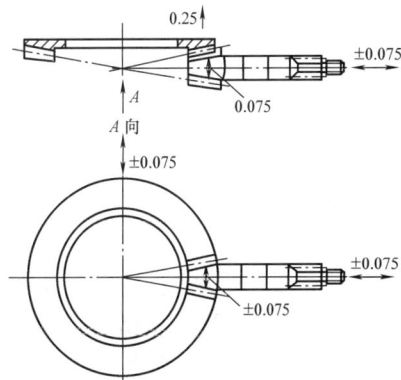

图 6-5　主、从动锥齿轮的许用偏移量

三、主减速器基本参数的选择与设计计算

1. 主减速比的确定

主减速比 i_0 的大小，对主减速器的结构形式、轮廓尺寸及质量的大小影响很大。主减速比 i_0 的选择，应在汽车总体设计时和传动系的总传动比（包括变速器、分动器和加力器、驱动桥等传动装置的传动比）一起，由汽车的整车动力计算来确定。正如传动系的总传动比及其变化范围（$i_{T\max}/i_{T\min}$）为设计传动系组成部分的重要依据一样，驱动桥的主减速比是主减速器的设计依据，是设计主减速器时的原始参数。

传动系的总传动比（其中包括主减速比 i_0），对汽车的动力性、燃料经济性有非常重大的影响，发动机的工作条件也和汽车传动系的传动比（包括主减速比）有关。可采用优化设计方法对发动机参数与传动系的传动比以及主减速比 i_0 进行最优匹配。

对于具有很大功率的轿车、客车、长途公共汽车，尤其是对竞赛汽车来说，在给定发动机最大功率 $P_{e\max}$ 的情况下，所选择的 i_0 值应能保证这些汽车具有尽可能高的最高车速 $v_{a\max}$。这时 i_0 值应按下式来确定

$$i_0 = 0.377\frac{r_r n_p}{v_{a\max} i_{gH}} \tag{6-4}$$

式中：r_r 为车轮的滚动半径，m；n_p 为最大功率时的发动机转速，r/min；$v_{a\max}$ 为汽车的最高车速，km/h；i_{gH} 为变速器最高挡传动比，通常为 1。

对于其他汽车来说，为了用稍微降低最高车速 $v_{a\max}$ 的办法来得到足够的功率储备，主减速比 i_0 一般应选得比按式（6-4）求得的要大 10%～25%，即按下式选择

$$i_0 = (0.377 \sim 0.472)\frac{r_r n_p}{v_{a\max} i_{gH} i_{FH} i_{LB}} \tag{6-5}$$

式中：i_{gH} 为变速器最高挡（直接挡或超速挡）传动比；i_{FH} 为分动器或加力器高挡传动比；i_{LB} 为轮边减速器传动比。

按式（6-4）或式（6-5）求得的 i_0 值应与同类汽车的主减速比相比较，并考虑到主、从动主减速齿轮可能有的齿数，对 i_0 值予以校正并最后确定下来。

本设计题目中，i_{gH}、i_{FH} 和 i_{LB} 都为 1，通过式（6-4）计算（详见第四章中最小传动比的确定）得 i_0=4.47，此值在后面的计算中可根据情况结合式（6-5）适当调整。

2. 主减速齿轮计算载荷的确定

除了主减速比 i_0 及驱动桥离地间隙外，另一项原始参数是主减速器齿轮的计算载荷。由于汽车行驶时传动系载荷具有不稳定性，因此要准确地算出主减速器齿轮的计算载荷是比较困难的。这里采用"格里森"制锥齿轮计算载荷的三种确定方法。

（1）按发动机最大转矩和最低挡传动比确定从动锥齿轮的计算转矩 T_{ce}

$$T_{ce} = \frac{K_d T_{e\max} k i_1 i_f i_0 \eta}{n} \tag{6-6}$$

式中：T_{ce} 为计算转矩，N·m；n 为计算驱动桥数；i_0 为主减速器传动比；i_1 为变速器 1 挡传动比；i_f 为分动器传动比；η 为发动机到万向传动轴之间的传动效率；k 为液力变矩器变矩系数，$k=[(k_0-1)/2]+1$，k_0 为最大变矩系数；$T_{e\max}$ 为发动机最大转矩，N·m；K_d 为猛接离合器所产生的动载系数，液力自动变速器 K_d=1，手动操纵的机械变速器高性能赛车 K_d=3，性能系数 f_i=0 的汽车 K_d=1；f_i>0 的汽车 K_d=2 或由经验选定。其计算公式如下

$$f_{i} = \begin{cases} \dfrac{1}{100}\left(16 - 0.195\dfrac{m_{a}g}{T_{emax}}\right) & 0.195\dfrac{m_{a}g}{T_{emax}} < 16 \\ 0 & 0.195\dfrac{m_{a}g}{T_{emax}} \geqslant 16 \end{cases}$$

n 与 i_f 选取见表 6-2。

表 6-2 n 与 i_f 选取表

车　型	高挡传动比 i_{fg} 与低挡传动比 i_{fd} 的关系	i_f	n
4×4	$i_{fg} > i_{fd}/2$	i_{fg}	1
	$i_{fg} < i_{fd}/2$	i_{fd}	2
6×6	$i_{fg} > i_{fd}/3$	i_{fg}	2
	$i_{fg} < i_{fd}/3$	i_{fd}	3

（2）按驱动轮打滑转矩确定从动锥齿轮的计算转矩

$$T_{cs} = \frac{G_2 m_2' \varphi r_r}{i_m \eta_m} \tag{6-7}$$

式中：T_{cs} 为计算转矩，N·m；G_2 为满载状态下 1 个驱动桥上的静载荷，N；m_2' 为汽车最大加速度时的后轴负载荷转移系数，乘用车为 1.2～1.4，商用车为 1.1～1.2；φ 为轮胎与路面间的附着系数，在安装一般轮胎的汽车在良好的混凝土或沥青路上，取 0.85，对于安装防侧滑轮胎的乘用车可取 1.25，对于越野车一般取 1.0；i_m 为主减速器从动齿轮到车轮之间的传动比；η_m 为主减速器主动齿轮到车轮之间的传动效率。

（3）按汽车日常行驶平均转矩确定从动锥齿轮的计算转矩 T_{cf}

$$T_{cf} = \frac{G_a r_r}{i_m \eta_m n}(f_R + f_H + f_i) \tag{6-8}$$

式中：T_{cf} 为计算转矩，N·m；G_a 为汽车满载总重量；f_R 为道路滚动阻力系数，对于轿车可取 0.010～0.015；对于货车可取 0.015～0.020；对于越野车可取 0.020～0.035；f_H 为平均爬坡能力系数，对于轿车可取 0.08；对于货车和公共汽车可取 0.05～0.09；长途公共汽车可取 0.06～0.10；f_i 为汽车性能系数，取值同前；其他参数同前。

用式（6-6）和式（6-7）求得的计算转矩是从动锥齿轮的最大转矩，不同于用式（6-8）求得的日常行驶平均转矩。当计算锥齿轮最大应力时，计算转矩 T_c 取前面两种的较小值，即 $T_c = \min[T_{ce}, T_{cs}]$；当计算锥齿轮的疲劳寿命时，$T_c$ 取 T_{cf}。

主动锥齿轮的计算转矩为

$$T_z = \frac{T_c}{i_0 \eta_G} \tag{6-9}$$

式中：T_z 为主动锥齿轮的计算转矩，N·m；i_0 为主传动比；η_G 为主、从动锥齿轮间的传动效率。计算时，对于弧齿锥齿轮副，η_G 取 95%；对于双曲面齿轮副，当 $i_0 > 6$ 时，η_G 取 85%，当 $i_0 \leqslant 6$ 时，η_G 取 90%。

结合设计例题，按照式（6-6）计算 T_{ce}。$n=1$，$i_0=4.47$，$i_1=6.0$，没有分动器则 $i_f = 1$，$\eta = 0.9$，

$k=1$，$T_{emax}=129.94$ N·m，性能系数 $f_j=0$ 则 $K_d=1$，代入式（6-6）得 $T_{ce}\approx3136.5$N·m。

按式（6-7）计算驱动轮打滑转矩确定的从动锥齿轮计算转矩 T_{cs}。

驱动桥满载静载荷 $G_2=m_a\times g\times60\%=9525.6$（N），汽车最大加速度时的后轴负荷转移系数 $m_2'=1.1$，轮胎与路面间的附着系数 $\varphi=0.85$，主减速器从动齿轮到车轮之间的传动比 $i_m=1$，主减速器主动齿轮到车轮之间的传动效率 $\eta_m=0.95$，车轮滚动半径 r_r 前面章节已经确定 $r_r=0.51$m，则 $T_{cs}\approx4781.3$N·m。

当计算锥齿轮最大应力时，计算转矩 $T_c=\min[T_{ce}, T_{cs}]=3136.5$N·m

按式（6-8）计算按汽车日常行驶平均转矩确定从动锥齿轮的计算转矩 T_{cf}。

转矩计算参数取值如表6-3所示。

表6-3   转矩计算参数值

f_R	f_H	f_i	m_a（kg）	η_m
0.015	0.05	0	1420	0.95

则代入式（6-8）可得 $T_{cf}=952$N·m。

当计算锥齿轮的疲劳寿命时，计算转矩 $T_c=952$N·m。

主动锥齿轮的计算转矩 $i_0=4.47$，$\eta_G=0.9$。

当计算锥齿轮最大应力时，计算转矩 $T_z=779.6$N·m。

当计算锥齿轮的疲劳寿命时，计算转矩 $T_z=270$N·m。

3. 主减速器锥齿轮基本参数的选择

主减速器锥齿轮的主要参数有主、从动锥齿轮齿数 z_1 和 z_2，从动锥齿轮大端分度圆直径 D_2 和端面模数 m_s，主、从动锥齿轮齿面宽 b_1 和 b_2，双曲面齿轮副的偏移距 E，中点螺旋角 β，法向压力角 α 等。

（1）主、从动锥齿轮齿数 z_1 和 z_2。

选择主、从动锥齿轮齿数时应考虑如下因素。

1）为了磨合均匀，z_1、z_2 之间应避免有公约数。

2）为了得到理想的齿面重合度和高的轮齿弯曲强度，主、从动齿轮齿数和应不少于40。

3）为了啮合平稳、噪声小和具有高的疲劳强度，对于轿车，z_1 一般不少于9；对于货车，z_1 一般不少于6。

4）当主传动比较大时，尽量使 z_1 取得少些，以便得到满意的离地间隙。当 $i_0\geqslant6$ 时，z_1 可取最小值并等于5，但为了啮合平稳并提高疲劳强度常大于5；当 i_0 较小时，为3.5～5，z_1 可取7～12。

5）对于不同的主传动比，z_1 和 z_2 应有适宜的搭配。

汽车主减速器主、从动锥齿轮齿数选择见表6-4、表6-5。

表6-4   载货汽车驱动桥主减速器主动锥齿轮齿数

传动比（z_2/z_1）	推荐主动锥齿轮最小齿数 z_1	主动锥齿轮允许范围 z_1
1.50～1.75	14	12～16
1.75～2.00	13	11～15
2.00～2.50	11	10～13

传动比（z_2/z_1）	推荐主动锥齿轮最小齿数 z_1	主动锥齿轮允许范围 z_1
2.50～3.00	10	9～11
3.00～3.50	10	9～11
3.50～4.00	10	9～11
4.00～4.50	9	8～10
4.5～5.0	8	7～9
5.00～6.00	7	6～8
6.00～7.50	6	5～7
7.50～10.00	5	5～6

表 6-5　　　　汽车主减速器主、从动锥齿轮齿数的选择

（一）

z_2/z_1 \ z_1	13	14	15	16	17	18	19	20	21
2.000 / 2.039				34	36	38	40	42	
2.040 / 2.079				35	37	39	41	43	
2.080 / 2.119				36	38	40	42	44	
2.120 / 2.159			34			41	43		
2.160 / 2.199			35	37	39				
2.200 / 2.239				38	40	42	44		
2.240 / 2.279			36		41	43	45		
2.280 / 2.319			37	39		44			
2.320 / 2.359		35		40	42				
2.360 / 2.399			38		43	45			
2.400 / 2.439		36	39	41		46			
2.440 / 2.479			37		42	44	47		
2.480 / 2.519				40		45			
2.520 / 2.559			38		43	46			
2.550 / 2.599		36		41	44				
2.600 / 2.639			39	42		47			
2.640 / 2.679		37	40		45				
2.680 / 2.719		38		43	46				
2.720 / 2.759				41	44				
2.760 / 2.799		39			47				
2.800 / 2.839			42	45	48				
2.840 / 2.879	37	40	43	46					

（二）

z_2/z_1 \ z_1	8	9	10	11	12	13	14	15	16
2.880 / 2.919									
2.920 / 2.959						38	41	44	47
2.960 / 2.999									
3.000 / 3.039						39	42	45	48
3.040 / 3.079						40	43	46	49
3.080 / 3.119				34	37				
3.120 / 3.159						41	44	47	
3.160 / 3.199				35	38				
3.200 / 3.239						42	45	48	
3.240 / 3.279				36	39			49	
3.280 / 3.319			33			43	46		
3.320 / 3.359					40				

（二）

z_2/z_1 \ z_1	8	9	10	11	12	13	14	15	16
3.360 / 3.399				37		44			
3.400 / 3.439			34		41				
3.440 / 3.479		31		38		45			
3.480 / 3.519			35		42				
3.520 / 3.559		32		39		46			
3.560 / 3.599					43				
3.600 / 3.639			35	40		47			
3.640 / 3.679		33			44				
3.680 / 3.719			37						
3.720 / 3.759				41	45				
3.760 / 3.799		34							
3.800 / 3.839			38	42	46				
3.840 / 3.879									
3.880 / 3.919		35	39	43	47				
3.920 / 3.959									

z_2/z_1 \ z_1	8	9	10	11	12	13	14	15	16
3.960 / 3.999									
4.000 / 4.039	32	36	40	44	48				
4.040 / 4.079									
4.080 / 4.119		37	41	45					
4.120 / 4.159	33								
4.160 / 4.199				46					
4.200 / 4.239		38	42						
4.240 / 4.279	34			47					
4.280 / 4.319			43						
4.320 / 4.359		39							
4.360 / 4.399	35			48					
4.400 / 4.439			44						
4.440 / 4.479		40		49					
4.480 / 4.500	36		45						

根据本设计例题传动比，查表 6-4 可以选择主动锥齿轮齿数为 $z_1=9$，查表 6-5 可以选择从动锥齿轮齿数为 $z_2=40$，重新计算传动比 $i_0=4.44$，可以反算出计算转矩 $T_c=\min[T_{ce}, T_{cs}]=3115\text{N}\cdot\text{m}$，$T_{cf}=946\text{N}\cdot\text{m}$，$T_z=774\text{N}\cdot\text{m}$。

（2）从动锥齿轮大端分度圆直径 D_2 和端面模数 m_s 的选择。

对于单级主减速器，D_2 对驱动桥壳尺寸有影响，D_2 大将影响桥壳离地间隙，D_2 小则影响跨置式主动齿轮的前支承座的安装空间和差速器的安装。

D_2 可根据经验公式初选

$$D_2 = K_{D_2}\sqrt[3]{T_c} \tag{6-10}$$

式中：D_2 为从动锥齿轮大端分度圆直径，mm；K_{D_2} 为直径系数，一般为 13.0～16.0；T_c 为从动锥齿轮的计算转矩，N·m，$T_c=\min[T_{ce}, T_{cs}]$。

m_s 由下式计算

$$m_s = D_2 / z_2 \tag{6-11}$$

式中：m_s 为齿轮端面模数。

同时，m_s 还应满足

$$m_s = K_m \sqrt[3]{T_c} \qquad (6\text{-}12)$$

式中：K_m 为模数系数，取 0.3～0.4。最后取式（6-11）、式（6-12）计算结果的较小值。

对于载货汽车，也可以根据主动锥齿轮的计算转矩计算主动锥齿轮大端模数

$$m_z = (0.598 \sim 0.692)\sqrt[3]{T_z} \qquad (6\text{-}13)$$

根据本设计例题各参数，直径系数 K_{D_2} 可取为 14.0，从动锥齿轮的计算转矩 $T_c = \min[T_{ce}, T_{cs}] = 3115\text{N} \cdot \text{m}$，则 $D_2 = 204\text{mm}$，根据式（6-11）计算从动锥齿轮端面模数为 $m_s = 5.1\text{mm}$，通过式（6-12）进行验算，取 $K_m = 0.34$，得 $m_s = 4.97\text{mm}$，则取较小值并取整为 $m_s \approx 5\text{mm}$。同样主动锥齿轮的大端模数计算如下，$m_z = 5.5\text{mm}$，则主动锥齿轮大端分度圆直径 $D_1 = m_z \times z_1 = 49.5\text{mm}$。

由于按照发动机最大转矩和驱动轮打滑转矩来计算从动锥齿轮计算载荷都属于极端情况，不能代表齿轮在实际工作中的正常持续载荷。研究表明，从齿轮的疲劳寿命来看，主减速器齿轮主要与最大持续载荷有关，而与汽车预期寿命期间内出现的峰值载荷关系不大，由此应该按照齿轮的疲劳寿命来计算齿轮最小尺寸参数。则 $T_c = 946\text{N} \cdot \text{m}$，$D_2 = 144\text{mm}$。考虑到极端情况的发生，为提高齿轮强度，适当增大齿轮尺寸取值为 $D_2 = 180\text{mm}$，根据式（6-11）从动锥齿轮端面模数 $m_s = 4.5\text{mm}$，通过式（6-12）进行验算，取 $K_m = 0.35$，得 $m_s = 3.6\text{mm}$，则取较小值并取整为 $m_s = 4.0\text{mm}$。同样主动锥齿轮的大端模数计算如下 $m_z = 4.5\text{mm}$，主动锥齿轮大端分度圆直径 $D_1 = m_z \times z_1 = 40.5\text{mm}$。（注：此部分计算仅供参考。）

（3）主、从动锥齿轮齿面宽 b_1 和 b_2。

锥齿轮齿面过宽并不能增大齿轮的强度和寿命，反而会导致因锥齿轮轮齿小端齿沟变窄引起的切削刀头顶面宽过窄及刀尖圆角过小。这样，不但减小了齿根圆角半径，加大了应力集中，还降低了刀具的使用寿命。此外，在安装时有位置偏差或由于制造、热处理变形等原因，使齿轮工作时载荷集中于轮齿小端，会引起轮齿小端过早损坏和疲劳损伤。另外，齿面过宽也会引起装配空间的减小。但是齿面过窄，轮齿表面的耐磨性会降低。

从动锥齿轮齿面宽推荐 b_2 不大于其节锥距 A_2 的 0.3 倍，即 $b_2 \leqslant 0.3A_2$，但 b_2 同时应满足 $b_2 \leqslant 10m_s$，一般也推荐 $b_2 = 0.155D_2$。对于螺旋锥齿轮，b_1 一般比 b_2 大 10%。

则根据本设计例题各参数，按照齿轮的计算载荷来计算并圆整得：$b_2 = 32\text{ mm}$，$b_1 = 35\text{ mm}$。

（4）双曲面齿轮副偏移距 E 及偏移方向选择。

E 值过大将使齿面纵向滑动过大，从而引起齿面早期磨损和擦伤；E 值过小，则不能发挥双曲面齿轮传动的特点。一般对于轿车和轻型货车 $E \leqslant 0.2D_2$ 且 $E \leqslant 40\%A_2$；对于中、重型货车、越野车和大客车，$E \leqslant (0.10 \sim 0.12)D_2$。另外，主传动比越大，则 E 也应越大，但应保证齿轮不发生根切。

双曲面齿轮的偏移可分为上偏移和下偏移两种。由从动齿轮的锥顶向其齿面看去，并使主动齿轮处于右侧，如果主动齿轮在从动齿轮中心线的上方，则为上偏移；在从动齿轮中心线下方，则为下偏移。如果主动齿轮处于左侧，则情况相反。如图 6-6（a）、（b）所示为主动齿轮轴线下偏移情况，如图 6-6（c）、（d）所示为主动齿轮轴线上偏移情况。

根据本设计例题各参数，$E \leqslant 0.2D_2 = 32\text{mm}$ 且 $E \leqslant 40\%A_2 = 29.5\text{mm}$，考虑到载货汽车，尽量取小值，可取为 $E = 0.15D_2 = 30\text{mm}$，由于采用双曲面齿轮，因此选择主动锥齿轮下偏移，左旋，从动锥齿轮右旋。

主动齿轮左旋   从动齿轮右旋

(a)   (b)

主动齿轮右旋   从动齿轮左旋

(c)   (d)

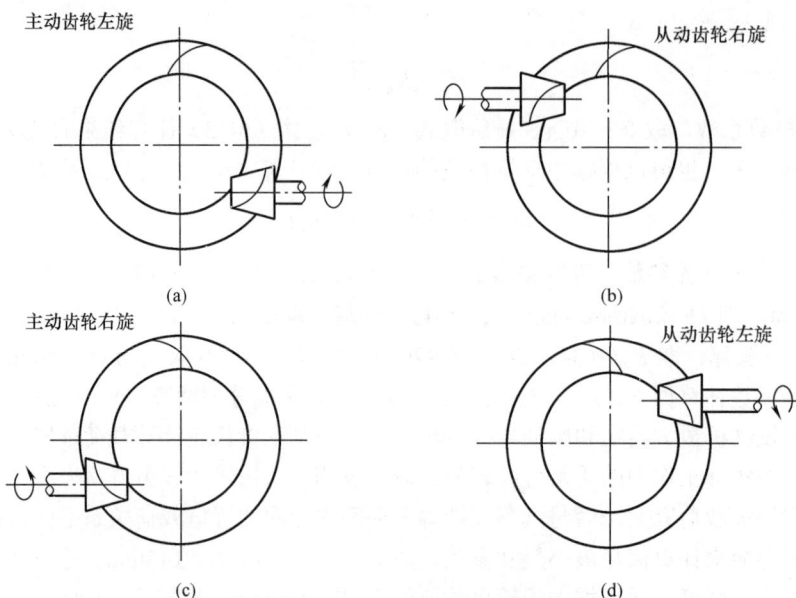

图 6-6　双曲面齿轮的偏移和螺旋方向

（a），（b）主动齿轮轴线下偏移；（c），（d）主动齿轮轴线上偏移

（5）中点螺旋角 β。

螺旋角沿齿宽是变化的，轮齿大端的螺旋角最大，轮齿小端的螺旋角最小。

弧齿锥齿轮副的中点螺旋角是相等的，双曲面齿轮副的中点螺旋角是不相等的，而且 $\beta_1 > \beta_2$，β_1 与 β_2 之差称为偏移角 ε。

选择 β 时，应考虑它对齿面重合度 ε_F、轮齿强度和轴向力大小的影响。β 越大，则 ε_F 也越大，同时啮合的齿数越多，传动就越平稳，噪声越低，而且轮齿的强度越高。一般 ε_F 应不小于 1.25，在 1.5～2.0 时效果最好。但是 β 过大，齿轮上所受的轴向力也会过大。

汽车主减速器弧齿锥齿轮螺旋角或双曲面齿轮副的平均螺旋角一般为 35°～40°。轿车选择较大的 β 值以保证较大的 ε_F，使运转平稳，噪声低；货车选用较小 β 值以防止轴向力过大，通常取 35°。

也可以根据"格里森"制推荐预选从动锥齿轮螺旋角名义值公式进行预选

$$\beta_1' = 25° + 5° \sqrt{\frac{z_2}{z_1}} + 90° \frac{E}{D_2} \qquad (6\text{-}14)$$

螺旋角名义值还需要按照选用的标准刀号进行反算螺旋角，最终得到的螺旋角名义值 β_1' 与 β_1 之差不超过 5°。

$$\beta_2' = \beta_1 - \varepsilon \qquad (6\text{-}15)$$

式中：ε 为双曲面齿轮传动偏移角的近似值。

$$\varepsilon \approx \frac{E}{\dfrac{D_2}{2} + \dfrac{b_2}{2}} \qquad (6\text{-}16)$$

平均螺旋角

$$\beta = \frac{\beta_1 + \beta_2}{2} \tag{6-17}$$

双曲面齿轮中点螺旋角具体选取结果，必须经过繁琐计算才能确定，详见后面计算程序及计算结果。

（6）螺旋方向。

从锥齿轮锥顶看，齿形从中心线上半部向左倾斜为左旋，向右倾斜为右旋。主、从动锥齿轮的螺旋方向是相反的。螺旋方向与锥齿轮的旋转方向影响其所受轴向力的方向。当变速器挂前进挡时，应使主动齿轮的轴向力离开锥顶方向，这样可使主、从动齿轮有分离趋势，导致轮齿卡死而损坏。

左旋齿轮使用左手法则判断轴向力方向，拇指指向轴向力方向，其余四指握起方向就是齿轮旋转方向；右旋齿轮使用右手法则判断轴向力方向，拇指指向轴向力方向，其余四指握起方向就是齿轮旋转方向。

因此，当发动机旋转方向为逆时针时，采用主动锥齿轮左旋，使轴向力离开锥顶方向。

（7）法向压力角 α。

法向压力角大一些可以增加轮齿强度，减少齿轮不发生根切的最少齿数。但对于小尺寸的齿轮，压力角大易使齿顶变尖及刀尖宽度过小，并使齿轮端面重合度下降。因此，对于轻负荷工作的齿轮一般采用小压力角，可使齿轮运转平稳，噪声低。对于弧齿锥齿轮，轿车的 α 一般选用 $14°30'$ 或 $16°$；货车的 α 为 $20°$；重型货车的 α 为 $22°30'$。对于双曲面齿轮，大齿轮轮齿两侧压力角是相同的，但小齿轮轮齿两侧的压力角是不等的，选取平均压力角时，轿车为 $19°$ 或 $20°$，货车为 $20°$ 或 $22°30'$。

结合本例，微型货车工作负荷介于轿车和轻型货车之间，因此选用压力角略大于轿车常用值，从动锥齿轮取 $\alpha=19°$，主动锥齿轮选取平均压力角 $\alpha=20°$。

4. 主减速器锥齿轮几何尺寸的计算

主减速器锥齿轮几何尺寸的计算见表 6-6、表 6-7。

表 6-6　　　　　　　　"格里森"制圆弧齿双曲面齿轮的几何尺寸计算步骤

序号	计算公式	注　释					
(1)	z_1	小齿轮齿数 z_1 不应小于 6，用半展成法加工时，按下表选定					
		z_2/z_1	2	2.5	3	4	5	6~8
		z_{1min}	17	15	13	8	7	6
(2)	z_2	大齿轮齿数 z_2，由 z_1 和主减速器速比确定，但 z_1 与 z_2 应避免有公约数；对轿车，齿数和应在 50~60 范围内，对载货汽车及一般工业传动，$z_1 + z_2 \geqslant 40$					
(3)	$\dfrac{(1)}{(2)}$						
(4)	F	大齿轮面宽 $F = 0.155D_2$（汽车工业）					
(5)	E	小齿轮轴线偏移距 E，对轿车、轻型载货汽车及一般工业传动，$E \leqslant 0.2 D_2$ 或 $E \leqslant 0.4A_0$，对载货汽车、越野汽车、公共汽车，$E=(0.1\sim 0.12)D_2$					

序号	计算公式	注　　释
（6）	D_2	大齿轮分度圆半径 D_2，按式（6-10）预选
（7）	r_d	刀盘名义半径 r_d，按下式 $2r_d = \sqrt{2K^2A^2 - A_m^2(2 - \sin^2 \beta_2)} + A_m \sin \beta_2$ 式中：K 为系数，选取 $0.9 \sim 1.1$；A_0, A_m 为从动齿轮的节锥距和中点锥距；β_2 为从动齿轮的螺旋角
（8）	β_1'	小齿轮螺旋角的预选值 β_1'，按式（6-11）预选
（9）	$\tan \beta_1'$	
（10）	$\cot \gamma_{1i} = 1.2(3)$	
（11）	$\sin \gamma_{2i}$	
（12）	$R_{m2} = \dfrac{(6) - (4)(11)}{2.0}$	大齿轮在齿面宽中点处的分度圆半径
（13）	$\sin \varepsilon_i' = \dfrac{(5)(11)}{(12)}$	
（14）	$\cos \varepsilon_i'$	
（15）	$(14) + (9)(13)$	
（16）	$(3)(12)$	
（17）	$R_{m1} = (15)(16)$	小齿轮在齿面宽中点处的分度圆半径
（18）	$T_R = 0.02(1) + 1.06$ 或 $T_R = 1.30$	轮齿收缩系数 T_R：当 $z_1 < 12$ 时，$T_R = 0.02(1) + 1.06$；当 $z_1 \geqslant 12$ 时，$T_R = 1.30$
（19）	$\dfrac{(12)}{(10)} + (17)$	
（20）	$\tan \eta = \dfrac{(5)}{(19)}$	
（21）	$\sqrt{1.0 + (20)^2}$	
（22）	$\sin \eta = \dfrac{(20)}{(21)}$	
（23）	η	
（24）	$\sin \varepsilon_2 = \dfrac{(5) - (17)(22)}{12}$	
（25）	$\tan \varepsilon_2$	
（26）	$\tan \gamma_{1x} = \dfrac{(22)}{(25)}$	
（27）	$\cos \gamma_{1x}$	

续表

序号	计算公式	注　释
(28)	$\sin \varepsilon_2' = \dfrac{(24)}{(27)}$	
(29)	$\cos \varepsilon_2'$	
(30)	$\tan \gamma_{1x} = \dfrac{(15) - (29)}{(28)}$	
(31)	$(28)[(9) - (30)]$	
(32)	$(3)(31)$	
(33)	$\sin \varepsilon_1 = (24) - (22)(32)$	
(34)	$\tan \varepsilon_1$	
(35)	$\tan \gamma_1 = \dfrac{(22)}{(34)}$	
(36)	γ_1	小齿轮节锥角
(37)	$\cos \gamma_1$	
(38)	$\sin \varepsilon_1' = \dfrac{(33)}{(37)}$	
(39)	ε_1'	
(40)	$\cos \varepsilon_1'$	
(41)	$\tan \beta_1 = \dfrac{(15) + (31) - (40)}{(38)}$	
(42)	β_1	小齿轮中点螺旋角 β_1，应与（8）项的预选值非常接近
(43)	$\cos \beta_1$	
(44)	$\beta_2 = (42) - (39)$	大齿轮中点螺旋角 β_2
(45)	$\cos \beta_2$	
(46)	$\tan \beta_2$	
(47)	$\cot \gamma_2 = \dfrac{(22)}{(33)}$	
(48)	γ_2	大齿轮节锥角 γ_2
(49)	$\sin \gamma_2$	
(50)	$\cos \gamma_2$	
(51)	$\dfrac{(17) + (12)(32)}{(37)}$	

续表

序号	计算公式	注　释
（52）	$\dfrac{(12)}{(50)}$	
（53）	$(51)+(52)$	
（54）	$\dfrac{(12)(45)}{(49)}$	
（55）	$\dfrac{(43)(51)}{(35)}$	
（56）	$-\tan\alpha_{01}=\dfrac{(41)(55)-(46)(54)}{(53)}$	
（57）	$-\alpha_{01}$	
（58）	$\cos\alpha_{01}$	
（59）	$\dfrac{(41)(56)}{(51)}$	
（60）	$\dfrac{(46)(56)}{(52)}$	
（61）	$(54)(55)$	
（62）	$\dfrac{(54)-(55)}{(61)}$	
（63）	$(56)+(60)+(62)$	
（64）	$\dfrac{(41)-(46)}{(63)}$	
（65）	$r_{d}'=\dfrac{(64)}{(58)}$	
（66）	$\dfrac{(7)}{(65)}$	
（67）	$(3)(50)$；$1.0-(3)$	左右分别各自对应一组数据
（68）	$\dfrac{(5)}{(34)}-(17)(35)$；$(35)(37)$	同上
（69）	$(37)+(40)(67)_1$	
（70）	$z_{m}=(49)(51)$	
（71）	$z=(12)(47)-(70)$	大齿轮节锥顶点到小齿轮轴线的距离，正（＋）号表示该节锥顶点越过了小齿轮轴线，负（－）号表示该节锥顶点在大齿轮轮体与小齿轮轴线之间
（72）	$A_{m}=\dfrac{(12)}{(49)}$	在节平面内大齿轮齿面宽中点锥距

续表

序号	计算公式	注　释
（73）	$A_0 = \dfrac{0.5(6)}{(49)}$	大齿轮节锥距
（74）	（73）－（72）	
（75）	$h_{\text{gm}} = \dfrac{k(12)(45)}{(2)}$	h_{gm} 为大齿轮在齿面宽中点处的齿工作高；系数 k 按 z_1 查下表求得，但只有采用下列设计参数时，才使用"轿车"这栏的数值，否则都使用"通用"栏的数值。 1）压力角之和 [（78）项]，为 38°； 2）小齿轮轮齿凹面的压力角为 12° 或更大； 3）大齿轮齿顶高系数取自（85）项 （见下表）

下表（含于序号75注释）:

z_1		6	7	8	9
齿深系数 k	轿车	—	—	3.8	3.9
	通用	3.5	3.6	3.7	3.8

z_1		10	11	≥ 12
齿深系数 k	轿车	4.0	4.1	4.2
	通用	3.9	4.0	4.0

序号	计算公式	注　释
（76）	$\dfrac{(12)(46)}{(7)}$	
（77）	$\dfrac{(49)}{(45)} - (76)$	
（78）	α_i	轮齿两侧压力角的总和，载货汽车、拖拉机采用 45°，轿车采用 38°。此值为平均压力角的 2 倍
（79）	$\sin \alpha_i$	
（80）	$\dfrac{\alpha_i}{2} = \dfrac{(78)}{2.0}$	
（81）	$\cos \dfrac{\alpha_i}{2}$	
（82）	$\tan \dfrac{\alpha_i}{2}$	
（83）	$\dfrac{(77)}{(82)}$	
（84）	$\sum \delta_D = \dfrac{10\,560(83)}{(2)}$	双重收缩齿齿根角的总和，（分）
（85）	K_a	大齿轮齿顶高系数见表 6-7
（86）	$K_b = 1.150 - (83)$	
（87）	$h'_{\text{m2}} = (75)(85)$	大齿轮齿面宽中点处的齿顶高
（88）	$h''_{\text{m2}} = (75)(85) + 0.05$	大齿轮齿面宽中点处的齿根高

序号	计算公式	注　释
(89)	双重收缩齿 $\theta_2 = (84)(85)$ 标准收缩齿 $\theta_2 = \dfrac{3438(87)}{(72)}$ 倾根锥母线收缩齿 大齿轮齿顶角 $\theta_{2T} = (85)\sum\delta_{TR}$ 见右边注释	大齿轮齿顶角 θ_2，（分）；为了得到良好的收缩齿，应按下述计算来决定采用双重收缩齿，还是倾根锥母线收缩齿。 1）用标准收缩齿的公式来计算 θ_2 [见（89）项] 及 δ_2 [见（91）项]； 2）计算 $\sum\delta_s = \theta_2 + \delta_2$ 标准收缩齿齿顶角与齿根角之和； 3）计算 $\Delta T_R \dfrac{(84)}{\sum\delta_s} - (18)$ 4）当 ΔT_R 为负数 $\sum\delta_{TR} = (18)\sum\delta_s$ 为倾根锥母线收缩齿，这时应采用倾根锥母线收缩齿，即（89）、（91）项应按倾根锥母线收缩齿公式计算
(90)	$\sin\theta_2$	
(91)	双重收缩齿 $\delta_2 = (84) - (89)$ 标准收缩齿 $\delta_2 = \dfrac{3438(88)}{(72)}$ 倾根锥母线收缩齿 $\delta_{2T} = \sum\delta_{TR} - \theta_{2T}$	大齿轮的齿根角，（分）。采用哪种收缩齿形的计算公式见上项注释
(92)	$\sin\delta_2$	
(93)	$h_2' = (87) + (74)(90)$	大齿轮的齿顶高
(94)	$h_2'' = (88) + (74)(92)$	大齿轮的齿根高
(95)	$C = 0.150(75) + 0.05$	径向间隙 C 为大齿轮在齿面宽中点处的工作齿高的15%再加上 0.05
(96)	$h = (93) + (94)$	大齿轮齿全高
(97)	$h = (96) - (95)$	大齿轮齿工作高
(98)	$\gamma_{02} = (48) + (89)$	大齿轮的面锥角
(99)	$\sin\gamma_{02}$	
(100)	$\cos\gamma_{02}$	
(101)	$\gamma_{R2} = (84) - (91)$	大齿轮的根锥角
(102)	$\sin\gamma_{R2}$	
(103)	$\cos\gamma_{R2}$	
(104)	$\cos\gamma_{R2}$	
(105)	$d_{02} = \dfrac{(93)(50)}{0.5} + (6)$	大齿轮外圆直径
(106)	$(70) + (74)(50)$	
(107)	$x_{02} = (106) - (93)(49)$	大齿轮外缘至小齿轮轴线的距离

续表

序号	计算公式	注　释
（108）	$\dfrac{(72)(90)-(87)}{(99)}$	
（109）	$\dfrac{(72)(92)-(88)}{(102)}$	
（110）	$z_0(71)-(108)$	大齿轮面锥齿顶点至小齿轮轴线的距离，正（+）号表示该面锥顶点越过小齿轮轴线；负（−）号表示该面锥顶点在大齿轮轮体与小齿轮轴线之间
（111）	$z_R=(71)+(109)$	大齿轮根锥顶点至小齿轮轴线的距离，正（+）号表示该根锥顶点越过小齿轴线；负（−）号表示该根锥顶点在大齿轮轮体与小齿轮轴线之间
（112）	$(12)+(70)(104)$	
（113）	$\sin\varepsilon=\dfrac{(5)}{(112)}$	
（114）	$\cos\varepsilon=\sqrt{1-(113)^2}$	
（115）	$\tan\varepsilon=\dfrac{(113)}{(114)}$	
（116）	$\sin\gamma_{01}=(103)(114)$	
（117）	γ_{01}	小齿轮面锥角
（118）	$\cos\gamma_{01}$	
（119）	$\tan\gamma_{01}$	
（120）	$\dfrac{(102)(111)+(95)}{(103)}$	
（121）	$G_0=\dfrac{(5)(113)-(120)}{(114)}$	小齿轮面锥角顶点至大齿轮轴线的距离，正（+）号表示该面锥角顶点越过大齿轮轴线，负（−）号表示该面锥顶点在小齿轮轮体与大齿轮轴线之间
（122）	$\tan\lambda'=\dfrac{(38)(67)_1}{(69)}$	
（123）	λ' ；$\cos\lambda'$	左栏用左边公式，右栏用右边公式
（124）	$\Delta\lambda'=(39)-(123)_1$ ；$\cos\Delta\lambda'$	同上
（125）	$\theta_1=(117)-(36)$ ；$\cos\theta_1$	同上
（126）	$\pm(113)(67)_r-(68)_r$	左栏用公式前的正号（+），右栏用公式前的负号（−）
（127）	$\dfrac{(123)_r}{(125)_r}$	
（128）	$(68)_1+(87)(68)_r$	
（129）	$\dfrac{(118)}{(125)_r}$	

149

序号	计算公式	注　释
(130)	(74)(127)	
(131)	$B_0 = (128) + (130)(129) + (75)(126)$	小齿轮外缘至大齿轮轴线的距离
(132)	(4)(127) − (130)	
(133)	$B_1 = (128) - (132)(129) + (75)(126)_r$	小齿轮轮齿前缘至大齿轮轴线的距离
(134)	(121) + (131)	
(135)	$d_{01} = \dfrac{(119)(134)}{0.5}$	小齿轮的外圆直径
(136)	$\dfrac{(70)(100)}{(99)} + (12)$	
(137)	$\sin \varepsilon_0 = \dfrac{(5)}{(136)}$	
(138)	ε_0	
(139)	$\cos \varepsilon_0$	
(140)	$\dfrac{(99)(110) + (95)}{(100)}$	
(141)	$G_R = \dfrac{(5)(137) - (140)}{(139)}$	小齿轮根锥顶点至大齿轮轴线的距离，正（+）号表示该根锥顶点越过大齿轮轴线，负（−）号表示该根锥顶点在小齿轮轮体羽大齿轮轮轴线之间
(142)	$\sin \gamma_{R1} = (100)(139)$	
(143)	γ_{R1}	小齿轮根锥角
(144)	$\cos \gamma_{R1}$	
(145)	$\tan \gamma_{R1}$	
(146)	B_{min}	最小齿侧间隙允许值，见表 6-8
(147)	B_{max}	最大齿侧间隙允许值，见表 6-8
(148)	(90) + (92)	
(149)	(96) − (4)(148)	
(150)	$A_i = (73) - (4)$	在节平面内大齿轮内锥距

表 6-7　　　　　　　当 $z_1 < 21$、$z_2/z_1 > 2$ 时双曲面大齿轮顶高系数表

z_1	6	7	8	9~20
K_a	0.110	0.130	0.150	0.170

表 6-8　　　　　　　　　双曲面齿轮传动的齿侧间隙 *B*

端面模数 *m*	25.4	12.7	8.47
齿侧间隙 *B*	0.508～0.762	0.305～0.406	0.203～0.279
端面模数 *m*	6.35	4.23	2.54
齿侧间隙 *B*	0.152～0.203	0.102～0.152	0.051～0.102

按照表 6-8 进行单步计算效率较低,可以编写成程序进行计算,在此给出 C++ 程序代码供读者参考。

```cpp
#include <iostream.h>
#include <math.h>
#include <float.h>
#define pi 3.1415926
double high (int tmp);        //求大齿轮在齿面宽中点处的齿工作高公式中系数 k 选取
double dg (int tmp);          //大齿轮齿顶高系数选取
void con(double tmp);         //弧度化为角度


void main()
{
    int z1,z2;
    double b2,e,d2,rd;
labz1:cout<<"请输入小齿轮齿数: "<<endl;
    cin>>z1;
    if(z1>10||z1<6)
    {
        cout<<"输入有误,请重新输入."<<endl;
        goto labz1;
    }
    cout<<"请输入大齿轮齿数: "<<endl;
    cin>>z2;
    cout<<"请输入大齿轮齿面宽: "<<endl;
    cin>>b2;
    cout<<"请输入小齿轮轴线偏移距: "<<endl;
    cin>>e;
    cout<<"请输入大齿轮分度圆直径: "<<endl;
    cin>>d2;
    cout<<"请输入刀盘名义半径: "<<endl;
    cin>>rd;
    double b11=25+5*sqrt(z2/z1)+90*e/d2;
    cout<<"小齿轮螺旋角预取为: ";
    con(b11*pi/180);
```

```
        cout<<endl;
        //double b11=45;
        double temp11,temp13,temp14,temp19,temp20,temp21,temp22,temp24,
        temp28,temp32,temp33;
        double r1,rm2,rm1,tr;                //temp11表示为11行的临时值,以下均为此表示;
        temp11=sin(atan(1/(1.2*z1/z2)));
        rm2=(d2-b2*temp11)/2.0;              //12
            //cout<<rm2<<endl;
        temp13=e*temp11/rm2;
            //cout<<temp13<<endl;
        temp14=cos(asin(e*temp11/rm2));
            //cout<<temp14<<endl;
        rm1=(temp14+tan(b11*pi/180)*temp13)*(rm2*z1/z2);   //17
            //cout<<rm1;

        if (z1<12)                  //18
        {
            tr=0.02*z1+1.06;
        }
        else tr=1.30;

        temp19=rm2/(1.2*z1/z2)+rm1;
            //cout<<temp19<<endl;
        temp20=e/temp19;
            //cout<<temp20<<endl;
    lab20: temp21=sqrt(temp20*temp20+1.0);
        temp22=temp20/temp21;
            //cout<<temp22<<endl;
        temp24=(e-rm1*temp22)/rm2;
        temp28=temp24/cos(atan(temp22/tan(asin(temp24))));
            //cout<<temp28<<endl;
        temp32=(z1/z2)*(temp28*(tan(b11*pi/180)-(temp14+tan(b11*pi/180)*temp
13-cos(asin(temp28)))/temp28));
            //cout<<temp32<<endl;
        temp33=temp24-temp22*temp32;
            //cout<<temp33<<endl;
        r1=atan(temp22/tan(asin(temp33)));   //36
            //cout<<"小齿轮节锥角为: "<<r1*180/pi<<"度"<<endl;

        double temp38,temp41;
```

```
double bt1;
temp38=temp33/cos(r1);
temp41=((temp14+tan(b11*pi/180)*temp13)+(temp28*(tan(b11*pi/180)-(te
mp14+tan(b11*pi/180)*temp13-cos(asin(temp28)))/temp28))-cos(asin(temp38)))/
temp38;
    //cout<<temp41<<endl;
bt1=atan(temp41);                    //42
    //cout<<"小齿轮中点螺旋角为："<<bt1*180/pi<<"度"<<endl;


double temp43;
double bt2;
temp43=cos(bt1);
bt2=bt1-asin(temp33/cos(r1));            //44
    //cout<<"大齿轮中点螺旋角为："<<bt2*180/pi<<"度"<<endl;


double temp47;
double r2;
temp47=temp22/temp33;
r2=atan(1/temp47);                //48
    //cout<<"大齿轮节锥角为："<<r2*180/pi<<"度"<<endl;


double temp51,temp54,temp55,temp56,temp59,temp60,temp62,temp63,temp64;
double rd1,differ,dif,d;
temp51=(rm1+rm2*temp32)/cos(r1);
    //cout<<temp51<<endl;
temp54=rm2*cos(bt2)/sin(r2);
    //cout<<temp54<<endl;
temp55=temp43*temp51/tan(r1);
    //cout<<temp55<<endl;
temp56=(temp41*temp55-tan(bt2)*temp54)/(temp51+rm2/cos(r2));
    //cout<<temp56<<endl;
temp59=temp41*temp56/temp51;
temp60=tan(bt2)*temp56/(rm2/cos(r2));
temp62=(temp54-temp55)/(temp54*temp55);
temp63=temp59+temp60+temp62;
temp64=(temp41-tan(bt2))/temp63;
rd1=temp64/cos(-atan(temp56));            //65
    //cout<<"齿线曲率半径为:"<<rd1<<endl;
dif=rd1-rd;        //循环计算使刀盘名义半径与齿曲线半径相近
if(dif<0)
```

```
    {
        d=-1*dif;
    }
    else
    {
        d=dif;
    }
    differ=d/rd;
    if(differ>0.01)
    {
        if(dif<0)
        {
            temp20=0.9*temp20;
            goto lab20;
        }
        else
        {
            temp20=1.1*temp20;
            goto lab20;
        }
    }
    cout<<"小齿轮节锥角为: ";
    con(r1);
    cout<<endl;
    cout<<"大齿轮节锥角为: ";
    con(r2);
    cout<<endl; cout<<"小齿轮中点螺旋角为: ";
    con(bt1);
    cout<<endl;
    cout<<"大齿轮中点螺旋角为: ";
    con(bt2);
    cout<<endl;

    double temp66,temp6701,temp6702,temp6801,temp6802,temp69;
    double zm,z;
    temp66=rd/rd1;
    temp6701=cos(r2)*z1/z2;
    temp6702=1.0-z1/z2;
    temp6801=e/tan(asin(temp33))-rm1*(temp22/tan(asin(temp33)));
    temp6802=cos(r1)*temp22/tan(asin(temp33));
```

```
temp69=cos(r1)+cos(asin(temp38))*temp6701;
zm=sin(r2)*temp51;          //70
z=rm2*temp47-zm;            //71
cout<<"大齿轮节锥定点到小齿轮轴线的距离为: "<<z<<endl;


double am,a0,temp74;
am=rm2/sin(r2);             //72
a0=0.5*d2/sin(r2);          //73
temp74=a0-am;
cout<<"大齿轮节锥距为: "<<a0<<endl;


double temp77,temp80,temp84;
double k,hgm,ai,ka,kb,hm21,hm22,o2,q2,qs,tr1,qtr;
k=high(z1);
hgm=k*rm2*cos(bt2)/z2;      //75
    //cout<<hgm<<endl;
temp77=sin(r2)/cos(bt2)-rm2*tan(bt2)/rd;
ai=45*pi/180;
temp80=ai/2;
temp84=10560*temp77/(tan(temp80)*z2);
    //cout<<temp84;
ka=dg(z1);                  //85
kb=1.150-ka;                //86
hm21=hgm*ka;                //87
hm22=hgm*kb+0.05;           //88
    //cout<<hm22;


o2=3438*hm21/am;                //双重收缩齿或倾根锥母线收缩齿型判断部分
q2=3438*hm22/am;
qs=o2+q2;
tr1=temp84/qs-tr;
if (tr1<0)
{
    qtr=temp84;
    o2=temp84*ka;
    q2=temp84-o2;
    cout<<"大齿轮齿顶角为: "<<o2<<"分（双重收缩齿）"<<endl;
    cout<<"大齿轮齿根角为: "<<q2<<"分（双重收缩齿）"<<endl;
}
else
```

```cpp
    {
        qtr=tr*qs;
        o2=ka*qtr;
        q2=qtr-o2;
        cout<<"大齿轮齿顶角为: "<<o2<<"分（倾根锥母线收缩齿）"<<endl;
        cout<<"大齿轮齿根角为: "<<q2<<"分（倾根锥母线收缩齿）"<<endl;
    }


    double h21,h22,c,h,hg,r02,rr2,d02,x02;
    h21=hm21+temp74*sin(o2*pi/(60*180));          //93
    h22=hm22+temp74*sin(q2*pi/(60*180));          //94
    c=0.150*hgm+0.05;                    //95
    h=h21+h22;                      //96
    hg=h-c;                          //97
    r02=r2*180/pi+o2/60;               //98    *度
    rr2=r2*180/pi-q2/60;                //99    *度
    d02=h21*cos(r2)/0.5+d2;            //105
    x02=zm+temp74*cos(r2)-h21*sin(r2);   //107
cout<<"大齿轮齿顶高为: "<<h21<<endl;
    cout<<"大齿轮齿根高为: "<<h22<<endl;
    cout<<"径向间隙为: "<<c<<endl;
    cout<<"大齿轮齿全高为: "<<h<<endl;
    cout<<"大齿轮齿工作高为: "<<hg<<endl;
    cout<<"大齿轮的面锥角为: ";
    con(r02*pi/180);
    cout<<endl;
    cout<<"大齿轮的根锥角为: ";
    con(rr2*pi/180);
    cout<<endl;
    cout<<"大齿轮外圆直径为: "<<d02<<endl;
    cout<<"大齿轮外缘至小齿轮轴线的距离为: "<<x02<<endl;

    double temp108,temp109;
    double z0,zr;
    temp108=(am*sin(o2*pi/(60*180))-hm21)/sin(r02*pi/180);
    temp109=(am*sin(q2*pi/(60*180))-hm22)/sin(rr2*pi/180);
    z0=z-temp108;               //110
    zr=z+temp109;               //111
cout<<"大齿轮面锥顶点至小齿轮轴线的距离为: "<<z0<<endl;
```

```
cout<<"大齿轮根锥顶点至小齿轮轴线的距离为："<<zr<<endl;

double temp113,temp114,temp115,temp120;
double r01,g0;
temp113=e/(rm2+zm/tan(rr2*pi/180));
temp114=sqrt(1-temp113*temp113);
temp115=temp113/temp114;
r01=asin(cos(rr2*pi/180)*temp114);        //117
temp120=(sin(rr2*pi/180)*zr+c)/cos(rr2*pi/180);
g0=(e*temp113-temp120)/temp114;           //121
cout<<"小齿轮的面锥角为：";
con(r01);
cout<<endl;
cout<<"小齿轮面锥顶点之大齿轮轴线的距离为："<<g0<<endl;

double temp12301,temp12302,temp12401,temp12402,temp12501,temp12502,
temp12601,temp12602,temp128,temp129,temp130,temp132;
double b0,bi,d01;
temp12301=atan(temp38*temp6701/temp69);
temp12302=cos(temp12301);
temp12401=asin(temp38)-temp12301;
temp12402=cos(temp12401);
temp12501=r01-r1;
temp12502=cos(temp12501);
temp12601=temp113*temp6702-temp6802;
temp12602=-temp113*temp6702-temp6802;
temp128=temp6801+hm21*temp6802;
temp129=cos(r01)/temp12502;
temp130=temp74*temp12302/temp12402;
b0=temp128+temp130*temp129+hgm*temp12601;     //131
temp132=b2*temp12302/temp12402-temp130;
bi=temp128-temp132*temp129+hgm*temp12602;     //133
d01=tan(r01)*(g0+b0)/0.5;                      //135
cout<<"小齿轮外缘至大齿轮轴线的距离为："<<b0<<endl;
cout<<"小齿轮轮齿前缘至大齿轮轴线的距离为："<<bi<<endl;
cout<<"小齿轮的外圆直径为："<<d01<<endl;

double temp137,temp139,temp140;
double gr,rr1;
temp137=e/(zm*cos(r02*pi/180)/sin(r02*pi/180)+rm2);
```

157

```
        temp139=cos(asin(temp137));
        temp140=(sin(r02*pi/180)*z0+c)/cos(r02*pi/180);
        gr=(e*temp137-temp140)/temp139;
        rr1=asin(cos(r02*pi/180)*temp139);
        cout<<"小齿轮根锥顶点至大齿轮轴线的距离为："<<gr<<endl;
        cout<<"小齿轮的根锥角为：";
        con(rr1);
        cout<<endl;


}


double high (int tmp)
{
    switch(tmp)
    {
        case 6:
            return 3.5;
            break;
        case 7:
            return 3.6;
            break;
        case 8:
            return 3.7;
            break;
        case 9:
            return 3.8;
            break;
        case 10:
            return 3.9;
            break;
        case 11:
            return 4.0;
            break;
        default:
            return 4.0;
            break;
    }
}


double dg(int tmp)
```

```
{
    switch(tmp)
    {
        case 6:
            return 0.110;
            break;
        case 7:
            return 0.130;
            break;
        case 8:
            return 0.150;
            break;
        default:
            return 0.170;
            break;
    }
}


void con(double tmp)
{
    double d,m,s;
    d=floor(tmp*180/pi);
    m=floor((tmp*180/pi-d)*60);
    s=floor(((tmp*180/pi-d)*60-m)*60);
    cout<<d<<"度"<<m<<"分"<<s<<"秒";
}
```

结合本例，可以计算出如下结果。

小齿轮节锥角（度）：14.286 365 567 983 6

大齿轮节锥角（度）：74.950 923 762 784

小齿轮中点螺旋角（度）：48.773 171 919 578

大齿轮中点螺旋角（度）：29.432 053 529 866 6

大齿轮节锥定点到小齿轮轴线的距离（mm）：−2.375 112

大齿轮节锥距（mm）：105.622 5

大齿轮齿顶角（分）：64.588 963 401 666 4（双重收缩齿）

大齿轮齿根角（分）：315.346 115 431 665（双重收缩齿）

大齿轮齿顶高（mm）：1.517 935 018 743 23

大齿轮齿根高（mm）：8.533 324 658 453 4

径向间隙（mm）：1.124 200 7

大齿轮齿全高（mm）：10.051 259 677 196 6

大齿轮齿工作高（mm）：8.927 058 990 151 6

大齿轮的面锥角（度）：76.027 406 486 145 1

大齿轮的根锥角（度）：69.695 155 172 256 3

大齿轮外圆直径（mm）：204.788 252 440 802

大齿轮外缘至小齿轮轴线的距离（mm）：28.333 717 540 907 6

大齿轮面锥顶点至小齿轮轴线的距离（mm）：−2.855 733 116 918 47

大齿轮根锥顶点至小齿轮轴线的距离（mm）：−1.157 562 432 777 47

小齿轮的面锥角（度）：19.247 621 547 831 3

小齿轮面锥顶点之大齿轮轴线的距离（mm）：9.747 434 112 422 59

小齿轮外缘至大齿轮轴线的距离（mm）：98.186 344 709 553

小齿轮轮齿前缘至大齿轮轴线的距离（mm）：62.792 112 782 335 9

小齿轮的外圆直径（mm）：75.374 272 153 337

小齿轮根锥顶点至大齿轮轴线的距离（mm）：17.439 066 801 48

小齿轮的根锥角（度）：13.210 610 968 134 4

部分参数值取整。

小齿轮中点螺旋角（度）：48.5

大齿轮中点螺旋角（度）：29.5

5."格里森"制主减速器锥齿轮强度计算

在选好主减速器锥齿轮主要参数后，可根据所选择的齿形计算锥齿轮的几何尺寸，而后根据所确定的计算载荷进行强度验算，以保证锥齿轮有足够的强度和寿命。

轮齿损坏形式主要有弯曲疲劳折断、过载折断、齿面点蚀及剥落、齿面胶合、齿面磨损等。下面所介绍的强度验算是近似的，在实际设计中还要依据台架和道路试验及实际使用情况等来检验。

（1）单位齿长圆周力。

主减速器锥齿轮的表面耐磨性常用轮齿上的单位齿长圆周力来估算

$$p = \frac{F}{b_2} \qquad (6\text{-}18)$$

式中：p 为轮齿上单位齿长圆周力；F 为作用在轮齿上的圆周力；b_2 为从动齿轮齿面宽。

按发动机最大转矩计算时

$$p = \frac{2T_{emax}i_g}{D_1 b_2} \times 10^3 \qquad (6\text{-}19)$$

式中：i_g 为变速器传动比；D_1 为主动锥齿轮中点分度圆直径，mm；其他符号同前。

按驱动轮打滑转矩计算时

$$p = \frac{2G_2 \varphi r_r}{D_2 b_2} \times 10^3 \qquad (6\text{-}20)$$

式中符号同前。

许用的单位齿长圆周力[p]见表 6-9。在现代汽车设计中，由于材质及加工工艺等制造质量的提高，[p]有时高出表中数值的 20%～25%。

表 6-9　　　　　　　　　　　单位齿长圆周力许用值[p]　　　　　　　　　　　（N/mm）

类别	参数	[p]（按最大转矩计算）			[p]（按打滑转矩计算）	轮胎与地面的附着系数 φ
		1挡	2挡	直接挡		
乘用车		893	536	321	893	
商用车 货车		1429	—	250	1429	0.85
商用车 客车		982	—	214	—	

按发动机最大转矩计算时 $p=2\times129.94\times6\times10^3/(49.5\times32)\approx984$（N/mm）$<[p]$，满足设计要求。

按最大附着力矩计算时，$p=2\times9525.6\times0.51\times10^3\times0.85/(204\times32)\approx1265N/mm<[p]$

（2）轮齿弯曲强度。

锥齿轮轮齿的齿根弯曲应力为

$$\sigma_w = \frac{2T_c k_0 k_s k_m}{k_v m_s b D J_w}\times10^3 \tag{6-21}$$

式中：σ_w 为锥齿轮轮齿的齿根弯曲应力，MPa；T_c 为所计算齿轮的计算转矩，N·m，对于从动齿轮，$T_c=\min[T_{ce}, T_{cs}]$ 和 T_{cf}，对于主动齿轮，T_c 还要按式（6-9）换算；k_0 为过载系数，一般取 1；k_s 为尺寸系数，它反映了材料性质的不均匀性，与齿轮尺寸及热处理等因素有关，当 $m_s\geqslant$ 1.6mm 时，$k_s=(m_s/25.4)^{0.25}$；k_m 为齿面载荷分配系数，跨置式结构：$k_m=1.0\sim1.1$，悬臂式结构：$k_m=1.10\sim1.25$；k_v 为质量系数，当轮齿接触良好，齿距及径向跳动精度高时，$k_v=1.0$；b 为所计算的齿轮齿面宽，mm；D 为所讨论齿轮大端分度圆直径，mm；J_w 为所计算齿轮的轮齿弯曲应力综合系数，它综合考虑了齿形系数。

载荷作用点的位置、载荷在齿间的分布、有效齿面宽、应力集中系数及惯性系数等对弯曲应力计算的影响。计算弯曲应力时本应采用轮齿中点圆周力与中点端面模数，现用大端数值，而在综合系数中进行修正。如图 6-7～图 6-20 所示为各种螺旋锥齿轮与双曲面齿轮轮齿弯曲强度计算用的综合系数。其中如图 6-13～图 6-18 所示是按下述条件绘制的，齿面宽 $F=0.155d_2$，小齿轮中点螺旋角按式（6-14）选，铣刀盘刀尖圆角半径，大齿轮用 $0.24m$；小齿轮用 $0.12m$，铣刀盘直径为 $0.85d_2$，为倾根锥母线收缩齿。

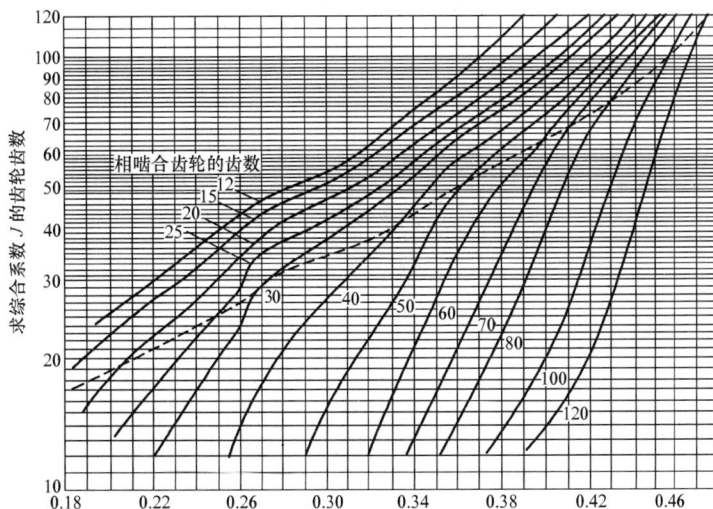

图 6-7　弯曲计算用综合系数 J（一）

注：用于螺旋角 35°、压力角 20°、轴交角 90°、用滚切法加工的螺旋锥齿轮；铣刀盘刀尖圆角半径为 $0.24m$（m 为端面模数），齿面宽 $F=(0.25\sim0.30)A_0$；当刀尖圆角为 $0.12m$ 时，J 应乘以 0.89。

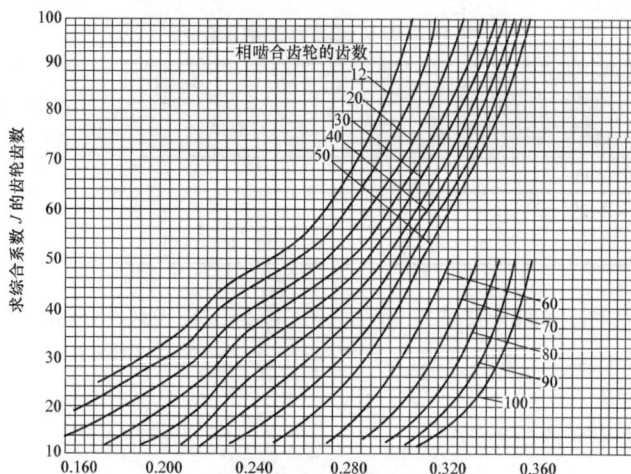

图 6-8　弯曲计算用综合系数 J（二）

注：用于压力角 20°、螺旋角 35°、轴交角 90°、用展成法加工的螺旋锥齿轮；刀尖圆角为 0.12m，齿面宽 F=(0.25～0.30)A_0。

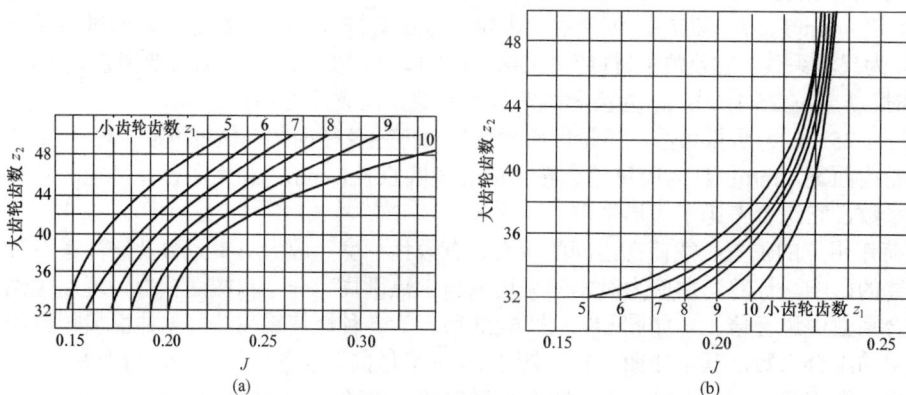

图 6-9　弯曲计算用综合系数 J（三）

（a）从动齿轮 J 值；（b）主动齿轮 J 值

注：用于压力角 22°30′、螺旋角 35° 螺旋锥齿轮。

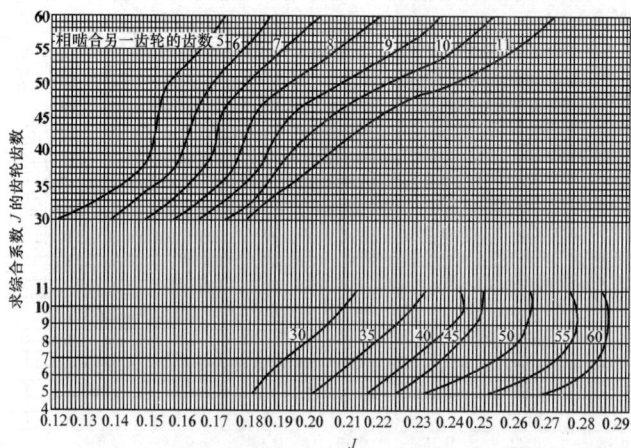

图 6-10　弯曲计算用综合系数 J（四）

注：用于压力角 20°、螺旋角 35°、轴交角 90° 的汽车用螺旋锥齿轮；铣刀片刀尖圆角为 0.24m（用于大齿轮）及 0.12m（用于小齿轮），齿面宽 F=(0.25～0.30)A_0。

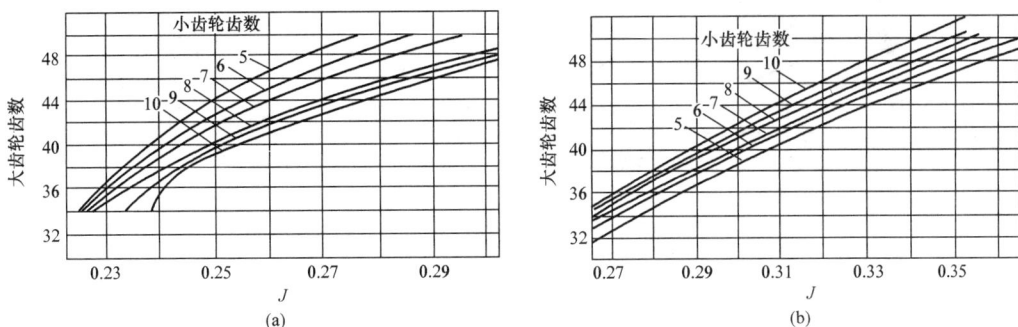

图 6-11　弯曲计算用综合系数 J（五）

（a）从动齿轮 J 值；（b）主动齿轮 J 值

注：用于平均压力角 22°30′、小齿轮螺旋角 50°、小齿轮偏移距约为大齿轮节圆直径的 11% 的双曲面齿轮。

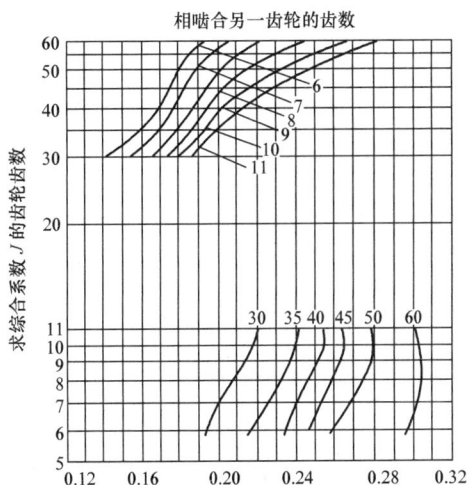

图 6-12　弯曲计算用综合系数 J（六）

注：用于压力角 20°、螺旋角 35°、轴交角 90° 的汽车用螺旋锥齿轮。

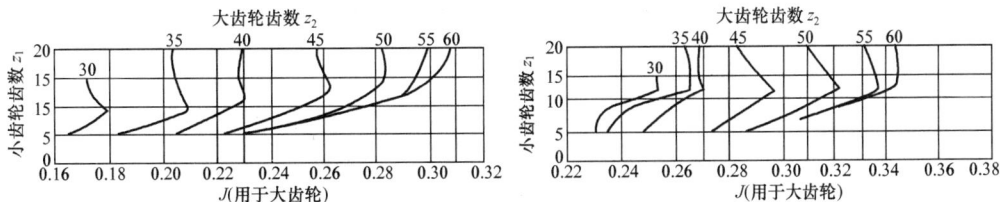

图 6-13　弯曲计算用综合系数 J（七）

注：用于平均压力角 19°、$E/d_2=0.10$（E 为偏移距，d_2 为大齿轮节圆直径）的双曲面齿轮。

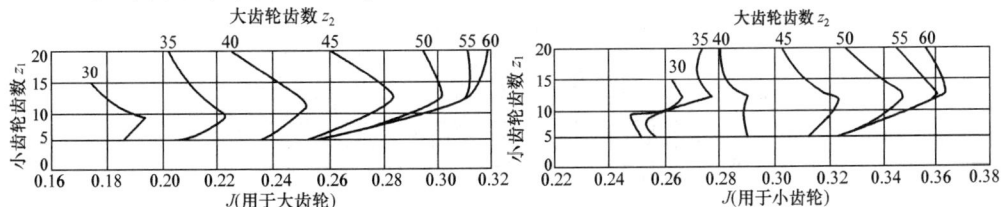

图 6-14　弯曲计算用综合系数 J（八）

注：用于平均压力角 19°、$E/d_2=0.15$ 的双曲面齿轮。

163

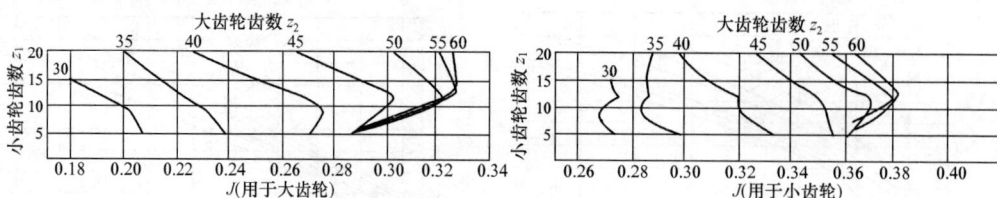

图 6-15　弯曲计算用综合系数 J（九）

注：用于平均压力角 19°、$E/d_2=0.20$ 的双曲面齿轮。

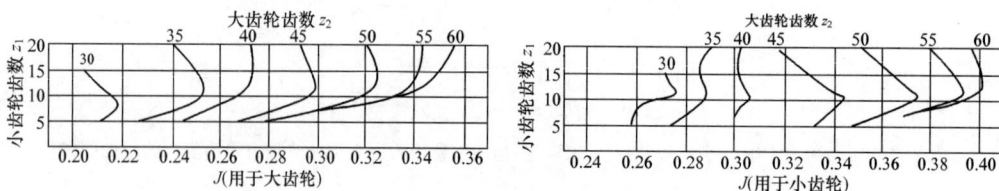

图 6-16　弯曲计算用综合系数 J（十）

注：用于平均压力角 22°30′、$E/d_2=0.10$ 的双曲面齿轮。

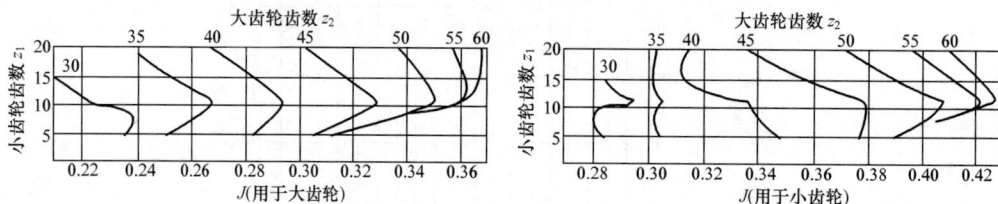

图 6-17　弯曲计算用综合系数 J（十一）

注：用于平均压力角 22°30′、$E/d_2=0.15$ 的双曲面齿轮。

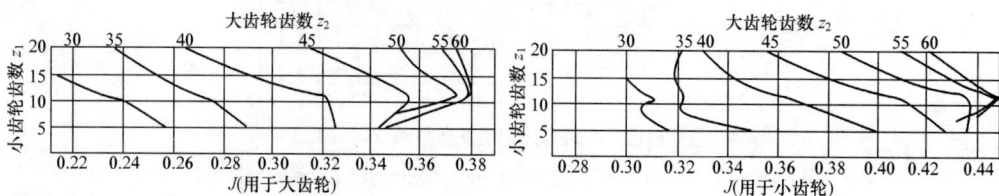

图 6-18　弯曲计算用综合系数 J（十二）

注：用于平均压力角 22°30′、$E/d_2=0.20$ 的双曲面齿轮。

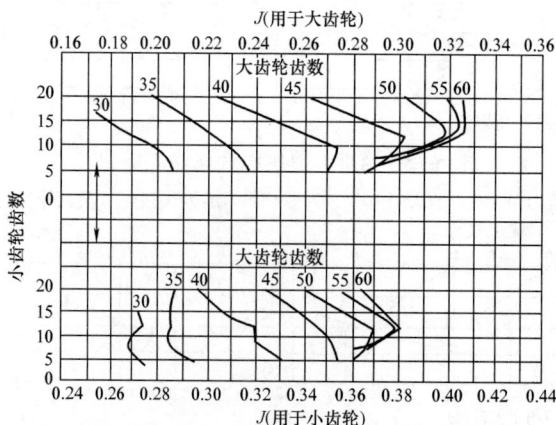

图 6-19　弯曲计算用综合系数 J（十三）

注：用于平均压力角 19°、$E/d_2=0.2$ 的双曲面齿轮。

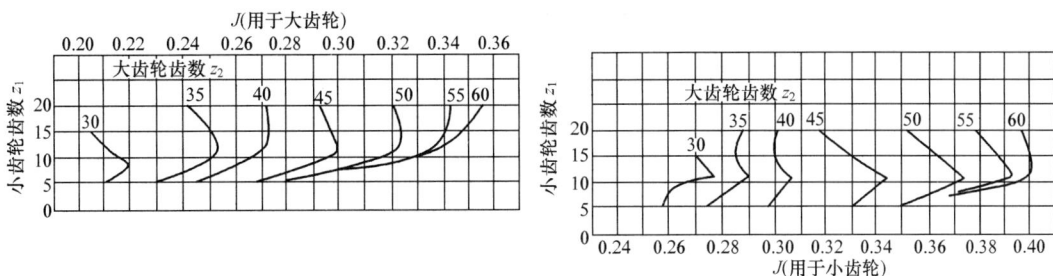

图 6-20　弯曲计算用综合系数 J（十四）

注：用于平均压力角 22°30′、E/d_2=0.10 的双曲面齿轮。

上述按 $\min[T_{ce}, T_{cs}]$ 计算的最大弯曲应力不超过 700MPa；按 T_{cf} 计算的疲劳弯曲应力不应超过 210MPa，破坏的循环次数为 6×10^6 次。

结合本例题，因为从动齿轮受力大，所以应该计算从动齿轮轮齿弯曲强度。

1）按 $\min[T_{ce}, T_{cs}]$ 计算的最大弯曲应力。

其中，T_c=3115N·m，k_s=0.68，悬臂式支承结构 k_m 取 1.10，J_w=0.25，其他参数取值同前。

则 σ_w=2×3115×0.68×1.10×10³/(204×32×5.0×0.25)≈571MPa<$[\sigma_w]$，此计算结果满足要求。

2）按 T_{cf} 计算的疲劳接触应力。

其中 T_{cf}=946N·m，k_s=0.68，悬臂式支承结构 k_m 取 1.10，J_w=0.27，其他参数取值同前计算，则：σ_w =2×946×0.68×1.10×103/(204×32×5.0×0.25)=174MPa<$[\sigma_w]$，此计算结果也满足要求。

（3）轮齿接触强度。

锥齿轮轮齿的齿面接触应力为

$$\sigma_j = \frac{C_p}{D_1}\sqrt{\frac{2T_z k_0 k_m k_s k_f}{k_v b J_J}\times10^3} \qquad (6\text{-}22)$$

式中：σ_j 为锥齿轮轮齿的齿面接触应力，MPa；D_1 为主动锥齿轮大端分度圆直径，mm；b 取 b_1 和 b_2 的较小值，mm；k_s 为尺寸系数，它考虑了齿轮尺寸对淬透性的影响，通常取 1.0；k_f 为齿面品质系数，它取决于齿面的表面粗糙度及表面覆盖层的性质（如镀铜、磷化处理等），对于制造精确的齿轮，k_f 取 1.0；C_p 为综合弹性系数，针对钢齿轮，C_p 取 232.6N$^{\frac{1}{2}}$/mm；J_J 为齿面接触强度的综合系数。它综合地考虑了啮合齿面的相对曲率半径、载荷作用位置、轮齿间的载荷分配、有效齿宽及惯性系数等因素的影响，可由如图 6-21～图 6-33 所示查得；其中图 6-30～图 6-33 是按下述条件绘制的，齿面宽 F=0.155d_2，小齿轮中点螺旋角按式（6-14）计算，铣刀盘刀尖圆角半径，大齿轮用 0.24m；小齿轮用 0.12m，铣刀盘直径为 0.85d_2，为倾根锥母线收缩齿。

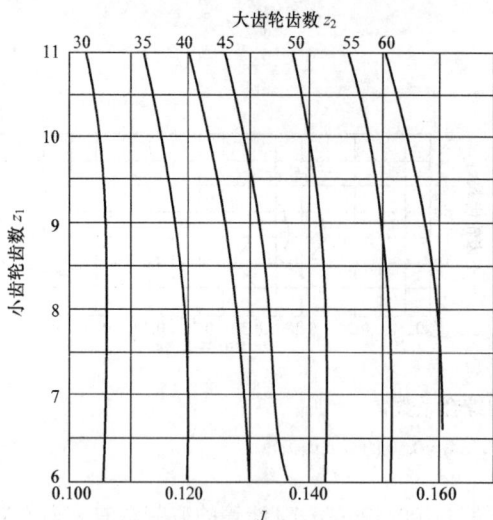

图 6-21 接触强度计算用综合系数 J（一）
注：用于压力角 20°、螺旋角 35°、轴交角 90° 的汽车螺旋锥齿轮。

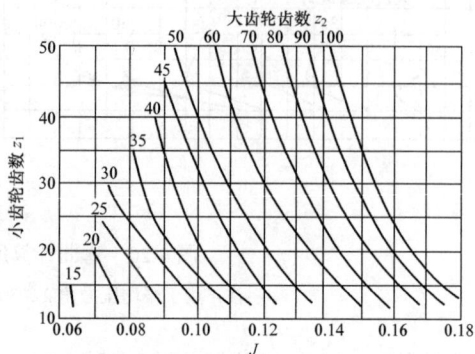

图 6-22 接触强度计算用综合系数 J（二）
注：用于压力角 20°、螺旋角 35°、轴交角 90° 的螺旋锥齿轮。

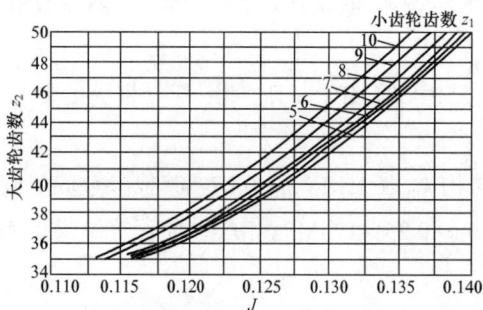

图 6-23 接触强度计算用综合系数 J（三）
注：用于压力角 22.5°、螺旋角 35° 的螺旋锥齿轮。

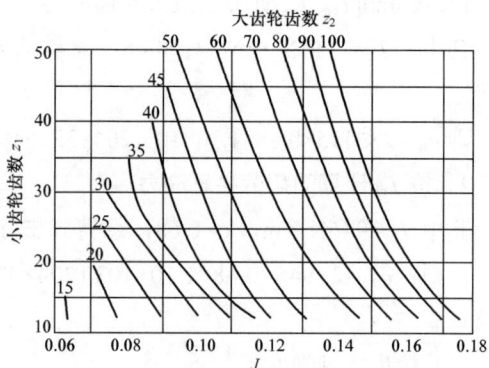

图 6-24 接触强度计算用综合系数 J（四）
注：用于压力角 25°、螺旋角 35°、轴交角 90° 的螺旋锥齿轮。

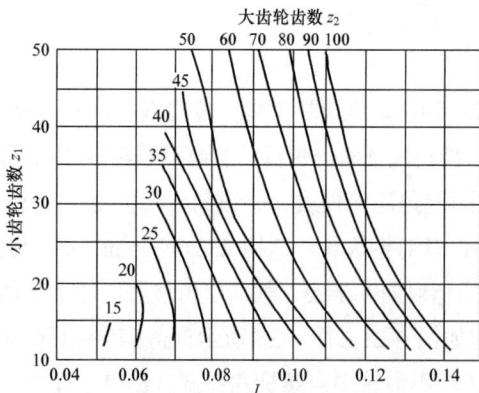

图 6-25 接触强度计算用综合系数 J（五）
注：用于压力角 20°、螺旋角 25°、轴交角 90° 的螺旋锥齿轮。

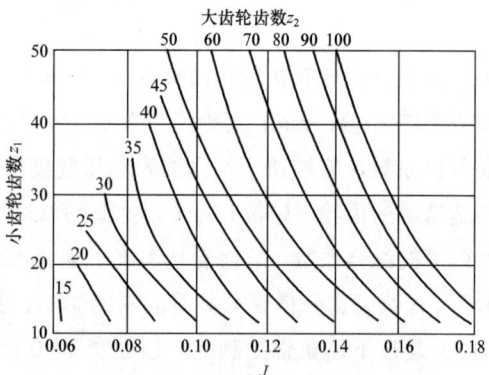

图 6-26 接触强度计算用综合系数 J（六）
注：用于压力角 16°、螺旋角 35°、轴交角 90° 的螺旋锥齿轮。

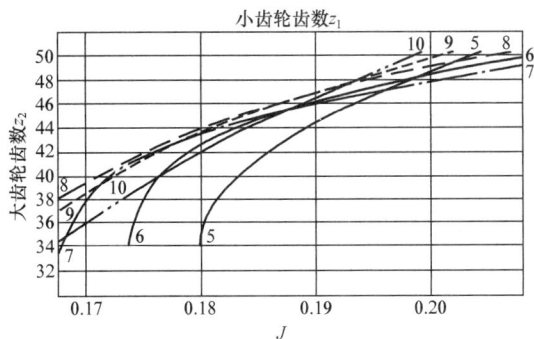

图 6-27　接触强度计算用综合系数 J（七）

注：用于平均压力角 22.5°、小齿轮螺旋角 50°、小齿轮偏移距约为大齿轮节圆直径的 11% 的双曲面齿轮。

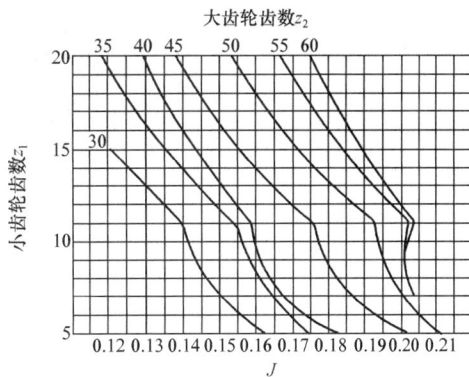

图 6-28　接触强度计算用综合系数 J（八）

注：用于平均压力角 22°30′、E/d_2=0.10 的双曲面齿轮。

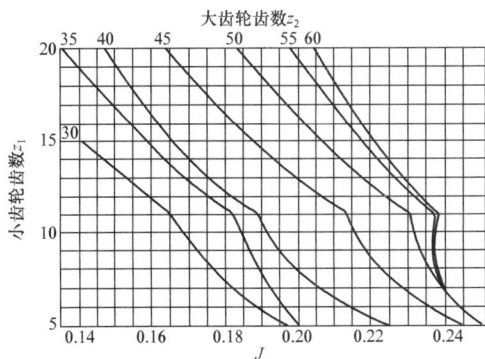

图 6-29　接触强度计算用综合系数 J（九）

注：用于平均压力角 22°30′、E/d_2=0.15 的双曲面齿轮。

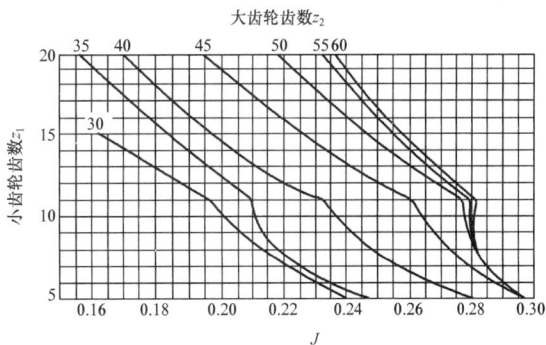

图 6-30　接触强度计算用综合系数 J（十）

注：用于平均压力角 22°30′、E/d_2=0.20 的双曲面齿轮。

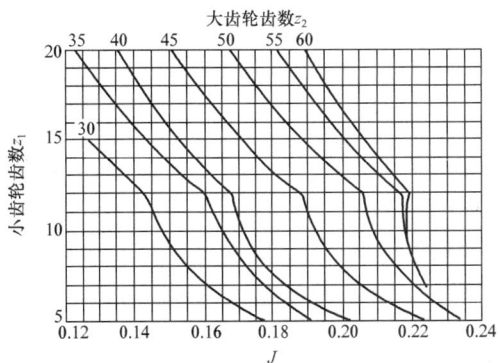

图 6-31　接触强度计算用综合系数 J（十一）

注：用于平均压力角 19°、E/d_2=0.10 的双曲面齿轮。

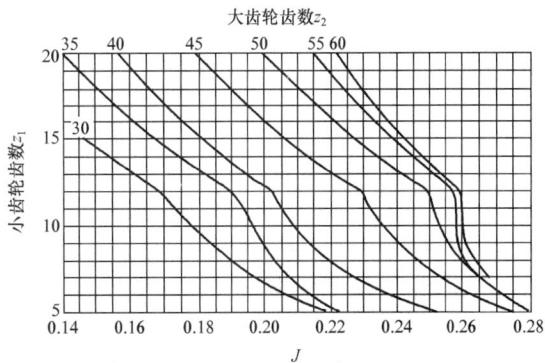

图 6-32　接触强度计算用综合系数 J（十二）

注：用于平均压力角 19°、E/d_2=0.15 的双曲面齿轮。

167

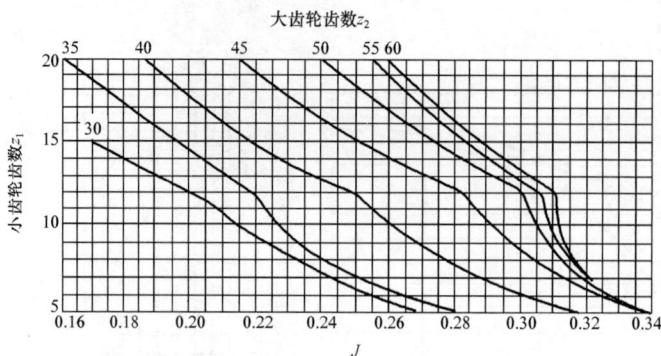

图 6-33　接触强度计算用综合系数 J（十三）

注：用于平均压力角 19°、E/d_2=0.20 的双曲面齿轮。

k_0、k_m、k_v 见式（6-21）的说明。

上述按 $\min[T_{cd}, T_{cs}]$ 计算的最大接触应力不应超过 2800MPa，按 T_{cf} 计算的疲劳接触应力不应超过 1750MPa。主、从动齿轮的齿面接触应力是相同的，破坏的循环次数为 6×10^6 次。

结合本例题，计算主动齿轮轮齿接触强度。

1）按 $\min[T_{cd}, T_{cs}]$ 计算的最大接触应力。

其中，T_z=774N·m，悬臂式支承结构 k_m 取 1.10，J_J=0.22，其他参数取值同前。

则 σ_j=2311MPa，小于许用应力，此计算结果满足要求。

2）按 T_{cf} 计算的疲劳接触应力。

其中，T_z=270N·m，悬臂式支承结构 k_m 取 1.10，J_J=0.22，其他参数取值同前。

则 σ_j=1365MPa，小于许用应力，此计算结果也满足要求。

（4）强度计算后齿轮尺寸的调整。

如果上述计算所得到的弯曲应力和接触应力超过了其许用应力，则应加大齿轮尺寸，使其计算的应力在许用应力的范围内。加大后的齿轮尺寸，可以近似地按照以下两式求得。

按弯曲强度

$$D' = D^{2.75}\sqrt{\frac{\sigma_w}{[\sigma_w]}}\qquad(6\text{-}23)$$

按接触强度

$$D' = D^{1.5}\sqrt{\frac{\sigma_j}{[\sigma_j]}}\qquad(6\text{-}24)$$

如果按照日常行驶疲劳寿命来设计的齿轮，不满足弯曲强度或接触强度的要求，可以按照式（6-23）、式（6-24）进行适当调整。

本例中，按照日常行驶疲劳寿命来设计的齿轮，从动锥齿轮 D_2=180mm，端面模数 m_s=4.0mm，齿面宽 b_2=28mm，主动锥齿轮端面模数 m_s=4.5mm，D_1=41mm，齿面宽 b_2=31mm，则

1）单位齿长圆周力。

按发动机最大转矩计算时，p=1217N/mm <[p]满足要求。

按最大附着力矩计算时，p=1638N/mm>[p]不满足要求。

2）轮齿弯曲强度。

按 $\min[T_{ce}, T_{cs}]$ 计算的最大弯曲应力，σ_w =924MPa>[σ_w]，此计算结果不满足要求。

3）轮齿接触强度。

按 min[T_{ce}, T_{cs}]计算的最大接触应力，σ_j=2834MPa，略大于许用应力，此计算结果基本满足要求。

因此，可以按照弯曲强度进行调整

$$D_2' = D_2 \sqrt[2.75]{\frac{\sigma_w}{[\sigma_w]}} = 180 \times \sqrt[2.75]{\frac{924}{700}} \approx 199（mm）$$

6. 主减速器锥齿轮轴承的计算

轴承的计算主要是计算轴承的寿命，通常是先根据主减速器的结构尺寸初步选定轴承的型号，然后验算轴承的寿命。影响主减速器寿命的主要外因是它的工作载荷及工作条件，因此在验算轴承寿命之前，首先应该求出作用在齿轮上的轴向力、径向力，然后再求出轴承反力，以确定轴承载荷。

（1）作用在主减速器主动齿轮上力的计算。

一般主减速器的主动齿轮为螺旋锥齿轮或双曲面齿轮的小齿轮，其工作过程中，相互啮合的齿面上作用有一法向力，该法向力可分解为沿齿轮切线方向的圆周力、沿齿轮轴线方向的轴向力以及垂直于齿轮轴线的径向力。

1）齿宽中点处的圆周力

$$F = \frac{2T}{D_{m2}} \tag{6-25}$$

式中：T 为从动齿轮上的转矩；D_{m2} 为从动齿轮齿宽中点处的分度圆直径，由下式确定

$$D_{m2} = D_2 - b_2\sin\gamma_2 \tag{6-26}$$

式中：γ_2 为从动齿轮节锥角，其余符号同前。

对于双曲面齿轮副，其圆周力是不相等的。

2）轴向力和径向力。计算其轮齿面上所受的轴向力和径向力可以参见表6-10。

表 6-10 齿面上的轴向力和径向力

主动齿轮		轴向力	径向力
螺旋方向	旋转方向		
右	顺时针	主动齿轮	主动齿轮
左	逆时针	$F_{az} = \dfrac{F}{\cos\beta}(\tan\alpha\sin\gamma - \sin\beta\cos\gamma)$ 从动齿轮 $F_{ac} = \dfrac{F}{\cos\beta}(\tan\alpha\sin\gamma + \sin\beta\cos\gamma)$	$F_{Rz} = \dfrac{F}{\cos\beta}(\tan\alpha\cos\gamma + \sin\beta\sin\gamma)$ 从动齿轮 $F_{Rc} = \dfrac{F}{\cos\beta}(\tan\alpha\cos\gamma - \sin\beta\sin\gamma)$
右	顺时针	主动齿轮	主动齿轮
左	逆时针	$F_{az} = \dfrac{F}{\cos\beta}(\tan\alpha\sin\gamma + \sin\beta\cos\gamma)$ 从动齿轮 $F_{ac} = \dfrac{F}{\cos\beta}(\tan\alpha\sin\gamma - \sin\beta\cos\gamma)$	$F_{Rz} = \dfrac{F}{\cos\beta}(\tan\alpha\cos\gamma - \sin\beta\sin\gamma)$ 从动齿轮 $F_{Rc} = \dfrac{F}{\cos\beta}(\tan\alpha\cos\gamma + \sin\beta\sin\gamma)$

注 α—为齿廓表面的法向压力角；β—齿面宽中点处的螺旋角；γ—节锥角；F—齿面宽中点处的圆周力。

对于双曲面齿轮，公式中的节锥角在计算主动齿轮受力时，用面锥角代之；计算从动锥齿轮受力时用根锥角代之。计算结果中，如果轴向力为正值表明力的方向离开锥顶，负值表示指向锥顶。径向力为正值表明力的方向离开相啮合齿轮，负值表示趋向相啮合齿轮。

（2）主减速器轴承载荷的计算。

当计算出齿轮上所受的圆周力、轴向力和径向力后，就可由主减速器齿轮轴承的布置尺寸求出轴承所受的载荷，如图 6-34 所示为单级主减速器悬臂式支撑的尺寸布置图，各轴承的载荷计算可以参看表 6-11 进行。

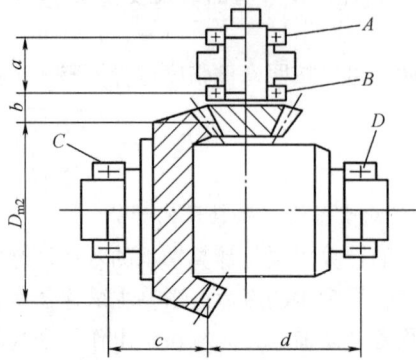

图 6-34　单级主减速器悬臂式支撑的尺寸布置图

表 6-11 　　　　　　　　　　　　　轴 承 载 荷 计 算

轴承A	径向力	$\sqrt{\left[\dfrac{F(a+b)}{a}\right]^2+\left[\dfrac{F_{Rz}(a+b)}{a}-\dfrac{F_{az}D_{m1}}{2a}\right]^2}$	轴承C	径向力	$\sqrt{\left[\dfrac{Fd}{c+d}\right]^2+\left[\dfrac{F_{Rc}d}{c+d}+\dfrac{F_{ac}D_{m2}}{2(c+d)}\right]^2}$
	轴向力	F_{az}		轴向力	F_{ac}
轴承B	径向力	$\sqrt{\left[\dfrac{Fb}{a}\right]^2+\left[\dfrac{F_{Rz}b}{a}-\dfrac{F_{az}D_{m1}}{2a}\right]^2}$	轴承D	径向力	$\sqrt{\left[\dfrac{Fc}{(c+d)}\right]^2+\left[\dfrac{F_{Rc}c}{c+d}-\dfrac{F_{ac}D_{m2}}{2(c+d)}\right]^2}$
	轴向力	0		轴向力	0

（3）主减速器轴承寿命的计算。

轴承上的载荷确定以后，就可以比较简单地根据轴承的型号计算出它的寿命，或根据寿命的要求选择轴承合适的型号。

轴承的额定寿命 L 计算公式为

$$L=\left(\frac{f_t C}{f_p Q}\right)^{\varepsilon}\times 10^6 \tag{6-27}$$

式中：C 为额定动载荷，N；其值在轴承手册或生产样本中可以查到；f_t 为温度系数，标准轴承的工作温度可到达 100℃，如表 6-12 所示，当超过 100℃时，C 应根据 f_t 的值进行修正。

表 6-12 　　　　　　　　　　计算轴承额定寿命的温度系数 f_t

工作温度（℃）	≤100	125	150	175	200	225	250
温度系数	1	0.95	0.90	0.85	0.80	0.75	0.70

f_p 为载荷系数，考虑到载荷的性质（平稳，振动或强烈的冲击的载荷对轴承影响不同），对于车辆，取 f_p=1.2～1.8。ε 为寿命指数，对球轴承取 ε=3，对滚子轴承取 ε=10/3；Q 为轴承的当量动载荷，按当量转矩求出轴承的径向载荷 F_R 及轴向载荷 F_A 以后，即可按下式求轴承的当量动载荷 F_Q

$$F_Q=XF_R+YF_A \tag{6-28}$$

式中：X 为径向系数；Y 为轴向系数。

对单列圆锥滚子轴承来说，当 $F_A/F_R \leqslant e$ 时，$X=1$，$Y=0$；当 $F_A/F_R > e$ 时，$X=0.4$，Y 值及判断参数见轴承手册或产品样本。

在实际计算中，常以工作小时数表示轴承的额定寿命

$$L_h = \frac{L}{60n} \tag{6-29}$$

式中：n 为轴承的计算转速，r/min；可根据汽车的平均行驶速度 v_{av} 计算。对于无轮边减速的驱动桥来说，主减速器从动锥齿轮（或差速器）轴承的计算转速 n_2 为

$$n_2 = \frac{2.66 v_{av}}{r_r} \tag{6-30}$$

式中：r_r 为轮胎滚动半径；v_{av} 为平均行驶速度，km/h；对于轿车可取为 50～55km/h；对于载货汽车和公共汽车可取为 30～35km/h。

此外，在设计时，轴承的寿命应该满足

$$L_h = \frac{s}{v_{am}} \tag{6-31}$$

式中：s 为汽车的大修里程，km。

7. 锥齿轮的材料选择

汽车驱动桥锥齿轮的工作条件非常恶劣，与传动系其他齿轮相比较，具有载荷大、作用时间长、变化多、有冲击等特点。其损坏形式主要有轮齿根部弯曲折断、齿面疲劳点蚀（剥落）、磨损和擦伤等。它是传动系中的薄弱环节。锥齿轮材料应满足如下要求。

1）具有高的弯曲疲劳强度和表面接触疲劳强度，齿面具有高的硬度以保证有高的耐磨性。

2）轮齿芯部应有适当的韧性以适应冲击载荷，避免在冲击载荷下齿根折断。

3）锻造性能、切削加工性能及热处理性能良好，热处理后变形小或变形规律易控制。

4）选择合金材料时，尽量少用含镍、铬元素的材料（我国矿藏量少），而选用含锰、钒、硼、钛、钼、硅等元素的合金钢。

汽车主减速器锥齿轮目前常用渗碳合金钢制造，主要有 20CrMnTi、20MnVB、20Mn2TiB、20CrMnMo、22CrNiMo 和 16SiMn2WMoV 等。

渗碳合金钢的优点是表面可得到含碳量较高的硬化层（一般碳的质量分数为 0.8%～1.2%），具有相当高的耐磨性和抗压性，而心部较软，具有良好的韧性，故这类材料的弯曲强度、表面接触强度和承受冲击的能力均较好。由于含碳量较低，使锻造性能和切削加工性能较好。其主要缺点是热处理费用高，表面硬化层以下的基底较软，在承受很大压力时可能产生塑性变形，如果渗透层与心部的含碳量相差过多，便会引起表面硬化层剥落。经过渗碳、淬火、回火后，轮齿表面硬度应达到 58～64HRC，而心部硬度较低，当端面模数 $m>8$ 时为 29～45HRC，当端面模数 $m\leqslant 8$ 时为 32～45HRC。对渗碳层有如下规定。

当端面模数 $m\leqslant 5$ 时，厚度为 0.9～1.3mm；$m=5$～8 时，厚度为 1.0～1.4mm；$m>8$ 时，厚度为 1.2～1.6mm。

为改善新齿轮的磨合，防止其在运行初期出现早期的磨损、擦伤、胶合或咬死，锥齿轮在热处理及精加工后，作厚度为 0.005～0.020mm 的磷化处理或镀铜、镀锡处理。对齿面进行应力喷丸处理，可提高 25% 的齿轮寿命。对于滑动速度高的齿轮，可进行渗硫处理以提高耐磨性。

CHAPTER 6

第三节　对称锥齿轮式差速器设计

一、差速器齿轮主要参数选择

1. 行星齿轮数 n

行星齿轮数 n 需根据承载情况来选择。通常情况下，轿车的 $n=2$；货车或越野车的 $n=4$，也有少数汽车采用 3 个行星齿轮。

2. 行星齿轮球面半径 R_b 的确定

行星齿轮球面半径 R_b 反映了差速器锥齿轮节锥距的大小和承载能力，可根据经验公式来确定

$$R_b = K_b \sqrt[3]{T_d} \tag{6-32}$$

式中：K_b 为行星齿轮球面半径系数，K_b=2.5～3.0，对于有 4 个行星齿轮的轿车和公路用货车取小值，对于有 2 个行星齿轮的轿车及 4 个行星齿轮的越野车和矿用车取大值；T_d 为差速器计算转矩，N·m，$T_d=\min[T_{ce}, T_{cs}]$；R_b 为球面半径，mm。

差速器行星齿轮球面半径 R_b 确定以后，可初步根据下式确定节锥距 A_0

$$A_0=（0.98～0.99）R_b \tag{6-33}$$

3. 行星齿轮和半轴齿轮齿数的选择

通常我们取较大的模数使轮齿具有较高的强度，但尺寸会增大，于是又要求行星齿轮的齿数 z_1 应取少些，但 z_1 一般不少于 10。半轴齿轮齿数 z_2 在 14～25 选用。大多数汽车的半轴齿轮与行星齿轮的齿数比 z_2/z_1 在 1.5～2.0 的范围内。

为使 2 个或 4 个行星齿轮能同时与 2 个半轴齿轮啮合，2 半轴齿轮齿数和必须能被行星齿轮数整除，否则差速齿轮不能装配。

4. 行星齿轮和半轴齿轮节锥角 γ_1、γ_2 及模数 m

行星齿轮和半轴齿轮节锥角 γ_1、γ_2 分别为

$$\gamma_1 = \arctan(z_1 / z_2) \tag{6-34}$$

$$\gamma_2 = \arctan(z_2 / z_1) \tag{6-35}$$

锥齿轮大端端面模数 m 为

$$m = \frac{2A_0}{z_1}\sin\gamma_1 = \frac{2A_0}{z_2}\sin\gamma_2 \tag{6-36}$$

5. 压力角 α

汽车差速齿轮一般采用压力角为 22°30′、齿高系数为 0.8 的齿形。某些重型货车和矿用车采用 25° 压力角，以提高齿轮强度。

6. 行星齿轮轴直径 d 及支承长度 L

行星齿轮轴直径与行星齿轮安装孔直径相同，行星齿轮在轴上的支承长度也就是行星齿轮安装孔的深度。

Note

行星齿轮轴直径 d 为

$$d=\sqrt{\frac{T_0\times10^3}{1.1[\sigma_c]nr_d}}\qquad(6\text{-}37)$$

式中：T_0 为差速器壳传递的转矩，$N\cdot m$，也就是从动锥齿轮计算转矩，可取 $T_0=T_d=\min[T_{ce},\ T_{cs}]$ 进行计算；n 为行星齿轮数；r_d 为行星齿轮支承面中点到锥顶的距离，mm，约为半轴齿轮齿宽中点处平均直径的一半，而半轴齿轮齿宽中点处平均直径约为 $0.8d_2$，即 $r_d\approx0.4d_2$；$[\sigma_c]$ 为支承面许用挤压应力，取 98MPa。

行星齿轮在轴上的支承长度 L 为

$$L=1.1d\qquad(6\text{-}38)$$

二、差速器齿轮的几何尺寸计算

汽车差速器用直齿锥齿轮的几何尺寸计算步骤见表 6-13，表中计算用的切向修正系数（弧齿厚系数）τ，τ 见图 6-35 和图 6-36。

表 6-13　　　　　　　　　　　　汽车差速器锥齿轮的几何尺寸计算

序号	项目	计算公式
1	行星齿轮齿数	$z_1\geqslant10$，应尽量取小值
2	半轴齿轮齿数	$z_2=14\sim25$，且满足式（6-29）
3	模数	m
4	齿面宽	$F=(0.25\sim0.30)A_0$；$F\leqslant10m$
5	齿工作高	$h_g=1.6m$
6	齿全高	$h=1.788m+0.051$
7	压力角	一般汽车：$\alpha=22°30'$；某些重型车：$\alpha=25°$
8	轴交角	$\sum=90°$
9	节圆直径	$d_1=mz_1$；$d_2=mz_2$
10	节锥角	$\gamma_1=\arctan\dfrac{z_1}{z_2}$；$\gamma_2=\arctan\dfrac{z_2}{z_1}$
11	节锥距	$A_0=\dfrac{d_1}{2\sin\gamma_1}=\dfrac{d_2}{2\sin\gamma_2}$
12	周节	$t=3.1416m$
13	齿顶高	$h_1'=h_g-h_2'$，$h_2'=\left[0.430+\dfrac{0.370}{(z_2/z_1)^2}\right]m$
14	齿根高	$h_1''=1.788m-h_1'$；$h_2''=1.788m-h_2'$
15	径向间隙	$c=h-h_g=0.188m+0.051$
16	齿根角	$\delta_1=\arctan\dfrac{h_1''}{A_0}$；$\delta_2=\arctan\dfrac{h_2''}{A_0}$
17	面锥角	$\gamma_{01}=\gamma_1+\delta_2$；$\gamma_{02}=\gamma_2+\delta_2$

续表

序号	项目	计 算 公 式
18	根锥角	$\gamma_{R1} = \gamma_1 - \delta_2$; $\gamma_{R2} = \gamma_2 - \delta_2$
19	外圆直径	$d_{01} = d_1 + 2h_1' \cos\gamma_1$; $d_{01} = d_2 + 2h_2' \cos\gamma_2$
20	节锥顶点至齿轮外缘距离	$\chi_{01} = \dfrac{d_2}{2}$ $h_1' \sin\gamma_1$; $\chi_{02} - \dfrac{d_1}{2} - h_2' \sin\gamma_2$
21	理论弧齿厚	$s_1 = ts_2$; $s_2 = \dfrac{t}{2} - (h_1' - h_2')\tan\alpha - \tau m$
22	齿侧间隙	B （见表6-14）
23	弦齿厚	$s_{x_1} = s_1 - \dfrac{s_1^3}{6d_1^2} - \dfrac{B}{2}$; $s_{x_2} = s_2 - \dfrac{s_2^3}{6d_2^2} - \dfrac{B}{2}$
24	弦齿高	$h_{x_1} = h_1' + \dfrac{s_1^2 \cos\gamma_1}{4d_1}$; $h_{x_2} = h_2' + \dfrac{s_2^2 \cos\gamma_2}{4d_2}$

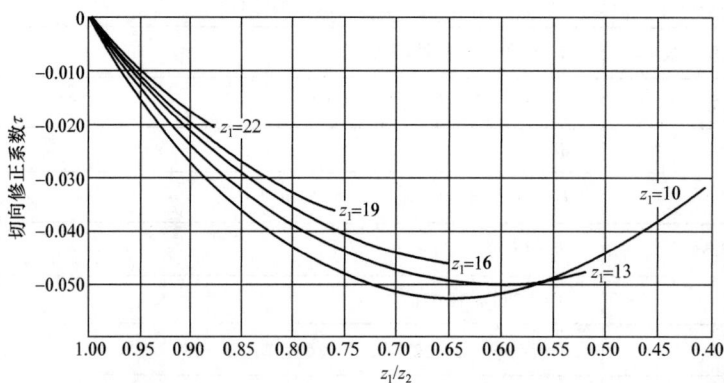

图6-35 汽车差速器直齿锥齿轮切向修正系数（弧齿厚系数）τ （一）

注：用于压力角 $\alpha = 22°30'$、滚切加工的齿轮。

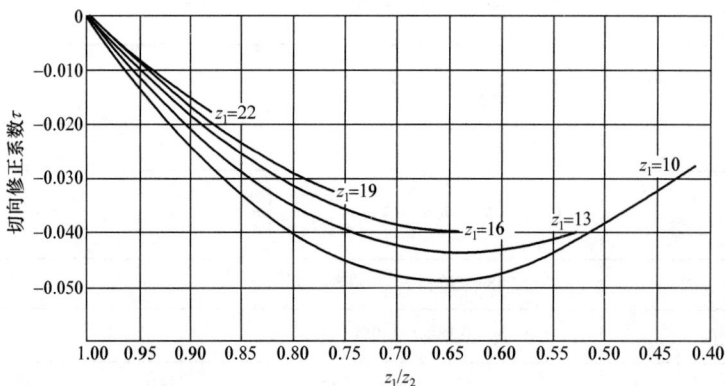

图6-36 汽车差速器直齿锥齿轮切向修正系数（弧齿厚系数）τ （二）

注：用于压力角 $\alpha = 25°$、滚切加工的齿轮。

表 6-14　　　　　　　"格里森"制圆锥齿轮推荐采用的齿侧间隙 B（新标准）　　　　（mm）

端面模数 m	齿侧间隙 B		端面模数 m	齿侧间隙 B	
	低精度	高精度		低精度	高精度
	（AGMA4~6 级）	（AGMA7~13 级）		（AGMA4~6 级）	（AGMA7~13 级）
2.11~2.54	0.076~0.127	0.051~0.102	8.47~10.15	0.381~0.635	0.254~0.330
2.54~3.18	0.102~0.203	0.076~0.127	10.15~12.7	0.508~0.762	0.305~0.406
3.18~4.23	0.127~0.254	0.102~0.152	12.7~14.5	0.508~1.016	0.356~0.457
4.23~5.08	0.152~0.330	0.127~0.178	14.5~15.9	0.635~1.143	0.406~0.559
5.08~6.35	0.203~0.405	0.152~0.203	16.9~20.3	0.889~1.397	0.457~0.660
6.35~7.25	0.254~0.508	0.178~0.228	20.3~25.4	1.143~1.651	0.508~0.762
7.25~8.47	0.305~0.559	0.203~0.279			

注　1. 本表适用于直齿锥齿轮零度螺旋锥齿轮和螺旋锥齿轮；

　　2. 对于上表中模数 m 跨于两行的齿轮，应选上一行的数值（较小值）；

　　3. 汽车主减速器齿轮的齿侧间隙查上表的高精度一栏。

三、差速器齿轮强度计算

差速器齿轮的尺寸受结构限制，而且承受的载荷较大，它不像主减速器齿轮那样经常处于啮合传动状态，只有当汽车转弯或左、右轮行驶不同的路程时，或一侧车轮打滑而滑转时，差速器齿轮才能有啮合传动的相对运动。因此，对于差速器齿轮主要应进行弯曲强度计算。轮齿弯曲应力 σ_w 为

$$\sigma_w = \frac{2Tk_s k_m}{k_v m b_2 d_2 J n} \times 10^3 \qquad (6-39)$$

式中：n 为行星齿轮数；J 为综合系数，见图 6-37~图 6-39；b_2、d_2 分别为半轴齿轮齿宽及其大端分度圆直径，mm；T 为半轴齿轮计算转矩，N·m，$T = 0.6T_0$；k_v、k_s、k_m 按主减速器齿轮强度计算的有关数值选取。

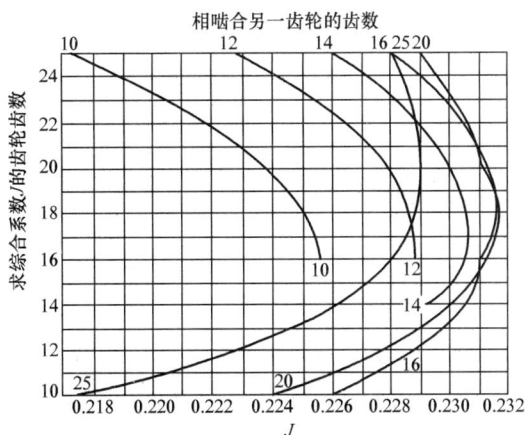

图 6-37　弯曲计算用综合系数 J（一）

注：用于压力角为 $22°30'$、在刨齿机上滚切加工的汽车差速器用直齿锥齿轮（齿面宽 $F \leqslant A_0/3$，刀尖圆角半径为 $0.24m$，当刀尖圆角半径为 $0.12m$ 时，J 应乘以 0.89。

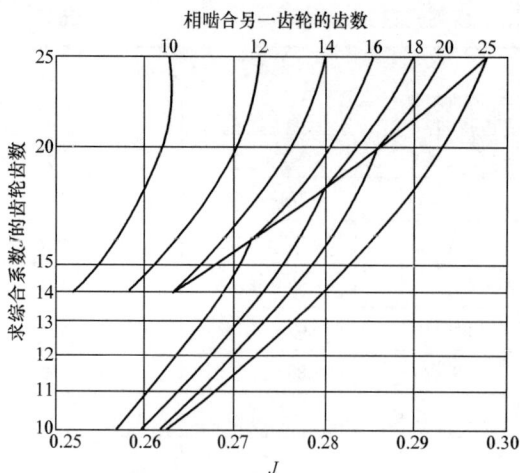

图 6-38　弯曲计算用综合系数 J（二）

注：用于压力角为 22°30′、齿面为局部接触的汽车差速器用直齿锥齿轮（刀尖圆角半径为 $0.24m$，齿面宽 $F \leqslant A_0/3$；当刀尖圆角半径为 $0.12m$ 时，由图求得的 J 值应再乘以 0.89）。

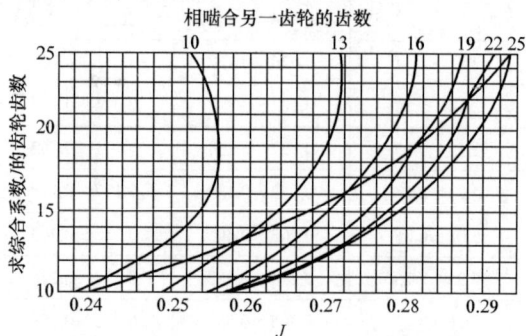

图 6-39　弯曲计算用综合系数 J（三）

注：用于压力角为 25°、齿面为局部接触的汽车差速器用直齿锥齿轮（刀尖圆角为标准值 $0.12m$）。

当 $T_0 = \min[T_{ce}, T_{cs}]$ 时，$[\sigma_w] = 980$MPa；当 $T_0 = T_{cf}$ 时，$[\sigma_w] = 210$MPa。

差速器齿轮与主减速器齿轮一样，基本上都是用渗碳合金钢制造，目前用于制造差速器锥齿轮的材料为 20CrMnTi、20CrMoTi、22CrMnMo 和 20CrMo 等。由于差速器齿轮轮齿要求的精度较低，所以精锻差速器齿轮工艺已被广泛应用。

四、结合本例题，进行设计计算

1. 主要参数选择计算

（1）由于是货车差速器，行星齿轮数 n 选择 4 个。

（2）行星齿轮球面半径 R_b 和节锥距 A_0 的确定。

4 个行星齿轮，且为公路用车，所以取行星齿轮球面半径系数 $K_b = 2.6$，差速器计算转矩 $T_d = \min[T_{ce}, T_{cs}] = 3136.5$（N·m），则代入式（6-32）得 $R_b = 36.6$mm 取整为 36mm，由式（6-33）得 $A_0 = 37$mm。

（3）确定行星齿轮和半轴齿轮齿数。

微型货车轮齿强度要求不太高，可以选取行星齿轮齿数 $z_1 = 10$，半轴齿轮齿数 z_2 初选为 16，z_2 与 z_1 的齿数比为 1.6，两个半轴齿轮齿数和为 32，能被行星齿轮数 4 整除，所以能够保证装配，满足设计要求。

（4）行星齿轮和半轴齿轮节锥角 γ_1、γ_2 及锥齿轮大端端面模数 m。

由式（6-34）、式（6-35）计算可得 $\gamma_1 = 32°$，$\gamma_1 = 58°$。

锥齿轮大端端面模数按照式（6-36）计算得 $m = 3.92$mm ≈ 4.0 mm。

行星齿轮分度圆直径 $d_1 = mz_1 = 40$mm；半轴齿轮分度圆直径 $d_2 = mz_2 = 64$mm。

（5）压力角 α 采用推荐值 22°30′，齿高系数为 0.8。

（6）行星齿轮轴直径 d 及支承长度 L。按照式（6-37）代入数据计算得：$d = 17.4$mm，则行星齿轮在轴上的支承长度 $L = 19$mm。

2. 差速器齿轮的几何尺寸计算

可以编写计算机程序进行计算，下面列出 C 语言程序代码如下：

```c
#include<stdio.h>
#include<math.h>
#include<conio.h>
#define Pi 3.1415926
float con(double tmp);
main()
{
float z1,z2,i;
float m,F,hg,h,h11,h21,h111,h211,alfa,sigma,A0,d1,d2,t;
float gama1,gama2,c,delta1,delta2,gama01,gama02,gamaR1,gamaR2;
float d01,d02,x01,x02,s2,s1,tao,B,sx1,sx2,hx1,hx2;
FILE *out;
/*输入行星齿轮齿数*/
printf("please input gear unit of the small gear(z1):\n");
scanf("%f",&z1);
/*输入半轴齿轮齿数*/
printf("please input gear unit of the big gear(z2):\n");
scanf("%f",&z2);
/*输入齿轮模数*/
printf("please input modulus of the gears(m):\n");
scanf("%f",&m);
/*输入行星齿轮切向修正系数*/
printf("please input tao of the gears:\n");
scanf("%f",&tao);
/*输入行星齿轮齿侧间隙*/
printf("please input Tooth side clearance of the gear(B):\n");
scanf("%f",&B);
clrscr();
/*计算齿工作高*/
hg=1.6*m;
printf("hg=%5.3f mm\n",hg);
/*计算齿全高*/
h=1.788*m+0.051;
printf("h=%5.3f mm\n",h);
/*计算压力角*/
alfa=22.5*Pi/180;
printf("alfa=%4.3f\n",con(alfa));
/*计算轴交角*/
sigma=Pi/2;
```

```
printf("sigma=%5.3f\n",con(sigma));
/*计算节圆直径*/
d1=m*z1;d2=m*z2;
printf("d1=%5.3f mm,d2=%5.3f mm\n",d1,d2);
/*计算节锥角*/
gama1=atan(z1/z2);
gama2=atan(z2/z1);
printf("gama1=%5.3f,gama2=%5.3f\n",con(gama1),con(gama2));
/*计算节锥距*/
A0=d1/(2*sin(gama1));
printf("A0=%5.3fmm\n",A0);
/*计算齿面宽*/
F=0.3*A0;
printf("F=%5.3f mm\n",F);
/*计算周节*/
t=Pi*m;
printf("t=%5.3f mm\n",t);
/*计算齿顶高*/
h21=(0.430+0.370/pow(z2/z1,2))*m;
h11=hg-h21;
printf("h11=%5.3f,h21=%5.3f\n",h11,h21);
/*计算齿根高*/
h111=1.788*m-h11;
h211=1.788*m-h21;
printf("h111=%5.3f,h211=%5.3f\n",h111,h211);
/*计算径向间隙*/
c=h-hg;
printf("c=%5.3fmm\n",c);
/*计算齿根角*/
delta1=atan(h111/A0);delta2=atan(h211/A0);
printf("delta1=%5.3f,delta2=%5.3f\n",con(delta1),con(delta2));
/*计算面锥角*/
gama01=gama1+delta2;gama02=gama2+delta1;
printf("gama01=%5.3f,gama02=%5.3f\n",con(gama01),con(gama02));
/*计算根锥角*/
gamaR1=gama1-delta1;gamaR2=gama2-delta2;
printf("gamaR1=%5.3f,gamaR2=%5.3f\n",con(gamaR1),con(gamaR2));
/*计算外圆直径*/
d01=d1+2*h11*cos(gama1);d02=d2+2*h21*cos(gama2);
printf("d01=%5.3fmm,d02=%5.3fmm\n",d01,d02);
```

```c
/*计算节锥顶点至齿轮外缘距离*/
x01=d2/2-h11-sin(gama1);x02=d1/2-h21-sin(gama2);
printf("x01=%5.3fmm,x02=%5.3fmm\n",x01,x02);
/*计算理论弧齿厚*/
s2=t/2-(h11-h21)*tan(alfa)-tao*m;
s1=t-s2;
B=0.102;
/*计算弦齿厚*/
sx1=s1-pow(s1,3)/(6*pow(d1,2))-B/2;
sx2=s2-pow(s2,3)/(6*pow(d2,2))-B/2;
printf("sx1=%5.3fmm,sx2=%5.3fmm\n",sx1,sx2);
/*计算弦齿高*/
hx1=h11+pow(s1,2)*cos(gama1)/(4*d1);
hx2=h21+pow(s2,2)*cos(gama2)/(4*d2);
printf("hx1=%5.3fmm,hx2=%5.3fmm\n",hx1,hx2);
/*写入到文件中*/
if ((out = fopen("calcu.txt", "wt")) == NULL)
{
fprintf(stderr, "Cannot open output \file.\n");
}
fprintf(out ,"hg=%5.3f mm\n",hg);
fprintf(out ,"h=%5.3f mm\n",h);
fprintf(out ,"alfa=%4.3f\n",con(alfa));
fprintf(out ,"d1=%5.3f mm,d2=%5.3f mm\n",d1,d2);
fprintf(out ,"A0=%5.3fmm\n",A0);
fprintf(out ,"F=%5.3f mm\n",F);
fprintf(out ,"h11=%5.3f,h21=%5.3f\n",h11,h21);
fprintf(out ,"h111=%5.3f,h211=%5.3f\n",h111,h211);
fprintf(out,"c=%5.3fmm\n",c);
fprintf(out,"delta1=%5.3f,delta2=%5.3f\n",con(delta1),con(delta2));
fprintf(out,"gama01=%5.3f,gama02=%5.3f\n",con(gama01),con(gama02));
fprintf(out,"gamaR1=%5.3f,gamaR2=%5.3f\n",con(gamaR1),con(gamaR2));
fprintf(out,"d01=%5.3fmm,d02=%5.3fmm\n",d01,d02);
fprintf(out,"x01=%5.3fmm,x02=%5.3fmm\n",x01,x02);

fclose(out);

}

float con(double tmp)
```

179

```
    {
        double d;
        d=tmp*180/Pi;
        return(d);
```

结合本例，输入 z_1=10;z_2=16;m=4.0; 切向修正系数 τ=-0.051;齿侧间隙 B=0.102;可得

齿工作高 h_g=6.400 mm

齿全高 h=7.203 mm

压力角 α=22.5°

节圆直径 d_1=40.000 mm，d_2=64.000 mm

节锥角 γ_1=32°，γ_2=58°

节锥距 A_0=37.736mm

齿面宽 b=11.321 mm

齿顶高 h_1'=4.102mm，h_2'=2.298mm

齿根高 h_1''=3.050mm，h_2''=4.854mm

径向间隙 c=0.803mm

齿根角 δ_1=4.621°，δ_2=7.33°

面锥角 γ_{01}=39.335°，γ_{02}=62.616°

根锥角 γ_{R1}=27.384°，γ_{R1}=50.665°

外圆直径 d_{01}=46.957mm，d_{02}=66.436mm

节锥顶点至齿轮外缘距离 x_{01}=27.368mm，x_{02}=16.854mm

3. 差速器齿轮强度计算

根据式（6-39），n=4，J 选取 0.257，半轴齿轮齿面宽 b_2=11.3mm，半轴大端分度圆直径 d_2 前面计算得到 64mm，质量系数 k_v 取 1.0，由于模数 m 为 4.0，大于 1.6mm，因此尺寸系数 k_s 计算得 0.629，齿面载荷分配系数 k_m 取 1.0，半轴齿轮计算转矩 T=0.6T_0，T_0 可按照两种形式计算。

（1）当 T_0=min[T_{ce}, T_{cs}]时，[σ_w]=980MPa；则 σ_w=755.5MPa<[σ_w]满足设计要求。

（2）当 T_0=T_{cf}时，[σ_w] =210MPa；则 σ_w=227MPa>[σ_w]，超过设计要求 8.1%，在采用较好的制造工艺和强度较大的材料后，基本能够满足设计要求。如不满足设计要求，则需要重新选取部分参数重新计算，例如行星齿轮球面半径系数可取较大值，计算较大的球面半径，从而预选出较大的节锥距，算出较大的模数，再通过程序计算出准确的节锥距及其他参数，详细过程略。

CHAPTER 6

第四节 半轴设计计算

1. 结构形式分析

半轴根据其车轮端的支撑方式不同，可分为半浮式、3/4 浮式和全浮式三种形式。

半浮式半轴的结构特点是半轴外端支承轴承位于半轴套管外端的内孔，车轮装在半轴上。半浮式半轴除传递转矩外，其外端还承受由路面对车轮的反力所引起的全部力和力矩。半浮式

半轴有结构简单，质量小，尺寸紧凑，造价低廉的优点，但所受载荷复杂且较大，因此多用于质量较小，使用条件较好，承载负荷也不大的轿车和微型、轻型货车或客车上。

3/4 浮式半轴的结构特点是半轴外端仅有一个轴承并装在驱动桥壳半轴套管的端部，直接支撑着车轮轮毂，而半轴则以其端部凸缘与轮毂用螺钉联接。该形式半轴受载情况与半浮式相似，只是载荷有所减轻，一般仅用在轿车和轻型货车上。

全浮式半轴理论上只承受传动系的转矩而不承受弯矩，但实际上由于加工零件的精度和装配精度影响以及桥壳、轴承支承刚度不足等原因，仍可能使全浮式半轴承受一定弯矩。具有全浮式半轴的驱动桥外端结构复杂，需要采用形状复杂且质量及尺寸均较大的轮毂，制造成本高，故小型车及轿车不必采用此种结构，而广泛用于轻型以上各种载货汽车、越野汽车和客车。

2. 半轴计算

半轴的主要尺寸是它的直径，在设计时首先根据对使用条件和载荷情况相同或相近的同类汽车同形式半轴的分析比较，大致选定从整个驱动桥的布局来看比较合适的半轴半径，然后对其进行强度核算。

计算时首先应该合理地确定作用在半轴上的载荷，应考虑到以下三种可能的载荷工况。

（1）纵向力 F_{x2}（驱动力或制动力）最大时，最大值为 $F_{z2}\varphi$，附着系数 φ 在计算时取 0.8，侧向力 $F_{y2}=0$。

（2）侧向力 F_{y2} 最大时，其最大值为 $F_{z2}\varphi_1$（汽车侧滑时），侧滑时轮胎与地面的侧向力系数 φ_1 在计算时取 1.0，没有纵向力作用。

（3）汽车通过不平路面，垂向力 F_{z2} 最大，纵向力 F_{x2} 和侧向力 F_{y2} 都为 0。

由于车轮受纵向力和侧向力的大小受车轮与地面最大附着力限制，所以两个方向力的最大值不会同时出现。

（1）全浮式半轴。

1）半轴计算转矩 T_φ 及杆部直径。全浮式半轴只承受转矩，全浮式半轴的计算载荷可按主减速器从动锥齿轮计算转矩进一步计算得到。即

$$T_\varphi = \xi \min[T_{ce},T_{cs}] \qquad (6\text{-}40)$$

式中：ξ 为差速器转矩分配系数，对于圆锥行星齿轮差速器可取 0.6；$\min[T_{ce},T_{cs}]$ 为按发动机最大转矩和最低挡传动比以及按驱动轮打滑转矩计算最小值确定的主减速器从动锥齿轮计算转矩，N·m，已经考虑到传动系中的最小传动比构成。

对半轴进行结构设计时，应注意如下几点。

杆部直径可按照下式进行初选。

$$d = \sqrt[3]{\frac{T_\varphi \times 10^3}{0.196[\tau]}} = (2.05 \sim 2.18)\sqrt[3]{T_\varphi} \qquad (6\text{-}41)$$

式中：$[\tau]$ 为许用半轴扭转切应力，MPa；d 为半轴杆部直径，mm。

半轴杆部直径计算结果应根据结构设计向上进行圆整。半轴的杆部直径应小于或等于半轴花键的底径，以便使半轴各部分达到基本等强度。半轴的破坏形式大多是扭转疲劳损坏，在结构设计时应尽量增大各过渡部分的圆角半径，尤其是凸缘与杆部、花键与杆部的过渡部分，以减小应力集中。对于杆部较粗且外端凸缘也较大时，可采用两端用花键连接的结构。半轴杆部的强度储备应低于驱动桥其他传力零件的强度储备，使半轴起一个"熔丝"的作用。

根据初选的 d，按应力公式进行强度校核。

2）全浮式半轴强度校核计算。半轴的扭转切应力为

$$\tau = \frac{16T_\varphi}{\pi d^3} \times 10^3 \tag{6-42}$$

式中：τ 为半轴扭转切应力，MPa；d 为半轴直径，mm。

半轴的扭转角为

$$\theta = \frac{180T_\varphi l}{GI_p \pi} \times 10^3 \tag{6-43}$$

式中：θ 为扭转角；l 为半轴长度；G 为材料剪切弹性模量；I_p 为半轴断面极惯性矩，$I_p = \pi d^4 / 32$。

半轴的扭转切应力考虑到安全系数在 1.3～1.6 范围，宜为 490～588MPa，单位长度转角不应大于 8°/m。

（2）半浮式半轴。

半浮式半轴设计应考虑如下三种载荷工况。

1）纵向力 F_{x2}（驱动力或制动力）最大时，侧向力 $F_{y2}=0$；纵向力最大值 $F_{x2} = F_{z2}\varphi = m_2' G_2 \varphi / 2$，计算时负荷转移系数 m_2' 可取 1.2，附着系数 φ 取 0.8，G_2 为驱动桥最大静载荷。

半轴弯曲应力 σ 和扭转切应力 τ 为

$$\left.\begin{array}{r}\sigma = \dfrac{32b\sqrt{F_{x2}^2 + F_{z2}^2}}{\pi d^3} \times 10^3 \\[4mm] \tau = \dfrac{16F_{x2}r_r}{\pi d^3} \times 10^3\end{array}\right\} \tag{6-44}$$

式中：b 为轮毂支承轴承到车轮中心平面之间的距离。

合成应力

$$\sigma_h = \sqrt{\sigma^2 + 4\tau^2} \tag{6-45}$$

2）侧向力 F_{y2} 最大，纵向力 $F_{x2}=0$，此时意味着发生侧滑。外轮上的垂直反力 F_{z2o} 和内轮上的垂直反力 F_{z2i} 分别为

$$\left.\begin{array}{r}F_{z2o} = G_2\left(0.5 + \dfrac{h_g}{B_2}\varphi_1\right) \\[4mm] F_{z2i} = G_2 - F_{z2o}\end{array}\right\} \tag{6-46}$$

式中：h_g 为汽车质心高度；B_2 为轮距；φ_1 为侧滑附着系数，计算时 φ_1 可取 1.0。

外轮上侧向力 F_{y2o} 和内轮上侧向力 F_{y2i} 分别为

$$\left.\begin{array}{r}F_{y2o} = F_{z2o}\varphi_1 \\[2mm] F_{y2i} = F_{z2i}\varphi_1\end{array}\right\} \tag{6-47}$$

内、外车轮上的总侧向力 F_{y2} 为 $G_2\varphi_1$。

这样，外轮半轴的弯曲应力 σ_o 和内轮半轴的弯曲应力 σ_i 分别为

$$\left.\begin{array}{r}\sigma_o = \dfrac{32(F_{y2o}r_r - F_{z2o}b)}{\pi d^3} \times 10^3 \\[4mm] \sigma_i = \dfrac{32(F_{y2i}r_r - F_{z2i}b)}{\pi d^3} \times 10^3\end{array}\right\} \tag{6-48}$$

3）汽车通过不平路面，垂向力 F_{z2} 最大，纵向力 $F_{x2}=0$，侧向力 $F_{y2}=0$。此时垂直力最大值

为

$$F_{z2} = \frac{1}{2}kG_2 \qquad (6\text{-}49)$$

式中：k 为动载系数，轿车取 $k=1.75$，货车取 $k=2.0$，越野车取 $k=2.5$。

半轴弯曲应力 σ 为

$$\sigma = \frac{32F_{z2}a}{\pi d^3} = \frac{16kG_2a}{\pi d^3} \qquad (6\text{-}50)$$

半浮式半轴的许用合成应力为 600～750MPa。

（3）3/4 浮式半轴。

3/4 浮式半轴计算与半浮式类似，只是半轴的危险断面不同，危险断面位于半轴与轮毂相配表面的内端。见图 6-40。分别按照下述第一种和第二种载荷情况计算。

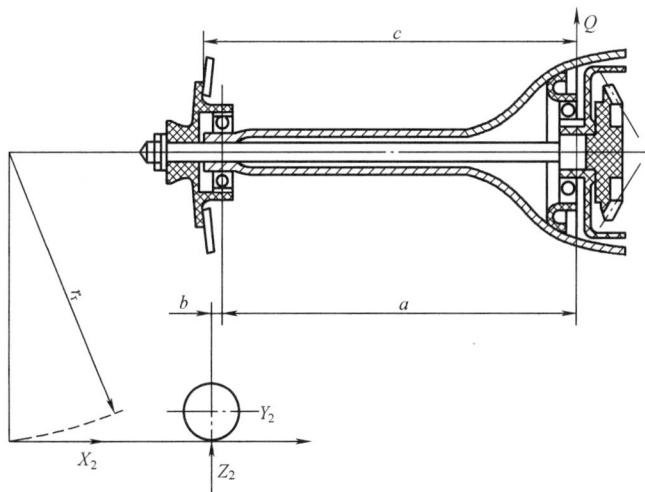

图 6-40　3/4 浮式半轴及受力简图

1）第一种载荷情况

$$\left.\begin{aligned}\sigma &= \frac{32bc\sqrt{F_{x2}{}^2 + F_{z2}{}^2}}{a\pi d^3} \times 10^3\\ \tau &= \frac{16F_{x2}r_{\mathrm{r}}}{\pi d^3} \times 10^3\end{aligned}\right\} \qquad (6\text{-}51)$$

2）第二种载荷情况

$$\left.\begin{aligned}\sigma_{\mathrm{o}} &= \frac{64c(F_{y2\mathrm{o}}r_{\mathrm{r}} - F_{z2\mathrm{o}}b - T_l)}{\pi d^3(3a-c)} \times 10^3\\ \sigma_{\mathrm{i}} &= \frac{64c(F_{y2\mathrm{i}}r_{\mathrm{r}} + F_{z2\mathrm{i}}b - T_l)}{\pi d^3(3a-c)} \times 10^3\end{aligned}\right\} \qquad (6\text{-}52)$$

式中：T_l 为轮毂轴承的夹持作用力矩。

3. 半轴花键计算

半轴和半轴齿轮一般采用渐开线花键连接，对花键应进行挤压应力和键齿切应力验算。挤压应力不大于 200MPa，切应力不大于 73MPa。

（1）半轴花键的剪切应力

$$\tau_s = \frac{4T_\varphi \times 10^3}{(D+d)zL_pb\varphi} \tag{6-53}$$

式中：T_φ 为半轴计算转矩，N·m；D 为半轴花键外径，mm；d 为与之相配的花键孔内径，mm；z 为花键齿数；L_p 为花键工作长度，mm；b 为花键齿宽，mm；φ 为载荷分配不均匀系数，计算时可取 0.75。

（2）半轴花键的挤压应力

$$\sigma_c = \frac{8T_\varphi \times 10^3}{(D^2-d^2)zL_p\varphi} \tag{6-54}$$

式中参数意义同上。

CHAPTER 6

第五节　驱动桥壳计算

驱动桥壳设计原则是在保证桥壳有足够的强度和刚度的条件下，应尽量减少桥壳的质量，其机构简单，制造方便，便于维修人员对其内部件的拆装、维护和保养，其次还应该考虑到具体汽车的型号、使用的条件来选择合理的材料，以减小成本。

1. 桥壳的结构形式选择

桥壳的结构形式分为三种可分式桥壳、整体式桥壳和组合式桥壳。

本课程主要以整体式桥壳为例子进行相关设计，其他形式请参考汽车设计相关书籍。

下面简单介绍一下整体式桥壳的特点。

如图 6-41 所示，整体式桥壳的特点是将整个桥壳制成一个整体，桥壳犹如一个整体的空心

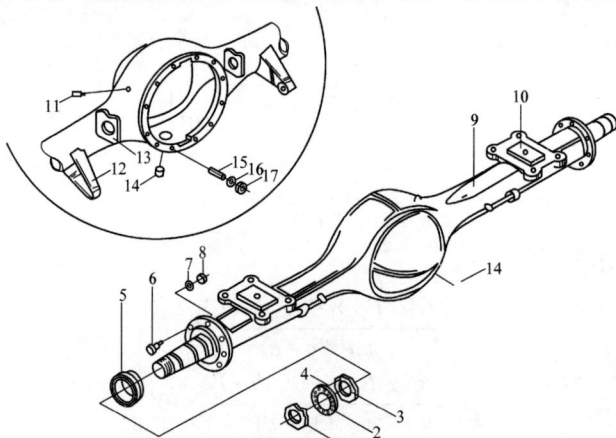

图 6-41　钢板冲压焊接整体式桥壳总成

1—锁紧螺母；2—止动垫圈；3—调整螺母；4—止动销；
5—半轴套管衬套；6、7、8—螺栓、弹簧垫圈、螺母；9—桥壳；
10—钢板弹簧座；11—通气塞；12—减振器下支架；
13—挡油片；14—放油螺塞；15—双头螺栓；16—弹簧垫圈；17—螺母

梁，其强度和刚度都比较好。这种结构的另一特点是桥壳与主减速器壳分作两体。主减速器齿轮及差速器总成均装在与桥壳分开的独立壳体——主减速器壳内，构成一个单独的总成——主减速器与差速器总成，调整好后再由桥壳中部前面装入桥壳内，并与桥壳用螺栓紧固在一起。这种结构对主减速器和差速器的拆装、调整、维修、保养等都十分方便，且不必把整个驱动桥壳从车上拆下来，这是整体式桥壳另一个很大的优点。

整体式桥壳按其制造工艺的不同又可分为铸造整体式、钢板冲压焊接式和钢管扩张成形式三种。近年来，由于钢板冲压焊接整体式桥壳具有制造工艺简单、材料利用率高、废品率低、生产效率高以及制造成本低，同时又具备较高的强度和较小的质量等特点，轿车，轻型、中型载货汽车广泛采用钢板冲压焊接整体式桥壳，还有部分较大吨位的汽车业广泛采用。

2. 驱动桥壳强度计算

（1）驱动桥壳受力分析。

对于具有全浮式半轴的驱动桥，强度计算的载荷工况与半轴强度计算的三种载荷工况相同。图 6-42 为驱动桥壳受力图，桥壳危险断面通常在钢板弹簧座内侧附近，桥壳端部的轮毂轴承座根部也应列为危险断面进行强度验算。

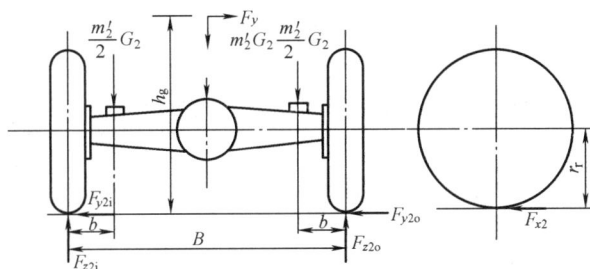

图 6-42 桥壳受力简图

1）当牵引力或制动力最大时，桥壳钢板弹簧座处危险断面的弯曲应力 σ 和扭转切应力 τ 分别为

$$\left.\begin{aligned} \sigma &= \left(\frac{M_v}{W_v} + \frac{M_h}{W_h}\right) \\ \tau &= \frac{T_T}{W_T} \end{aligned}\right\} \tag{6-55}$$

式中：M_v 为地面对车轮垂直反力在危险断面引起的垂直平面内的弯矩，$M_v = m_2' G_2 b / 2$；b 为轮胎中心平面到板簧座之间的横向距离，如图 6-42 所示；M_h 为一侧车轮上的牵引力或制动力 F_{x2} 在水平面内引起的弯矩，$M_h = F_{x2} b$；T_T 为牵引或制动时，上述危险断面所受转矩，$T_T = F_{x2} r_r$；W_v、W_h、W_T 分别为危险断面为垂直平面和水平面弯曲的抗弯截面系数及抗扭截面系数。

2）当侧向力最大时，桥壳内、外板簧座处断面的弯曲应力 σ_i、σ_0 分别为

$$\left.\begin{aligned} \sigma_i &= \frac{F_{z2i}(b + \varphi_1 r_r)}{W_v} \\ \sigma_0 &= \frac{F_{z2o}(b - \varphi_1 r_r)}{W_v} \end{aligned}\right\} \tag{6-56}$$

式中：F_{z2i}、F_{z2o} 为内、外侧车轮地面垂直反力；r_r 为车轮滚动半径；φ_1 为侧滑时的附着系数。

3）当汽车通过不平路面时，动载系数为 k，危险断面的弯曲应力 σ 为

$$\sigma = \frac{kG_2b}{2W_v}$$ （6-57）

桥壳的许用弯曲应力为300～500MPa，许用扭转切应力为150～400MPa。可锻铸铁桥壳取较小值，钢板冲压焊接桥壳取较大值。

（2）有限元法分析。

有限元法的基本思想是"离散化"。有限元法将被分析的对象，例如一个弹性体或一个机械结构视为由有限个单元构成，这些单元仅在节点处互相连接，形成结构模型。对不同的单元分别假设不同的内部位移模式，并用节点位移来描述。这样，我们只要对构成分析对象的节点位移求解，就可以求得单元的变形和应力，而不必对弹性体的无限域求解。

常规有限元分析时，通常要将研究对象理想化，在此在进行车桥有限元分析时所做的假设为① 不考虑焊接处材料特性的变化；② 桥壳结构的材料为均质材料且各向同性。

由于桥壳几何模型的复杂性，在不影响受力分析的前提下对驱动桥壳实体做必要简化，略去钢板弹簧紧固用 U 型螺栓对桥壳下半周的约束作用，削去了受力小而引起截面突变的材料，用分布力代替轴承对桥壳的作用力。同时考虑到桥壳存在不规则曲面，先利用三维实体建模软件 Pro/E 软件进行实体建模，然后利用有限元分析软件 ANSYS 中数据输入接口读入实体模型。该模型计算时采用有限元单元为三边形 SHELL63，该单元能较好地描述桥壳的几何形状、计算位移及应力，且该单元具有较高的精度。每个节点有六个自由度：x、y、z 方向的平动和绕 x、y、z 的转动。并采用分块划分的原则对整个结构进行有限元网格划分。根据上述原则，设计出如图 6-43 所示桥壳网格模型。

图 6-43　网格化后桥壳有限元模型

（3）桥壳最大铅垂力工况分析。

以桥壳承受最大铅垂力工况为例，对该桥壳做变形和应力分析。如图 6-44、图 6-45 所示分别为冲击载荷作用下的桥壳应力和整体变形图。

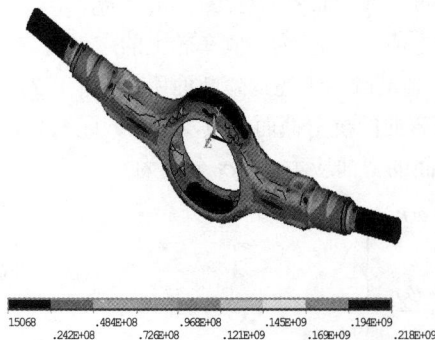

15068　　.484E+08　　.968E+08　　.145E+09　　.194E+09
　　.242E+08　　.726E+08　　.121E+09　　.169E+09　　.218E+09

图 6-44　冲击载荷作用下桥壳应力图（Pa）

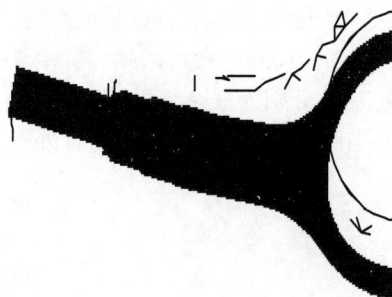

图 6-45　冲击载荷作用下桥壳整体变形

该部分的分析主要供同学设计时参考，了解传统分析之外的其他分析方法。

CHAPTER 6

第六节　三维造型设计及二维装配图

选取驱动桥中比较有典型性的零件进行建模，例如差速器相关零件。也可以选择主、从动锥齿轮，但是齿轮齿形构建难度较大。

主动锥齿轮建模构建过程如下。主动锥齿轮模型如图 6-46 所示。

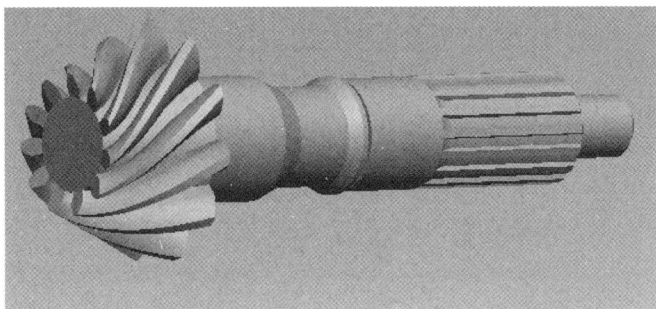

图 6-46　主动锥齿轮模型

（1）通过绘制基圆草图，采用旋转构建齿轮基圆，基圆模型如图 6-47 所示。

（2）通过多条齿形曲线构成轮齿齿形线，混扫生成单个齿，如图 6-48 所示。

图 6-47　基圆模型　　　　　　　　　　图 6-48　单个轮齿

（3）通过阵列生成全部齿，如图 6-49 所示。

（4）通过逐段拉伸或草图旋转生成齿轮轴各段，如图 6-50 所示。

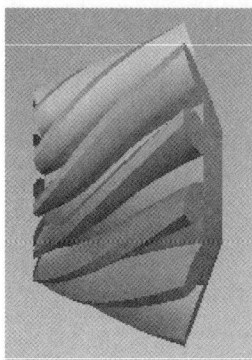

图 6-49　主动锥齿轮轮齿

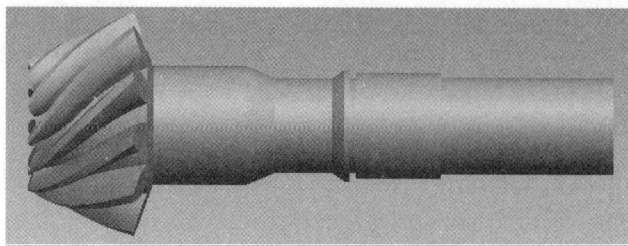

图 6-50　增加齿轮轴

（5）通过拉伸、阵列构建花键，如图 6-51 所示。

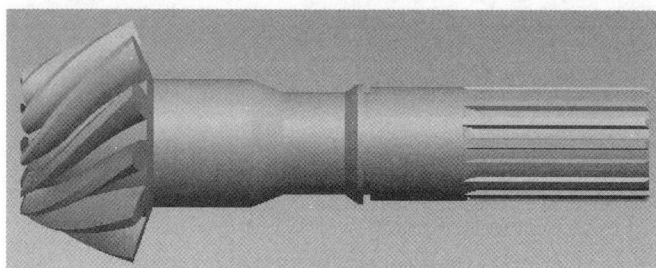

图 6-51　花键轴

（6）构建螺纹、钻孔，完成三维设计，如图 6-52 所示。

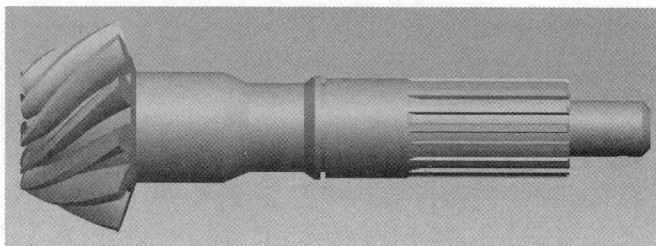

图 6-52　完成螺纹、钻孔

CHAPTER 7

第七章 悬 架 设 计

　　悬架是现代汽车上的重要总成之一。它把车架（或车身）与车轴（或车轮）弹性地连接起来。其主要任务是传递作用在车轮和车架（或车身）之间的一切力和力矩，并且缓和路面传给车架（或车身）的冲击载荷，衰减由此引起的承载系统的振动，保证汽车的行驶平顺性；保证车轮在路面不平和载荷变化时有理想的运动特性，保证汽车的操纵稳定性，使汽车获得高速行驶能力。

　　悬架由弹性元件、导向装置、减振器、缓冲块和横向稳定器等组成。

　　导向装置由导向杆系组成，用来决定车轮相对于车架（或车身）的运动特性、并传递除弹性元件传递的垂直力以外的各种力和力矩。当用纵置钢板弹簧作弹性元件时，它兼起导向装置作用。缓冲块用来减轻车轴对车架（或车身）的直接冲撞。防止弹性元件产生过大的变形。装有横向稳定器的汽车能减少转弯行驶时车身的侧倾角和横向角振动。

　　对悬架提出的设计要求如下。

　　1）保证汽车有良好的行驶平顺性。

　　2）具有合适的衰减振动能力。

　　3）保证汽车具有良好的操纵稳定性。

　　4）汽车制动或加速时要保证车身稳定，减少车身纵倾；转弯时车身侧倾角要合适。

　　5）有良好的隔声能力。

　　6）结构紧凑、占用空间尺寸要小。

　　7）可靠地传递车身与车轮之间的各种力和力矩。在满足零部件质量要小的同时，还要保证有足够的强度和寿命。

　　为了满足汽车具有良好的行驶平顺性，要求由簧上质量与弹性元件组成的振动系统的固有频率应在合适的频段，并尽可能低。前、后悬架固有频率的匹配应合理，对轿车要求前悬架固有频率略低于后悬架的固有频率，还要尽量避免悬架撞击车架（或车身）。在簧上质量变化的情况下，车身高度变化要小。因此，应采用非线性弹性特性悬架。

　　汽车在不平路面上行驶，由于悬架的弹性作用，使汽车产生垂直振动。为了迅速衰减这种振动和抑制车身、车轮的共振，减小车轮的振幅，悬架应装有减振器，并使之具有合理的阻尼。利用减振器的阻尼作用，使汽车的振动振幅连续减小，直至振动停止。

　　要正确地选择悬架方案和参数，在车轮上、下跳动时，使主销定位角变化不大、车轮运动与导向机构运动要协调，避免前轮摆振；汽车转向时，应使之稍有不足转向特性。

　　独立悬架导向杆系铰接处多采用橡胶衬套，能隔绝车轮所受来自路面的冲击向车身的传递。

　　主动和半主动悬架的出现不仅能很好地提高汽车行驶性能，而且能更好地保持车厢平衡，减小侧倾、纵倾。

CHAPTER 7

第一节 悬架设计基础

一、悬架的基本结构形式

（一）非独立悬架和独立悬架

悬架可分为非独立悬架和独立悬架两类。非独立悬架的结构特点是左、右车轮用一根整体轴连接，再经过悬架与车架（或车身）连接。独立悬架的结构特点是左、右车轮通过各自的悬架与车架（或车身）连接（见图7-1）。非独立悬架如图7-1（a）所示。其两侧车轮安装于一整体式车桥上，当一侧车轮受冲击力时会直接影响到另一侧车轮上。独立悬架如图7-1（b）所示，其两侧车轮安装于断开式车桥上，两侧车轮分别独立地与车架（或车身）弹性地连接，当一侧车轮受冲击，其运动不直接影响到另一侧车轮。

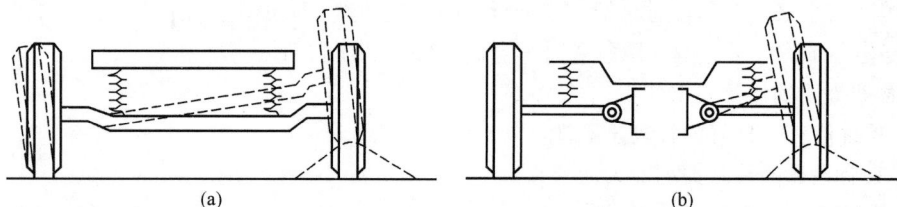

(a)   (b)

图 7-1 悬架的结构形式简图

（a）非独立悬架；（b）独立悬架

以纵置钢板弹簧为弹性元件兼作导向装置的非独立悬架，其主要优点是结构简单、制造容易、维修方便及工作可靠。缺点是由于整车布置的限制，钢板弹簧不可能有足够的长度（特别是前悬架），使之刚度较大，所以汽车平顺性较差，簧下质量大；在不平路面上行驶时，左、右车轮相互影响，并使车轴（桥）和车身倾斜；当汽车直线行驶在凹凸不平的路段上时，由于左右两侧车轮反向跳动或只有一侧车轮跳动时，会产生不利的轴转向特性；汽车转弯行驶时，离心力也会产生不利的轴转向特性；车轴（桥）上方要求有与弹簧行程相适应的空间。这种悬架主要用在货车、大客车的前、后悬架以及某些轿车的后悬架。

独立悬架的优点是：簧下质量小；悬架占用的空间小；弹性元件只承受垂直力，所以左、右车轮可以用刚度小的弹簧，使车身振动频率降低，车轮通过不平路段时的相互影响改善了汽车行驶平顺性；由于有可能降低发动机的位置高度，使整车的质心高度下降，又改善了汽车的行驶稳定性；左、右车轮各自独立运动互不影响，可减少车身的倾斜和振动，同时在起伏的路面上能获得良好的地面附着能力。

独立悬架的缺点是结构复杂，成本较高，维修困难。这种悬架主要用于轿车和部分轻型货车、客车及越野车上。

（二）独立悬架结构形式分析

独立悬架又分为双横臂式、单横臂式、双纵臂式、单纵臂式、单斜臂式、麦弗逊式和扭转梁随动臂式等几种。

对于不同结构形式的独立悬架，不仅结构特点不同，而且许多基本特性也有较大区别，评价时常从以下几个方面进行。

（1）侧倾中心高度。汽车在侧向力作用下，车身在通过左、右车轮中心的横向垂直平面内发生侧倾时，相对于地面的瞬时转动中心称之为侧倾中心，侧倾中心到地面的距离称为侧倾中心高度。侧倾中心位置高，会使车身质心的距离缩短，可使侧向力臂及侧倾力矩小些，车身的侧倾角也会减小。但侧倾中心过高，会使车身倾斜时轮距变化大，加速轮胎的磨损。

（2）车轮定位参数的变化。车轮相对车身上、下跳动时，主销内倾角、主销后倾角、车轮外倾角及车轮前束等定位参数会发生变化。若主销后倾角变化大，容易使转向轮产生摆振；若车轮外倾角变化大，会影响汽车直线行驶稳定性，同时也会影响轮距的变化和轮胎的磨损速度。

（3）悬架侧倾角刚度。当汽车作稳态圆周行驶时，在侧向力作用下，车厢绕侧倾轴线转动，将此转动角度称之为车厢侧倾角。车厢侧倾角与侧倾力矩和悬架总的侧倾角刚度大小有关，并影响汽车的操纵稳定性和平顺性。

（4）横向刚度。悬架的横向刚度影响操纵稳定性；若用于转向轴上的悬架横向刚度小，则容易造成转向轮发生摆振现象。

不同形式的悬架占用的空间尺寸不同，占用横向尺寸大的悬架影响发动机的布置和从车上拆装发动机的困难程度；占用高度空间小的悬架，则允许行李箱宽敞，而且底部平整、布置油箱容易。因此，悬架占用的空间尺寸也用来作为评价指标之一。

（三）前、后悬架方案的选择

目前汽车的前、后悬架采用的方案有前轮和后轮均采用非独立悬架；前轮采用独立悬架，后轮采用非独立悬架；前轮与后轮均采用独立悬架等几种。

前、后悬架均采用纵置钢板弹簧非独立悬架的汽车转向行驶时，内侧悬架处于减载而外侧悬架处于加载状态，于是内侧悬架受拉神，外侧悬架受压缩，结果与悬架固定连接的车轴（桥）的轴线相对汽车纵向中心线偏转一角度 α。对前轴，这种偏转使汽车不足转向趋势增加；对后桥，则增加了汽车过多转向趋势，如图7-2（a）所示。轿车将后悬架纵置钢板弹簧的前部吊耳位置布置得比后边吊耳低，于是悬架的瞬时运动中心位置降低。与悬架连接的车桥位置处的运动轨迹如图7-2（b）所示，即处于外侧悬架与车桥连接处的运动轨迹是 ao 段，结果后桥轴线的偏离不再使汽车具有过多转向的趋势。

另外，前悬架采用纵置钢板弹簧非独立悬架时，因前轮容易发生摆振现象，不能保证汽车有良好的操纵稳定性，所以轿车的前悬架多采用独立悬架；发动机前置前轮驱动的中高级及其以下级别的轿车，常采用麦弗逊式前悬架和扭转梁随动臂式后悬架。如图7-3所示为麦弗逊式前悬架，其弹性元件—螺旋弹簧套装在减振器外部，下摆臂的球头伸到轮辋空间内，使结构非常紧凑。当主销轴线的延长线与地面的交点位于轮胎胎冠印迹中心线外侧时，具有负的主销偏移距 γ_s，这对保证汽车制动稳定性有利。轿车后悬架采用纵置钢板弹簧非独立悬架，而前悬架采用双横臂式独立悬架时，能够通过将上横臂支承销轴线往纵向垂直平面上的投影设计成的高后低状，使悬架的纵向运动瞬心位于有利于减少制动前俯角处，使制动时车身纵倾减少，保持车身有良好的稳定性能。

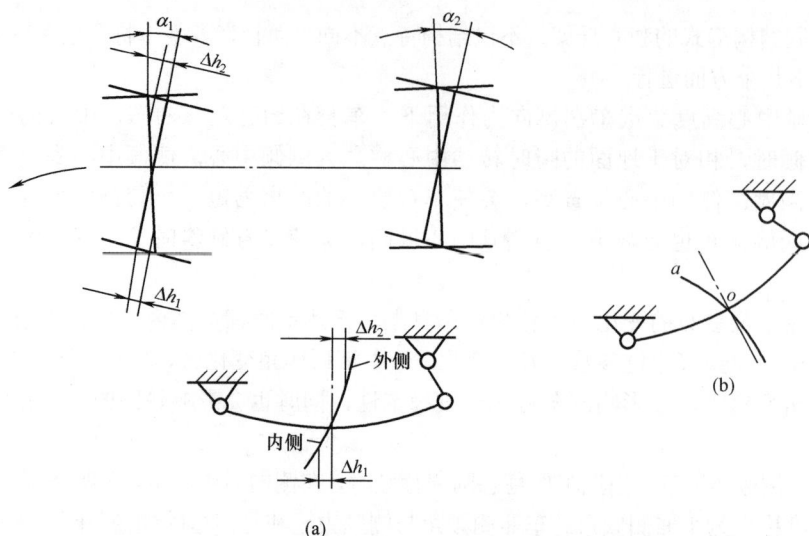

图 7-2　汽车轴转向效应

（a）悬架的瞬时运动中心位置降低；（b）与悬架连接的车桥位置处的运动轨迹

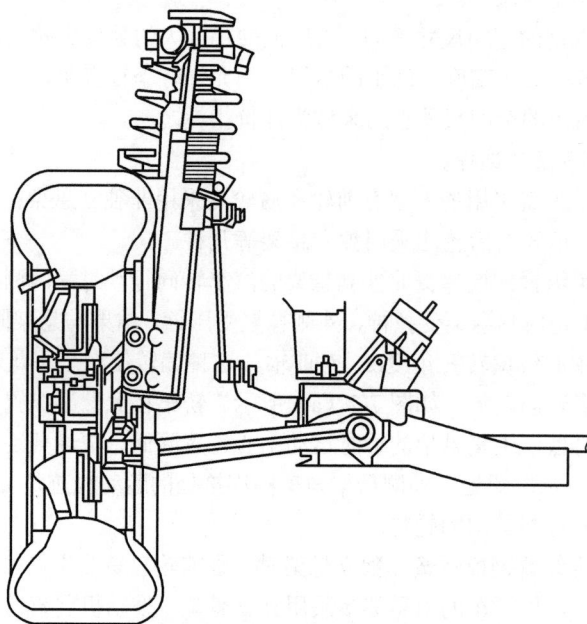

图 7-3　麦弗逊式悬架

（四）辅助元件结构分析

1. 横向稳定器

通过减小悬架垂直刚度 c，能降低车身固有频率 $n\left(n=\sqrt{c/m_{s}}/2\pi\right)$，达到改善汽车平顺性的目的。但因为悬架的侧倾角刚度 c_{φ} 和悬架垂直刚度 c 之间是正比关系，所以减小垂直刚度 c 的同时使侧倾角刚度 c_{φ} 也减小，并使车厢侧倾角增加，结果车厢中的乘员会感到不舒适和降低了行车安全感。解决这一矛盾的主要方法就是在汽车上设置横向稳定器。有了横向稳定器，就可以做到在不增大悬架垂直刚度 c 的条件下，增大悬架的侧倾角刚度 c_φ。

　　汽车转弯行驶产生的侧倾力矩，使内、外侧车轮的负荷发生转移，并影响车轮侧偏刚度 K 和车轮侧偏角 δ 变化。前、后轴（桥）车轮负荷转移大小，主要取决于前、后悬架的侧倾角刚度值。当前悬架侧倾角刚度 $c_{\varphi1}$ 大于后悬架侧倾角刚度 $c_{\varphi2}$ 时，前轴（轿）的车轮负荷转移大于后轴（桥）车轮上的负荷转移，并使前轮侧偏角 δ_1 大于后轮侧偏角 δ_2，以保证汽车有不足转向特性。在汽车前悬架上设置横向稳定器，能增大前悬架的侧倾角刚度。

　　2. 缓冲块

　　缓冲块通常用如图 7-4 所示形状的橡胶制造。通过硫化将橡胶与钢板连接为一体，再经焊在钢板上的螺钉将缓冲块固定到车架（车身）或其他部位上，起到限制悬架最大行程的作用。

　　有些汽车装用多孔聚氨酯制成（见图 7-5）的几种形状的缓冲块，它兼有辅助弹性元件的作用，多孔聚氨酯是一种有很高强度和耐磨性能的复合材料。这种材料起泡时就形成了致密的耐磨外层，它保护内部的发泡部分不受损伤。出于在该材料中有封闭的气泡，在载荷作用下弹性元件被压缩，但其外廓尺寸增加却不大，这点与橡胶不同。有些汽车的缓冲块装在减振器上。

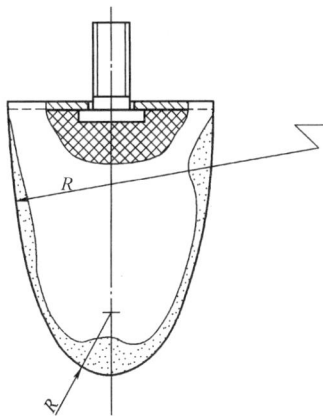

图 7-4　橡胶缓冲块

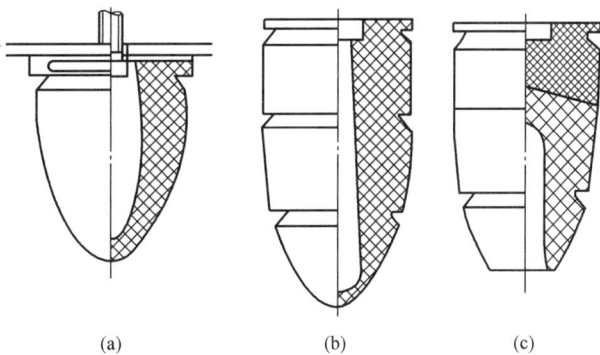

图 7-5　由多孔聚氨酯制成的辅助弹性元件形式
（a）形式一；（b）形式二；（c）形式三

二、悬架主要性能参数的确定

　　悬架的主要参数是影响悬架及整车性能的重要指标，对悬架静挠度、动挠度、弹性特性、主副簧的分配以及悬架侧倾角刚度在车轮的分配等参数进行分析，总结车辆运动特性要求下的悬架设计规则，为确定汽车悬架系统主要性能参数的设计和初始值提供了依据，进而合理地匹配确定其主要性能指标。

　　（一）悬架静挠度 f_c

　　悬架静挠度 f_c 是指汽车满载静止时由于载荷而造成的悬架变形量，由虎克定律可知，静挠度 f_c 等于悬架载荷 F_w 与此时悬架刚度 c 之比，即 $f_c = F_w / c$。

　　汽车前、后悬架与其簧上质量组成的振动系统的固有频率，是影响汽车行驶平顺性的主要参数之一。因现代汽车的质量分配系数 ε 近似等于 1，于是汽车前、后轴上方车身两点的振动不存在联系。因此，汽车前、后部分的车身的固有频率 n_1 和 n_2（亦称偏频）可用下式表示

$$\left. \begin{array}{l} n_1 = \sqrt{c_1/m_1}/2\pi \\ n_2 = \sqrt{c_2/m_2}/2\pi \end{array} \right\} \qquad (7\text{-}1)$$

Note

式中：c_1、c_2 为前、后悬架的刚度，N/cm；m_1、m_2 为前、后悬架的簧上质量，kg。

当采用弹性特性为线性变化的悬架时，前、后悬架的静挠度可用下式表示

$$\left.\begin{array}{l} f_{c1} = m_1 g / c_1 \\ f_{c2} = m_2 g / c_2 \end{array}\right\}$$

式中：g 为重力加速度，$g=981\text{cm/s}^2$。

将 f_{c1}、f_{c2} 代入式（7-1）得到

$$\left.\begin{array}{l} n_1 = 5 / \sqrt{f_{c1}} \\ n_2 = 5 / \sqrt{f_{c2}} \end{array}\right\} \tag{7-2}$$

分析式（7-2）可知悬架静挠度直接影响车身振动的偏频 n。因此，欲保证汽车有良好的行驶平顺性，必须正确选取悬架的静挠度。

在选取前、后悬架的静挠度值 f_{c1} 和 f_{c2} 时，应当使之接近，并希望后悬架的静挠度 f_{c2} 比前悬架的静挠度 f_{c1} 小些，这样有利于防止车身产生较大的纵向角振动。理论分析证明，若汽车以较高车速驶过单个路障，$n_1/n_2 < 1$ 时的车身纵向角振动要比 $n_1/n_2 > 1$ 时小，故推荐 $f_{c2}=(0.8 \sim 0.9)f_{c1}$。考虑到货车前、后轴荷的差别和驾驶员的乘坐舒适性，取前悬架的静挠度值大于后悬架的静挠度值，推荐 $f_{c2}=(0.6 \sim 0.8)f_{c1}$。为了改善微型轿车后排乘客的乘坐舒适性，有时取后悬架的偏频低于前悬架的偏频。

用途不同的汽车，对平顺性要求不一样。以运送人为主的轿车对平顺性的要求最高，大客车次之，载货车更次之。对普通级以下轿车满载的情况，前悬架偏频要求在 1.00～1.45Hz，后悬架则要求在 1.17～1.58Hz。原则上轿车的级别越高，悬架的偏频越小。对高级轿车满载的情况，前悬架偏频要求在 0.80～1.15Hz。后悬架则要求在 0.98～1.30Hz。货车在满载时的悬架偏频要求在 1.50～2.10Hz，而后悬架则要求在 1.70～2.17Hz。选定偏频以后，再利用式（7-2）即可计算出悬架的静挠度。

（二）悬架的动挠度 f_d

悬架的动挠度 f_d 是指从满载静平衡位置开始，悬架压缩到结构允许的最大变形（通常指缓冲块压缩到其自由高度的 1/2 或 2/3）时，车轮中心相对车架（或车身）的垂直位移。要求悬架应有足够大的动挠度，以防止在坏路面上行驶时经常碰坏缓冲块。对轿车，f_d 取 7～9cm；对大客车，f_d 取 5～8cm；对货车，f_d 取 7～9cm。

（三）悬架弹性特性

由于悬架的弹性材料及载荷等因素影响，不是固定的值，悬架受到的垂直外力 F 与由此所引起的车轮中心相对于车身位移 f（即悬架的变形）的关系曲线称为悬架的弹性特性（见图 7-6）。计算时曲线切线的斜率是悬架的刚度。

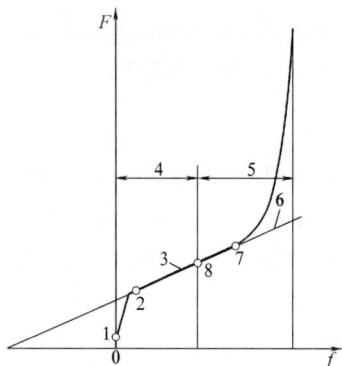

图 7-6　悬架弹性特性曲线

1—缓冲块复原点；2—复原行程缓块脱离支架；

3—主弹簧弹性特性曲线；4—复原行程；

5—压缩行程；6—缓冲块压缩期悬架弹性特性曲线；

7—缓冲块压缩时开始接触弹性支架；

8—额定载荷

Note

悬架的弹性特性有线性弹性特性和非线性弹性特性两种。当悬架变形 f 与所受垂直外力 F 之间呈固定比例变化时，弹性特性为一直线，称为线性弹性特性，此时悬架刚度为常数。当悬架变形 f 与所受垂直外力 F 之间不呈固定比例变化时，弹性特性如图 7-6 所示。此时，悬架刚度是变化的。其特点是在满载位置（图 7-6 中点 8）附近，刚度小且曲线变化平缓，因而平顺性良好；距满载较远的两端，曲线变陡，刚度增大。这样可在有限的动挠度 f_d 范围内，得到比线性悬架更多的动容量。悬架的动容量系指悬架从静载荷的位置起变形到结构允许的最大变形为止消耗的功。悬架的动容量越大，对缓冲块击穿的可能性越小。

空载与满载时簧上质量变化大的货车和客车，为减少振动频率和车身高度的变化，应当选用刚度可变的非线性悬架。轿车簧上质量在使用中虽然变化不大，但为了减少车轴对车架的撞击，减少转弯行驶时的侧倾与制动时的前俯角和加速时的后仰角，也应当采用刚度可变的非线性悬架。

钢板弹簧非独立悬架的弹性特性可视为线性的，而带有副簧的钢板弹簧、空气弹簧、油气弹簧等，均为刚度可变的非线性弹性特性悬架。

（四）后悬架主、副簧刚度的分配关系

货车后悬架多采用有主、副簧结构的钢板弹簧。其悬架弹性特性曲线如图 7-7 所示。载荷小时副簧不工作，载荷达到一定位（图 7-7 中的 F_K）时，副簧与托架接触，开始与主簧共同工作。

副簧开始工作时的载荷 F_x 和主、副簧之间的刚度分配受悬架的弹性特性和主、副簧上载荷分配的影响。原则上要求车身从空载到满载时的振动频率变化要小，以保证汽车有良好的平顺性，还要求副簧开始工作前、后的悬架振动频率变化不大。这两项要求不能同时满足。具体确定方法有两种，第一种方法是使副簧开始起作用时的悬架挠度 f_a 等于汽车空载时悬架的挠度，而使副簧开始起作用前一瞬间的挠度 f_k 等于满载时悬架的挠度 f_0。于是，可求得

$$F_x = \sqrt{F_0 F_W}$$

图 7-7 货车主、副簧为钢板弹簧结构的弹性特性

式中：F_0 和 F_W 分别为空载与满载时的悬架载荷。副簧、主簧的刚度比为

$$\left.\begin{array}{l} c_a / c_m = \sqrt{\lambda} - 1 \\ \lambda = F_0 / F_W \end{array}\right\} \tag{7-3}$$

式中：c_a 为副簧刚度；c_m 为主簧刚度。

用此方法确定的主、副簧刚度比值，能保证在空、满载使用范围内悬架振动频率变化不大，但副簧接触托架前、后的振动频率变化比较大。

第二种方法是使副簧开始起作用时的载荷等于空载与满载时悬架载荷的平均值，即 $F_x = 0.5(F_0 + F_W)$。并使 F_0 和 F_K 间的平均载荷对应的频率与 F_K 和 F_W 间平均载荷对应的频率相等，此时副簧与主黄的刚度比为

$$c_a / c_m = (2\lambda - 2)/(\lambda + 3) \tag{7-4}$$

用此法确定的主、副簧刚度比值，能保证副簧起作用前、后悬架振动频率变化不大。对于经常处于半载运输状态的车辆，采用此法较为合适。

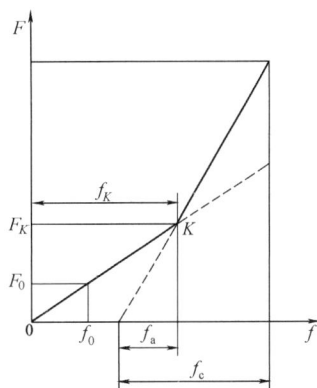

（五）悬架侧倾角刚度及其在前、后轴的分配

悬架侧倾角刚度系指簧上质量产生单位侧倾角时悬架给车身的弹性恢复力矩。它对簧上质量的侧倾角有影响。侧倾角过大或过小都不好。乘坐侧倾角刚度过小而侧倾角过大的汽车，乘员缺乏舒适感和安全感。侧倾刚度过大而侧倾角过小的汽车又缺乏汽车发生侧翻的感觉，同时使轮胎侧偏角增大，如果发生在后轮会使汽车增加了过多转向的可能。要求在侧向惯性力等于 0.4 倍车重时，轿车车身侧倾角在 2.5° ～ 4°，货车车身侧倾角不超过 6° ～ 7°。

此外，还要求汽车转弯行驶时，在 0.4g 的侧向加速度作用下，前、后轮侧偏角之差 $\delta_1 \sim \delta_2$ 应当在 1° ～ 3° 范围内。而前、后悬架侧倾角刚度的分配会影响前、后轮的侧偏角大小，从而影响转向特性，所以设计时还应考虑悬架侧倾角刚度在前、后轴上的分配。为满足汽车稍有不足转向特性的要求，应使汽车前轴的轮胎侧偏角略大于后轴的轮胎侧偏角。为此，应该使前悬架具有的侧倾角刚度要略大于后悬架的侧倾角刚度。对轿车，前、后悬架侧倾角刚度比值一般为 1.4～2.6。

CHAPTER 7

第二节　纵置钢板弹簧非独立悬架设计

一、结构设计分析

1. 钢板弹簧的布置方案

目前弹簧在汽车上可以纵置或者横置。后者因为要传递纵向力，必须设置附加的导向传力装置，使结构复杂、质量加大，所以只在少数轻、微型车上应用。纵置钢板弹簧能传递各种力和力矩，结构简单，故在汽车上得到广泛应用。

纵置钢板弹簧又有对称式与不对称式之分。钢板弹簧中部在车轴（桥）上的固定中心至钢板弹簧两端卷耳中心之间的距离若相等，则为对称式钢板弹簧；若不相等，则称为不对称式钢板弹簧。多数情况下汽车采用对称式钢板弹簧。出于整车布置上的原因，或者钢板弹簧在汽车上的安装位置不变，又要改变轴距或者通过变化轴距达到改善轴荷分配的目的时，采用不对称式钢板弹簧。

如图 7-8 所示为解放 CA1091 型汽车的后悬架。该悬架为钢板弹簧式非独立悬架。钢板弹簧中部被 U 形螺栓固定在车桥上，其前端与固定铰链（也称死吊耳）连接，后端与活动铰链（也称活吊耳）连接。在活动铰链处，钢板弹簧后端卷耳通过钢板弹簧吊耳销和吊耳与固定在车架上的吊耳支架相连。当车桥受到冲击，弹簧变形，使两卷耳间距离变化时，吊耳可以摆动。

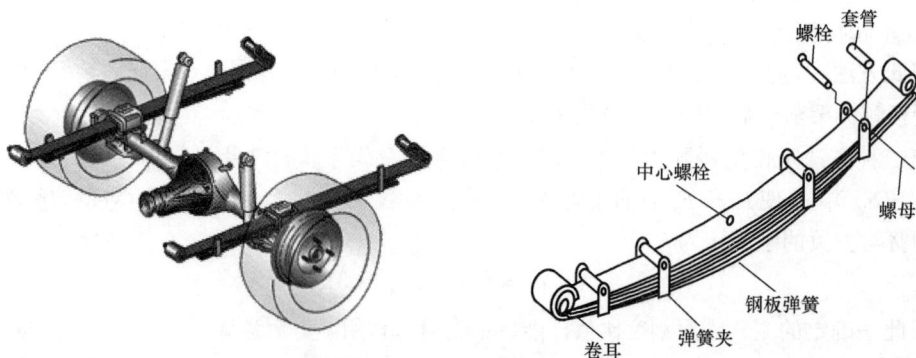

图 7-8　解放 CA1091 型汽车的后悬架

2. 钢板弹簧叶片端部的形状

钢板弹簧叶片端部的形状有矩形、梯形和椭圆形三种（如图7-9所示）。叶片端部为矩形时，其制造容易、成本低，但容易引起叶片之间压力集中，造成摩擦与磨损严重；又因端部刚性大，使之与等应力梁相差多些。将叶片端部制成梯形时，除节省一部分材料外，还能减小叶片质量，并使钢板弹簧更好地接近等应力梁。叶片端部经压延形成如图7-9（c）所示的沿长度方向呈变厚状的椭圆形叶片组成的钢板弹簧，更接近等应力梁，同时质量也小。

3. 卷耳

钢板弹簧端部做成卷耳状，再通过钢板弹簧销固定在车架上的托架或者吊耳的孔中。如图7-10所示，卷耳有多种形式。卷耳主要对制造工艺性、叶片的应力状况、主片的工作条件等产生影响。

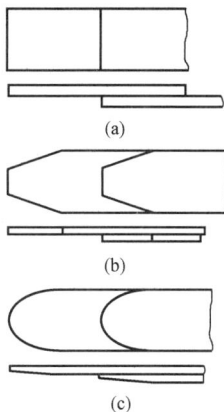

图7-9　钢板弹簧叶片端部形状
（a）叶片端部为矩形；
（b）叶片端部为梯形；
（c）椭圆形叶片

如图7-10（a）和（b）所示为得到广泛应用的卷耳上卷式结构，特点是制造工艺性良好，但因卷耳中心线与主片断面中心线之间存在一定距离，所以工作时叶片内应力较大。如图 7-10（c）所示卷耳的结构特点是卷耳中心线与主片中心线在同一直线上，所以叶片内应力较小，但制造工艺性不好。如图 7-10（b）所示结构的钢板弹簧第二片端部也向上卷起包在第一片卷耳上（可以部分或者全部包住），使主片工作条件改善，工作可靠性提高。对于承载比较大的钢板弹簧，可以采用如图7-10（d）所示的可拆卸式卷耳结构。

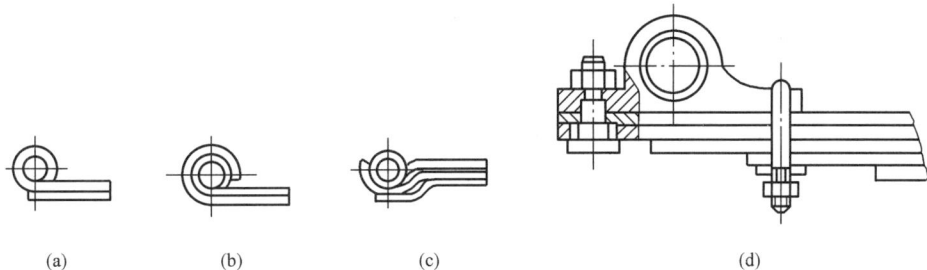

图7-10　钢板弹簧卷耳
（a）卷耳上卷式结构（一）；（b）卷耳上卷式结构（二）；
（c）卷耳中心线与主片中心线在同一直线上；（d）可拆卸式卷耳结构

二、钢板弹簧主要参数的确定

在进行钢板弹簧计算之前，应当知道下列初始条件：静止时汽车前、后轴（桥）负荷 G_1、G_2 和簧下部分荷重 G_{u1}、G_{u2}，并据此计算出单个钢板弹簧的载荷 $F_{w1}=(G_1-G_{u1})/2$ 和 $F_{w2}=(G_2-G_{u2})/2$，悬架的静挠度 f_c 和动挠度 f_d，汽车的轴距等。

1. 满载弧高 f_a

满载弧高 f_a 是指钢板弹簧装到车轴（桥）上，汽车满载时钢板弹簧主片上表面与两端（不包括卷耳孔半径）连线间的最大高度差（如图7-11所示）。f_a 用来保证汽车具有给定的高度。当 $f_a=0$ 时，钢板弹簧在对称位置上工作。为了在车架高度在已限定时能得到足够的动挠度值，

常取 f_a=10～20mm。

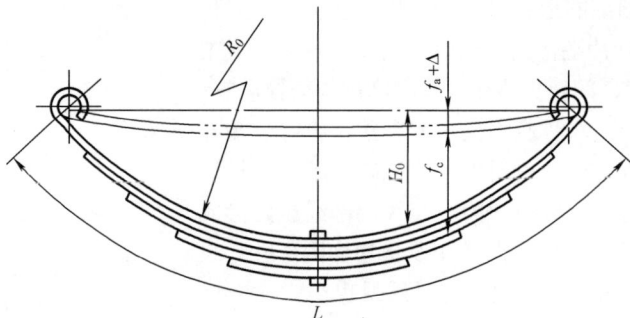

图 7-11　钢板弹簧总成在自由状态下的弧高

2. 钢板弹簧长度 L 的确定

钢板弹簧长度 L 是指弹簧伸直后两卷耳中心之间的距离。增加钢板弹簧长度 L 能显著降低弹簧应力，提高使用寿命；降低弹簧刚度，改善汽车平顺性；在垂直刚度 c 给定的条件下，又能明显增加钢板弹簧的纵向角刚度。钢板弹簧的纵向角刚度系指钢板弹簧产生单位纵向转角时，作用到钢板弹簧上的纵向力矩值。增大钢板弹簧纵向角刚度的同时，能减少车轮扭转力矩所引起的弹簧变形；选用长些的钢板弹簧，会在汽车上布置时产生困难。原则上在总布置可能的条件下，应尽可能将钢板弹簧取长些。推荐在下列范围内选用钢板弹簧的长度，轿车：L=（0.40～0.55）轴距；货车前悬架：L=（0.26～0.35）轴距，后悬架：L=（0.35～0.45）轴距。

3. 钢板断面尺寸及片数的确定

（1）钢板断面宽度 b 的确定。有关钢板弹簧的刚度、强度，可按等截面简支梁的计算公式计算，但需要引入挠度增大系数 δ 加以修正。因此，可根据修正后的简支梁公式计算钢板弹簧所需要的总惯性矩 J_t。对于对称钢板弹簧

$$J_t=[(L-ks)^3 c\delta]/48E \tag{7-5}$$

式中：s 为 U 形螺栓中心距，mm；k 为考虑 U 形螺栓夹紧弹簧后的无效长度系数（如刚性夹紧，取 k=0.5，挠性夹紧，取 k=0）；c 为钢板弹簧垂直刚度，N/mm，$c=F_w/f_c$；δ 为挠度增大系数｛先确定与主片等长的重叠片数 n_1，再估计一个总片数 n_t，求得 $\eta=n_1/n_t$，然后用 $\delta=1.5/[1.04(1+0.5\eta)]$ 初定 δ｝；E 为材料的弹性模量。

钢板弹簧总截面系数 W_t 用下式计算

$$W_t \geq [F_w(L-ks)]/4[\sigma_w] \tag{7-6}$$

式中：$[\sigma_w]$ 为许用弯曲应力。

对于 55SiMnVB 或 60Si2Mn 等材料，表面经喷丸处理后，推荐 $[\sigma_w]$ 在下列范围内选取。前弹簧和平衡悬架弹簧为 350～450N/mm²；后主簧为 450～550N/mm²；后副簧为 220～250N/mm²。

将式（7-6）代入下式计算钢板弹簧平均厚度 h_p

$$h_p = 2J/W_t = \frac{(L-ks)^2[\sigma_w]}{6Ef_c} \tag{7-7}$$

有了 h_p 以后，再选钢板弹簧的片宽 b。增大片宽，能增加卷耳刚度，但当车身受侧向力作用倾斜时，弹簧的扭曲应力增大。前悬架用宽的弹簧片，会影响转向轮的最大转角。片宽选取

过窄，又得增加片数，从而增加片间的摩擦和弹簧的总厚。推荐片宽与片厚的比值 b/h_p 在 7～10 范围内选取。

（2）钢板弹簧片厚 h 的选择。矩形断面等厚钢板弹簧的总惯性矩 J_t。用下式计算

$$J_t = nbh^3/12 \tag{7-8}$$

式中：n 为钢板弹簧片数。

由式（7-8）可知，改变片数 n、片宽 b 和片厚 h 三者之一，都影响到总惯性矩 J_t 的变化；再结合式（7-5）可知，总惯性矩 J_t 的改变又会影响到钢板弹簧垂直刚度 c 的变化，也就是影响汽车的平顺性变化。其中，片厚 h 的变化对钢板弹簧总惯性矩 J_t 影响最大。增加片厚 h，可以减少片数 n。钢板弹簧各片厚度可能有相同和不同两种情况，希望尽可能采用前者。但因为主片工作条件恶劣，为了加强主片及卷耳，也常将主片加厚，其余各片厚度稍薄。此时，要求一副钢板弹簧的厚度不宜超过三组。为使各片寿命接近又要求最厚片与最薄片厚度之比应小于1.5。

最后，钢板断面尺寸 b 和 h 应符合国产型材规格尺寸。

（3）钢板断面形状。矩形断面钢板弹簧的中性轴，在钢板断面的对称位置上［如图 7-12（a）所示］。工作时一面受拉应力，另一面受压应力作用，而且上、下表面的名义拉应力和压应力的绝对值相等。因材料抗拉性能低于抗压性能，所以在受拉应力作用的一面首先产生疲劳断裂。除矩形断面以外的其他断面形状的叶片［图 7-12（b）、（c）、（d）］，其中性轴均上移，使受拉应力作用的一面的拉应力绝对值减小，而受压应力作用的一面的压应力绝对值增大，从而改善了应力在断面上的分布状况，提高了钢板弹簧的疲劳强度和节约近 10% 的材料。

（4）钢板弹簧片数 n。片数 n 少些有利于制造和装配，并可以降低片间的干摩擦，改善汽车行驶平顺性。但片数少将使钢板弹簧与等强度梁的差别增大，材料利用率变坏。多片钢板弹簧一般片数在 6～14 片之间选取，重型货车可达 20 片。用变截面少片簧时，片数在 1～4 片之间选取。

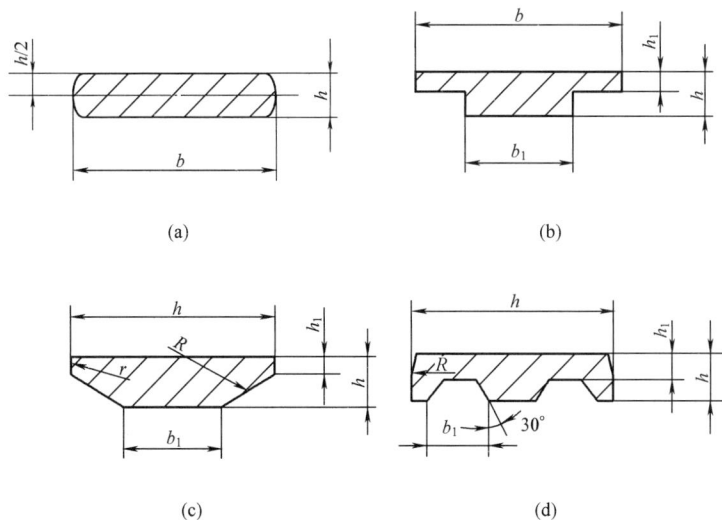

图 7-12　叶片断面形状

（a）矩形断面；（b）T 形断面；

（c）单面有抛物线边缘断面；（d）单面有双槽的断面

三、钢板弹簧各片长度的确定

片厚不变宽度连续变化的单片钢板弹簧是等强度梁，形状为菱形（两个三角形）。将由两个三角形钢板组成的钢板弹簧分割成宽度相同的若干片，然后按照长度大小不同依次排列、叠放到一起，就形成接近实用价值的钢板弹簧。实际上的钢板弹簧不可能是三角形，为了将钢板弹簧中部固定到车轴（桥）上和为使两卷耳处能可靠地传递力，必须使它们有一定的宽度，因此应该用中部为矩形的双梯形钢板弹簧（如图 7-13 所示）替代三角形钢板弹簧才有真正的实用意义。这种钢板弹簧各片具有相同的宽度，但长度不同。钢板弹簧各片长度就是基于实际钢板各片展开图接近梯形梁的形状这一原则来作图的。首先假设各片厚度不同，则具体进行步骤如下：

先将各片厚度的 h_i 立方值 h_i^3 按同一比例尺沿纵坐标绘制在图上（如图 7-14 所示），再沿横坐标量出主片长度的一半 $L/2$ 和 U 形螺栓中心距的一半 $s/2$，得到 A、B 两点，连接 A、B 即得到三角形的钢板弹簧展开图。AB 线与各叶片上侧边的交点即为各片长度。如果存在与主片等长的重叠片，就从 B 点到最后一个重叠片的上侧边端点连一直线，此直线与各片上侧边的交点即为各片长度。各片实际长度尺寸需经圆整后确定。

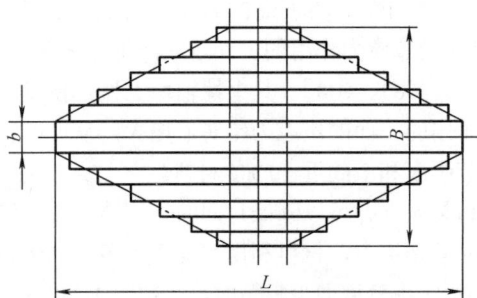

图 7-13　双梯形钢板弹簧

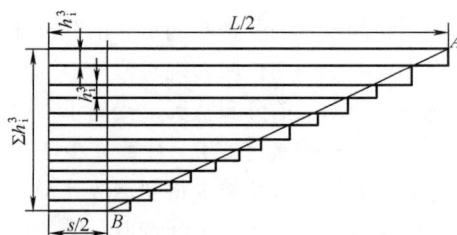

图 7-14　确定钢板弹簧各片长的作图法

四、钢板弹簧刚度验算

在此之前，有关挠度增大系数 δ、总惯性矩 J_t、片长和叶片端部形状等的确定都不够准确，所以有必要验算刚度。用共同曲率法计算刚度的前提是，假定同一截面上各片曲率变化值相同，各片所承受的弯矩正比于其惯性矩，同时该截面上各片的弯矩和等于外力所引起的弯矩。刚度验算公式为

$$
\left.
\begin{aligned}
c &= 6\alpha E / \left[\sum_{k=1}^{n} a_{k+1}^3 (Y_k Y_{k+1}) \right] \\
a_{k+1} &= (l_1 - l_{k+1}) \\
Y_k &= 1 / \sum_{t=1}^{k} J_i \\
Y_{k+1} &= 1 / \sum_{t=1}^{k+1} J_i
\end{aligned}
\right\}
\tag{7-9}
$$

式中：α 为经验修正系数，α=0.90～0.94；E 为材料弹性模量；l_1、l_{k+1} 为主片和第（$k+1$）片的一半长度。

式（7-9）中主片的一半 l_1，如果用中心螺栓到卷耳中心间的距离代入，求得的刚度值为钢板弹簧总成自由刚度 c_j；如果用有效长度，即 $l_1' = (l_1-0.5ks)$ 代入式（7-9）求得的刚度值是钢

板弹簧总成的夹紧刚度 c_z。

五、钢板弹簧总成在自由状态下的弧高及曲率半径计算

（1）钢板弹簧总成在自由状态下的弧高 H_0 钢板弹簧各片装配后，在预压缩和 U 形螺栓夹紧前，其主片上表面与两端（不包括卷耳孔半径）连线间的最大高度差（见图 7-11），称为钢板弹簧总成在自由状态下的弧高 H_0，用下式计算

$$H_0 = f_c + f_a + \Delta f \tag{7-10}$$

式中：f_c 为静挠度；f_a 为满载弧高；Δf 为钢板弹簧总成用 U 形螺栓夹紧后引起的弧高变化，$\Delta f = \dfrac{s(3L-s)(f_a+f_c)}{2L^2}$；$s$ 为 U 形螺栓中心距；L 为钢板弹簧主片长度。

钢板弹簧总成在自由状态下的曲率半径为 $R_0 = L^2/8H_0$。

（2）钢板弹簧各片自由状态下曲率半径的确定因。钢板弹簧各片在自由状态下和装配后的曲率半径不同（如图 7-15 所示），装配后各片产生预应力，其值确定了自由状态下的曲率半径 R_j。各片自由状态下做成不同曲率半径的目的是使厚度相同的各片钢板弹簧装配后能很好地贴紧，减少主片工作应力，使各片寿命接近。

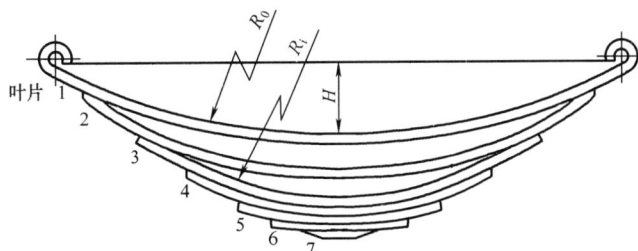

图 7-15　钢板弹簧各片自由状态下的曲率半径

矩形断面钢板弹簧装配前各片曲率半径由下式确定

$$R_i = R_0 / [1 + (2\sigma_{0i}R_0)/Eh_i] \tag{7-11}$$

式中：R_i 为第 i 片弹簧自由状态下的曲率半径，mm；R_0 为钢板弹簧总成在自由状态下的曲率半径，mm：σ_{0i} 为各片弹簧的预应力，N/mm^2；E 为材料弹性横量，N/mm^2，取 $E=2.1\times10^5 N/mm^2$；h_i 为第 i 片的弹簧厚度，mm。

在已知钢板弹簧总成白由状态下曲率半径 R_0 和各片弹簧项加应力 σ_{0i} 的条件下，可以用式（7-11）计算出各片弹簧自由状态下的曲率半径 R_1 选取各片弹簧预应力时，要求做到，装配前各片弹簧片间间隙相差不大，且装配后各片能很好贴和；为保证主片及与其相邻的长片有足够的使用寿命，应适当降低主片及与其相邻的长片的应力。

为此，选取各片预应力时，可分为下列两种情况，对于片厚相同的钢板弹簧，各片顶应力值不宜选取过大；对于片厚不相同的钢板弹簧，原片预应力可取大些。推荐主片在根部的工作应力与预应力叠加后的合成应力在 $300\sim500 N/mm^2$ 内选取。$1\sim4$ 片长片叠加负的预应力，短片叠加正的预应力。预应力从长片到短片由负值逐渐递增至正值。

在确定各片预应力时，理论上应满足各片弹簧在根部处预应力所造成的弯矩 M_i 之代数和等于零，即

$$\sum_{i-1}^{n} M_i = 0 \tag{7-12}$$

201

或

$$\sum_{i-1}^{n} \sigma_{0i} W_i = 0 \qquad (7\text{-}13)$$

如果第 i 片的长度为 L_i，则第 i 片弹簧的弧高为

$$H_i \approx L_i^2 / 8R \qquad (7\text{-}14)$$

六、钢板弹簧总成弧高的核算

由于钢板弹簧叶片在自由状态下的曲率半径 R_j 是经选取预应力 60mm，用式（7-11）计算，受其影响，装配后钢板弹簧总成的弧高与用式 $R_0 = L^2/8H_0$ 计算的结果会不同。因此，需要核算钢板弹簧总成的弧高。

根据最小势能原理，钢板弹簧总成的稳定平衡状态是各片势能总和最小状态. 由此可求得等厚叶片弹簧的 R_0 为

$$1/R_0 = \sum_{i-1}^{n} (L_i / R_i) / \sum_{i-1}^{n} L_i \qquad (7\text{-}15)$$

式中：L_i 为钢板弹簧第 i 片长度。

钢板弹簧总成弧高为

$$H \approx L^2 / 8R_0 \qquad (7\text{-}16)$$

用式（7-16）计算与用式（7-10）计算的结果应相近。如相差较多，可经重新选用各片预应力再行核算。

七、钢板弹簧强度验算

（1）紧急制动时，前钢板弹簧承受的载荷最大，在它的后半段出现的最大应力 σ_{max} 用下式计算

$$\sigma_{max} = [G_1 m_1 l_2 (l_1 + \varphi c)] / [(l_1 + l_2) W_t] \qquad (7\text{-}17)$$

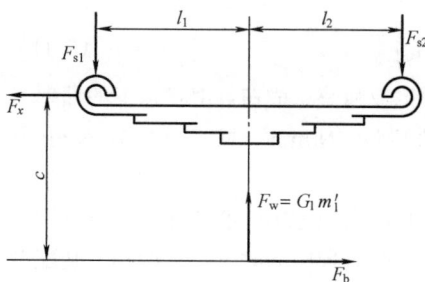

图 7-16　汽车制动时钢板弹簧的受力图

式中：G_1 为作用在前轮上的垂直静负荷；m_1 为制动时前轴负荷转移系数，轿车：$m_1 = 1.2 \sim 1.4$，货车：$m_1 = 1.4 \sim 1.6$；l_1、l_2 为钢板弹簧前、后段长度；φ 为道路附着系数，取 0.8；W_t 为钢板弹簧总截面系数；c 为弹簧固定点到路面的距离（如图 7-16 所示）。

（2）汽车驱动时，后钢板弹簧承受的载荷最大，在它的前半段出现最大应力 σ_{max} 用下式计算

$$\sigma_{max} = [G_2 m_2 l_1 (l2 + \varphi c)] / [(l_1 + l_2) W_t] + G_2 m_2' \varphi / bh_1 \qquad (7\text{-}18)$$

式中：G_2 为作用在后轮上的垂直静负荷；m_2' 为驱动时后轴负荷转移系数，轿车：$m_2' = 1.25 \sim 1.3$，货车：$m_2' = 1.1 \sim 1.2$；φ 为道路附着系数；b 为钢板弹簧片宽；h_1 为钢板弹簧主片厚度。

此外，还应当验算汽车通过不平路面时钢板弹簧的强度。许用应力 $[\sigma]$ 取为 1000N/mm²。

（3）钢板弹簧卷耳和弹簧销的强度核算。钢板弹簧主片卷耳受力如图 7-17 所示。卷耳处所受应力 σ 是由弯曲应力和拉（压）应力合成的应力

$$\sigma = [3F_x (D + h_1)] / bh_1^2 + F_x / bh_1 \qquad (7\text{-}19)$$

式中：F_x 为沿弹簧纵向作用在卷耳中心线上的力；D 为卷耳内径；b 为钢板弹簧宽度；h_1 为主片厚度。

许用应 [σ] 取为350N/mm²。

对钢板弹簧销要验算钢板弹簧受静载荷时钢板弹簧销受到的挤压应力

$$\sigma_z = F_s / bd$$

式中：F_s 为满载静止时钢板弹簧端部的载荷；b 为卷耳处叶片宽；d 为钢板弹簧销直径。

图 7-17 钢板弹簧主片卷耳受力图

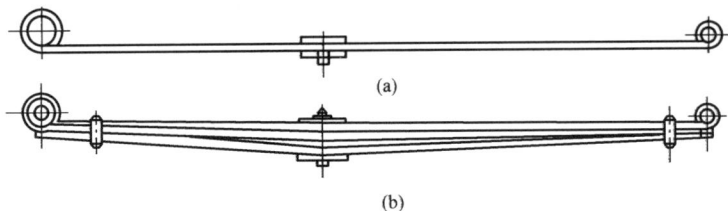

用30号钢或40号钢经液体碳氮共渗处理时，弹簧销许用挤压应力 [σ] 取为3～4N/mm²；用20号钢或20Cr钢经渗碳处理或用45号钢经高频淬火后，其许用应力 [σ] ≤7～9N/mm²。

钢板弹簧多数情况下采用55SiMnVB钢或60Si2Mn钢制造。常采用表面喷丸处理工艺和减少表面脱碳层深度的措施来提高钢板弹簧的寿命，表面喷丸处理有一般喷丸和应力喷丸两种，后者可使钢板弹簧表面的残余应力比前者大很多。

八、少片弹簧

少片弹簧在轻型车和轿车上得到越来越多的应用，其特点是叶片由等长、等宽、变截面的1～3片叶片组成（如图7-18所示）。利用变厚断面来保持等强度特性，并比多片弹簧减少20%～40%的质量。片间放有减摩作用的塑料垫片，或做成只在端部接触以减少片间摩擦。如图7-19所示单片变截面弹簧的端部 CD 段和中间夹紧部分 AB 段是厚度为 h_1 和 h_2 的等截面形，BC 段为变厚截面。BC 段厚度可按抛物线形或线性变化。

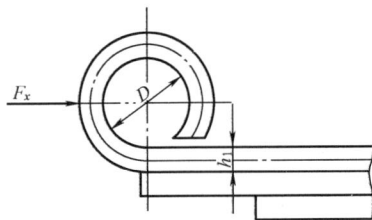

图 7-18 单片弹簧和少片弹簧

（a）单片弹簧；（b）少片弹簧

（1）按抛物线形变化。此时厚度 h_x 随长度的变化规律为 $h_x = h_2(x/l_2)^{1/2}$，惯性矩 $J_x = J_2(x/l_2)^{2/3}$，单片刚度为

$$c = \frac{6EJ_2\xi}{l^3\left[1+\left(l_2/l\right)^3 k\right]} \quad (7-20)$$

图 7-19 单片变截面弹簧的一半

式中：E 为材料的弹性模量；ξ 为修正系数，取0.92；l, l_2 如图7-19所示；$J_2 = bh_2^3/12$，其中 b 为钢板宽；$k = 1-(h_1/h_2)^3$。

弹簧在抛物线区段内各点应力相等，其值为 $\sigma = 6F_s l_2/bh_2^2$。

（2）按线性变化。此时厚度 h_x 随长度的变化规律为

$$h_x = A'x + B'$$

式中：单片钢板弹簧刚度仍用式（7-20）计算，但式中系数 k 用 k' 代入

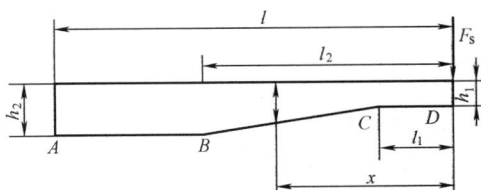

$$k' = \gamma^3 - \frac{3}{2}\left(\frac{1-\alpha}{1-\beta}\right)^3\left[2\ln\beta + \frac{4(1-\beta)(1-\gamma)}{(1-\alpha)} - \left(\frac{1-\gamma}{1-\alpha}\right)^2(1-\beta^2)\right] - 1$$

式中：$\alpha = l_1/l_2$；$\beta = h_1/h_2$；$\gamma = \alpha/\beta$。

当 $l_1 > l_2(2\beta-1)$ 或 $2h_1 < h_2$ 时，弹簧最大应力点发生在 $x = B'/A'$ 处，此处 $h_x = A'x + B' = 2B'$，其应力值 $\sigma_{max} = 3F_s/2bA'B'$。

当 $l_1 \leqslant l_2(2\beta-1)$ 时，最大应力点发生在 B 点，其值 $\sigma_{max} = 3F_s l_2/2bh_2^2$。

σ_{max} 应小于许用应力 $[\sigma]$。

由 n 片组成少片弹簧时，其总刚度为各片刚度之和，其应力则按各片所承受的载荷分量计算。少片弹簧的宽度，在布置允许的情况下尽可能取宽些，以增强横向刚度，常取 $75\sim100$mm. 厚度 $h_1 > 8$mm，以保证足够的抗剪强度并防止太薄而淬裂，h_2 取 $12\sim20$mm。

CHAPTER 7

第三节　麦弗逊式独立悬架设计

一、结构特点分析

麦弗逊式悬架又称为滑柱摆臂式独立悬架或称支柱式悬架，如图 7-20 所示。通常由两个基本部分组成，支柱式减振器和 A 字型托臂。之所以叫减振器支柱是因为它除了减振还有支撑整个车身的作用，它的结构很紧凑，把减振器和减振弹簧集成在一起，组成一个可以上下运动的滑柱；下托臂通常是 A 字型的设计，如图 7-21 所示，用于给车轮提供部分横向支撑力，以及承受全部的前后方向应力。整个车体的重量和汽车在运动时车轮承受的所有冲击就靠这两个部件承担。

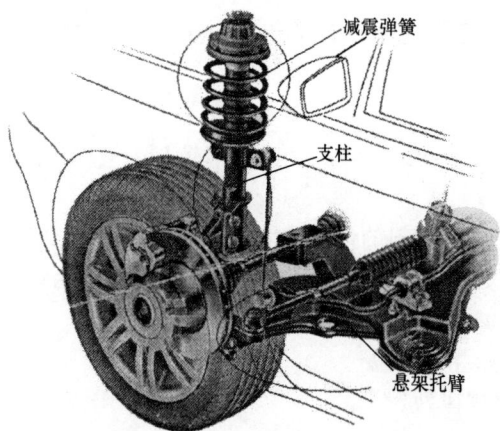

图 7-20　麦弗逊式悬架效果图

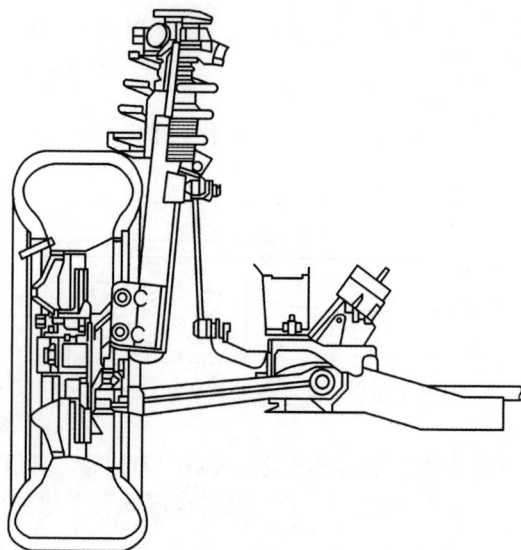

图 7-21　麦弗逊式悬架剖视图

麦弗逊的一个最大的设计特点就是结构简单，它带来两个直接好处就是悬架重量轻和占用空间小。由于汽车悬架属于运动部件，运动部件越轻，那么悬架响应速度和回弹速度就会越快，所以悬架的减振能力也就越强；而且悬架质量减轻也意味着弹簧下质量减轻，那么在车身重量一定的情况下，舒适性也越好。占用空间小带来的直接好处就是设计师能在发动机仓布置下更大的发动机，而且发动机的放置方式也能随心所欲。在中型车上能放下大型发动机，在小型车上能放下中型发动机，让各种发动机的匹配方式更灵活。

但麦弗逊式悬架在使用中也有缺点，就是行驶在不平路面时，车轮容易自动转向，因此驾驶者必须用力保持转向盘的方向，当受到剧烈冲击时，滑柱易造成弯曲，因而影响转向性能。

一汽奥迪100型轿车前悬架，如图7-22所示。筒式减振器装在滑柱桶内，滑柱桶与转向节刚性连接，螺旋弹簧安装在滑柱桶及转向节总成上端的支承座内，弹簧上端通过软垫支承在车身连接的前簧上座内，滑柱桶的下端通过球铰链与悬架的横摆臂相连。当车轮上下运动时，滑柱桶及转向节总成沿减振器活塞运动轴线移动，同时，滑柱桶的下支点还随横摆臂摆动。

图7-22 奥迪100型轿车前悬架（麦弗逊式）

二、导向机构的设计

（一）设计要求

对前轮独立悬架导向机构的要求如下。

1）悬架上载荷变化时，保证轮距变化不超过±4.0mm，轮距变化大会引起轮胎早期磨损。

2）悬架上载荷变化时，前轮定位参数要有合理的变化特性，车轮不应产生纵向加速度。

3）转弯时，应使车身侧倾角小。在0.4g侧向加速度作用下，车身侧倾角不大于6°～7°，并使车轮与车身的倾斜同向，以增强不足转向效应。

4）制动时，应使车身有抗前俯作用；加速时，有抗后仰作用。

对后轮独立悬架导向机构的要求如下。

1）悬架上的载荷变化时，轮距无显著变化。

2）转弯时，应使车身侧倾角小，并使车轮与车身的倾斜反向，以减小过多转向效应。

此外，导向机构还应有足够强度，并能可靠地传送除垂直力以外的各种力和力矩。

下面以汽车上广泛采用的滑柱摆臂（麦弗逊）式独立悬架为例，讨论独立悬架导向机构参数的选择方法，分析导向机构参数对前轮定位参数和轮距的影响。

（二）导向机构的布置参数

1. 侧倾中心的高度

麦弗逊式独立悬架侧倾中心的高度 h_W 可通过下式计算

$$h_W = \frac{b_V}{2} \frac{p}{k\cos\beta + d\tan\sigma + r_S} \tag{7-21}$$

$$k = \frac{c+o}{\sin(\alpha+\beta)}$$

$$p = k\sin\beta + d$$

2. 侧倾轴线

在独立悬架中，侧倾轴线应大致与地面平行，且尽可能离地面高些。平行是为了使得在曲线行驶时前、后轴上的轴荷变化接近相等，从而保证中性转向特性；而尽可能高则是为了将车身的侧倾限制在允许范围内。

然而，前悬架的侧倾中心高度受到允许的轮距变化的限制，并且几乎不可能超过150mm。此外，在前轮驱动的车辆中，由于前桥轴荷大，且为驱动桥，故应尽可能使前轮轮荷变化小。因此，在独立悬架(纵臂式悬架除外)中侧倾中心高度为前悬架0～120mm；后悬架80～150mm 。

设计时首先要确定（与轮距变化有关的）前悬架的侧倾中心高度。当后悬架采用独立悬架时，其侧倾中心高度要稍大些。如果采用钢板弹簧非独立悬架时，后悬架的侧倾中心高度要取得更大些。

3. 纵倾中心

麦弗逊式悬架的纵倾中心，如图 7-23 所示。可由 E 点做减振器运动方向的垂直线，该垂直线与过 G 点的摆臂轴平行线的交点即为纵倾中心 O_V。

4. 抗制动纵倾性（抗制动前俯角）

抗制动纵倾性使得制动过程中汽车车头的下沉量及车尾的抬高量减小。只有当前、后悬架的纵倾中心位于两根车桥之间时，这一性能方可实现，如图 7-24 所示。

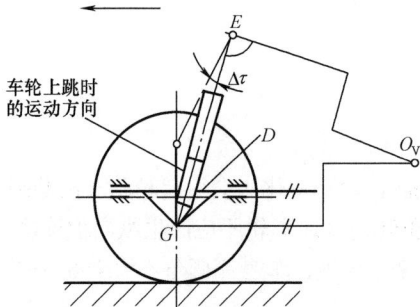

图 7-23　麦弗逊式悬架的纵倾中心

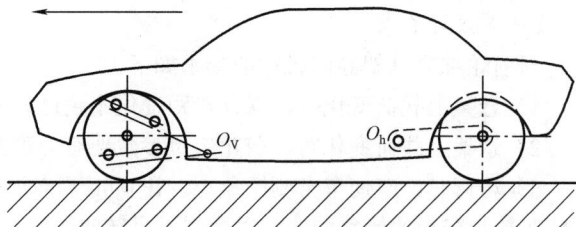

图 7-24　抗制动纵倾性

5. 抗驱动纵倾性（抗驱动后仰角）

抗驱动纵倾性可减小后轮驱动汽车车尾的下沉量或前轮驱动汽车车头的抬高量。与抗制动纵倾性不同的是，只有当汽车为单桥驱动时，该性能才起作用。对于独立悬架而言，当纵倾中心位置高于驱动桥车轮中心时，这一性能方可实现。

6. 悬架摆臂的定位角

独立悬架中的摆臂铰链轴大多为空间倾斜布置。为了描述方便，将摆臂空间定位角定义为摆臂的水平斜置角 α、悬架抗前俯角 β、悬架斜置切始角 θ，如图 7-25 所示。

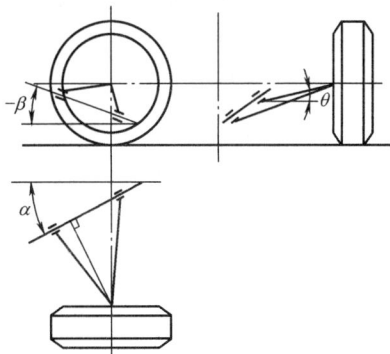

（三）麦弗逊式独立悬架导向机构设计

1. 导向机构受力分析

分析如图 7-26（a）所示麦弗逊式悬架受力简图可知，作用在导向套上的横向力 F_3 据图 7-26（a）上的布置尺寸求得

图 7-25 α、β、θ 的定义

$$F_3 = \frac{F_1 ad}{(c+b)(d-c)} \tag{7-22}$$

式中：F_1 为前轮上的静载荷，F_1 减去前轴簧下质量的 1/2。

力 F_3 越大，则作用在导向套上的摩擦力 $F_3 f$ 越大（f 为摩擦因数），这对汽车平顺性有不良影响。为了减小摩擦力，在导向套和活塞表面应用了减磨材料和特殊工艺。由式（7-22）可知，为了减小力 F_3，要求尺寸（$c+b$）越大越好，或者减小尺寸 a。增大尺寸（$c+b$）使悬架占用空间增加，在布置上有困难。若采用增加减振器轴线倾斜度的方法可达到减小尺寸 a 的目的，但也存在布置困难的问题。为此，在保持减振器轴线不变的条件下，常将图中的 G 点外伸至车轮内部，既可以达到缩短尺寸 a 的目的，又可获得较小的甚至是负的主销偏移距，提高制动稳定性。移动 G 点后的主销轴线不再与减振器轴线重合。

由图 7-26（b）可知，因受到弹簧和减振器的轴线相互偏移距离 s 和弹簧轴向力 F_6 的影响，作用到导向套上的力将减小，可用下式计算

$$F_3 = \frac{F_1 ad}{(c+b)(d-c)} - \frac{F_6 s}{d-c} \tag{7-23}$$

由式（7-23）可知，增加距离 s，有助于减小作用到导向套上的横向力 F_3。

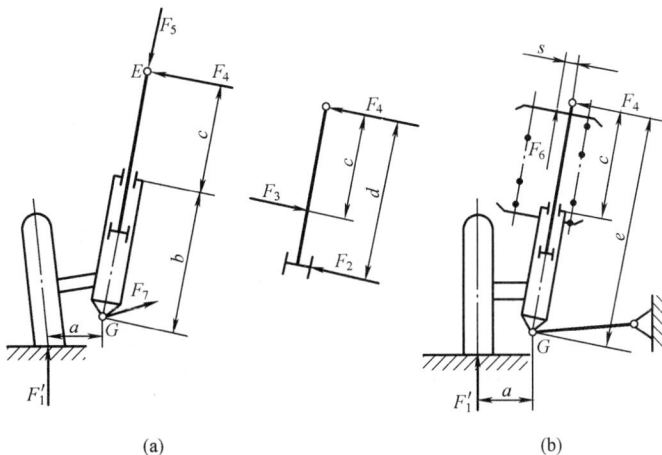

图 7-26 悬架受力简图

（a）作用在导向套上的横向力 F_3；（b）增加距离 s

207

有时为了发挥弹簧反力从减小横向力 F_3 的作用，还将弹簧下端布置得尽量靠近车轮。从而造成弹簧轴线及减振器轴线成一角度。这就是麦弗逊式悬架中，主销轴线、滑柱轴线和弹簧轴线不共线的主要原因。

2. 摆臂轴线布置方式的选择

麦弗逊式悬架的摆臂轴线与主销后倾角的匹配方式影响汽车的纵倾稳定性。如图 7-27 所示，C 点为汽车纵向平面内悬架相对于车身跳动的运动瞬心。当摆臂轴的抗前俯角 $-\beta$ 等于静平衡位置的主销后倾角 λ_0 时，摆臂轴线正好与主销轴线垂直，运动瞬心交于无穷远处，主销轴线在悬架跳动时作平动。因此，λ_0 值保持不变。当 $-\beta$ 与 λ_0 的匹配使运动瞬心 C 交于前轮后方时 [如图 7-27（a）所示]，在悬架压缩行程，λ 角有增大的趋势。

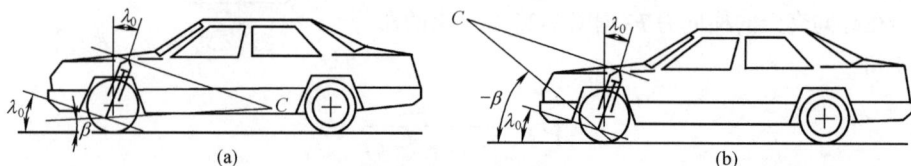

图 7-27　λ 角变化示意图

（a）运动瞬心 C 交于前轮后方；（b）运动瞬心 C 交于前轮前方

当 $-\beta$ 与 λ_0 的匹配使运动瞬心 C 交于前轮前方时 [图 7-27（b）]，在悬架压缩行程，λ 角有减小的趋势。

为了减少汽车制动时的纵倾，一般希望在悬架压缩行程主销后倾角 λ 有增加的趋势。因此，在设计麦弗逊式悬架时，应选样参数 λ 能使运动瞬心 C 交于前轮后方。

3. 摆臂长度的确定

如图 7-28 所示为某轿车采用的麦弗逊式前悬架的实测参数为输入数据的计算结果。图 7-28 中的几组曲线是下摆臂 l_1 取不同值时的悬架运动特性。由图 7-28 可以看出，摆臂越长，B_y 曲线越平缓，即车轮跳动时轮距变化越小，有利于提高轮胎寿命。主销内倾角 γ、车轮外倾角 δ 和主销后倾角 λ 曲线的变化规律也都与 B_y 类似，说明摆臂越长，前轮定位角度的变化越小，将有利于提高汽车的操纵稳定性。

具体设计时，在满足布置要求的前提下应尽量加长摆臂长度。

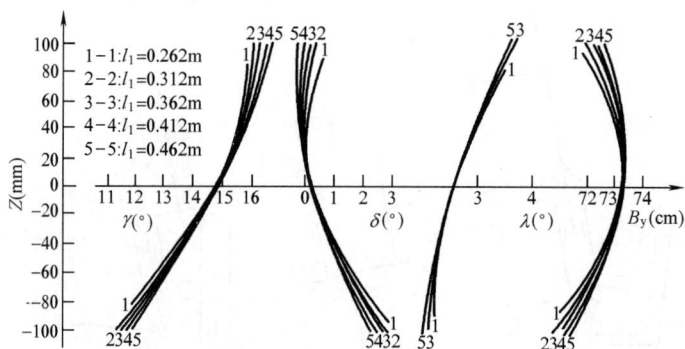

1-1:$l_1=0.262$m
2-2:$l_1=0.312$m
3-3:$l_1=0.362$m
4-4:$l_1=0.412$m
5-5:$l_1=0.462$m

图 7-28　麦弗逊式悬架运动特性

三、减振器的设计

（一）减振器的分类

悬架中用得最多的减振器是内部充有液体的液力式减振器。汽车车身和车轮振动时，减振器内的液体在流经阻尼孔时的摩擦和液体的黏性摩擦形成了振动阻力，将振动能量转变为热能，并散发到周围空气中去，达到迅速衰减振动的目的。如果能量的耗散仅仅是在压缩行程或者是在伸张行程进行，则把这种减振器称之为单向作用式减振器，反之称之为双向作用式减振器。后者因减振作用比前者好而得到泛应用。

根据结构形式不同，减振器分为摇臂式和筒式两种。虽然摇臂式减振器能够在比较大的工作压力（10～20MPa）条件下工作，但由于它的工作特性受活塞磨损和工作温度变化的影响大而遭淘汰。筒式减振器工作压力虽然仅为2.5～5MPa，但是因为其工作性能稳定而在现代汽车上得到广泛应用。筒式减振器又分为单筒式、双筒式和充气筒式三种。双筒充气液力减振器具有工作性能稳定、干摩擦阻力小、噪声低、总长度短等优点，在轿车上得到越来越多的应用。

设计减振器时应当满足的基本要求是，在使用期间保证汽车行驶平顺性的性能稳定。

（二）相对阻尼系数 Ψ

减振器在卸荷阀打开前，减振器中的阻力 F 与减振器振动速度 v 之间有如下关系

$$F = \delta v \qquad (7\text{-}24)$$

式中：δ 为减振器阻尼系数。

如图 7-29（b）所示为减振器的阻力—速度特性图。该图具有如下特点，阻力—速度特性由 4 段近似直线线段组成，其中压缩行程和伸张行程的阻力—速度特性各占 2 段；各段特性线的斜率是减振器的阻尼系数 $\delta = F/v$，所以减振器有 4 个阻尼系数。在没有特别指明时，减振器的阻尼系数是指卸荷阀开启前的阻尼系数而言。通常压缩行程的阻尼系数 $\delta_Y = F_Y/v_Y$ 与伸张行程的阻尼系数 $\delta_S = F_S/v_S$ 不等。

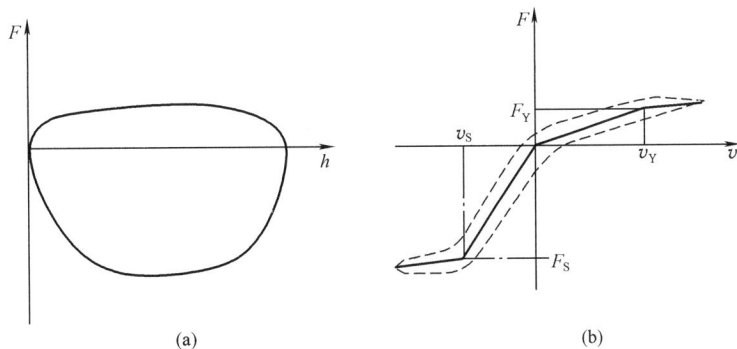

图 7-29 减振器的特性

（a）阻力—位移特性；（b）阻力—速度特性

汽车悬架受阻尼以后，簧上质量的振动是周期衰减振动，用相对阻尼系数 Ψ 的大小来评定振动衰减的快慢程度。Ψ 的表达式为

$$\Psi = \delta / \left(2\sqrt{cm_s} \right) \qquad (7\text{-}25)$$

式中：c 为悬架系统刚度；m_s 为簧上质量。

式（7-25）表明，相对阻尼系数 Ψ 的物理意义是减振器的阻尼作用在与不同刚度 c 和不同簧上质量 m_s 的悬架系统匹配时，会产生不同的阻尼效果。Ψ 值大，振动能迅速衰减，同时又能将较大的路面冲击力传到车身；Ψ 值小则反之。通常情况下，将压缩行程时的相对阻尼系数 Ψ_Y 取得小些，伸张行程时的相对阻尼系数 Ψ_S 取得大些。两者之间保持 $\Psi_Y = （0.25～0.45）\Psi_S$ 的关系。

设计时，先选取 Ψ_Y 与 Ψ_S 的平均值 Ψ。对于无内摩擦的弹性元件悬架，取 $\Psi=0.25\sim0.35$；对于有摩擦的弹件元件悬架，Ψ 值取小些。对于行驶路面条件较差的汽车，Ψ 值应取大些，一般取 $\Psi_S>0.3$；为避免悬架碰撞车架，取 $\Psi_Y=0.5\Psi_S$。

（三）减振器阻尼系数 δ 的确定

减振器阻尼系数 $\delta=2\psi\sqrt{cm_s}$。因悬架系统固有振动频率 $\omega=\sqrt{c/m_s}$ 所以理论上 $\delta=2\psi m_s\omega$。实际上应根据减振器的布置特点确定减振器的阻尼系数。例如，当减振器如图 7-30（a）所示安装时，减振器阻尼系数 δ 用下式计算

$$\delta=(2\psi m_s\omega n^2)/a^2 \tag{7-26}$$

式中：n 为双横臂悬架的下臂长；a 为减振器在下横臂上的连接点到下横臂在车身上的铰链点之间的距离。

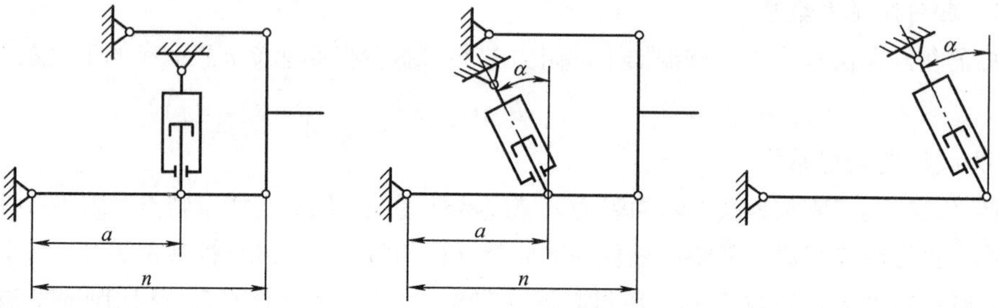

图 7-30 减振器安装位置

（a）减振器垂直安装；（b）减振器轴线与铅垂线之间有夹角 α；（c）增大 α 角

减振器如图 7-30（b）所示安装时，减振器的阻尼系数 δ 用下式计算

$$\delta=(2\psi m_s\omega n^2)/(a^2\cos^2\alpha) \tag{7-27}$$

式中：α 为减振器轴线与铅垂线之间的夹角。

减振器如图 7-30（c）所示安装时，减振器的阻尼系数 δ 用下式计算

$$\delta=(2\psi m_s\omega)/\cos^2\alpha \tag{7-28}$$

分析式（7-26）、式（7-27）可知，在下横臂长度 n 不变的条件下，改变减振器在下横臂上的固定点位置或者减振器轴线与铅垂线之间的夹角 α，会影响减振器阻尼系数的变化。

（四）最大卸荷力 F_0 的确定

为减小传到车身上的冲击力，当减振器活塞振动速度达到一定值时，减振器打开卸荷阀。此时的活塞速度称为卸荷速度 v_x。在减振器安装如图 7-30（b）所示时

$$v_x=A\omega a\cos\alpha/n \tag{7-29}$$

式中：v_x 为卸荷速度，一般为 $0.15\sim0.30$m/s；A 为车身振幅，取 ±40mm；ω 为悬架振动固有频率。

如已知伸张行程时的阻尼系数 δ_S，在伸张行程的最大卸荷力 $F_0=\delta_S v_x$。

（五）筒式减振器工作缸直径 D 的确定

根据伸张行程的最大卸荷力 F_0，计算工作缸直径 D

$$D=\sqrt{\frac{4F_0}{\pi[p](1-\lambda^2)}} \tag{7-30}$$

式中：[p] 为工作缸最大允许压力，取 3～4MPa；λ为连杆直径与缸筒直径之比，双筒式减振器取λ=0.4～0.5，单筒式减振器取λ=0.30～0.35。

减振器的工作缸直径 D 有 20、30、40、（45）、50、65mm 等几种。选取时应按标准选用，详见 QC/T 491—1999《汽车筒式减振器尺寸系列及技术条件》。

储油筒直径 D_c=（1.35～1.50）D，壁厚取为 2mm，材料可选 20 号钢。

第八章 转向系设计

转向系是用来保持或者改变汽车行驶方向的机构，在汽车转向行驶时，保证各转向轮之间有协调的转角关系。

机械转向系依靠驾驶员的手力转动转向盘，经转向器和转向传动机构使转向轮偏转。有些汽车还装有防伤机构和转向减振器。采用动力转向的汽车还装有动力系统，并借助此系统来减轻驾驶员的手力。

对转向系提出的要求如下。

1）汽车转弯行驶时，全部车轮应绕瞬时转向中心旋转，这项要求会加速轮胎磨损，并降低汽车的行驶稳定性。

2）汽车转向行驶后，在驾驶员松开转向盘时，转向轮能自动返回到直线行驶位置，并稳定行驶。

3）汽车在任何行驶状态下，转向轮不得产生自振，转向盘没有摆动。

4）转向传动机构和悬架导向装置共同工作时，由于运动不协调使车轮产生的摆动应最小。

5）保证汽车有较高的机动性，具有迅速小转弯行驶能力。

6）操纵轻便。

7）转向轮碰撞到障碍物以后，传给转向盘的反冲力要尽可能小。

8）转向器和转向传动机构的球头处，有消除因磨损而产生间隙的调整机构。

9）在车祸中，当转向轴和转向盘由于车架或车身变形而共同后移时，转向系应有能使驾驶员免遭或减轻伤害的防伤装置。

10）进行运动校核，保证转向盘与转向轮转动方向一致。

正确设计转向梯形机构，可以使第一项要求得到保证。转向系中设置有转向减振器时，能够防止转向轮产生自振，同时又能使传到转向盘上的反冲力明显降低。为了使汽车具有良好的机动性能，必须使转向轮有尽可能大的转角，按前外侧车轮轨迹计算，其最小转弯半径能达到汽车轴距的 2～2.5 倍。通常用转向时驾驶员作用在转向盘上的切向力大小和转向盘转动圈数的多少两项指标来评价操纵轻便性。没有动力转向装置的轿车，在行驶中转向，此力应为 50～100N；有动力转向时，此力为 20～50N。当货车从直线行驶状态，以 10km/h 速度在柏油或水泥的水平路段上转入沿半径为 2m 的圆周行驶，且路面干燥，若转向系内没有装动力转向器，上述切向力不得超过 250N；有动力转向器时，不得超过 120N。轿车转向盘从中间位置转到每一端的圈数不得超过 2.0 圈，货车则要求不超过 3.0 圈。近年来，电动、电控动力转向器已得到较快发展可以实现在各种行驶条件下转动转向盘都轻便。

CHAPTER 8

第一节　转向系设计基础

一、转向系主要性能参数

（一）转向器的效率

功率 P_1 从转向轴输入，经转向摇臂轴输出所求得的效率称为正效率，用符号 η_+ 表示

$$\eta_+ = (P_1 - P_2)/P_1$$

反之称为逆效率，用符号 η_- 表示

$$\eta_- = (P_3 - P_2)/P_3$$

式中：P_2 为转向器中的摩擦功率；P_3 为作用在转向摇管轴上的功率。

为了保证转向时驾驶员转动转向盘轻便，要求正效率高。为了保证汽车转向后转向轮和转向盘能自动返回到直线行驶位置，又需要合一定的逆效率。为了减轻在不平路面上行驶时驾驶员的疲劳，车轮与路面之间的作用力传至转向盘上要尽可能小，防止"打手"又要求此逆效率尽可能低。

1. 转向器的正效率 η_+

影响转向器正效率的因素如下，转向器的类型、结构特点、结构参数和制造质量等。

（1）转向器类型、结构特点与效率。转向器可分为齿轮齿条式转向器、循环球式转向器、蜗杆滚轮式转向器和蜗杆指销式转向器等四种，其中齿轮齿条式、循环球式转向器的正效率比较高，而蜗杆指销式特别是固定销和蜗杆滚轮式转向器的正效率要明显的低些。

同一类型转向器，因结构不同效率也不一样。如蜗杆滚轮式转向器的滚轮与支持轴之间的轴承可以选用滚针轴承、圆锥滚子轴承和球轴承等三种结构之一。第一种结构除滚轮与滚针之间有摩擦损失外。滚轮侧翼与垫片之间还存在滑动摩擦损失，故这种转向器的效率 η_+ 仅有 54%。另外两种结构的转向器效率，根据试验结果分别为 70% 和 75%。

转向摇臂轴轴承的形式对效率也有影响，用滚针轴承比用滑动轴承可使正或逆效率提高约 10%。

（2）转向器的结构参数与效率。如果忽略轴承和其他地方的摩擦损失，只考虑啮合副的摩擦损失，对于蜗杆和螺杆类转向器，其效率可用下式计算

$$\eta_+ = \frac{\tan\alpha_0}{\tan(\alpha_0 + \rho)} \tag{8-1}$$

式中：α_0 为蜗杆（或螺杆）的螺线导程角；ρ 为摩擦角，$\rho = \arctan f$；f 为摩擦因数。

2. 转向器逆效率 η_-

根据逆效率大小不同，转向器又有可逆式、极限可逆式和不可逆式之分。

路面作用在车轮上的力，经过转向系可大部分传递到转向盘，这种逆效率较高的转向器属于可逆式。它能保证转向后，转向轮和转向盘自动回正，这既减轻了驾驶员的疲劳，又提高了行驶安全性。但是，在不平路面上行驶时，车轮受到的冲击力，能大部分传至转向盘，造成驾驶员"打手"，使之精神状态紧张，如果长时间在不平路面上行驶，易使驾驶员疲劳，影响安全驾驶。属于可逆式的转向器有齿轮齿条式和循环球式转向器。

不可逆式转向器，是指车轮受到的冲击力不能传到转向盘的转向器。该冲击力由转向传动机构的零件承受，因而这些零件容易损坏。同时，它既不能保证车轮自动回正，驾驶员又缺乏路面感觉，因此，现代汽车不采用这种转向器。

极限可逆式转向器介于上述两者之间。在车轮受到冲击力作用时，此力只有较小一部分传至转向盘。它的逆效率较低，在不平路面上行驶时，驾驶员并不十分紧张，同时转向传动机构的零件所承受的冲击力也比不可逆式转向器要小。

如果忽略轴承和其他地方的摩擦损失，只考虑啮合副的摩擦损失，则逆效率可用下式计算

$$\eta_- = \frac{\tan(\alpha_0 - \rho)}{\tan \alpha_0} \tag{8-2}$$

式（8-1）和式（8-2）表明增加导程角程角 α_0，正、逆效率均增大。受 η_- 增大的影响，α_0 不宜取得过大。当导程角小于或大于摩擦角时，逆效率为负值或者为零，此时表明该转向器是不可逆式转向器。为此导程角必须大于摩擦角。通常螺线导程角选在 8°～10° 之间。

（二）传动比的变化特性

1. 转向系传动比

转向系的传动比包括转向系的角传动比 $i_{\omega 0}$ 和转向系的力传动比 i_p。

从轮胎接触地面的平面中心作用在两个转向轮上的合力 $2F_w$ 与作用在转向盘上手力 F_h 之比，称为力传动比，即 $i_p = 2F_w/F_h$。

转向盘角速度 ω_w 与同侧转向节偏转角速度 ω_k 之比，称之为转向系角传动比 $i_{\omega 0}$，即

$$i_{\omega 0} = \frac{\omega_w}{\omega_p} = \frac{\mathrm{d}\varphi / \mathrm{d}t}{\mathrm{d}\beta_k / \mathrm{d}t} = \frac{\mathrm{d}\varphi}{\mathrm{d}\beta_k}$$

式中：$\mathrm{d}\varphi$ 为转向盘转角增量；$\mathrm{d}\beta_k$ 为转向节转角增量；$\mathrm{d}t$ 为时间增量。它又由转向器角传动比 i_ω 和转向传动机构角传动比 i_ω' 所组成，即 $i_{\omega 0} = i_\omega i_\omega'$。

转向盘角速度 ω_w 与摇臂轴角速度 ω_p 之比，称为转向器角传动比 i_ω，即

$$i_\omega = \frac{\omega_w}{\omega_p} = \frac{\mathrm{d}\varphi / \mathrm{d}t}{\mathrm{d}\beta_p / \mathrm{d}t} = \frac{\mathrm{d}\varphi}{\mathrm{d}\beta_p}$$

式中：$\mathrm{d}\beta_p$ 为摇臂轴转角增量。此定义适用于除齿轮齿条式之外的转向器。

2. 力传动比与转向系角传动比的关系

轮胎与地面之间的转向阻力和作用在转向节上的转向阻力矩 M_r 之间有如下关系

$$F_w = \frac{M_r}{a} \tag{8-3}$$

式中：a 为主销偏移距，指从转向节主销轴线的延长线与支承平面的交点至车轮中心平面与支承平面交线间的距离。

作用在转向盘上的手力 F_h 可用下式表示

$$F_h = \frac{2M_h}{D_{sw}} \tag{8-4}$$

式中：M_h 为作用在转向盘上的力矩；D_{sw} 为转向盘直径。

将式（8-3）、式（8-4）代入 $i_p = 2F_w/F_h$ 后得到

$$i_p = \frac{M_r D_{sw}}{M_h a} \tag{8-5}$$

分析式（8-5）可知，当主销偏移距 a 小时，力传动比 i_p 应取大些才能保证转向轻便。通常轿车的 a 值在 0.4～0.6 倍轮胎的胎面宽度尺寸范围内选取，而货车的 a 值在 40～60mm 范围内选取。转向盘直径 D_{sw} 对轻便性有一定的影响，选择尺寸大的转向盘会使驾驶员进出驾驶室时入座困难；而选择尺寸小的，虽然占用的空间少，但转向时需对转向盘施加较大的力。一般根据车型的不同，转向盘直径 D_{sw} 在 380～550mm 的标准系列内选取。

如果忽略摩擦损失，根据能量守恒原理，$2M_r/M_h$ 可用下式表示

$$\frac{M_r}{M_h} = \frac{d\varphi}{d\beta_k} = i_{\omega 0} \qquad (8\text{-}6)$$

将式（8-6）代入式（8-5）后得到

$$i_p = \frac{i_{\omega 0} D_{sw}}{2a} \qquad (8\text{-}7)$$

当 a 和 D_{sw} 不变时，力传动比 i_p 越大，转向越轻，但 $i_{\omega 0}$ 也越大，表明转向不灵敏。

3. 转向系的角传动比 $i_{\omega 0}$

转向传动机构角传动比，除用 $i'_\omega = d\beta_p/d\beta_k$ 表示以外，还可以近似地用转向节臂臂长 L_2 与摇臂臂长 L_1 之比来表示，即 $i'_\omega = d\beta_p/d\beta_k \approx L_2/L_1$。现代汽车结构中，$L_2$ 与 L_1 的比值大约在 0.85～1.1 之间，可近似认为其比值为 1。则 $i_{\omega 0} \approx i_\omega = d\varphi/d\beta$。由此可见，研究转向系的传动比特性，只需研究转向器的角传动比 $i_{\omega 0}$ 及其变化规律即可。

4. 转向器角传动比及其变化规律

式（8-7）表明，增大角传动比可以增加力传动比。从 $i_p = 2F_w/F_h$ 可知，当 F_w 一定时，增大 i_p 能减小作用在转向盘上的于力 F_h，使操纵轻便。

考虑到 $i_{\omega 0} \approx i_\omega$，由 $i_{\omega 0}$ 的定义可知，对于一定的转向盘角速度，转向轮偏转角速度与转向器角传动比成反比。角传动比增加后，转向轮偏转角速度对转向盘角速度的响应变得迟钝，使转向操纵时间增长，汽车转向灵敏性降低，所以"轻"和"灵"构成一对矛盾。为解决这对矛盾，可采用变速比转向器。

齿轮齿条式、循环球式、蜗杆指销式转向器都可以制成变速比转向器。下面介绍齿轮齿条式转向器变速比工作原理。

根据相互啮合齿轮的基圆齿距必须相等，即 $P_{b1} = P_{b2}$。其中齿轮基圆齿距

$$P_{b1} = \pi m_1 \cos\alpha_1 \qquad (8\text{-}8)$$

齿条基圆齿距

$$P_{b2} = \pi m_2 \cos\alpha_2 \qquad (8\text{-}9)$$

由式（8-8）、式（8-9）可知，当齿轮具有标准模数 m_1 和标准压力角 α_1 与一个具有变模数 m_2、变压力角 α_2 的齿条相啮合，并始终保持 $m_1\cos\alpha_1 = m_2\cos\alpha_2$，它们就可以啮合运转。如果齿条中部（相当汽车直线行驶位置）齿的压力角最大，向两端逐渐减小（模数也随之减小），则主动齿轮啮合半径也减小，致使转向盘每转动某同一角度时，齿条行程也随之减小。因此，转向器的传动比是变化的，如图 8-1 所示是根据上述原理设计的齿轮齿条式转向器齿条压力角变化示例。从图 8-1 中可以看到，位于齿条中部位置处的齿有较大压力角和齿轮有较大的节圆半径，而齿条齿有宽的齿根和浅斜的齿侧面；位于齿条两瑞的齿，齿根减薄，齿有陡斜的齿侧面。

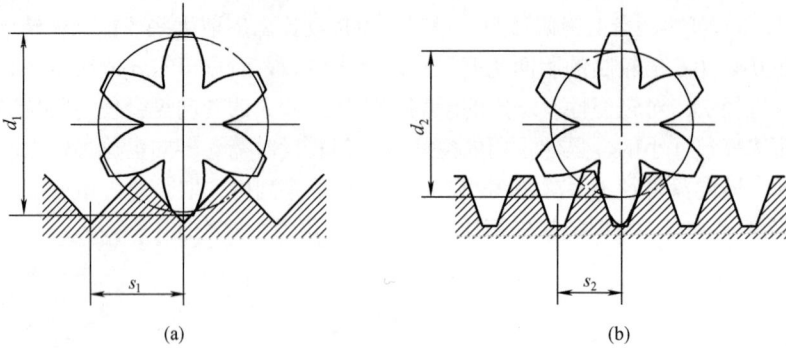

图 8-1 齿条齿压力角变化简图

(a) 齿条中部齿；(b) 齿条两端齿

循环球齿条齿扇式转向器的角传动比

$$i_\omega = 2\pi r / P \qquad (8-10)$$

因结构原因，螺距 P 不能变化，但可以用改变齿扇啮合半径 r 的方法，达到使循环球齿条齿扇式转向器实现变速比的目的。

随转向盘转角变化，转向器角传动比可以设计成减小、增大或保持不变的。影响选取角传动比变化规律的因素，主要是转向轴负荷大小和对汽车机动能力的要求。若转向轴负荷小，在转向盘全转角范围内，驾驶员不存在转向沉重问题。装有动力转向的汽车，因转向阻力矩由动力装置克服，所以在上述两种情况下，均应取较小的转向器角传动比并能减少转向盘转动的总圈数，以提高汽车的机动能力。

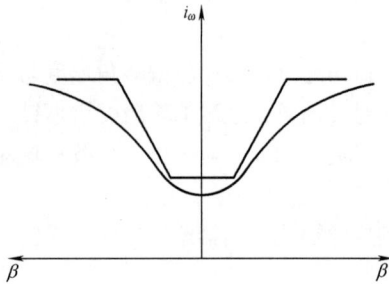

图 8-2 转向器角传动比
变化特性曲线

转向轴负荷大又没有装动力转向的汽车，因转向阻力矩大致与车轮偏转角度大小成正比，汽车低速急转弯行驶时的操纵轻便性问题突出，故应选用大些的转向器角传动比。汽车以较高车速转向行驶时，转向轮转角较小，转向阻力矩也小，此时要求转向轮反应灵敏，转向器角传动比应当小些。因此，转向器角传动比变化曲线应选用大致呈中间小两端大些的下凹形曲线，如图 8-2 所示。

转向盘在中间位置的转向器角传动比不宜过小。过小则在汽车高速直线行驶。对转向盘转角过分敏感和使反冲效应加大，使驾驶员精确控制转向轮的运动有困难。直行位置的转向器角传动比不宜低于 15~16。

（三）转向器传动副的传动间隙 Δt

1. 转向器传动间隙特性

传动间隙是指各种转向器中传动副（如循环球式转向器的齿扇和齿条）之间的间隙，该间隙随转向盘转角 φ 的大小不同而改变，并把这种变化关系称为转向器传动副传动间隙特性（如图 8-3 所示）。研究该特性的意义在于它与

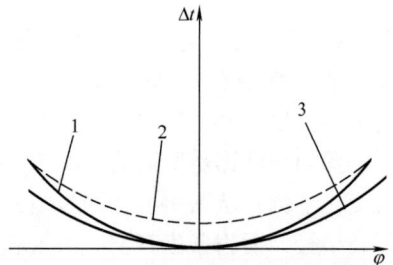

图 8-3 转向器传动副传动间隙特性

直线行驶的稳定性和转向器的使用寿命有关。

直线行驶时，转向器传动副若存在传动间隙，一旦转向轮受到侧向力作用，就能在间隙Δt的范围内允许车轮偏离原行驶位置，使汽车失去稳定。为防止出现这种情况，要求传动副的传动间隙在转向盘处于中间及其附近位置时（一般是$10°\sim15°$）要极小，最好无间隙。

转向器传动副在中间及其附近位置因使用频繁，磨损速度要比两端快。在中间附近位置因磨损造成的间隙大到无法确保直线行驶的稳定性时，必须经调整消除该处间隙。

调整后，要求转向盘能圆滑地从中间位置转到两端，而无卡住现象。

传动副的传动间隙特性应当设计成在离开中间位置以后如图8-3所示的逐渐加大的形状。图中曲线1表明转向器在磨损前的间隙变化特性，曲线2表明使用并磨损后的间隙变化特性，并是在中间位置处已出现较大间隙，曲线3表明调整后并消除中间位置处间隙的转向器传动间隙变化特性。

2. 传动间隙特性分析

循环球式转向器的齿条齿扇传动副的传动间隙特性，可通过将齿扇齿做成不同厚度来获取必要的传动间隙。即将中间齿设计成正常齿厚，从靠近中间齿的两侧齿到离开中间齿最远的齿，其厚度依次递减。

如图8-4所示，齿扇工作时绕摇臂轴的轴线中心O转动。加工齿扇时使之绕切齿轴线O_1转动。两轴线之间的距离n称为偏心距。用这种方法切齿，可获得厚度不同的齿扇齿。其传动特性可用下式计算

$$\Delta t = 2\tan\alpha_d[R - n\cos\beta_p - \sqrt{n^2\cos^2\beta_p + R_1^2 - n^2}] \tag{8-11}$$

式中：α_d为端面压力角；R为节圆半径；β_p为摇臂轴转角；R_1为中心O_1到点b的距离；n为偏心距。

偏心距M不同，传动副的传动间隙特性也不同。如图8-5所示出偏心距n不同时的传动间隙变化特性。n越大，在同一摇臂轴转角条件下，其传动间隙也越大。一般偏心距n取0.5mm左右为宜。

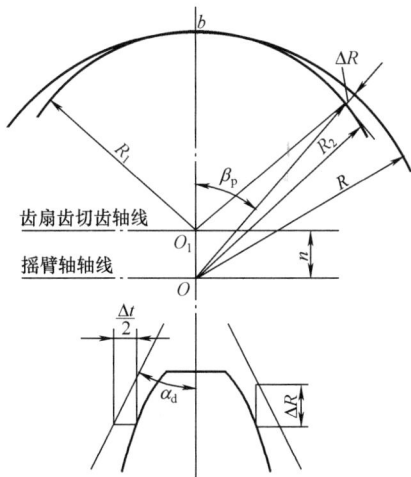

图8-4 确定齿功齿切齿轴线偏移的
传动副径向间隙ΔR及传动间隙Δt示意图

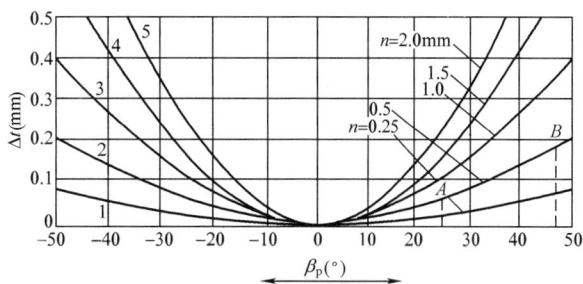

图8-5 偏心距n不同时传动间隙Δt的变化

二、转向器设计

机械式转向器应用比较多，根据它们的结构特点不同，可分为四种转向器。

1. 齿轮齿条式

齿轮齿条式转向器由与转向轴做成一体的转向齿轮和由与转向横拉杆做成一体的齿条组成。

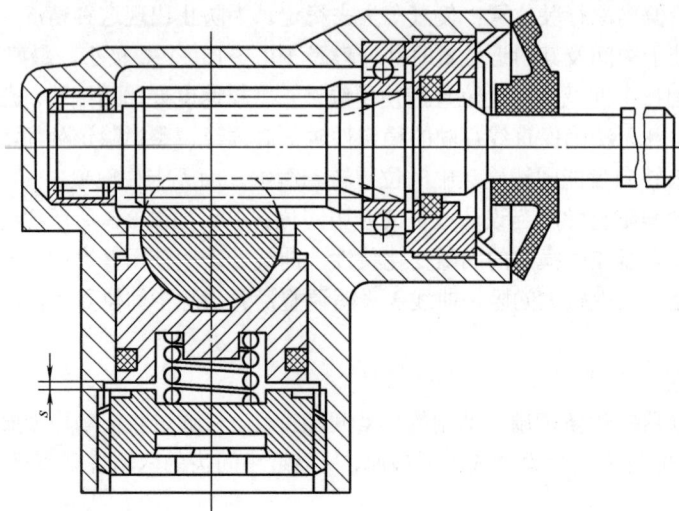

图 8-6　自动消除间隙装置

根据输入齿轮位置和输出特点不同，齿轮齿条式转向器有四种形式如下。中间输入，两端输出［如图 8-7（a）所示］；侧面输入，两端输出［如图 8-7（b）所示］；侧面输入，中间输出［如图 8-7（c）所示］；侧面输入，一端输出［如图 8-7（d）所示］。

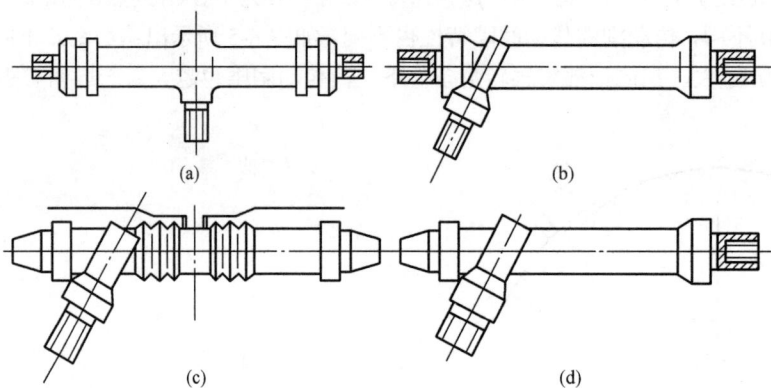

(a)　　　(b)　　　(c)　　　(d)

图 8-7　齿轮齿条式转向器的四种形式

（a）中间输入，两端输出；（b）侧面输入，两端输出；

（c）侧面输入，中间输出；（d）侧面输入，一端输出

采用侧面输入、中间输出方案时，如图 8-8 所示，与齿条固定连接的左、右拉杆延伸到接近汽车纵向对称平面附近。由于拉杆长度增加，车轮上、下跳动时拉杆摆角减小，有利于减少车轮上、下跳动时转向系与悬架系的运动干涉。拉杆与齿条用螺栓固定连接（见图 8-8），因此两拉杆与齿条会同时向左或右移动，为此在转向器壳体上开有轴向方向的长槽，从而降低了它的强度。

采用两端输出方案时，由于转向拉杆长度受到限制，容易与悬梁系统导向机构产生运动干涉。

侧面输入，一端输出的齿轮齿条式转向器，常用在于微型货车上。

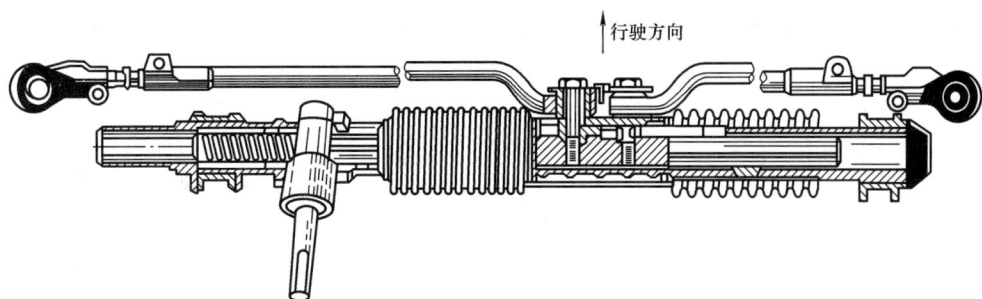

图 8-8　拉杆与齿条的连接

如果齿轮齿条式转向器采用直齿圆柱齿轮与直齿齿条啮合，则运转平稳性降低，冲击大，工作噪声增加。此外，齿轮轴线与齿条轴线之间的夹角只能是直角，为此与总体布置不适应而遭淘汰。采用斜齿圆柱齿轮与斜齿齿条啮合的齿轮齿条式转向器，重合度增加，运转平稳，冲击与工作噪声均点下降，而且齿轮轴线与齿条轴线之间的夹角易于满足总体设计的要求。

齿条断面形状有圆形（见图 8-6）、V 形（见图 8-9）和 Y 形（见图 8-10）三种。圆形断面齿条制作工艺比较简单。V 形和 Y 形断面齿条与圆形断面比较，消耗的材料少，约节省 20%，故质量小；位于齿下面的两斜面与齿条托座接触，可用来防止齿条绕轴线转动；Y 形断面齿条的齿宽可以做得宽些，因而强度得到增加；在齿条与托座之间通常装有用减摩材料（如聚四氟乙烯）做的垫片（见图 8-9）用来减少滑动摩擦。

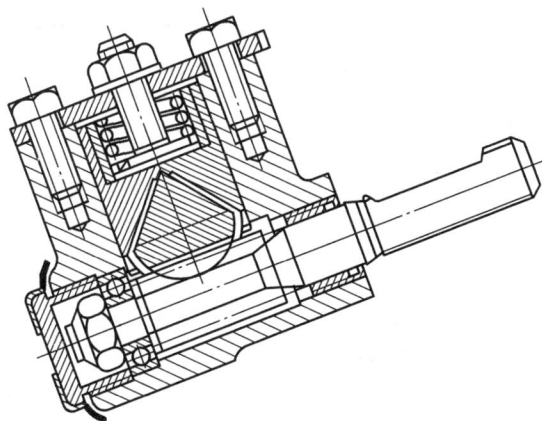

图 8-9　V 形断面齿条

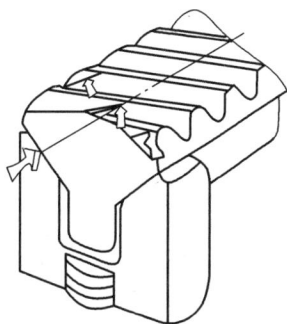

图 8-10　Y 形断面齿条

根据齿轮齿条式转向器和转向梯形相对前轴位置的不同，齿轮齿条式转向器在汽车上有四种布置形式。转向器位于前轴后方，后置梯形；转向器位于前轴后方，前置梯形；转向器位于前轴前方，后置梯形；转向器位于前轴前方，前置梯形，见图 8-11（a）～（d）。

2. 循环球式

循环球式转向器由螺杆和螺母共同形成的螺旋槽内装有钢球构成的传动副，以及螺母、齿条与摇臂轴上齿扇构成的传动副组成，如图 8-12 所示。

循环球式转向器的优点是在螺杆和螺母之间有可以循环流动的钢球，将滑动摩擦变为滚动摩擦，因而传动效率可达到 75%～85%；在结构和工艺上采取措施，包括提高制造精度，改善工作表面的表面粗糙度，螺杆、螺母上的螺旋槽经淬火和磨削加工，使之有足够的硬度和耐磨损性能，可保证有足够的使用寿命；转向器的传动比可以变化，工作平稳可靠；齿条和齿扇之间的间隙调整工作容易进行（见图8-13）；适合用来做整体式动力转向器。

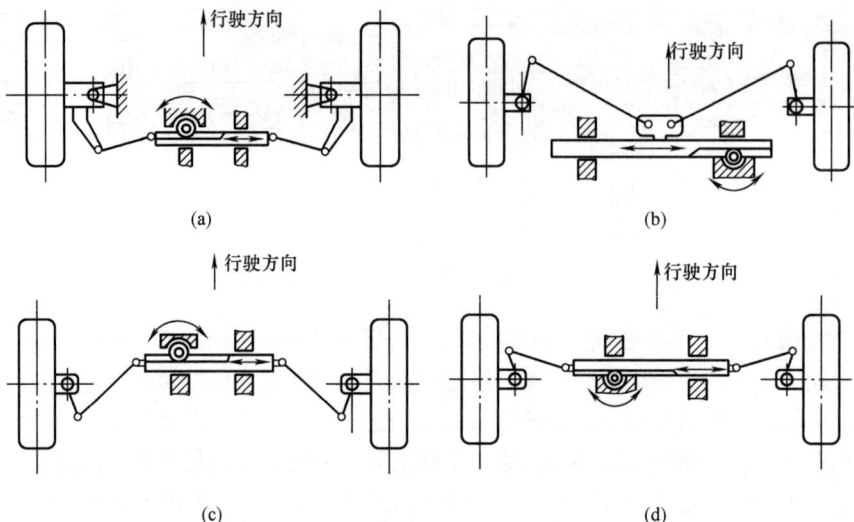

图 8-11　齿轮齿条式转向器的四种布置形式

（a）转向器位于前轴后方，后置梯形；（b）转向器位于前轴后方，前置梯形；

（c）转向器位于前轴前方，后置梯形；（d）转向器位于前轴前方，前置梯形

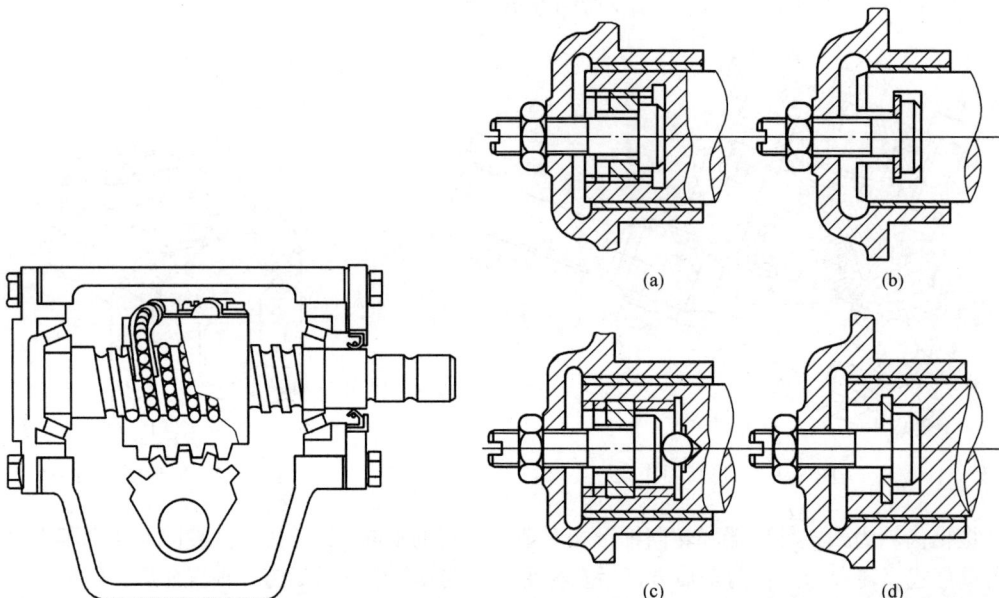

图 8-12　循环球式转向器　　　　图 8-13　循环球式转向器的间隙调整机构

（a）螺母压紧式；（b）凹槽式；（c）钢球式；（d）卡环式

　　循环球式转向器的主要缺点是逆效率高、结构复杂、制造困难、制造精度要求高。

　　循环球式转向器主要用于货车和客车上。

　　3. 蜗杆滚轮式

　　蜗杆滚轮式转向器由蜗杆和滚轮啮合而构成。其主要优点是结构简单，制造容易。因为滚轮的齿面和蜗杆上的螺纹呈面接触，所以有比较高的强度，工作可靠、磨损小、寿命长、逆效率低。

蜗杆滚轮式转向器的主要缺点是正效率低。工作齿面磨损以后，调整啮合间隙比较困难；转向器的传动比不能变化。

这种转向器曾在汽车上广泛使用过。

4. 蜗杆指销式

蜗杆指销式转向器的销子若不能自转，称为固定销式蜗杆指销式转向器。销子除随同摇臂轴转动外，还能绕自身轴线转动的，称之为旋转销式转向器。根据销子数量不同，又有单销和双销之分。

蜗杆指销式转向器的优点是：转向器的传动比可以做成不变的或者变化的；指销和蜗杆之间的工作面磨损后，调整间隙工作容易进行。

固定销蜗杆指销式转向器的结构简单、制造容易。但是因销子不能自转，销子的工作部位基本保持不变，所以磨损快、工作效率低。旋转销式转向器的效率高、磨损慢，但结构复杂。

要求摇臂轴有较大的转角时，应该采用双销式结构。双销式转向器在直线行驶区域附近，两个销子同时工作，可降低销子上的负荷，减少磨损。当一个销子脱离啮合状态时，另一个销子承受全部作用力，而恰恰在此位置，作用力达到最大值，所以设计时要注意核算其强度，双销与单销蜗杆指销式转向器比较，结构复杂、尺寸和质量大，并且对两主销间的位置精度、蜗杆上螺纹槽的形状及尺寸精度等要求高。此外，传动比的变化特性和传动间隙特性的变化受限制。

蜗杆指销式转向器应用较少。

三、转向梯形机构

转向梯形有整体式和断开式两种，选择整体式或断开式转向梯形方案与悬架采用何种方案有联系。无论采用哪一种方案，必须正确选择转向梯形参数，做到在汽车转弯时，保证全部车轮绕一个瞬时转向中心行驶，使在不同圆周上运动的车轮，作无滑动的纯滚动运动。同时，为达到总体布置要求的最小转弯直径值，转向轮应有足够大的转角。

（一）转向梯形结构方案分析

1. 整体式转向梯形

如图 8-14 所示整体式转向梯形是由转向横拉杆 1、转向梯形臂 2 和汽车前轴 3 组成。其中梯形臂呈收缩状向后延伸。这种方案的优点是结构简单，调整前束容易，制造成本低；主要缺点是一侧转向轮上、下跳动时，会影响另一侧转向轮。

当汽车前悬架采用非独立悬架时，应当采用整体式转向梯形。整体式转向梯形的横拉杆可位于前轴后或前轴前（称为前置梯形）。对于发动机位置低或前轮驱动汽车，常采用前置梯形。前置梯形的梯形臂必须向前外侧方向延伸，因而会与车轮或制动底板发生干涉，所以在布置上有困难。为了保护横拉杆免遭路面不平物的损伤，横拉杆的位置应尽可能布置得高些，至少不低于前轴高度。

2. 断开式转向梯形

转向梯形的横拉杆做成断开的，称之为断开式转向梯形。断开式转向梯形方案之一如图8-15 所示。断开式转向梯形的主要优点是它与前轮采用独立悬架相配合，能够保证一侧车轮上、下跳动时，不会影响另一侧车轮；与整体式转向梯形比较，由于杆系、球头增多，所以结构复杂，制造成本高，并且调整前束比较困难。

Note

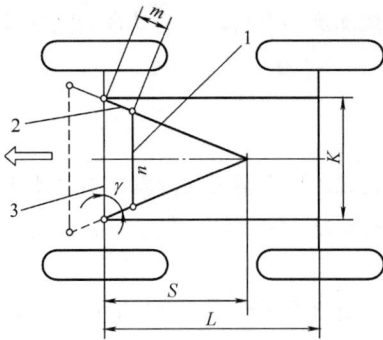

图 8-14　整体式转向梯形图

1—转向横拉杆；2—转向梯形臂；3—前轴

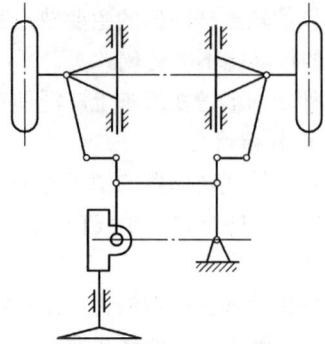

图 8-15　断开式转向梯形

横拉杆上断开点的位置与独立悬架形式有关。采用双横臂独立悬架，常用图解法（基于三心定理）确定断开点的位置。其求法如下［见图 8-16（b）］。

1）延长 K_BB 与 K_AA，交于立柱 AB 的瞬心 P 点，由 P 点作直线 PS。S 点为转向节臂球销中心在悬架杆件（双横臂）所在平面上的投影。当悬架摇臂的轴线斜置时，应以垂直于摇臂轴的平面作为当量平面进行投影和运动分析。

2）延长直线 AB 与 K_AA，交于 Q_{AB} 点，连 PQ_{AB} 直线。

3）连接 S 和 B 点、延长直线 SB。

4）作直线 PQ_{BS}，使直线 PQ_{AB} 与 PQ_{BS} 间夹角等于直线 PK_A 与 PS 间的夹角。当 S 点低于 A 点时，PQ_{BS} 线应低于 PQ_{AB} 线。

5）延长 PS 与 $Q_{AB}K_B$，相交于 D 点，此 D 点便是横拉杆铰接点（断开点）的理想的位置。

以上是在前轮没有转向的情况下，确定断开点 D 位置的方法。此外，还要对车轮向左转和向右转的几种不同的工况进行校核。图解方法同上，但 S 点的位置变了；当车轮转向时，可认为 S 点沿垂直于主销中心线 AB 的平面上画弧（不计主销后倾角）。如果用这种方法所得到的横拉杆长度在不同转角下都相同或十分接近，则不仅在汽车直线行驶时，而且在转向时，车轮的跳动都不会对转向产生影响。双横臂互相平行的悬架能满足此要求，见图 8-16（a）、（c）。

（二）转向传动机构强度计算

1. 球头销

球头销常由于球面部分磨损而损坏，为此用下式验算接触应力 σ_j

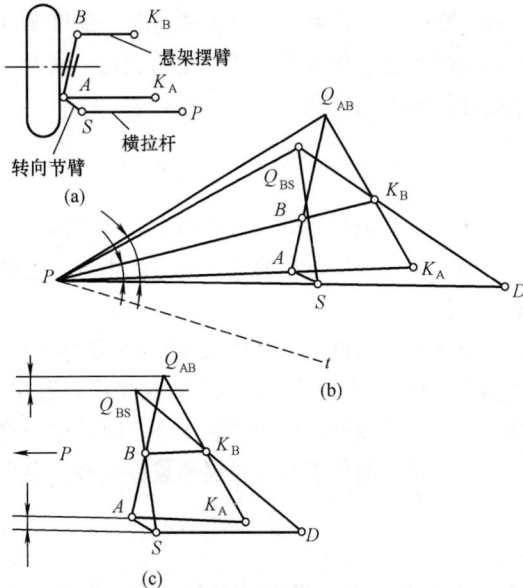

图 8-16　断开点的确定

（a）双横臂互相平行的悬架；（b）双横臂独立悬架确定断开点；

（c）双横臂互相平行的悬架确定断开点

$$\sigma_j = \frac{F}{A} \qquad (8\text{-}12)$$

式中：F 为作用在球头上的力；A 为在通过球心垂直于 F 力方向的平面内，球面承载部分的投影面积。

许用接触应力为 $[\sigma_j] \leqslant 25 \sim 30 \text{N/mm}^2$。

设计初期，球头直径 d 可根据表 8-1 中推荐的数据进行选择。

表 8-1 球 头 直 径

球头直径（mm）	转向轮负荷（N）	球头直径（mm）	转向轮负荷（N）
20	~6000	35	24 000~34 000
22	6000~9000	40	34 000~49 000
25	9000~12 500	45	49 000~70 000
27	12 500~16 000	50	70 000~100 000
30	16 000~24 000		

球头销用合金结构钢 12CrNiB、15CrMo、20CrNi 或液体碳氮共渗钢 35Cr、35CrNi 制造。

2. 转向拉杆

拉杆应有较小的质量和足够的刚度，拉杆的形状应符合布置要求，有时不得不做成弯的，这就减小了纵向刚度。拉杆应用《材料力学》中有关压杆稳定性计算公式进行验算。稳定件安全系数不小于 1.5~2.5。拉杆用 20、30 或 40 号钢无缝钢管制成。

3. 转向摇臂

在球头销上作用的力 F，对转向摇臂构成弯曲和扭转力矩的联合作用。危险断面在摇臂根部，应按第三强度理论验算其强度验算其强度

$$\sigma = \sqrt{\frac{F^2 d^2}{W_w^2} + 4\frac{F^2 e^2}{W_n^2}} \qquad (8\text{-}13)$$

式中：W_w、W_n 为危险断面的抗弯截面系数和抗扭转截面系数；尺寸置 d、e 见图 8-17。

要求

$$\sigma \leqslant \sigma_T/n \qquad (8\text{-}14)$$

式中：σ_T 为材料的屈服点；n 为安全系数，$n=1.7 \sim 2.4$。

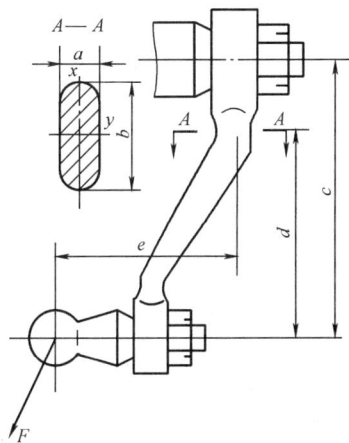
图 8-17 转向摇臂受力图

转向摇臂与转向摇臂轴经花键连接，因此要求验算花键的挤压应力和切应力。

四、防伤安全机构方案分析与计算

根据交通事故统计资料和对汽车碰撞试验结果的分析表明汽车正面碰撞时，转向盘、转向管柱是使驾驶员受伤的主要元件。因此，要求汽车在以 48km/h 的速度正面同其他物体碰撞的试验中，转向管柱和转向轴在水平方向的后移量不得大于 127mm；在台架试验中，用人体模型的躯干以 6.7m/s 的速度碰撞转向盘时，作用在转向盘上的水平力不得超过 11 323N。详见 GB 11557—1998《防止汽车转向机构对驾驶员伤害的规定》。为此，需要在转向系中设计并安装能防止或者减轻驾驶员受伤的机构。如在转向系中，使有关零件在撞击时产生塑性变形、弹性变形或是利用摩擦等来吸

223

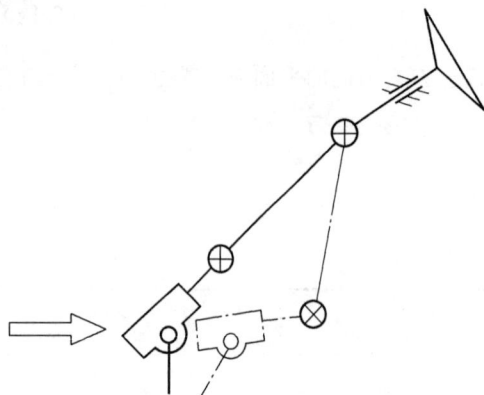

图 8-18　防伤转向传动轴简图

收冲击能量。当转向传动轴中采用有万向节连接的结构时，只要布置合理，即可在汽车正面碰撞时防止转向轴等向乘客舱或驾驶室内移动，如图 8-18 所示。这种结构虽然不能吸收碰撞能量。但其结构简单，只要万向节连接的两轴之间存在夹角，正面撞车后转向传动轴和转向盘就处在图中双点划线的位置，转向盘没有后移不会危及驾驶员安全。

如图 8-19 所示在轿车上应用的防伤安全机构，其结构最简单，制造容易。转向轴分为两段，上转向轴的下端经弯曲成形后，其轴线与下轴轴线之间偏移一段距离，其端面与焊有两个圆头圆柱销的紧固板焊接，两圆柱销的中心线对称于上转向轴的主轴线。下转向轴呈 T 字形，其上端与一个压铸件相连，压铸件上铸有两孔，孔内压入橡胶套与塑料衬套后再与上转向轴呈倒钩状连接，构成安全转向轴。该轴在使用过程中除传递转矩外，在受到一定数值的轴向力时，上、下转向轴能自动脱开。如图 8-19（b）所示，以确保驾驶员安全。

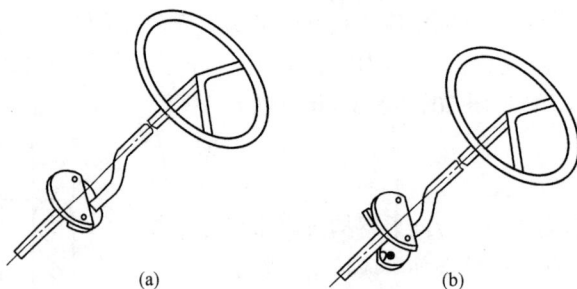

(a)　　　　　　　　　　(b)

图 8-19　防伤转向轴简图

（a）正常行驶；（b）发生碰撞时

如图 8-20 所示为联轴套管吸收冲击能量机构。位于两万向节之间的转向传动轴，是由套管 1 和轴 3 组成。套管经过挤压处理后形成的内孔形状与两侧经铣削加工后所形成的轴断面形状与尺寸完全一致。装配后从两侧的孔中注入塑料，形成塑料销钉 2 将套管与轴连接为一体。汽车与其他物体正面冲撞时，作用在套管与轴之间的轴向力使塑料销钉受到剪切作用，达到一定值以后剪断销钉，然后套管与轴相对移动，存在其间的塑料能增大摩擦阻力吸收冲击能量。此外，套管与轴相互压缩，长度缩短，可以减少转向盘向驾驶员一侧的移动量，起到保护驾驶员的作用。这种防伤机构结构简单，制造容易，只要合理地选取铆钉数量与直径，便能保证它可靠地工作和吸收冲击能量。撞车后因套管与轴仍处在连接状态，所以汽车仍有可能转向行驶到不妨碍交通的地方。

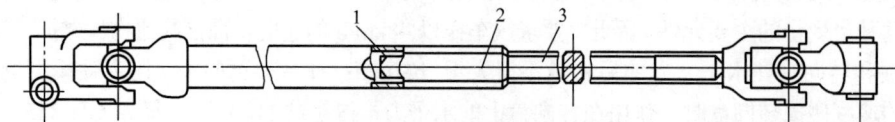

图 8-20　安全联轴套管

1—套管；2—塑料销钉；3—轴

如图 8-21 所示为弹性联轴器式防伤机构，由上、下转向轴 1、5 和有 45°斜面的凸缘 2、弹性垫片 4（用涂有橡胶的多层帘布制成）、连接螺棒 3 组成。汽车一旦出现严重的、破坏性碰撞事故，弹性垫片不仅有轴向变形，而且能撕裂直至断开，同时吸收了冲击能量，并允许上、下转向轴相对移动。这种防伤机构的结构简单，容易制造，成本低。但弹性垫片的存在会降低扭转刚度，对此必须采取结构措施予以消除。这种结构的工作可靠性由弹性垫片的强度来决定。汽车发生碰撞事故时，凸缘斜面上产生的轴向力 F_z 和径向力 F_j 相等，其最大值由弹性垫片的强度来决定

$$F_z = F_j = a_0 t \delta k_1 k_2 \sigma_1 \tag{8-15}$$

式中：a_0 为实际断面宽度；t 为垫片厚度；δ 为垫片帘布层数；k_1 为考虑垫片不同时损坏的系数，取 0.85；k_2 为考虑危险断面边缘的帘线完整性被破坏的系数，取 0.80；σ_1 为拉伸应力，$\sigma_1 = 5.5 \text{N/mm}^2$。

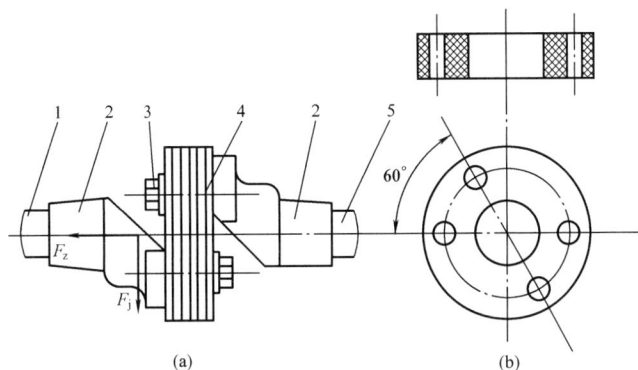

图 8-21 弹性联轴器

（a）弹性联轴器；（b）弹性垫片

1—上转向轴；2—凸缘；3—连接螺棒；4—弹性垫片；5—下转向轴

为了安全，建议轴向力 F_z 取为 9kN，则用式（8-15）就可以确定垫片的尺寸。如图 8-22 所示的上、下两段转向管柱 1 和 2 压入两端各有两排凹坑的套管 3 里。转向轴分为上、下两段，用花键连接（图中未画出）。同上述几种形式比较，这种机构虽然工作可靠，但结构复杂，而且制造精度也相对要求高些。

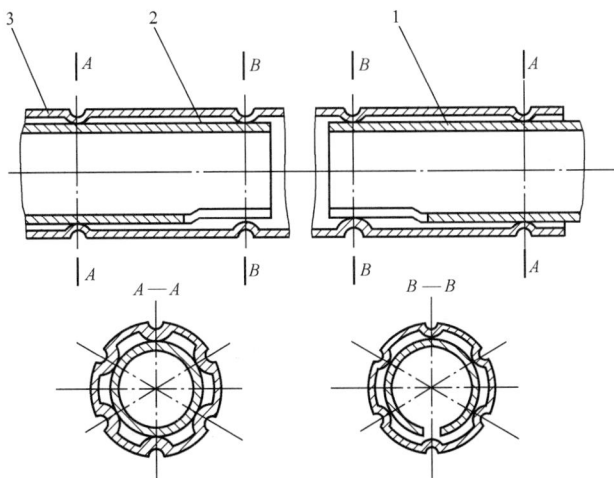

图 8-22 吸能转向管柱简图

1—上转向管柱；2—下转向管柱；3—套管

汽车发生撞车事故时，依靠管柱与套管的挤压来吸收冲击能量。因此，为了满足所要求的压紧力，设计时需要计算套管间的过盈量 Δ

$$\Delta = \frac{nF_f}{4\pi E}\left(\frac{\lambda_o}{h} + \frac{\lambda_i}{h}\right) \tag{8-16}$$

式中：n 为互相平衡的径向力数或套管上的凹坑数；F_f 为计算断面套管间接触点处的法向力；λ_o、λ_i 为外、内套管系数；h 为套管壁厚；E 力弹性模量。

其中

$$\left.\begin{array}{l} \lambda_o = \sqrt[4]{3(1-\mu^2)(R_o/h)^2} \\ \lambda_i = \sqrt[4]{3(1-\mu^2)(R_i/h)^2} \end{array}\right\} \tag{8-17}$$

式中：μ 为泊松比；R_o、R_i 为外、内套管平均半径。

撞车时作用在转向管柱上的轴向力 F_z 受套管间压力限制，因而

$$F_z = F_f f \tag{8-18}$$

式中：f 为套管加工表面之间没有润滑时的摩擦因数。

CHAPTER 8

第二节 齿轮齿条式转向系设计

齿轮齿条式转向器的主要优点是结构简单、紧凑；壳体采用铝合金或镁合金压铸而成，转向器的质量比较小；传动效率高达 90%；齿轮与齿条之间因磨损出现间隙以后，依靠装在齿条背部、靠近主动小齿轮处的压紧力可以调节的弹簧能自动消除齿间间隙；转向器占用的体积小；没有转向摇臂和直拉杆，所以转向轮转角可以增大，制造成本低。常装于前轮为独立悬架的轻型及微型车。

齿轮齿条式转向器的主要缺点是因逆效率高（60%～70%），汽车在不平路面行驶时，发生在转向轮与路面之间冲击力的大部分能传至转向盘，称之为反冲。反冲现象会使驾驶员精神紧张，并难以准确控制汽车行驶方向，转向盘突然转动又会造成打手，同时对驾驶员造成伤害。

一、齿轮齿条式转向器结构

齿轮齿条式转向器分两端输出式和中间（或单端）输出式两种。

两端输出的齿轮齿条式转向器如图 8-23 所示，作为传动副主动件的转向齿轮轴 11 通过轴承 12 和 13 安装在转向器壳体 5 中，其上端通过花键与万向节叉 10 和转向轴连接。与转向齿轮啮合的转向齿条 4 水平布置，两端通过球头座 3 与转向横拉杆 1 相连。弹簧 7 通过压块 9 将齿条压靠在齿轮上，保证无间隙啮合。弹簧的预紧力可用调整螺塞 6 调整。当转动转向盘时，转向器齿轮轴 11 转动，使与之啮合的齿条 4 沿轴向移动，从而使左右横拉杆带动转向节左右转动，使转向车轮偏转，从而实现汽车转向。

中间输出的齿轮齿条式转向器如图 8-24 所示，其结构及工作原理与两端输出的齿轮齿条式转向器基本相同，不同之处在于它在转向齿条的中部用螺栓 6 与左右转向横拉杆 7 相连。在单

端输出的齿轮齿条式转向器上，齿条的一端通过内外托架与转向横拉杆相连。

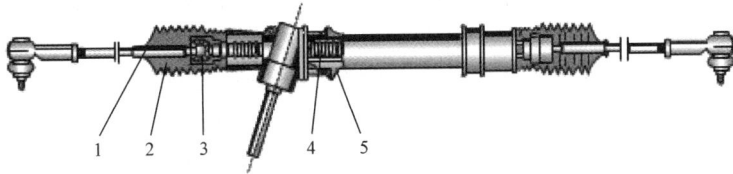

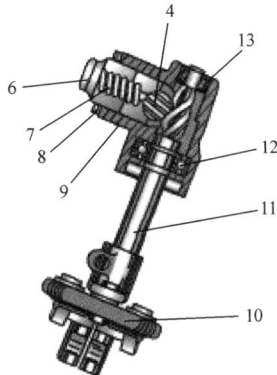

图 8-23　两端输出的齿轮齿条式转向器

1—转向横拉杆；2—防尘套；3—球头座；4—转向齿条；5—转向器壳体；

6—调整螺塞；7—压紧弹簧；8—锁紧螺母；9—压块；10—万向节；

11—转向齿轮轴；12—向心球轴承；13—滚针轴承

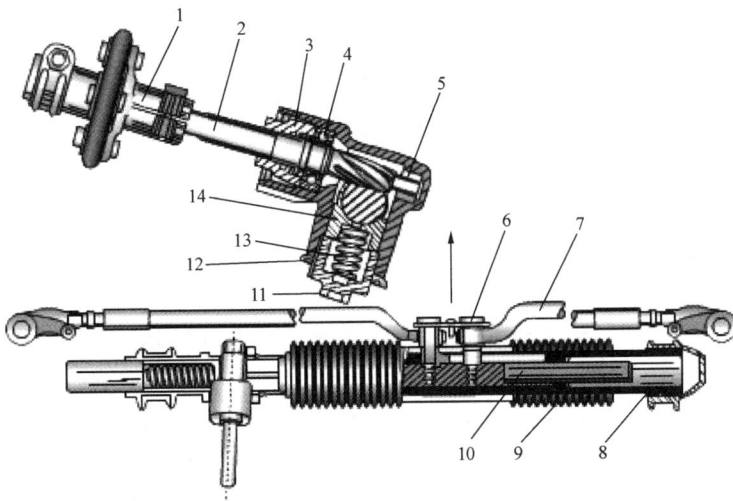

图 8-24　中间输出的齿轮齿条式转向器

1—万向节叉；2—转向齿轮轴；3—调整螺母；4—向心球轴承；

5—滚针轴承；6—固定螺栓；7—转向横拉杆；8—转向器壳体；9—防尘套；

10—转向齿条；11—调整螺塞；12—锁紧螺母；13—压紧弹簧；14—压块

齿轮齿条式转向器的传动副为齿轮和齿条，其结构简单、布置方便、制造容易，故仅广泛用于微型汽车和轿车上，但转向传动比较小（一般不大于15），齿条沿其长度方向磨损不均匀，且通常布置在前轮轴线之后。转向传动副的主动件—斜齿圆柱小齿轮，它和装在外壳中的从动件—齿条相啮合，外壳固定在车身（或车架）上。齿条利用两个球接头直接和两根分开的左、右横拉杆相连。齿轮齿条式转向器是依靠齿条背部靠近主动小齿轮处装置的弹簧来消除齿轮齿条传动副的齿间间隙的。为了转向轻便，主动小齿轮的直径应尽量小，通常这类转向器的齿轮模数多在 2~3mm 范围内。压力角取 20°，主动小齿轮齿数多在 5~8 个齿之间取值，齿轮螺旋角多在 9°~15° 之间取值。应根据转向轮达到最大偏转角时，相应的齿条移动行程应达到的值来确定齿条齿数。变速比的齿条压力角，通常在 12°~35° 之间取值。另外，应验算齿轮的抗弯强度和接触强度。

二、转向系主要参数确定

首先确定转向器的选择类型，主要是对动力缸、分配阀、定中元件和反作用元件等进行参数选择和设计计算。其中包括动力转向布置选择类型控制阀类型的选择、齿轮齿条转向器参数选择；然后是对动力转向器参数的确定，包括齿轮齿条啮合的基本参数、转阀的参数和动力缸参数。

1. 转向系计算载荷的确定

为了保证行驶安全，组成转向系的各种零件必须有足够的强度。欲验算转向系的强度，须首先确定作用在各零件上的力。影响这些力的主要因素有转向轴的负荷、路面阻力和轮胎气压等。为转动转向轮要克服的阻力包括转向轮绕主销转动的阻力、车轮稳定阻力、轮胎变形阻力和转向器中的内摩擦力等。

精确计算出这些力是困难的。因此推荐用足够精确的半经验公式来计算汽车在沥青或混凝土路面上的原地转向阻力矩 M_R

$$M_R = \frac{f}{3}\sqrt{\frac{G_1^3}{p}} = \frac{0.7}{3} \times \sqrt{\frac{10\,000^3}{0.2}} \approx 521.75\,(\text{N} \cdot \text{mm})$$

式中：f 为轮胎和路面的滑动摩擦因素，取 0.7；G_1 为转向轴负荷；p 为轮胎的气压。

再根据转向横拉杆与车轮之间的垂直距离算得

$$F = \frac{M_R}{L} = \frac{521.75}{0.18} \approx 2900\,(\text{N})$$

式中：F 为转向横拉杆上的理论推力。

2. 动力缸的设计计算

动力缸对于整体动力缸活塞与转向器均布置在同一个由 QT400-18 或 KTH350-10 制造的转向器壳体内，活塞与齿条制成一体。

在动力缸的计算中需确定其缸直径、活塞行程、活塞杆直径以及缸筒壁厚。

动力缸壳体采用 ZL105 铸造而成，缸内表面应光洁，粗糙度为 R_a=0.32~0.63，硬度为 HB241~285，活塞采用优质碳素钢45号钢；活塞与缸筒之间的间隙采用橡胶密封圈。

（1）缸径 D_c 的计算。

由上面可知，转向系统要求动力缸所提供的动力为 2900N，动力缸的缸径尺寸 D_c 可由作用在活塞上的力的平衡计算，得

$$D_c = \sqrt{\frac{4F}{3.14p \times 10^6} + d^2}$$

式中：p 为供油压力，MPa，设计时取取 $p=13$MPa；d 为活塞杆直径；F 为液压缸理论推力。

根据《液压设计手册》中推荐的活塞杆直径系列初选 $d=25$mm

$$D_c = \sqrt{\frac{4 \times 1900}{3.14 \times 10 \times 10^6} + (25 \times 10^{-3})^2} \approx 0.037\,6\text{(m)}$$

取 $D=40$mm，此时 $d = \frac{5}{8}D$，符合 $d = \left(\frac{1}{3} \sim \frac{5}{8}\right)D$ 的范围。

（2）活塞的设计计算。

活塞的宽度一般为活塞外径的 0.6～1.0 倍，但本次设计采用一道密封环形，在所选厚度满足强度的条件下，可以放窄一点。初取 $b=7$mm。

活塞的外径配合一般采用 H7/f9 的配合公差带，外径和内径的同轴度公差不大于 0.02，端面与轴线的垂直公差度公差不大于 0.04mm/100mm，外表面的圆度和圆柱度一般不大于外径公差的一半，表面粗糙度视结构不同而各异，材料用和活塞相同的材料 45 号钢。

（3）活塞行程计算。

$$s=2e_1+s_1+b \tag{8-19}$$

式中：e_1 为导向游隙，（0.5～0.6）D；s_1 为活塞杆行程；b 为活塞宽度。

s_1 的取值可根据同类汽车的活塞杆行程，初取 $s_1=131$mm。

（4）动力缸壳体壁厚 t 的设计计算。

根据缸体在横断平面内的拉伸强度条件和在轴向平面内的拉伸强度条件，计算出缸的壁厚，取计算结果大的一个

$$\left.\begin{array}{l} \sigma_r = p\left[\dfrac{D_c^2}{2 \times (D_c t + t^2)} + 1\right] \leqslant \dfrac{\sigma_s}{n} \\[3mm] \sigma_z = p\left[\dfrac{D_c^2}{4(D_c t + t^2)}\right] \leqslant \dfrac{\sigma_s}{n} \end{array}\right\} \tag{8-20}$$

式中：p 为缸内压力，取 $P_{max}=13$MPa；D_c 为动力缸直径，mm；t 为动力缸壳体厚度，mm；n 为安全系数，$n=3.5\sim5.0$；σ_s 为壳体的屈服点。

壳体采用铸造铝合金 ZL105，抗拉强度为 500MPa，屈服点为 160～230MPa。

$$\sigma_r = 13 \times \left[\frac{40^2}{2 \times (40t + t^2)} + 1\right] \leqslant \frac{230}{3.5}$$

$$t \geqslant 9.2$$

$$\sigma_z = 13 \times \left[\frac{40^2}{4(40t + t^2)}\right] \leqslant \frac{230}{3.5}$$

$$t \geqslant 8.8$$

取 $t=10$mm。

（5）活塞杆的设计。

本次设计的齿轮齿条式转向器把活塞杆和齿条作为一体，取活塞杆的直径为 $\phi25$mm，活塞杆的长度为 585mm。

活塞杆在导向套中移动，一般采用 H8/h7 的配合，圆度和圆柱度公差不大于直径公差的一半，$R_a=0.1\sim0.3\mu$m 太光滑了，表面形成不了油膜，反而不利于润滑。为了提高活塞杆的耐磨

性和防锈性，活塞杆的表面需进行镀铬处理，镀层厚 0.03～0.05mm，并进行表面抛光。

活塞杆的校核如下。在计算 D_c 时，取活塞杆的直径为 d=25mm，现对活塞杆的强度进行校核。活塞杆的材料采用的是和活塞相同的材料优质碳素钢 45 号钢，σ_s=340MPa。

$$\sigma_p = \frac{\sigma_s}{n} \tag{8-21}$$

式中：σ_p 为许用应力，MPa；σ_s 为屈服应力，MPa；n 为安全系数，n=3.5～5。

活塞杆的强度计算

$$\sigma = \frac{F \times 10^6}{\frac{\pi}{4}d^2} = \frac{(2900+150) \times 10^6}{\frac{\pi}{4} \times (25 \times 10^{-3})^2} \approx 8.8(\text{MPa}) \ll \sigma_p \tag{8-22}$$

因此活塞杆的强度可以达到强度要求。

3. 油泵排量与油罐容积的确定

$$Q \geqslant \frac{0.1\pi^2 D_c^2 d_s n_h}{4(1-\Delta)\eta_v}$$

式中：Q 为油泵的计算排量；d_s 为扭杆弹簧直径；η_v 为油泵的容积效率，计算时一般取 0.75～0.85，根据同类汽车设计参数 0.8；Δ 为漏泄系数，Δ=0.05～0.10，根据同类汽车设计参数取 Δ=0.10；n_h 为转向盘转动的最大可能频率，计算时对轿车取（1.5～1.75）s_1；对货车取（0.5～1.2）s_1。

对于货车取 n_h=0.5，通过计算得到动力转向系的油泵排量为 Q=22.2L/min。

4. 油泵的选择

动力转向系统采用的转向油泵的类型很多，如齿轮泵、叶片泵、柱塞泵，也有少量车型采用滚子油泵。近年来国内外汽车采用叶片泵的越来越多，当然仍有部分车型采用齿轮泵。叶片式转向油泵之所以使用越来越广泛。主要有以下几个方面原因。

1）尺寸小，它比同样排量的齿轮泵尺寸小 20%～30%，因此结构紧凑，容易布置；

2）工作压力高，可以实现 13～15MPa，容积效率高；

3）容易实现流量系列化，一般为每分钟 6、9、12、16、20 和 25L。

叶片泵一般分为单作用式叶片泵和双作用式叶片泵两大类，前者多制成变量泵，后者则为双作用泵，而双作用泵可组成双级泵双作用泵、双联泵与多联泵。

设计的动力转向系统用的是双作用式叶片泵，其工作原理及主要特点如下，叶片在转子的叶片槽内滑动，由叶片、定子、转子和配流盘间密封腔容积的变化输出压力油，每转每一密封腔吸、排油各两次。优点为结构紧凑、尺寸小、自吸能力较好，噪声低、压力和流量脉动小、价格较低。缺点为对油液清洁度要求较高，抗污染能力比齿轮泵差，转速范围受到一定的限制。根据计算部分得到的流量 Q，由《液压元件手册》及工作情况选择叶片泵，型号为 YB-D25，其主要参数为排量 25mL/r，额定压力 10MPa，额定转速 1000r/min，驱动功率 4.5kW，外形尺寸 227mm×200mm×150mm。

5. 转向油罐的选择

转向油罐的功能主要为储存油液，向油泵及系统供油；散热、降低油液的工作温度；滤清油液杂质，保证工作油液清洁度。转向油罐一般是单独安装，也有直接安装在转向油泵上。

油箱形状可根据安装位置而定，一般做成圆筒形油箱的高度一般近似等于其内径。

油箱内应装滤网，滤网可用铜丝布。滤网装在回油口上，不要装在出油口上，以免增加油泵的吸油阻力。

油箱的油平面应比油泵的入口高。为降低油温，油箱应装在风扇来风的通道上、以保证油温低于70℃。

油箱的容积不宜太小，否则会使高压油中容易产生气泡，从而影响动力转向的效果。一般油箱容积可取油泵在溢流限制下最大排量的15%～20%。

三、齿轮齿条式转向器设计计算

对具体零件的设计计算，其中齿轮的设计是依据参数的确定，通过对齿面接触应力、齿根弯曲应力的计算来校核其强度，从而确定具体尺寸。同时也要对活塞杆以及转阀中的扭杆进行强度校核。

1. 主要设计参数选择

$m = 2mm$

$z = 8$

$\alpha = 20°$

$\beta = 12°$

$h_{an} = 1$

$c^* = 2$

2. 齿轮计算过程如下

$$d = \frac{m_n z}{\cos \beta} = \frac{2 \times 8}{\cos 12°} = 16.4 \,(mm)$$

$$d_a = d + 2h_{an}m = 16.4 + 2 \times 2 \times 1 = 20.4 \,(mm)$$

$$d_f = 16.4 - 5 = 11.4 \,(mm)$$

齿条具体计算过程如下

$$h_a = h_a^* m = 2 \times 1 = 2 \,(mm)$$

$$h_f = (ha^* + c^*)m = 1.25 \times 2 = 2.5 \,(mm)$$

全齿高等于4.5mm

$$齿距 P = \pi m = 3.14 \times 2 = 6.28 = 2e = 2s$$

齿轮的受力分析

在斜齿轮的传动中，作用于齿面上的法向载荷 F_n 仍垂直于齿面，作用于主动轮上的 F_n 位于法面内，与节圆柱的切面倾斜一法向啮合角 α_n，力 F_n 可沿齿轮的周向、径向及轴向分成三个垂直的分力，分别为

$$\left. \begin{array}{l} F_t = \frac{2T_1}{d_1} \\ F = \frac{F_T}{\cos \beta} \\ F_r = F \tan \alpha_n = F_t \tan \alpha_n / \cos \beta \\ \alpha_t = \alpha_n / \cos \beta = 20.6° \end{array} \right\} \quad (8\text{-}23)$$

式中：β 为节圆螺旋角刀，$\beta=12°$；α_n 为法向压力角，$\alpha_n=20°$；α_t 为端面压力角。

231

$$F_t = \frac{2 \times 100 \times 200}{41.2} \approx 970.8 \, (\text{N})$$

3. 按齿根弯曲疲劳强度计算校核

$$\sigma_F = \frac{KF_t Y_{Fa} Y_{Sa} Y_\beta}{b m_n \varepsilon_a} \leqslant [\sigma_F] \qquad (8\text{-}24)$$

式中：K 为计算载荷系数 $K=K_A \cdot K_v \cdot K_\alpha \cdot K_\beta$；$K_A$ 为使用系数，$K_A=1.0$；K_v 为动载荷系数，$K_v=1.2$；K_α 为齿间载荷分配系数，$K_\alpha=1.0$；K_β 为齿向载荷分配系数，$K_\beta=1.4$。

$$K = 1.0 \times 1.2 \times 1.0 \times 1.4 = 1.68$$

Y_{Fa} 为斜齿轮的齿形系数，按 $Z_v=Z/\cos^3\beta$，查取 $Y_{Fa}=2.72$；Y_{Sa} 为斜齿轮的应力校正系数，为 1.57；Y_β 为螺旋角影响系数，为 0.7；ε_a 为端面重合度，为 1.211；b 为齿宽，$b=40\text{mm}$。

$$\sigma_F = \frac{1.68 \times 970.8 \times 2.72 \times 1.57 \times 0.7}{40 \times 5 \times 1.211} = 30.4 (\text{MPa})$$

因为齿轮材料用 45 号钢，根据手册查得：$[\sigma_F]=303\text{MPa}$，可以看出 $\sigma_F < [\sigma_F]$，合乎设计要求。

4. 按齿面接触疲劳强度校核

$$\sigma_H = \sqrt{\frac{KF_t}{b d_1 \varepsilon_a} \times \frac{u \pm 1}{u}} \times Z_H Z_E \leqslant [\sigma_H] \qquad (8\text{-}25)$$

式中：Z_H 为区域系数，设计时取 $Z_H=2.6$；Z_E 为弹性影响系数设计时取，$Z_E=188$；$[\sigma_H]$ 为齿面接触允许硬度，$[\sigma_H]=650 \sim 700\text{MPa}$。

$$\sigma_H = \sqrt{\frac{1.68 \times 970.8}{40 \times 16.4 \times 1.221} \times \frac{u \pm 1}{u}} \times 2.6 \times 1.88 = 68.9 \, (\text{MPa})$$

四、三维造型设计及二维装配图绘制

通过上述的计算已经初步确定了各零件的主要尺寸，将对各零件生成三维造型，然后装配成动力转向机构。在设计过程中许多尺寸需要进行适当的调整，所以采用了参数化设计。

（一）齿轮齿条的设计

1. 齿轮的设计

在绘制圆柱斜齿轮的过程中，使用了编辑程序、设置参数、添加关系、绘制基本二维图形、创建基准特征、创建扫描实体特征、特征的阵列与复制以及创建倒角等特征操作。

设计思路如下。

1）创建基本齿轮圆线；

2）编辑程序；

3）设置齿轮参数；

4）添加关系式；

5）创建渐开线；

6）创建齿廓曲线；

7）拉伸齿根圆实体；

8）创建轮齿；

9）创建修饰特征。

设计步骤如下。

步骤 1，绘制齿根圆，运用拉伸特征创建齿根圆实体，如图 8-25 所示。

步骤 2，运用笛卡儿坐标系创建齿轮渐开线特征，并用镜像特征使之成为齿轮廓线，如图 8-26 所示。

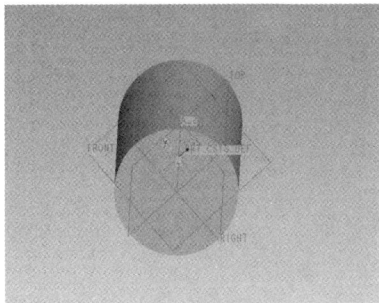

图 8-25　创建齿根圆实体

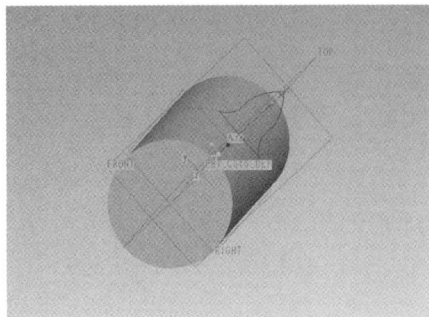

图 8-26　齿轮廓线的绘制

步骤 3，利用投影特征绘制齿轮的螺旋线，如图 8-27 所示。

步骤 4，进行实体扫描，如图 8-28 所示。

步骤 5，进行阵列，如图 8-29 所示。

步骤 6，进行齿轮轴的其他特征创建，如图 8-30 所示。

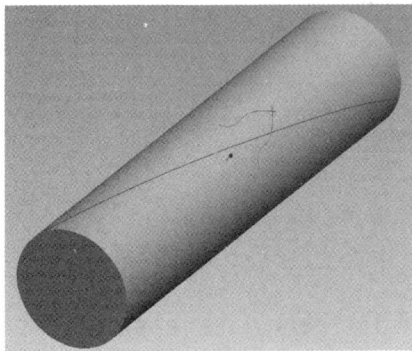

图 8-27　齿轮的螺旋线绘制

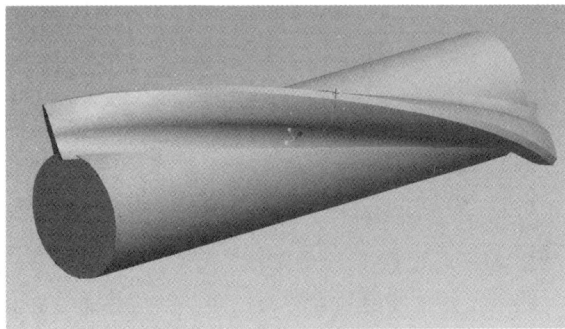

图 8-28　实体扫描

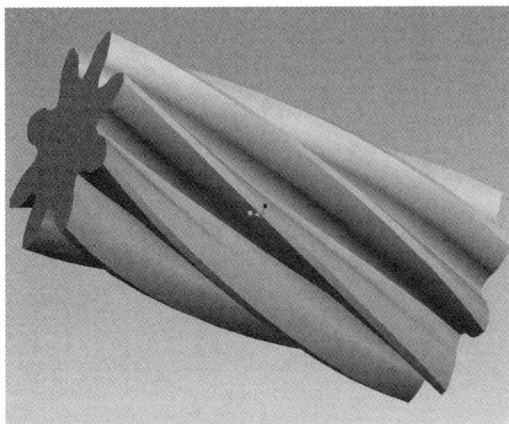

图 8-29　阵列

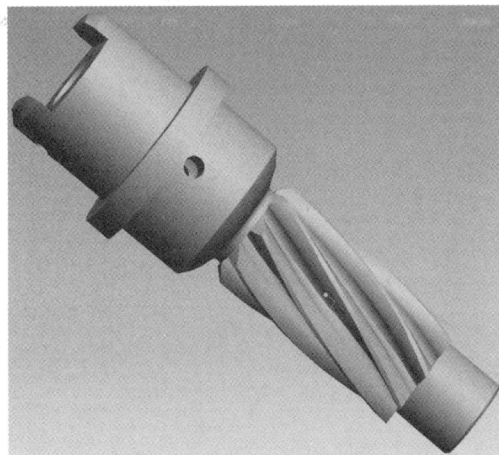

图 8-30　创建其他特征

2. 齿条的设计

在绘制齿条的过程中，用到了拉伸、扫描、阵列等特征。

设计步骤如下。

步骤 1，运用拉伸特征创建齿条轴，如图 8-31 所示。

图 8-31　创建齿条轴

步骤 2，绘制齿条的齿廓，运用扫描特征生成实体，然后进行阵列，如图 8-32 所示。

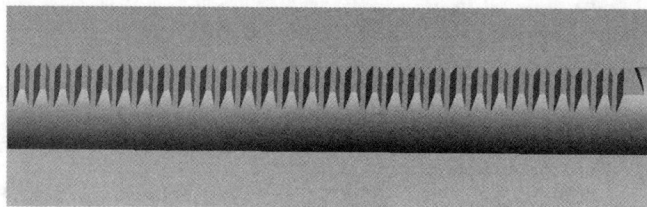

图 8-32　齿廓及阵列

（二）转阀的设计

1. 扭杆的设计

绘制扭杆主要用到旋转、拉伸、倒角等命令。具体设计步骤如下。

步骤 1，运用旋转命令生成扭杆轮廓，如图 8-33 所示。

步骤 2，用拉伸命令创建销孔，并进行倒角，如图 8-34 所示。

图 8-33　生成扭杆轮廓　　　　　　　　图 8-34　销孔创建并倒角

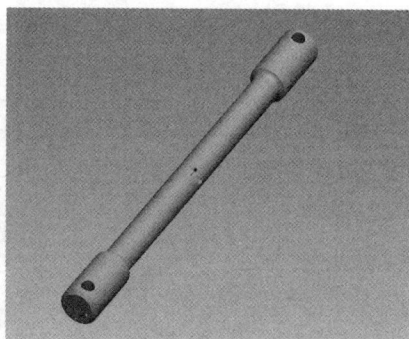

2. 阀心的设计

在绘制阀心的过程中，主要用了拉伸、旋转、绘制基本二维图形、创建基准特征、创建扫描实体特征、特征的阵列与复制以及创建倒角等特征操作。

步骤 1，运用旋转命令生成转阀阀心轮廓，如图 8-35 所示。

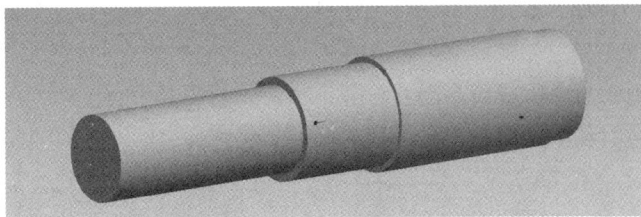

图 8-35　生成转阀阀心轮廓

步骤 2，对轮廓特征进行初步修饰，主要运用旋转、倒角等命令，如图 8-36 所示。

步骤 3，创建孔特征以及阀心的凹槽，主要运用拉伸、阵列等命令，如图 8-37 所示。

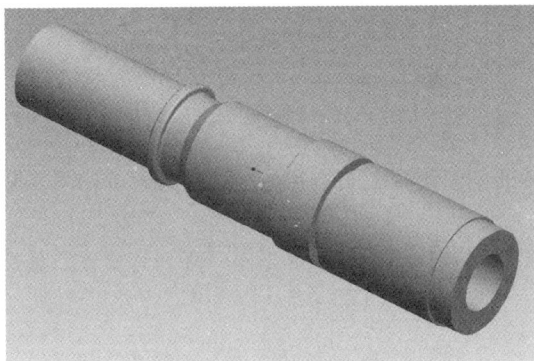

图 8-36　初步修饰轮廓

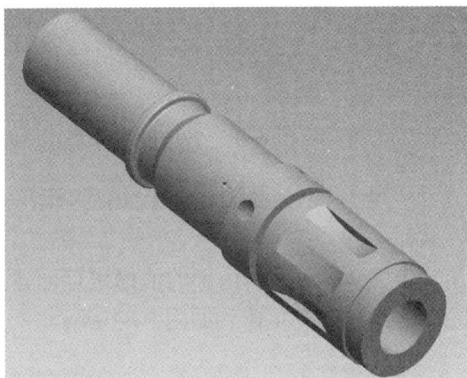

图 8-37　创建孔及阀心的凹槽

步骤 4，创建阀心前端的传动部分，主要运用拉伸以及阵列特征操作，如图 8-38 所示。

步骤 5，进行实体的最后修饰工作，主要运用倒角以及旋转命令，如图 8-39 所示。

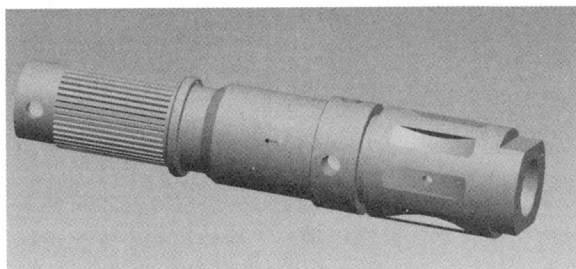

图 8-38　创建阀心前端的传动部分

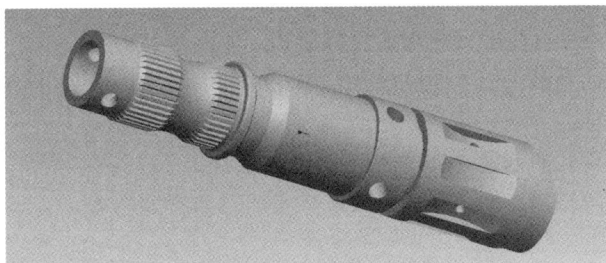

图 8-39　实体修饰

3. 阀套的设计

阀套是转阀体里加工精度较高的零件，在绘制该零件的过程中主要进行了绘制基本二维图形、创建基准特征、拉伸、旋转、创建扫描实体特征、特征的阵列与复制以及创建倒角等特征操作。具体步骤如下。

步骤 1，运用旋转命令生成转阀阀套轮廓形状。如图 8-40 所示。

步骤 2，创建新的基准平面，并运用扫描特征创建阀套上的油孔。如图 8-41 所示。

图 8-40　转阀阀套轮廓

图 8-41　创建阀套上的油孔

步骤 3，创建新的基准平面，并运用扫描特征创建阀套上的油孔，并进行阵列。如图 8-42 所示。

步骤 4，对阀套内部的油槽进行创建，主要运用拉伸、创建基准平面、阵列等操作。最后进行修饰并生成实体。如图 8-43 所示。

图 8-42　阵列

图 8-43　油槽创建及修饰

4. 阀壳的设计

阀壳的内孔加工精度要求较高的，在绘制该零件的过程中主要进行了绘制基本二维图形、创建基准特征、拉伸、旋转、创建扫描实体特征、螺纹扫描、特征的阵列与复制以及创建倒角等特征操作。具体步骤如下。

步骤 1，运用旋转命令生成转阀阀壳轮廓形状。如图 8-44 所示。

步骤 2，创建新的基准平面，绘制油孔。如图 8-45 所示。

步骤 3，运用同样的方法创建另一边的油孔。如图 8-46 所示。

步骤 4，进行螺栓孔的创建。如图 8-47 所示。

步骤 5，进行螺纹扫描、倒角最后生成最终实体。如图 8-48 所示。

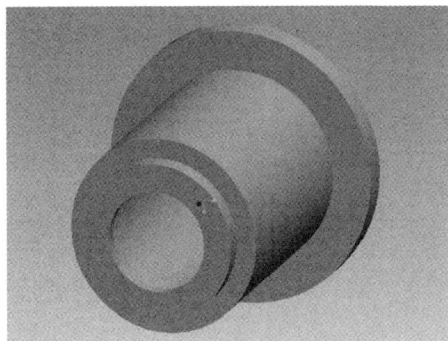
图 8-44　转阀阀壳轮廓

图 8-45　绘制油孔

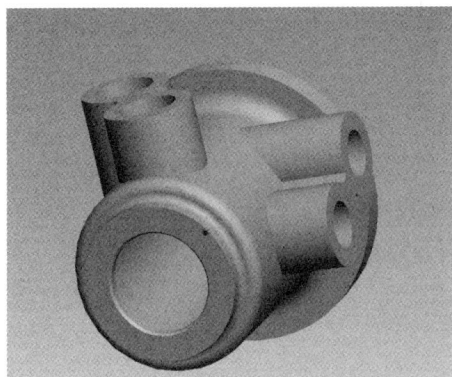
图 8-46　绘制另一边油孔

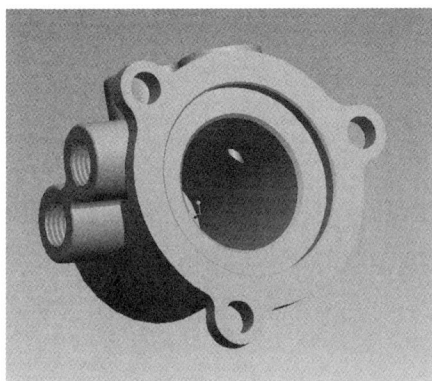
图 8-47　螺栓孔的创建

图 8-48　螺纹扫描及生成实体

（三）壳体及其他零件的设计

1. 缸体的设计

在绘制该零件的过程中主要进行了绘制基本二维图形、创建基准特征、拉伸、旋转、创建扫描实体特征、螺纹扫描、特征的阵列与复制以及创建倒角等特征操作。具体步骤如下。

步骤 1，运用旋转命令生成缸体轮廓形状。如图 8-49 所示。

步骤 2，运用拉伸特征进行实体的创建。如图 8-50 所示。

步骤 3，对油孔以及连接部位进行生成，并进行倒角，最终零件造型完成。如图 8-51 所示。

图 8-49　缸体轮廓形状

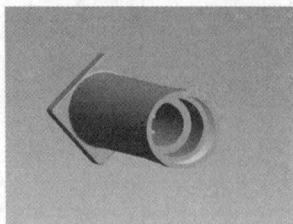

图 8-50　创建实体

图 8-51　完成零件造型

2. 活塞的设计

活塞加工精度要求较高的，但三维造型比较简单。在绘制该零件的过程中主要旋转以及创建倒角等特征操作。实体如下。如图 8-52 所示。

3. 壳体的设计

壳体加工精度要求较不高，但零件结构比较复杂，在进行三维造型时，比较复杂。在绘制该零件的过程中主要进行了绘制基本二维图形、创建基准特征、拉伸、旋转、创建扫描实体特征、螺纹扫描、特征的阵列与复制以及创建倒角等特征操作。具体步骤如下。

步骤 1，运用旋转命令生成壳体轮廓形状。如图 8-53 所示。

图 8-52　活塞实体

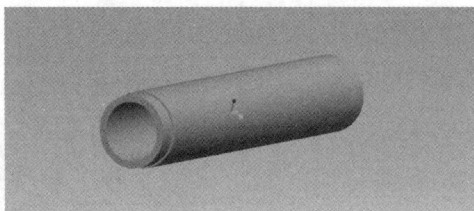

图 8-53　壳体轮廓

步骤 2，创建新的基准平面，并进行拉伸操作。如图 8-54 所示。

步骤 3，再次创建新的基准平面，运用旋转命令，生成与转阀连接的部分。如图 8-55 所示。

图 8-54　拉伸

图 8-55　生成与转阀连接的部分

步骤 4，运用拉伸命令去除多余的材料。如图 8-56 所示。

步骤 5，进行倒角。如图 8-57 所示。

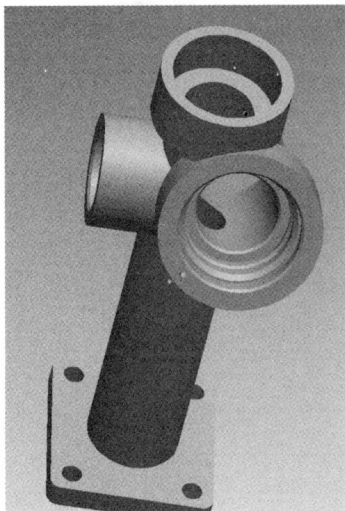

图 8-56 去除多余的材料

图 8-57 倒角操作

步骤 6，生成加强筋。如图 8-58 所示。

步骤 7，生成与转阀连接的螺栓孔，运用拉伸以及阵列命令。如图 8-59 所示。

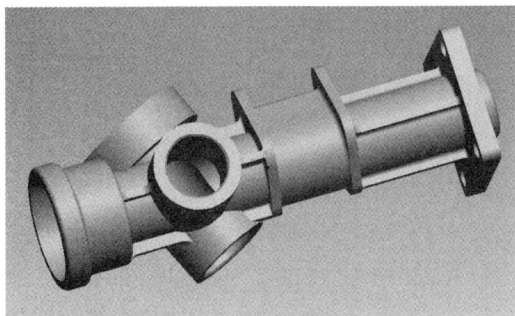

图 8-58 生成加强筋

图 8-59 生成与转阀连接的螺栓孔

4. 其他零件设计

（1）螺栓的设计。如图 8-60 所示。

（2）顶块的设计。如图 8-61 所示。

（3）导向环的设计。如图 8-62 所示。

（4）密封元件的设计。如图 8-63 所示。

（5）固定元件的设计。如图 8-64 所示。

（四）装配

对零件的装配是通过"元件放置"窗口来进行定义的。"元件放置"窗口的"约束类型"列表中有下列放置约束，匹配、对齐、插入、坐标系、相切、线上点、曲面上的点、曲面上的边、自动。通过这些约束我们可以更简单地进行装配。

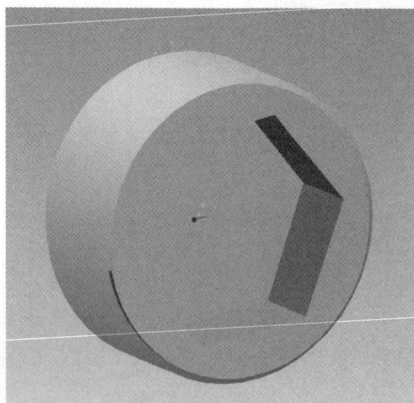
(a)

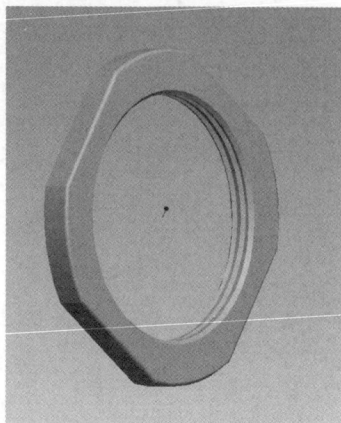
(b)

图 8-60　螺栓的设计

（a）内六角；（b）螺母

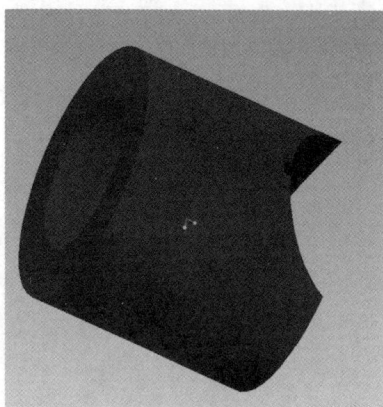

图 8-61　顶块的设计

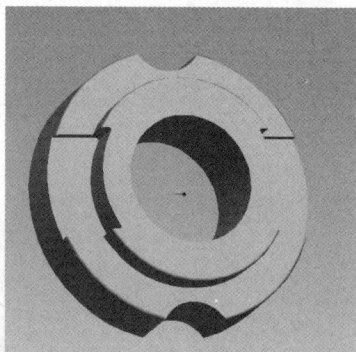

图 8-62　导向环的设计

图 8-63　密封元件的设计

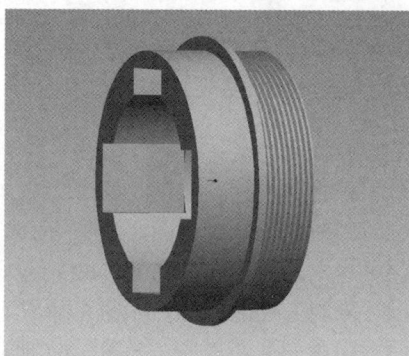

图 8-64　固定元件的设计

1. 转阀的装配（如图 8-65 所示）
2. 整体的装配（如图 8-66 所示）

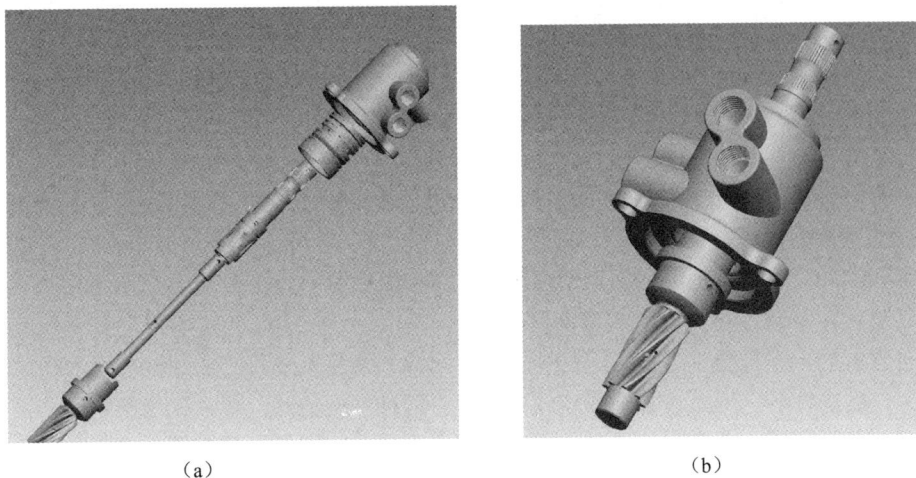

（a）   （b）

图 8-65 转阀的装配

（a）装入前；（b）装入后

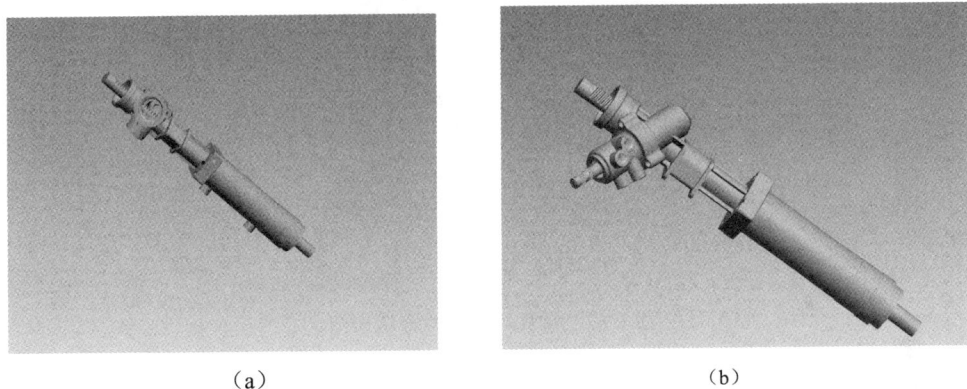

（a）   （b）

图 8-66 整体的装配

（a）壳体装配；（b）装入转阀

　　最后由三维模型自动生成二维工程图，二维工程图再转至 CAD 中进行最终的尺寸标注，最后打印图纸。

CHAPTER 8

第三节　循环球式转向系设计

一、转向器基本结构

　　循环球式转向器是目前国内外应用最广泛的结构形式之一，一般有两级传动副，第一级是螺杆螺母传动副，第二级是齿条齿扇传动副。

　　为了减少转向螺杆与转向螺母之间的摩擦，二者的螺纹并不直接接触，其间装有多个钢球，以实现滚动摩擦。转向螺杆和螺母上都加工出断面轮廓为两段或三段不同心圆弧组成的近似半圆的螺旋槽。二者的螺旋槽能配合形成近似圆形断面的螺旋管状通道。螺母侧面有两对通孔，可将钢球从此孔塞入螺旋形通道内。转向螺母外有两根钢球导管，每根导管的两端分别插入螺母侧面的一对通孔中，导管内也装满了钢球。这样，两根导管和螺母内的螺旋管状通道组合成两条各自独立的封闭的钢球"球流"。如图 8-67、图 8-68 所示为解放 CA1040 轻型载货汽车的转向器。

转向螺杆转动时，通过钢球将力传给转向螺母，螺母即沿轴向移动。同时，在螺杆及螺母与钢球间的摩擦力偶作用下，所有钢球便在螺旋管状通道内滚动，形成"球流"。在转向器工作时，两列钢球只是在各自的封闭流道内循环，不会脱出。

二、转向器机械部分方案与布置选择

循环球式转向器的传动效率高、工作平稳、可靠，螺杆及螺母上的螺旋槽经渗碳、淬火及磨削加工，耐磨性好、寿命长。循环球式转向器有两种结构型式，即常见的循环球—齿条齿扇式，和另一种循环球—曲柄摇杆式。由于齿条和齿扇啮合间隙的调整方便易行，这种结构与液力式动力转向液压装置的匹配布置方便，如图 8-69 所示。

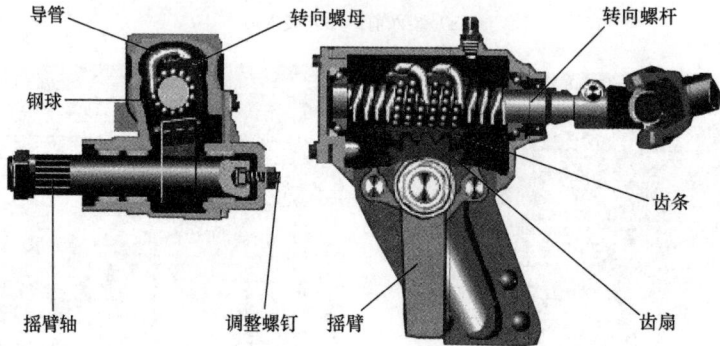

图 8-67　循环球式转向器结构图

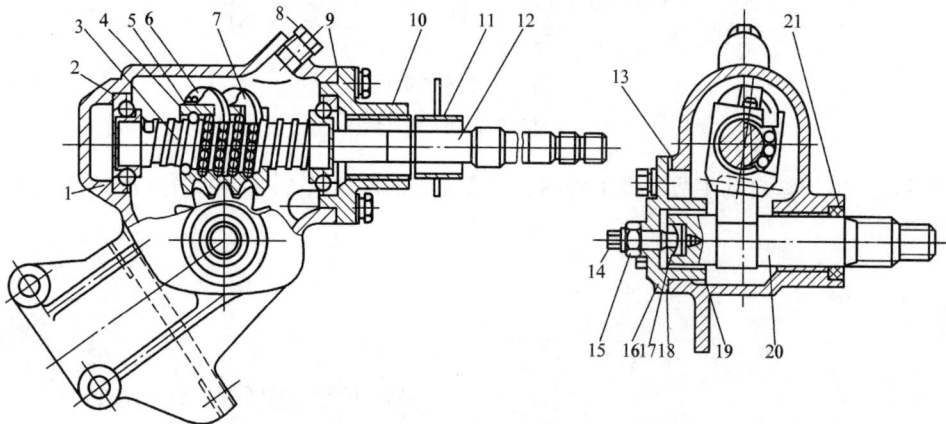

图 8-68　解放 CA1040 轻型载货汽车的转向器

1—转向器壳体；2—推力角接触球轴承；3—转向螺杆；4—转向螺母；5—钢球；

6—钢球导管卡；7—钢球导管；8—六角头锥形螺塞；9—调整垫片；10—上盖；11—转向柱管总成；

12—转向轴；13—转向器侧盖衬垫；14—调整螺钉；15—螺母；16—侧盖；17—孔用弹性挡圈；

18—垫片；19—摇臂轴衬套；20—齿扇轴；21—油封

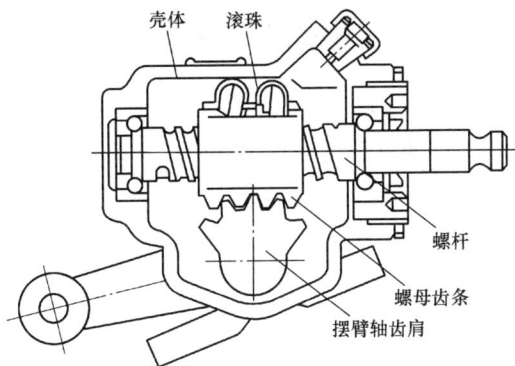

图 8-69 循环球—齿条齿扇式转型器示意图

采用螺杆—钢球—螺母传动副,其优点在经过滚动的钢球将力由螺杆传至螺母,变滑动摩擦为滚动摩擦。螺杆和螺母上的相互对应的螺旋槽够成钢球的螺旋滚道。转向时转向盘经轴转动螺杆,使钢球沿螺母上的滚道循环的滚动。为了形成螺母上的循环轨道,在螺母上与其齿条相反的一侧表面需钻孔与螺母的螺旋滚道打通以形成一个环路滚道的两个导空,并分别插入钢球导管的两端导空。钢球导管是由钢板冲压成具有半圆截面的滚道,然后对接成导管,并经氰化处理使之耐磨。插入螺母螺旋滚道两个导孔的钢球的两个导管的中心线应于螺母螺旋滚道的中心线相切。螺杆和螺母的螺旋滚道为单头的,且具有不变的螺距。

齿扇通常有 5 个齿,它与摇臂轴为一体。齿扇的齿厚沿齿长方向是变化的,这样即可以通过轴向移动摇臂轴来调节齿扇与齿条的啮合间隙。由于转向器经常处于中间位置工作,因此齿扇和齿条的中间齿磨损最厉害。为了消除中间磨损后产生的间隙而又不致在转弯时使两端卡住,则应增大两端齿啮合时的齿侧间隙。这种必要的齿侧间隙的改变可通过使齿扇各齿具有不同的齿厚来达到。即齿扇由中间齿向两端齿的齿厚是逐渐变小的。

三、转向器动力部分方案与布置选择

动力转向系统主要由压力发生装置(油泵或空气压缩机)和转向加力装置(分配阀、动力缸、管路)等组成。

动力转向按其传力工作介质,可分为液压式和气压式两种。由于油液的阻尼有一定吸收路面冲击能量,所以选用油液作为本次设计的工作介质。

液压式动力转向系统的分类如下。

(1)按分配阀的型式可以分为滑阀式和转阀式。

(2)按转向器和动力缸的相互位置可分为整体式和分置式。

(3)按液流形式不同可分为常压式和常流式。

滑阀式结构简单,制造工艺要求较低,且易布置,便于操纵。转阀式灵敏度高,密封件少,结构比较先进,但对材料和工艺要求比较高,多用于轿车和赛车。本次设计根据循环球式的特点采用的是转阀式动力系统。

转向分配阀、转向动力缸与机械转向器组合到一起成为一个整体的结构型式,称为整体式动力转向器。根据转向分配阀安装位置不同,它有三种结构型式,即分配阀位于转向器上端、分配阀位于转向器上端且与转向轴平行装置和分配阀位于加力缸活塞内。整体式动力转向器结构紧凑、管路较短、易于布置,但对转向器的密封要求高,结构复杂、拆装转向器较困难。整体式动力转向器多用在轿车、客车和前桥对地面的附和在 15t 以下的货车上。本次设计的车型

243

是轻型货车，采用分配阀位于转向器上端的整体式的布置。

常见液力式动力转向有以下优点。

（1）工作压力高，一般可达到3924～686kPa。

（2）外廓尺寸较小，容易布置，安装方便，一般在不改变原车结构的情况下即可安装使用。

（3）转向灵敏度高，操纵轻便，施于方向盘上的力较小，减轻了驾驶员的劳动强度。

（4）安全可靠，当液压系统出现故障时，驾驶员仍可靠体力安全转向。

（5）使汽车保持直线行使，松开方向盘保证车轮能自动回正。

（6）路感性能好，不会因省力发飘。

（7）能吸收路面对前轮产生的冲击，减轻了方向盘所受到的反冲击力和"打手现象"。

（8）能有效的减轻前轮摆振。

四、转向系主要参数确定

1. 螺杆、钢球、螺母传动副

（1）钢球中心距 D、螺杆外径 D_1、螺母内径 D_2。尺寸 D、D_1、D_2，如图8-70所示，钢球中心距是基本尺寸，螺杆外径 D_1、螺母内径 D_2 及钢球直径 d 对确定钢球中心距 D 的大小有影响，而 D 又对转向器结构尺寸和强度有影响，在保证足够的强度条件下，尽可能将 D 值取小些。选取 D 值的规律是随着扇齿模数的增大，钢球中心距 D 也相应增加（见表8-2）。设计时可参考同类型汽车的参数进行初选，经强度验算后，再进行修正。螺杆外径 D_1 通常在20～38mm范围内变化，设计时应根据转向轴负荷的不同来选定。螺母内径 D_2 应大于 D_1，一般要求 $D_2-D_1=(5\%～10\%)D$。

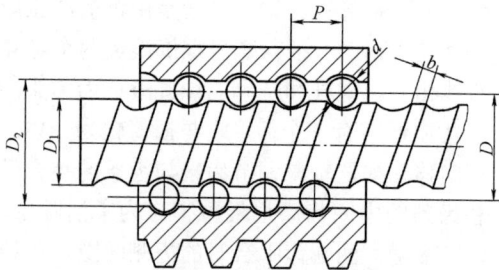

图8-70 螺杆、钢球、螺母传动副

（2）钢球直径 d 及数量 n。钢球直径尺寸 d 取得大，能提高承载能力，同时螺杆和螺母传动机构和转向器的尺寸也随之增大。钢球直径应符合同家标准，一般常在7～9mm范围内选用（见表8-2）。

增加钢球数量 n 能提高承载能力，但使钢球流动性变差，从而使传动效率降低。因为钢球本身有误差，所以共同参加工作的钢球数量并不是全部钢球数。经验证明，每个环路中的钢球数以不超过60粒为好，为保证尽可能多的钢球都承载，应分组装配。每个环路中的钢球数可用下式计算

$$n=\frac{\pi DW}{d\cos\alpha_0}\approx\frac{\pi DW}{d} \qquad (8-26)$$

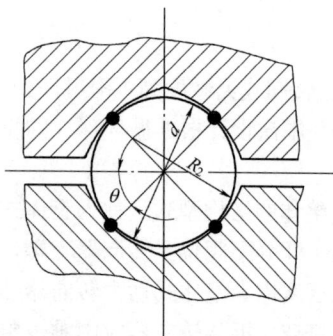

式中：D 为钢球中心距；W 为一个环路中的钢球工作圈数；n 为不包括环流导管中的钢球数；α_0 为螺线导程角，常取 $\alpha_0=5°～8°$，则 $\cos\alpha_0\approx1$。

（3）滚道截面。当螺杆和螺母各由两条圆弧组成，形成四段圆弧滚道截面时，见图8-71，钢球与滚道有四点接触，传动时轴向间隙最小，可满足转向盘自由行程小的要求。图中滚道

图8-71 四段圆弧滚道截面

与钢球之间的间隙，除用来储存润滑油之外，还能储存磨损杂质。为了减少摩擦，螺杆和螺母沟槽的半径 R_2 应大于钢球半径 $d/2$，一般取 $R_2=(0.51\sim0.53)d$。

（4）接触角 θ。钢球与螺杆滚道接触点的正压力方向与螺杆滚道法面轴线间的夹角称为接触角 θ，如图 8-70 所示。θ 角多取为 $45°$，以使轴向力和径向力分配均匀。

（5）螺距 P 和螺旋线导程角 α_0。转向盘转动 φ 角，对应螺母移动的距离 s 为

$$s=\varphi P/2\pi \tag{8-27}$$

式中：P 为螺纹螺距。

与此同时，齿扇节圆转过的弧长等于 s，相应摇臂轴转过 β_p 角，其之间关系可表示如下

$$s=\beta_p r \tag{8-28}$$

式中：r 为齿扇节圆半径。

联立式（8-27）、式（8-28）得

$$\varphi=2\pi r\beta_p/P$$

将 φ 对 β_p 求导得循环球式转向器角传动比 i_ω 为

$$i_\omega=2\pi r/P \tag{8-29}$$

由式（8-29）可知，螺距 P 影响转向器角传动比的值。在螺距不变的条件下，钢球直径 D 越大，图 8-70 中的尺寸 b 越小。要求 $b=(P-d)>2.5$mm。螺距 P 一般在 $12\sim18$mm 内选取。

前已述及导程角 α_0，它对转向器传动效率有影响，此处不在赘述。

（6）工作钢球圈数 W。多数情况下，转向器用两个环路，而每个环路的工作钢球圈数 W 又与接触强度有关；增加工作钢球圈数，参加工作的钢球增多，能降低接触应力，提高承载能力；但钢球受力不均匀、螺杆增长而使刚度降低。工作钢球圈数有 1.5 和 2.5 圈两种。一个环路的工作钢球圈数的选取见表 8-2。

表 8-2　　　　　　　　　　　循环球式转向器主要尺寸参数

齿扇模数（mm）	3.0	3.5	4.0	4.5	5.0	6.0	6.5
摇臂轴直径（mm）	22	26	30	32	32 35	38 40	42 45
钢球中心距（mm）	20	23 25	25	28	30 32	35	40
螺杆外径（mm）	20	23 25	25	28	29	34	38
钢球直径（mm）	5.556	5.556 6.350	6.350	7.144		7.144 8	
螺距（mm）	7.938	8.731	9.525		9.525 10	10 11	
工作圈数		1.5			1.5 2.5	2.5	
环流行数				2			
螺母长度（mm）	41	45 52	46 47	58	56 59 62	72 78	80 82
齿扇齿数		3 5			5		
齿扇整圆齿数		12 13		13		13 14 15	

续表

齿扇模数（mm）	3.0	3.5	4.0	4.5	5.0	6.0	6.5
齿扇　压力角	22°30′ 27°30′						
切削角	6°30′				6°30′ 7°30′		
齿扇宽 （mm）	22 25	25 27	25 28	30	28～32	30 34 38	35 38

2. 齿条、齿扇传动副设计

如图 8-72 所示，滚道相对齿扇作斜向进给运动加工齿扇齿，得到变厚齿扇。如图 8-74 所示，变厚齿扇的齿项和齿根的轮廓面是圆锥的一部分，其分度圆上的齿厚是变化的，故称之为变厚齿扇。

图 8-73 中，若 0—0 截面的原始齿形变位系数 $\xi=0$，且Ⅰ—Ⅰ剖面和Ⅱ—Ⅱ剖面分别位于 0—0 剖面两侧。则Ⅰ—Ⅰ剖面的齿轮是正变位齿轮，Ⅱ—Ⅱ剖面中的齿轮为负变位齿轮，故变厚齿扇的整个齿宽方向上，是由无数个原始齿形位移系数逐渐变化的圆柱齿轮所组成。

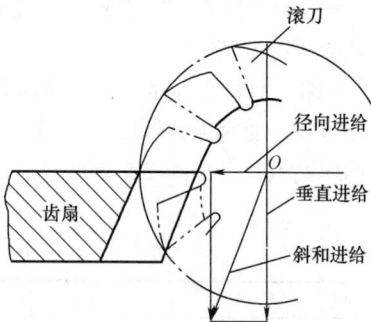

图 8-72　用滚刀加工变厚齿扇的进给运动

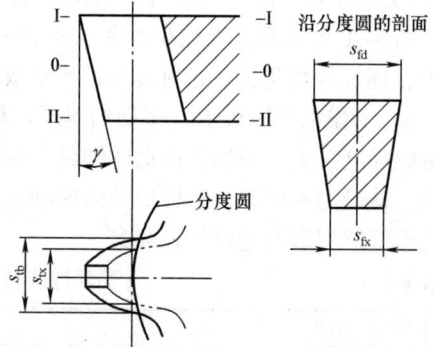

图 8-73　变厚齿扇的截面

对齿轮来说，因为在不同位置的剖面中，其模数 m 不变，所以它的分度圆半径 r_w 和基圆半径 r_b 相同。因此，变厚齿扇的分度圆和基圆均为一圆柱，它在不同剖面位置上的渐开线齿形，都是在同一个基圆柱上所展出的渐开线，只是其轮齿的渐开线齿形相对基圆的位置不同而已，所以应将其归入圆柱齿轮的范畴。

变厚齿扇齿形的计算，如图 8-74 所示。一般将中间剖面 1—1 规定为基准剖面。由 1—1 剖面向右时，变位系数 ξ 为正，向左则由正变为零（0—0 剖面），再变为负。若 0—0 剖面距 1—1 剖面的距离为 a_0，则其值为 $a_0=\xi_1 m/\tan\gamma$；γ 是切削角，常见的有 6°30′ 和 7°30′ 两种。在切削角 γ 一定的条件下，各剖面的变位系数 ξ 取决于距基准剖面 1—1 的距离 a。进行变厚齿扇齿形计算之前，必须确定的参数如下，模数 m，

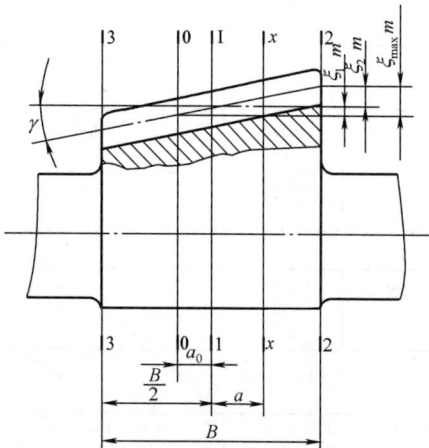

图 8-74　变厚齿扇齿形计算简图

参考表 8-3 选取；法向压力角 α_0，一般在 20°～30° 之间；齿顶高系数 x_1，一般取 0.8 或 1.0；径向间隙系数，取 0.2；整圆齿数 z，在 12～15 之间选取；齿扇宽度 b，一般在 22～38mm。

表 8-3 循环球式转向器齿扇齿模数

齿扇齿模数 m（mm）		3.0	3.5	4.0	4.5	5.0	6.0	6.5
轿车	排量（mL）	500	1000～1800	1600～2000	2000	2000		
	前轴负荷（N）	3500～3800	4700～7350	7000～9000	8300～11 000	10 000～11 000		
货车和大客车	前轴负荷（N）	3000～5000	4500～7500	5500～18 500	7000～19 500	9000～24 000	17 000～37 000	23 000～44 000
	最大装载量（kg）	350	1000	2500	2700	3500	6000	8000

五、循环球式转向器零件强度计算

1. 钢球与滚道之间的接触应力 σ

用下式计算钢球与滚道之间的接触应力 σ

$$\left.\begin{array}{l} \sigma = k\sqrt[3]{\dfrac{F_3 E^2 (R_2-r)^2}{(R_2 r)^2}} \\[4mm] A=[(1/r)-(1/R_2)]/2 \\[2mm] B=[(1/r)+(1/R_1)]/2 \end{array}\right\} \qquad (8\text{-}30)$$

式中：k 为系数，根据 A/B 值从表 8-4 查取；R_2 为滚道截面半径；r 为钢球半径；R_1 为螺杆外半径；E 为材料弹性模量，等于 $2.1\times10^5\text{N/mm}^2$；$F_3$ 为钢球与螺杆之间的正压力，可用下式计算

$$F_3 = \frac{F_2}{n\cos\alpha_0 \cos\theta} \qquad (8\text{-}31)$$

式中：α_0 为螺杆螺线导程角；θ 为接触角；n 为参与工作的钢球数；F_2 为作用在螺杆上的轴向力，见图 8-75。

当接触表面硬度为 58～64HRC 时，许用接触应力 $[\sigma]=2500\text{N/mm}^2$。

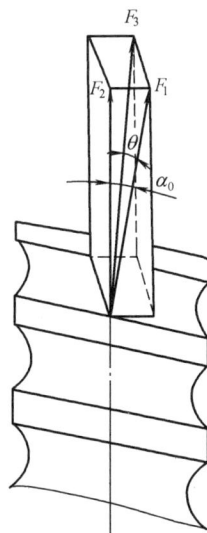

图 8-75 螺杆受力简图

表 8-4 系数 k 与 A/B 的关系

A/B	1.0	0.9	0.8	0.7	0.6	0.5	0.4	0.3	0.2	0.15	0.1	0.05	0.02	0.01	0.007
k	0.388	0.400	0.410	0.440	0.468	0.490	0.536	0.600	0.716	0.800	0.970	1.280	1.8	2.271	3.202

2. 齿的弯曲应力 σ_w

用下式计算齿扇齿的弯曲应力

$$\sigma_w = \frac{6Fh}{bs^2} \qquad (8\text{-}32)$$

式中：F 为作用在齿扇上的圆周力；h 为齿扇的齿高；b 为齿扇的齿宽；s 为基圆齿厚。

许用弯曲应力为［σ_w］=540N/mm²。

螺杆和螺母用20CrMnTi制造，表面渗碳。前轴负荷不大的汽车，渗碳层深度在0.8～1.2mm；前轴负荷大的汽车，渗碳层深度在1.05～1.45mm。表面硬度为58～63HRC。

此外，应根据《材料力学》提供的公式，对接触应力进行验算。

3. 转向摇臂轴直径的确定

用下式计算确定摇臂轴直径 d

$$d = \sqrt[3]{\frac{KM_R}{0.2\tau_0}} \qquad (8\text{-}33)$$

式中：K 为安全系数，根据汽车使用条件不同可取2.5～3.5；M_R 为转向阻力矩；τ_0 为扭转强度极限。

摇臂轴用20CrMnTi制造，表面渗碳，渗碳层深度在0.8～1.2mm。前轴负荷大的汽车，渗碳层深度为1.05～1.45mm。表面硬度为58～63HRC。

4. 管路的设计

动力转向系统各元件的连接管路应尽量短，拐弯尽量少，以减少沿程和局部阻力，提高转向器的效率。

（1）油管的内径 d 按下式计算

$$d = 1.29 \times \sqrt{\frac{4Q}{\pi v}} \qquad (8\text{-}34)$$

式中：Q 为通过管道的最大流量，即油缸所需工作油液的最大流量；v 为允许流速，推荐的流速的许用值为，油泵吸入管：v=1.0～1.5m/s；油泵排油管：v=2.5～3.5m/s；回油管路：v＜3m/s；短管或局部收缩处：v=2.5～5.5m/s。

（2）油管的壁厚。为保证油管有足够的强度，管壁厚度按薄壁筒的强度计算公式进行计算

$$\delta = \frac{pd}{2[\sigma]} \qquad (8\text{-}35)$$

式中：p 为工作压力；d 为游管内径；［σ］为许用应力。

对钢管

$$[\sigma] = \frac{\sigma_b}{n} \qquad (8\text{-}36)$$

式中：σ_b 为抗拉强度；n 为安全系数；当 p＜7N/mm² 时，n=8；当 p＜17.57N/mm² 时，n=6；当 p＞17.57N/mm² 时，n=4。

［σ］≤25N/mm²。

油管内径和壁厚算出以后，即可根据《液压设计手册》管材品种规格表选择标准管径和壁厚。

管泵吸入管内径的计算，根据以上数据取油泵吸入管内径为 d=6.5mm。油泵排油管内径的计算如下，油泵排油管内径为4mm；回油管路内径为3.5mm；短管或局布收缩处油管路内径取3mm。

六、三维（3D）造型设计和二维（2D）装配图绘制

（一）零件的 3D 设计

1. 齿扇的 3D 设计（如图 8-76 所示）

主要设计步骤如下。

（1）拉伸、创建齿轮的基圆柱。

（2）伸出、创建第一变位齿。

（3）阵列、创建齿轮。

（4）拉伸、创建摇臂轴。

（5）倒角。

2. 螺杆的 3D 设计（如图 8-77 所示）

主要设计步骤如下。

（1）拉伸、创建螺杆基本杆件。

（2）螺旋扫描、切口、创建螺杆。

（3）拉伸、创建螺杆的其他的部分。

（4）拉伸、切除、删除材料、创建密封环槽。

（5）倒角。

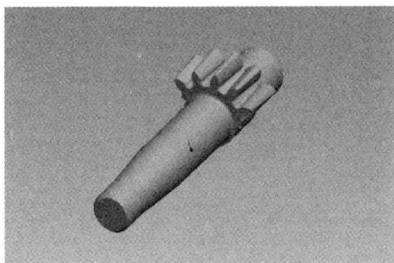

图 8-76　齿扇的 3D 设计

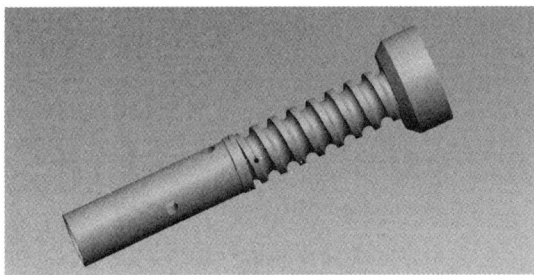

图 8-77　螺杆的 3D 设计

3. 阀芯的 3D 设计（如图 8-78 所示）

主要设计步骤如下：

（1）拉伸、创建阀芯基本杆件。

（2）拉伸、删除材料，在阀芯位置开环槽。

（3）拉伸、创建阀凸台 1。

（4）阵列、轴阵列，创建其他的 3 个凸台。

（5）拉伸、在相应位置，创建阀孔。

（6）拉伸、创建销孔。

（7）倒角。

4. 分配阀的 3D 设计（如图 8-79 所示）

主要设计步骤如下。

（1）旋转、创建分配阀的基本件。

（2）拉伸、删除材料，在阀芯位置开纵槽。

（3）阵列、轴阵列，创建其他的 3 个纵槽。

（4）拉伸、在相应位置创建阀孔。

（5）拉伸、在进油孔位置开环槽。

（6）拉伸、创建控制前缸油液的纵阀通道。

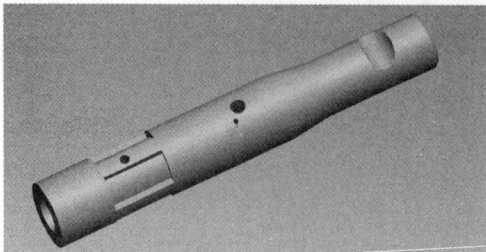

图 8-78　阀芯的 3D 设计

图 8-79　分配阀的 3D 设计

5. 分配阀套的 3D 设计（如图 8-80 所示）

主要设计步骤如下。

（1）拉伸、创建阀套的基本构件。

（2）旋转、删除材料、在阀芯中间位置创建进出油环槽。

（3）拉伸、删除材料、创建进出油管道。

（4）拉伸、删除材料、创建螺栓装配平台。

（5）倒角。

图 8-80　分配阀套的 3D 设计

6. 螺母—齿条 3D 设计（如图 8-81 所示）

主要设计步骤如下。

（1）拉伸、创建齿条的基本构件。

（2）拉伸、删除材料、创建螺母基本面。

（3）螺旋扫描、切口、创建螺母。

（4）拉伸、创建齿条的基平面。

（5）混合，伸出项，创建 1 个齿条。

（6）阵列，创建其余的 3 个齿条。

（7）拉伸、删除材料，作出钢球管道。

（8）倒角。

7. 壳体 3D 设计（如图 8-82 所示）

主要设计步骤如下。

（1）拉伸、创建壳体的基本构件。

（2）拉伸，删除材料，创建壳体。

（3）倒角。

（二）零件的装配

三维设计时对零件的装配是通过"元件放置"窗口来进行定义的。"元件放置"窗口的"约束类型"列表中有下列放置约束：匹配、对齐、插入、坐标系、相切、线上点、曲面上的点和自动。通过这些约束来进行装配。

（1）阀体部分的装配。

将阀芯、分配阀、分配阀套、螺杆和扭杆装配成一体（如图 8-83 所示）。

（2）齿条部分的装配。

将齿条和钢球管道装配成一体（如图 8-84 所示）。

图 8-81　螺母—齿条 3D 设计

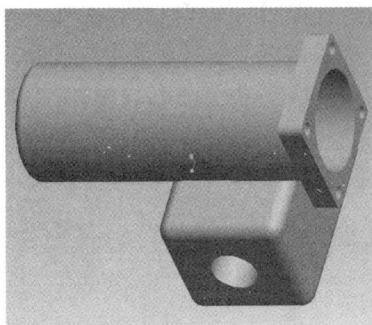

图 8-82　壳体的 3D 设计

图 8-83　阀体部分的装配

（a）

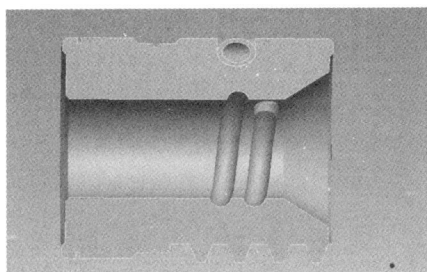

（b）

图 8-84　齿条和钢球管道的装配

（a）齿条装配；（b）剖视图

（3）螺母齿扇 3D 装配图（如图 8-85 所示）。

（4）转向器的总装配。

将阀体部分、分配阀盖、齿条部分、壳体和壳体盖装配在一体，完成装配（如图 8-86 所示）。

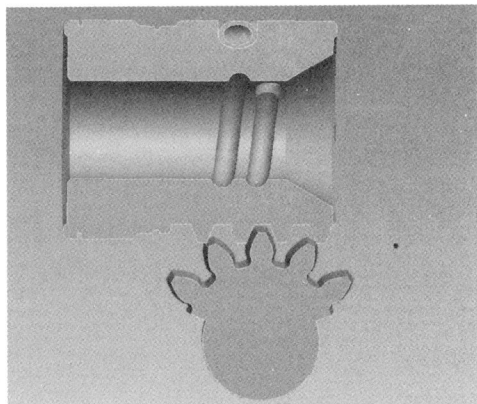

图 8-85　螺母齿扇 3D 装配图

图 8-86　转向器的总装配

（三）二维装配图和零件图的绘制

使用"视图类型"菜单，可指定 8 个主视图类型、视图中显示的模型的数量，视图是单一曲面还是横截面，以及缩放视图的方式。完成 3 视图的绘制。

零件图的绘制，先插入视图，然后对其进行投影，创建 3 视图，最后进行标注。

完成转向器壳、动力缸活塞–齿条、转向螺杆、转阀、分配阀阀体 2D 零件图和转向阀的总装配图（如图 8-87 所示）。

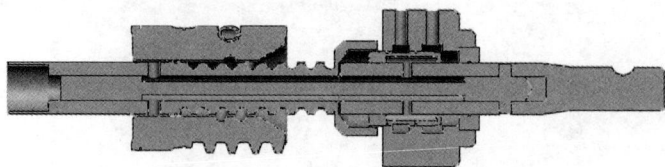

图 8-87   三维图形投影到二维视图

CHAPTER 9

第九章 制动系设计

第一节 制动系设计基础

一、制动系分类

制动系的功用是使汽车以适当的减速度降速行驶直至停车，在下坡行驶时使汽车保持适当的稳定车速，使汽车可靠地停在原地或坡道上。汽车制动系至少应有两套独立的制动装置，即行车制动装置和驻车制动装置。除此之外，有些汽车还设有应急制动和辅助制动装置。

行车制动装置用作强制行驶中的汽车减速或停车，并使汽车在下坡时保持适当的稳定车速。其驱动机构常采用双回路或多回路结构，以保证其工作可靠；驻车制动装置用于使汽车可靠而无时间限制地停驻在一定位置甚至斜坡上，它也有助于汽车在坡路上起步。驻车制动装置应采用机械式驱动机构而不用液压或气压式的，以免其产生故障；应急制动装置利用机械力源进行制动。在某些采用动力制动或伺服制动的汽车上，一旦发生蓄压装置压力过低等故障时，可用应急制动装置实现汽车制动。同时，在人力控制下它还能兼作驻车制动用；辅助制动装置可实现汽车下长坡时持续地减速或保持稳定的车速，并减轻或者解除行车制动装置的负荷。

任何一套制动装置均由制动器和制动驱动机构两部分组成。行车制动是用脚踩下制动踏板操纵车轮制动器来制动全部车轮，而驻车制动则多采用手制动杆操纵，且具有专门的中央制动器或利用车轮制动器进行制动。行车制动和驻车制动这两套制动装置必须具有独立的制动驱动机构。行车制动装置的驱动机构，分液压和气压两种形式。用液压传递操纵力时还应有制动主缸和制动轮缸以及管路；用气压操纵时还应有空气压缩机、气路管道、储气筒、控制阀和制动气室等。

汽车制动器有摩擦式、液力式和电磁式等几种。目前广泛应用的为摩擦式制动器。摩擦式制动器按摩擦副结构形式不同可分为鼓式、盘式和带式三种。带式只用作中央制动器。

鼓式制动器和盘式制动器的结构形式也有多种，其主要结构形式如下所示。

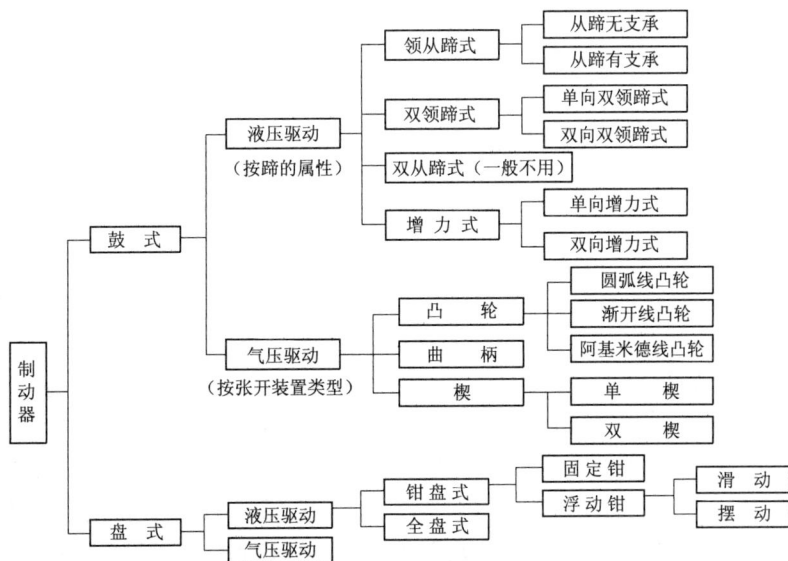

本书只是对汽车制动系中领从蹄式和浮动钳盘式制动器以及液压驱动机构的设计进行介绍，详细地分析有关结构、零部件设计和计算等方面的基本理论和知识。通过对上述两种制动器的设计理论、方法和计算的学习和设计实践，对解决其他类型制动器的设计问题会有所启发和帮助。

二、制动性的评价指标

制动系应该满足汽车制动性性能要求。所谓的汽车制动性，是指汽车能在短距离内停止且维持行驶方向稳定性和在下坡时能维持一定的车速的能力。汽车制动性包含制动效能、制动效能的恒定性和制动时汽车的方向稳定性三个方面内容。在良好的路面上，制动效能是汽车制动性能的首要考虑的因素，是最基本的评价指标。制动效能的恒定性是用来评定汽车连续制动的能力，因为连续制动中会产生很大的热量，所以我们必须考虑在高温情况下汽车的制动能力。此外，汽车涉水行驶，制动器还存在水衰退问题必须加以考虑。制动时汽车的方向稳定性是评定汽车制动时能按给定路线行驶的能力。

各个指标的具体影响因素如下。

（1）制动效能，即制动距离和制动减速度。影响汽制动距离和制动减速度的因素有：① 作用在制动踏板上的力；② 路面条件和天气情况；③ 制动器的热状况；④ 制动初速度；⑤ 驾驶员的反映时间；⑥ 制动器的作用时间。

（2）制动效能的恒定性，即抗热衰退性能（抗热衰退是指汽车高速行驶或下坡连续制动时受热影响后能保持制动性能的程度）。影响汽制动效能恒定性的因素有：① 摩擦副的材料；② 制动器的结构形式；③ 制动时间；④ 制动器的热容量和散热容积。在制动器设计时要考虑到以下几个方面的因素，选用合适的制动材料、制动器形式，也要为制动器流出尽量大的散热空间。

（3）制动时汽车的方向稳定性，即汽车不发生跑偏、侧滑以及失去转向能力的性能。影响汽车方向稳定性包括三个方面：制动跑偏、后轴侧滑、前轴丧失转向能力。

制动跑偏的原因有两个：一个是左右两车轮的制动力不相等，一个是悬架导向杆和转向系拉杆的运动干涉。前者是由于制造、调整误差造成；后者是由于设计造成，且后者总是造成向右跑偏。后轴侧滑的原因是制动时后轴车轮比前轴先抱死拖滑造成的，此时，汽车处于极危险的状态。若能使制动时前轮先抱死或同时抱死就能防止后轴侧滑。前轴丧失转向能力的原因是前轮先抱死，而后轮滑动。这时即使转动转向盘也不能使汽车转向，汽车继续以直线行驶；而相比后轮先抱死的情况，由于车身离心力作用，汽车处于相对稳定的状态。所以在分配制动力时首先要考虑不能让后轮先抱死的情况出现，其次是考虑尽量减少前轮抱死或前后轮同时抱死的情况。最理想的状态是防止任何车轮的抱死，因为滚动摩擦系数比滑动摩擦系数要大，因而滚动情况下能获得的最大制动力就大，能更好的控制制动距离和制动减速度。

三、制动系设计要求

设计制动系时应满足如下主要要求。

（1）足够的制动能力。行车制动能力，用一定制动初速度下的制动减速度和制动距离两项指标评定。我国一般要求制动减速度 j 不小于 $0.6g$（5.88m/s^2），其条件如下，轿车制动初速度 $50\sim80 \text{km/h}$、踏板力不大于 400N；小型客车（9座以下）和轻型货车（总重 3.5t 以下）制动初速度 $50\sim80 \text{km/h}$、踏板力不大于 500N；其他汽车制动初速度 $30\sim60 \text{km/h}$、踏板力不大于 700N。一般在水平干燥的沥青、混凝土路面上以初速度 30km/h 制动时，制动距离应保证对轻型货车和轿车不大于 7m，中型货车不大于 8m，重型货车不大于 12m。

驻坡能力是指汽车在良好路面上能可靠地停驻的最大坡度。一般对轻型货车应不小于25%，中型货车不小于20%，牵引车不小于12%。驻车制动的手控制力，对于轿车和小型客车不超过400N，其他车不超过600N。

（2）工作可靠。行车制动至少有两套独立的驱动制动器的管路。当其中的一套管路失效时，另一套完好的管路应保证汽车制动能力不低于没有失效时规定值的30%。

（3）用任何速度制动，汽车都不应当丧失操纵性和方向稳定性。

（4）防止水和污泥进入制动器工作表面。

（5）要求制动能力的热稳定性良好。

（6）操纵轻便，并具有良好的随动性。

（7）制动时制动系产生的噪声尽可能小，同时力求减少散发出对人体有害的石棉纤维等物质，以减少公害。

（8）作用滞后性应尽可能短。作用滞后性是指制动反应时间，以制动踏板开始动作至达到给定的制动效能所需的时间来评价。对于反应时间较长的气制动车辆，要求不得超过0.6s。

（9）摩擦衬片（块）应有足够的使用寿命。

（10）摩擦副磨损后，应有能消除因磨损而产生间隙的机构，且调整间隙工作容易，最好设置自动调整间隙机构。

（11）汽车制动系应装有报警装置，以便及时发现制动系统故障。

四、汽车制动系设计的程序

汽车制动系设计一般可以按照下列步骤进行。

1. 首先研究确定设计的前提条件

（1）汽车的参数。

汽车的满载质量、自重以及满载和空载时的前、后轴负荷及重心高度、轴距和轮胎尺寸。

（2）法规适合性。

决定适合指定的法规要求的制动系统、构造和参数。

2. 确定制动操纵方式和制动系统的构成

（1）研究、确定制动控制采用气压方式还是液压（真空助力、真空增压或油气混合）方式。

（2）研究、确定制动系统的构成。

1）行车制动系统所采用双回路或多回路，应由哪些部件构成，这些部件是现有的还是需要选购或新设计，设计制动系统示意图。

2）驻车制动采用中央制动器还是后轮制动。

3）应急制动的操纵是与行车制动或驻车制动结合，还是独立操纵。

4）是否需要有辅助制动。

3. 汽车必需制动力及其前后轴分配的确定

前提条件一经确定，与前项的系统的研究、确定的同时，研究汽车必需的制动力并把它们适当地分配到前后轴上，确定每个车轮制动器必需的制动力。此外，还应研究、确定汽车必需的驻车制动力和应急制动力。

4. 确定制动器制动力、摩擦片寿命及构造、参数

制动器必需制动力求出后，要考虑摩擦片寿命和由轮胎尺寸等所限制的空间，来选定制动器的形式、构造和参数，绘制布置图，进行制动力制动力矩计算、摩擦磨损、汽车制动性能计算。

255

5. 制动器零件设计

零件设计、材料、强度、耐久性及装配性等的研究确定，进行工作图设计。

6. 制动操纵系统设计

制动系操纵部件的研究、选定或设计，操纵机构设计。

7. 管路布置设计

本章将主要介绍液压制动驱动的行车制动和采用后轮制动的驻车系统的设计计算。

CHAPTER 9

第二节　领从蹄式制动器设计

鼓式制动器分为领从蹄式、双领蹄式、双向双领蹄式、双从蹄式、单向增力式、双向增力式等几种。

不同形式鼓式制动器的主要区别有：① 蹄片固定支点的数量和位置不同；② 张开装置的形式与数量不同；③ 制动时两块蹄片之间有无相互作用。因蹄片的固定支点和张开力位置不同，使不同形式鼓式制动器的领、从蹄数量有差别，并使制动效能不同。

制动器的效能因数由高至低的顺序为，增力式制动器、双领蹄式制动器、领从蹄式制动器和双从蹄式制动器。而制动器效能稳定性排序则恰好与上述情况相反。

领从蹄式制动器的效能和效能稳定性，在各式制动器中居中游。前进、倒退行驶的制动效果不变；结构简单、成本低；便于附装驻车制动驱动机构；调整蹄片与制动鼓之间的间隙工作容易。但领从蹄式制动器也有两蹄衬片磨损不均匀，寿命不同的缺点。此外，两蹄必须在同一驱动回路作用下工作。

领从蹄式制动器应用广泛，特别是轿车和轻型货车、客车的后轮制动器用得较多。

一、领从蹄式制动器结构设计

（一）制动系工作原理

制动系工作原理可以用如图 9-1 所示的一种简单的液压制动系统示意图来说明。

一个以内圆面为工作表面的金属的制动鼓 8 固定在车轮轮毂上，随车轮一同旋转。在固定不动的制动底板 11 上，有两个支承销 12，支承着两个弧形制动蹄 10 的下端。制动蹄的外圆面上装有摩擦片 9。制动底板上还装有液压制动轮缸 6，用油管 5 与装在车架上的液压制动主缸 4 相连通。主缸活塞 3 可由驾驶员通过制动踏板机构来操纵。

制动系不工作时，制动鼓的内圆面与制动蹄摩擦片的外圆面之间保持一定的间隙，使车轮和制动鼓可以自由旋转。要使行驶中的汽车减速，驾驶员应踩下

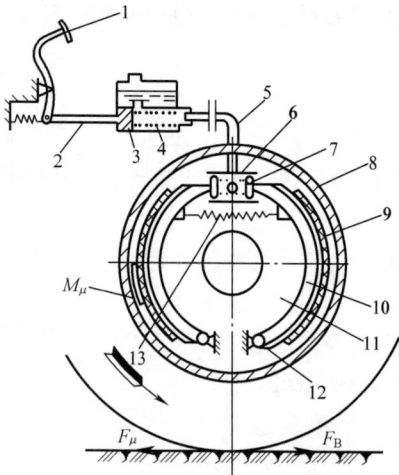

图 9-1　制动系工作原理示意图

1—制动踏板；2—推杆；3—主缸活塞；
4—制动主缸；5—油管；6—制动轮缸；
7—轮缸活塞；8—制动鼓；9—摩擦片；
10—制动蹄；11—制动底板；12—支承销；
13—制动蹄回位弹簧

制动踏板 1，通过推杆 2 和主缸活塞 3，使主缸内的油液在一定压力下流入轮缸，并通过两个轮缸活塞 7 推动使两制动蹄绕支承销转动，制动蹄上端向两边分开，制动蹄的外圆面上的摩擦片 9 压紧在制动鼓的内圆面上。这样，不旋转的制动蹄就对旋转着的制动鼓作用一个摩擦力矩 M_μ，其方向与车轮旋转方向相反。制动鼓将该力矩传到车轮后，由于车轮与路面间有附着作用，车轮对路面作用一个向前的周缘力 F_μ，同时路面也对车轮作用着一个向后的反作用力，即制动力 F_B。制动力 F_B 由车轮经车桥和悬架传给车架及车身，迫使整个汽车产生一定的减速度。制动力越大，则汽车减速度也越大。当放开制动踏板时，制动蹄回位弹簧 13 即将制动蹄拉回原位，摩擦力矩 M_μ 和制动力 F_B 消失，制动作用即行终止。

（二）领从蹄式制动器结构

制动器按照其促动装置的特点可以分为：以液压制动轮缸作为制动蹄促动装置的轮缸式制动器；以凸轮作为制动蹄促动装置的凸轮式制动器；以曲柄作为制动蹄促动装置的曲柄式制动器和用楔促动装置的楔式制动器。在这里我们只介绍领从蹄式液压驱动的轮缸式制动器。

如图 9-2 所示，轮缸式制动器根据支承结构和调整方法的不同有不同的结构。根据支承结构的不同可以分为固定支承和浮式支承两种类型。

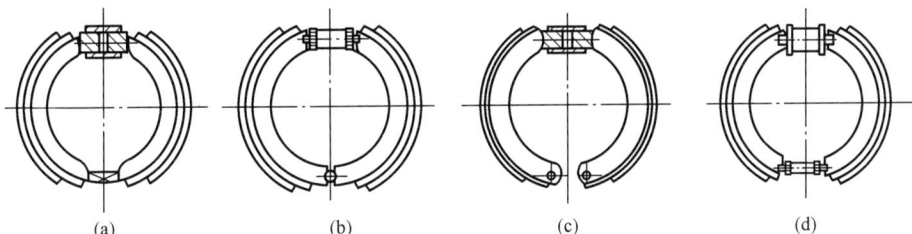

（a）　　　　　　（b）　　　　　　（c）　　　　　　（d）

图 9-2　领从蹄式制动器的结构方案

（a）一般形式；（b）单固定支点，轮缸上调整；（c）双固定支点，偏心轴调整；（d）浮动蹄片，支点端调整

北京 BJ2020N 型汽车后轮制动器（见图 9-3）就是固定支承结构。

用螺栓固装在车轮轮毂的凸缘上的制动鼓 18 随着车轮一起转动。制动底板 3 是固定部分零件的装配基体，制动底板用螺栓与后驱动桥壳半轴套管上的凸缘连接（前轮制动器的制动底板则应与前桥转向节的凸缘连接）。

用钢板料焊接成 T 形截面的前、后两制动蹄 1 和 9，以其腹板下端的孔分别同两支承销 11 上的偏心轴颈作间隙配合。两制动蹄的外圆面上，用埋头铆钉铆接着一般用石棉纤维及其他物质混合压制而成的摩擦片 2。铆钉头顶端埋入深度约为新摩擦片厚度的一半，当摩擦片磨损到铆钉头将要露出时，必须重新更换摩擦片。

属于液压传动装置的制动轮缸 19 也用螺钉装在制动底板上。制动蹄腹板的上端松嵌入压合在制动轮缸活塞 5 上的顶块 6 的直槽中。制动时，两蹄在轮缸中液压的作用下，各自绕其支承销偏心轴颈的轴线向外旋转，紧压到制动鼓 18 上。解除制动时，撤除液压，两蹄便在回位弹簧 4 和 10 的作用下回位，此时焊在制动蹄腹板上的锁销 8 紧靠着装在制动底板上的调整凸轮 7。

限位杆 15 通过螺纹旋装在制动底板上。制动蹄限位弹簧 14 使制动蹄腹板紧靠着限位杆 15 中部的台肩，以防止制动蹄的轴向窜动。

制动蹄在不工作的原始位置时，其摩擦片与制动鼓之间应保持合适的间隙，其设定值由汽车制造厂规定，一般在 0.25～0.5mm 之间。任何制动器摩擦副中的这一间隙（以下简称制动器间隙）如果过小，就不易保证彻底解除制动，造成摩擦副的拖磨；过大又将使制动踏板行程太长，以致驾驶员操作不便，同时也会推迟制动器开始起作用的时刻。但是在制动器工作过程中，摩擦片的不断磨损必将导致制动器间隙逐渐增大。此情况严重时，即使将制动踏板踩到极限位置，也产生不了足够的制动力矩。因此，要求任何形式的制动器在结构上必须保证有检查、调整其间隙的可能。一般在制动鼓腹板外边缘处开有一个检查孔以便将厚薄规插入制动器间隙中检查，如果发现间隙已经增大到对制动器工作产生明显影响时，调整凸轮 7 朝箭头所示方向转动即可减小沿摩擦片周向各处的间隙。

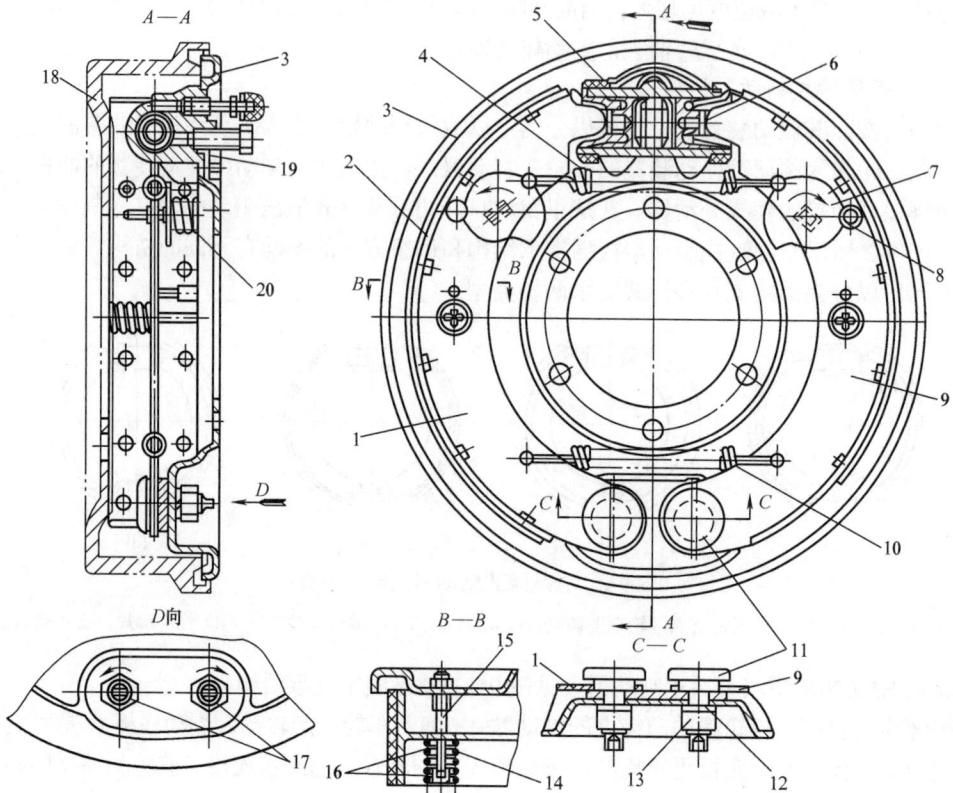

图 9-3　北京 BJ2020N 型汽车后轮制动器

1—前制动蹄；2—摩擦片；3—制动底板；4、10—制动蹄回位弹簧；5—制动轮缸活塞；6—活塞顶块；7—调整凸轮；8—调整凸轮锁销；9—后制动蹄；11—支承销；12—弹簧垫圈；13—螺母；14—制动蹄限位弹簧；15—制动蹄限位杆；16—弹簧盘；17—支承销内端面上的标记；18—制动鼓；19—制动轮缸；20—调整凸轮压紧弹簧

重新装配安装制动器时，还需要对制动器进行全面调整。全面调整除了靠转动凸轮 7，还要转动带有偏心轴颈的支承销 11（见图 9-3 中 B—B）。支承销尾端有矩形截面，以便使用扳手夹持使之转动。支承销尾端打有方向标记以指明偏心轴颈偏移方向。将支承销朝箭头方向转动（见图 9-3 中 D 向），各处（特别是摩擦片下端）的间隙即可减小。

一汽奥迪 100 型轿车后轮制动器（见图 9-4）就是浮式支承结构。

制动蹄 9 的上下支承面均加工成弧面，下端支靠在支承板 31 上，支承板 31 用平头销 30 固定于制动底板上。轮缸活塞通过支承座 17 对制动蹄的上端施加促动力。此种支承结构可以使制动蹄沿支承平面有一定的浮动量。其优点是可以自动定心，保证有可能与制动鼓全面接触。这种结构的另一个特点是，这种行车制动器可以兼充驻车制动器，因此在制动器中还装设了驻车制动促动装置。

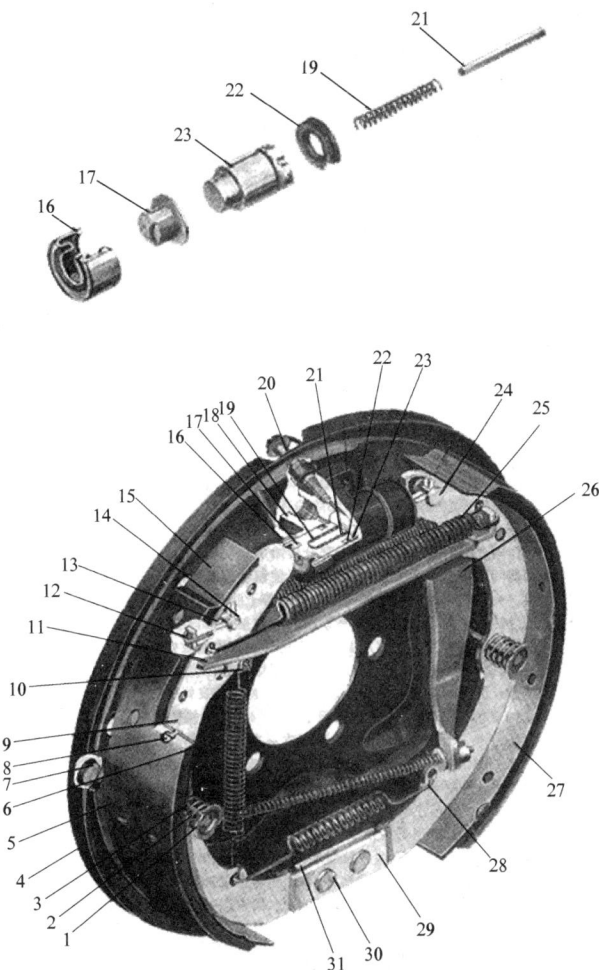

图 9-4 一汽奥迪 100 型轿车后轮制动器

1—限位弹簧座；2—限位弹簧；3—限位销钉；4—制动底板；5—摩擦片；6—调节齿板拉簧；7—密封堵塞；8、14—铆钉；
9—制动蹄腹板；10—调节齿板；11—驻车制动推杆；12—驻车制动推杆内弹簧；13—调节支承板；15—前制动蹄；
16—密封罩；17—支承座；18—轮缸壳体；19—活塞回位弹簧；20—放气螺钉；21—支承杆；22—皮圈；
23—活塞；24—平头销；25—驻车制动推杆外弹簧；26—驻车制动杠杆；27—后制动蹄；
28—制动蹄回位弹簧；29—限位板；30—平头销；31—支承板

　　驻车制动杠杆 26 上端用平头销 24 与后制动蹄 27 连接，其中上部卡入驻车制动推杆 11 右端的切槽中，作为中间支点，下端与拉绳连接。前、后制动蹄的腹板卡在驻车制动推杆 11 两端的切槽中。推杆内弹簧 12 左端钩在推杆 11 的左弯舌上，而右端钩在后制动蹄 27 的腹板上，推杆外弹簧 25 的左端钩在前制动蹄 15 的腹板上，而右端则钩在推杆 11 的右弯舌上。

　　进行驻车制动时，须将驾驶室中的手动驻车制动操纵杆拉到制动位置，经一系列杠杆和拉绳传动，将驻车制动杠杆 26 的下端向前拉，使之绕上端支点（平头销 24）转动。制动杠杆 26 在转动过程中，其中间支点推动制动推杆 11 左移，将前制动蹄 15 推向制动鼓。到前制动蹄压靠到制动鼓上之后，推杆 11 停止运动，则制动杠杆 26 的中间支点成为其继续转动的新支点。

259

于是制动杠杆 26 的上端右移，使后制动蹄 27 压靠到制动鼓上，施以驻车制动。

解除制动时，应将驻车制动操纵杆推回不制动位置，制动杠杆 26 在绕包在拉绳外的弹簧作用下回位，同时回位弹簧 28 将两蹄拉拢。推杆内、外弹簧 12 和 25 除可将两蹄拉回到原始位置之外，还用以防止制动推杆在不工作时窜动，碰撞制动蹄而发生噪声。

这种以车轮制动器为驻车制动器的驻车制动系可用于应急制动。

用于驻车制动的制动杠杆和推杆的形状可参考制动杠杆和推杆安装关系图（见图 9-5），推杆与制动蹄安装关系图（见图 9-6）以及制动器分解图（见图 9-7）。

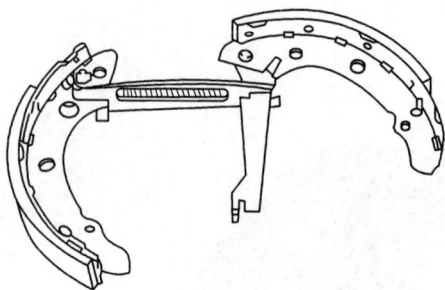

图 9-5 制动杠杆和推杆安装关系

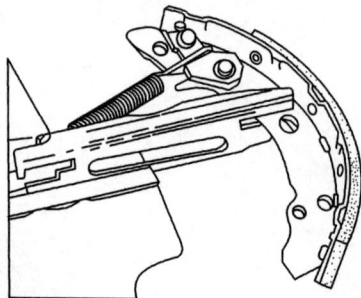

图 9-6 推杆与制动蹄安装关系图

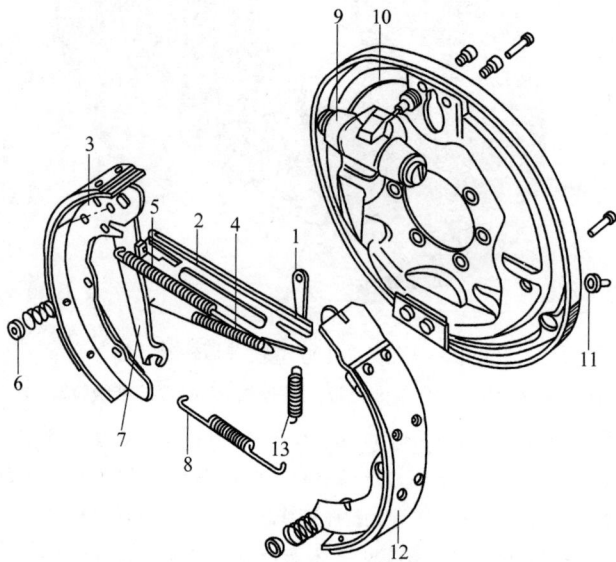

图 9-7 制动器分解图

1—调节支承板；2—驻车制动推杆；3—制动蹄；4—杠杆弹簧；5—驻车制动推杆外弹簧；6、13—调节齿板拉簧；7—驻车制动杠杆；8—制动蹄回位弹簧；9—制动轮缸；10—制动底板；11—弹簧盘；12—摩擦片

二、制动器主要参数确定

制动器设计中需要预先给定的整车参数有：汽车轴距 L；车轮滚动半径 r_e；汽车空、满载时的总质量 m_a'，m_a；空、满载时的轴荷分配：前轴负荷 G_1'，G_1；后轴负荷 G_2'，G_2；空、满载时的质心位置，质心高度 h_g'，h_g；质心距前轴距离 L_1'，L_1；质心距后轴距离 L_2'，L_2。而对汽车制动性能有着重要影响的制动系参数有制动力及其分配系数、同步附着系数、制动强度、

附着系数利用率、最大制动力矩与制动器因数等。

（一）制动力

地面制动力 F_B 是地面作用于车轮上的制动力，即地面与轮胎之间的摩擦力，称为地面制动力。其方向与汽车行驶方向相反。汽车总的地面制动力 F_B 与前后轴车轮的地面制动力 F_{B1}、F_{B2}（见图 9-8）的关系为

$$F_B = F_{B1} + F_{B2} \tag{9-1}$$

制动器制动力 F_f 是在轮胎周缘克服制动器摩擦力矩所需的力。F_f 取决于制动器的结构形式、尺寸、摩擦副的摩擦系数及车轮有效半径等，并与制动踏板力 F_p 成正比。当踏板力 F_p 加大，F_f 随之增大。

汽车总的制动器制动力 F_f 与前后轴车轮的制动器制动力 F_{f1}、F_{f2} 的关系为

$$F_f = F_{f1} + F_{f2} \tag{9-2}$$

制动器制动力 F_f 与地面制动力 F_B 的方向相反，当车轮角速度 $\omega > 0$ 时，大小亦相等。

制动器制动力 F_f 和地面制动力 F_B 达到车轮与路面间的附着力 F_φ 值时，由于 F_B 受着附着条件的限制在达到附着力 F_φ 值后就不再增大，此时前后车轮均被抱死（车轮角速度 $\omega = 0$）并在地面上滑移。而制动器制动力由于踏板力的增大使摩擦力矩增大而继续上升。（见图 9-9。）

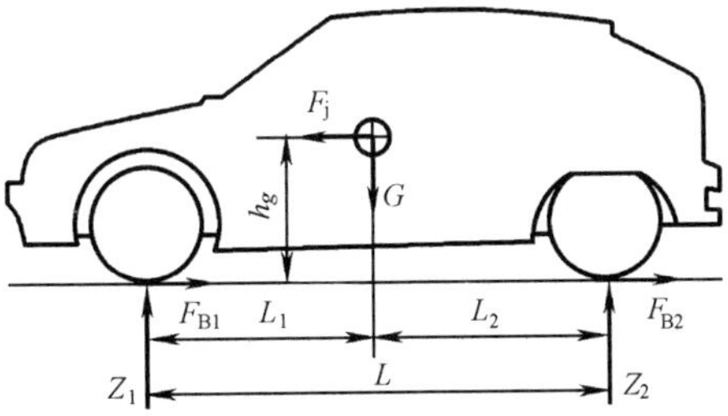

图 9-8 汽车受力分析图

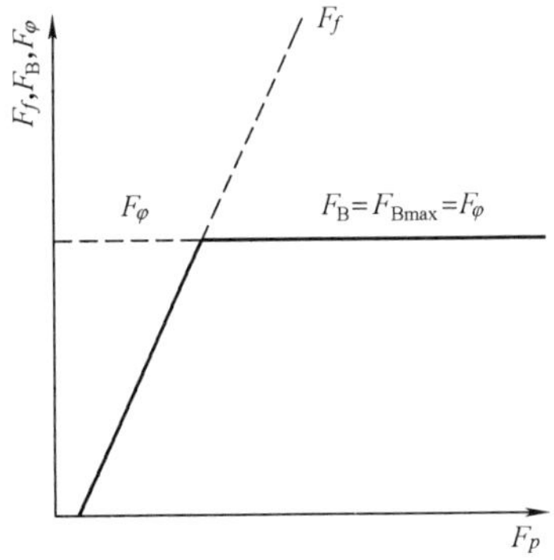

图 9-9 地面制动力 F_B 与制动器制动力 F_f 的关系

车轮与路面间总的附着力 F_φ 等于前后轴车轮附着力 $F_{\varphi1}$、$F_{\varphi2}$ 之和

$$F_\varphi = F_{\varphi1} + F_{\varphi2} = G\varphi \tag{9-3}$$

$$F_{\varphi1} = \frac{G}{L}(L_2 + qh_g)\varphi \tag{9-4}$$

$$F_{\varphi2} = \frac{G}{L}(L_1 - qh_g)\varphi \tag{9-5}$$

式中：G 为整车重量。

q 为制动强度，亦称比减速度或比制动力，它的定义式为

$$q = \frac{1}{g}\frac{d_u}{d_t} \tag{9-6}$$

Note

汽车设计课程设计指导书

式中：$\dfrac{d_u}{d_t}$ 为制动减速度；g 为重力加速度，$g = 9.81\text{m/s}^2$。

由以上的方程可知，车轮与路面间的附着力除取决于汽车结构参数（L、L_1、L_2、h_g）、汽车重力 G、车轮与路面间的附着系数 φ 外，还取决于驾驶员踏板力所导致的汽车减速度（或制动强度 q）的大小。

在前后车轮均被抱死时，$q = \varphi$。这时前后轴车轮的制动器制动力 F_{f1}、F_{f2} 即是理想最大制动力，此时 F_B、F_f 和 F_φ 相等，所以由式（9-5）、（9-6）有

$$F_{B1} = F_{f1} = F_{\varphi 1} = \frac{G}{L}(L_2 + \varphi h_g)\varphi \tag{9-7}$$

$$F_{B2} = F_{f2} = F_{\varphi 2} = \frac{G}{L}(L_1 - \varphi h_g)\varphi \tag{9-8}$$

通常，此时 F_{f1}/F_{f2} 的比值对于轿车约为 1.3～1.6；对于货车约为 0.5～0.7。

（二）制动力分配系数

当汽车各车轮制动器的制动力足够时，根据汽车前、后轴的轴荷分配，前、后车轮制动器制动力的分配、道路附着系数和坡度情况等，制动过程可能出现的情况有三种，如下。

（1）前轮先抱死拖滑，然后后轮再抱死拖滑。

（2）后轮先抱死拖滑，然后前轮再抱死拖滑。

（3）前、后轮同时抱死拖滑。

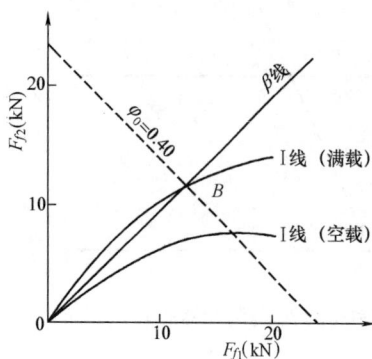

图 9-10　制动力分配曲线

在以上三种情况中，显然是前、后轮同时抱死拖滑时附着条件利用得最好。当汽车前、后车轮同时抱死时，此时的前后轴车轮的制动器制动力 F_{f1} 和 F_{f2} 是理想的前、后轮制动器制动力，并且是轮胎与地面间的附着系数 φ 的函数。以理想的前、后轮制动器制动力 F_{f1} 和 F_{f2} 为坐标绘制出 F_{f1} 和 F_{f2} 的关系曲线，即为理想的前、后轮制动器制动力分配曲线，简称 I 曲线（如图 9-10 所示）。如果汽车前、后制动器的制动力，能按 I 曲线的规律分配，则能保证汽车在任何附着系数 φ 的路面上制动时，都能使前、后车轮制动时前后车轮同时抱死，对附着条件的利用、制动时汽车的方向稳定性将较为有利。

目前大多两轴汽车尤其是货车的前后制动力之比为一定值，并以前制动器制动力 F_{f1} 与汽车总制动器制动力 F_f 之比来表示分配比例，称为汽车制动器制动力分配系数 β

$$\beta = F_{f1}/F_f = F_{f1}/(F_{f1} + F_{f2}) \tag{9-9}$$

又由于在附着条件所限定的范围内，地面制动力在数值上等于相应的制动周缘力，故 β 又可通称为制动力分配系数。

现代汽车多装有比例阀或感载比例阀等制动力调节装置，可根据制动强度、载荷等因素来改变前、后制动器制动力的比值，使之接近于理想制动力分配曲线。

（三）同步附着系数

通过式（9-9），我们得到后轮制动器制动力 F_{f2} 和前制动器制动力 F_{f1} 的比值为

262

$$\frac{F_{f2}}{F_{f1}} = \frac{1-\beta}{\beta} \tag{9-10}$$

式（9-10）在图 9-10 中是一条通过坐标原点且斜率为（$1-\beta$）/ β 的直线，它是具有制动器制动力分配系数为 β 的汽车的实际前、后制动器动力分配线，简称 β 线。

图 9-10 中 β 线与 I 曲线交点处的附着系数 φ_0 为同步附着系数。它是汽车制动性能的一个重要参数，由汽车结构系数所决定。同步附着系数的计算公式是

$$\varphi_0 = \frac{L\beta - L_2}{h_g} \tag{9-11}$$

对于前、后制动器制动力为固定比值的汽车，只有在附着系数 φ 等于同步附着系数 φ_0 的路面上，前、后车轮制动器才会同时抱死。当汽车在不同 φ 值的路面上制动时，可能有以下情况。

（1）当 $\varphi < \varphi_0$，β 线位于 I 曲线下方，制动时前轮先抱死。它虽是一种稳定工况，但丧失转向能力。

（2）当 $\varphi > \varphi_0$，β 线位于 I 曲线上方，制动时后轮先抱死，这时容易发生后轴侧滑使汽车失去方向稳定性。

（3）当 $\varphi = \varphi_0$，制动时汽车前、后轮同时抱死，是一种稳定工况，但也失去转向能力。

如何选择同步附着系数 φ_0，是采用恒定前后制动力分配比的汽车制动系设计中的一个较重要的问题。在汽车总重和质心位置已定的条件下，φ_0 的数值就决定了前后制动力的分配比。

φ_0 的选择与很多因数有关。首先，所选的 φ_0 应使得在常用路面上，附着系数利用率较高。具体而言，若主要是在较好的路面上行驶，则选的 φ_0 值可偏高些，反之可偏低些。从紧急制动的观点出发，φ_0 值宜取高些。汽车若常带挂车行驶或常在山区行驶，φ_0 值宜取低些。此外，φ_0 的选择还与汽车的操纵性、稳定性的具体要求有关，与汽车的载荷情况也有关。

根据设计经验，满载时的同步附着系数 φ_0，轿车取 $\varphi_0 \geqslant 0.6$；货车取 $\varphi_0 \geqslant 0.5$。

（四）制动强度和附着系数利用率

1. 制动强度 q

汽车制动时汽车总的地面制动力 F_B 应该等于汽车质量和制动减速度的乘积，即

$$F_B = m\frac{d_u}{d_t} = \frac{G}{g}\frac{d_u}{d_t} = Gq \tag{9-12}$$

式中 $\frac{d_u}{d_t}$ 为制动减速度；m 为汽车质量；g 为重力加速度；G 为汽车所受重力；q 为制动强度。

2. 附着系数利用率 ε

附着系数利用率 ε 表示附着条件的利用情况，它的定义式为

$$\varepsilon = \frac{F_B}{Gq} = \frac{q}{\varphi} \tag{9-13}$$

3. 汽车在不同 φ 值的路面上制动时的制动强度和附着系数利用率

由于汽车在不同 φ 值的路面上制动时可能有 $\varphi < \varphi_0$、$\varphi > \varphi_0$、$\varphi = \varphi_0$ 三种情况，其最大的总制动力 F_B 不同，所以在这三种情况下制动强度 q 和附着系数利用率 ε 也不同。

当 $\varphi < \varphi_0$ 时，可能得到的最大总制动力取决于前轮刚刚首先抱死的条件，此时 $F_{B1} = F_{\varphi1}$，则总制动力 F_B、制动强度 q 和附着系数利用率 ε 分别为

$$F_B = \frac{GL_2\varphi}{L_2 + (\varphi_0 - \varphi)h_g} \tag{9-14}$$

$$q = \frac{L_2\varphi}{L_2 + (\varphi_0 - \varphi)h_g} \tag{9-15}$$

$$\varepsilon = \frac{L_2}{L_2 + (\varphi_0 - \varphi)h_g} \tag{9-16}$$

当 $\varphi < \varphi_0$ 时，可能得到的最大总制动力取决于后轮刚刚首先抱死的条件，此时 $F_{B2} = F_{\varphi2}$，则总制动力 F_B、制动强度 q 和附着系数利用率 ε 分别为

$$F_B = \frac{GL_1\varphi}{L_1 + (\varphi_0 - \varphi)h_g} \tag{9-17}$$

$$q = \frac{L_1\varphi}{L_1 + (\varphi - \varphi_0)h_g} \tag{9-18}$$

$$\varepsilon = \frac{L_1}{L_1 + (\varphi - \varphi_0)h_g} \tag{9-19}$$

当 $\varphi = \varphi_0$ 时，前后车轮均被抱死，此时 $F_{B1} = F_{\varphi1}$、$F_{B2} = F_{\varphi2}$，则总制动力 F_B、制动强度 q 和附着系数利用率 ε 分别为 $q = \varphi$，$\varepsilon = 1$ 此时附着系数利用率最高。

为保证汽车制动时的方向稳定性和有足够的附着系数利用率，《联合国欧洲经济委员会汽车制动法规》规定，在各种载荷情况下，轿车的制动强度在 $0.15 \leq q \leq 0.8$，其他汽车的制动强度在 $0.15 \leq q \leq 0.3$ 时，前轮均应能先抱死；在车轮尚未抱死的情况下，在 $0.2 \leq \varphi \leq 0.8$ 时，必须满足 $q \geq 0.1 + 0.85(\varphi - 0.2)$。

（五）最大制动力矩

为了保证汽车有良好的制动效能和稳定性，应合理地确定前、后轮制动器的制动力矩，以保证汽车有良好的制动效能和稳定性。

对于因为道路条件较差、车速较低而选取了较小的同步附着系数 φ_0 值的汽车，这种汽车后轮制动抱死的可能性小，而汽车行驶方向的控制更为重要，为了保证在 $\varphi > \varphi_0$ 在良好的路面上能够制动到后轴车轮和前轴车轮先后抱死滑移，前、后轴的车轮制动器所能产生的最大制动力力矩为

$$T_{f1max} = \frac{G}{L}(L_2 + \varphi h_g)\varphi r_e \tag{9-20}$$

$$T_{f2max} = \frac{1-\beta}{\beta}T_{f1max} \tag{9-21}$$

对于选取较大 φ_0 值的汽车，这类车辆经常行驶在良好道路上，车速较高，后轮制动抱死失去稳定而出现甩尾的危险性较前一类汽车大得多。因此应从保证汽车制动时的稳定性出发，来确定各轴的最大制动力矩。当 $\varphi > \varphi_0$ 时，相应的极限制动强度 $q < \varphi$，故所需的后轴和前轴的最大制动力矩为

$$T_{f2\max} = \frac{G}{L}(L_1 - qh_g)\varphi r_e \qquad (9\text{-}22)$$

$$T_{f1\max} = \frac{\beta}{1-\beta}T_{f2\max} \qquad (9\text{-}23)$$

式中：φ 为该车所能遇到的最大附着系数。

（六）制动器因数

制动器在单位输入压力或力的作用下所输出的力或力矩，称为制动器效能。在评比不同形式制动器的效能时，常用一种称为制动器效能因数 BF（简称制动器因数）的无因次指标。制动器效能因数的定义为，在制动鼓或制动盘的作用半径上所得到的摩擦力与输入力之比，即

$$BF = \frac{T_f}{FR} \qquad (9\text{-}24)$$

式中：F 为鼓式制动器的蹄端的作用力，一般取作用于两蹄的张开力的平均值；R 为制动鼓或制动盘的作用半径。

制动器效能的稳定性是指其效能因数 BF 对摩擦系数 f 的敏感性（$\mathrm{d}BT/\mathrm{d}f$）。要求制动器的效能稳定性好，即其效能因数 BF 对摩擦系数 f 的变化敏感性较低。在制动器使用中 f 随温度和水湿程度变化。制动时摩擦生热，因而温度是经常起作用的因素，热稳定性更为重要。热衰退的台架试验表明，多次重复紧急制动可导致制动器因数值减小 50%，而下长坡时的连续和缓制动也会使该值降至正常值的 30%。

对于鼓式制动器，设作用于两蹄的张开力分别为 F_1、F_2，制动鼓内圆柱面半径即制动鼓工作半径为 R，两蹄给予制动鼓的摩擦力矩分别为 T_{Tf1} 和 T_{Tf2}，则两蹄的效能因数即制动蹄因数分别为

$$BT_{T1} = \frac{T_{Tf1}}{F_1 R} \qquad (9\text{-}25)$$

$$BT_{T2} = \frac{T_{Tf2}}{F_2 R} \qquad (9\text{-}26)$$

整个制动器的制动器因数为

$$BF = \frac{T_{Tf1} + T_{Tf2}}{0.5(F_1 + F_2)R} = \frac{2(T_{Tf1} + T_{Tf2})}{(F_1 + F_2)R} \qquad (9\text{-}27)$$

当 $F_1 = F_2 = F$ 时，则有

$$BF = \frac{T_{Tf1} + T_{Tf2}}{FR} = BF_{T1} + BF_{T2} \qquad (9\text{-}28)$$

对于领从蹄式制动器，其制动器因数与制动鼓结构尺寸（见图 9-11）有关。

领蹄的效能因数为

$$BF_{T1} = \frac{h}{b}\left(\frac{f}{1 - fc/d}\right) \qquad (9\text{-}29)$$

领蹄的效能因数 BF_{T1} 和效能稳定性 $\mathrm{d}BT_{T1}/\mathrm{d}f$ 随着 f

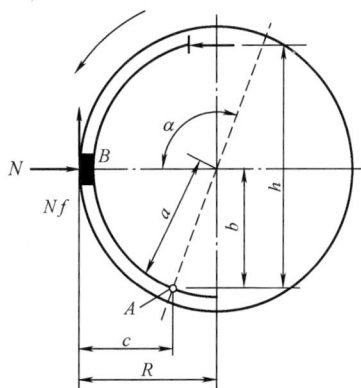

图 9-11 领从蹄式制动器制动
鼓结构尺寸图

增大而增大，当 f 趋近于 b/c 时，对于一定的张开力 F，制动力矩将迅速增至极大的数值，此后即使放开制动踏板，领蹄也不能回位而是一直保持制动状态，发生"自锁"现象。这时只能通过倒转制动鼓消除制动。

领蹄的效能因数 BT_{T1} 和 dBT_{T1}/df 随着 f 增大而增大的现象称为自行增式作用。

从蹄的效能因数为

$$BF_{T2} = \frac{h}{b}\left[\frac{f}{1+fc/d}\right] \tag{9-30}$$

从蹄的效能因数 BT_{T2} 和效能稳定性 dBT_{T2}/df 随着 f 增大而减小，这种现象称为自行减式作用。领蹄的制动蹄因数虽大于从蹄，但其效能稳定性却比从蹄差。就整个鼓式制动器而言，也在不同程度上存在以 BF 为表征的效能本身与其稳定性之间的矛盾。

对于液压驱动从蹄无支承的领从蹄式制动器其制动器因数的典型值为 2.2。对于液压驱动从蹄有支承的领从蹄式制动器其制动器因数的典型值为 2.6。

（七）制动器的结构参数与摩擦系数

1. 制动鼓内径 D 和制动鼓厚度

输入力 F 一定时，制动鼓内径越大，制动力矩越大，且散热能力也越强。但制动鼓内径 D 受轮辋内径限制。制动鼓与轮辋之间应保持足够的间隙，通常要求该间隙不小于 20～30mm，否则不仅制动鼓散热条件太差，而且轮辋受热后可能粘住内胎或烤坏气门嘴。制动鼓应有足够的壁厚，用来保证有较大的刚度和热容量，以减小制动时的温升。制动鼓的直径小，刚度就大，并有利于保证制动鼓的加工精度。

制动鼓直径与轮辋直径之比 D/D_r，的范围如下。

轿车：D/D_r =0.64～0.74

货车：D/D_r =0.70～0.83

轿车制动鼓内径一般比轮辋外径小 125～150mm，载货汽车和客车制动鼓内径一般比轮辋外径小 80～100mm。设计时可按轮辋直径初步确定制动鼓内径（见表 9-1）。

表 9-1　　　　　　　　　　　　制动鼓内径参考值

轮辋直径（in）		12	13	14	15	16	20，22.5
制动鼓最大内径（mm）	轿车	180	200	240	260	—	—
	货车、客车	220	240	260	300	320	420

2. 摩擦衬片宽度 b 和包角 β

摩擦衬片宽度尺寸 b 的选取对摩擦衬片的使用寿命有影响。衬片宽度尺寸取窄些，则磨损速度快，衬片寿命短；若衬片宽度尺寸取宽些，则质量大，不易加工，不易保证与制动鼓全面接触，并且增加了成本。

制动鼓半径 R 确定后，衬片的摩擦面积为

$$A_F = R\beta b$$

式中：β 为摩擦衬片包角，rad。

制动器各蹄衬片总的摩擦面积 $\sum A_F$ 越大，制动时所受单位面积的正压力和能量负荷越小，从而磨损特性越好。根据国外统计资料分析，单个车轮鼓式制动器的衬片面积随汽车总质量增大而增大，具体数据见表9-2。

表9-2 衬片摩擦面积衬片摩擦面积

汽车类别	汽车总质量 m_a（t）	单个制动器总的衬片摩擦面积 A_F（cm²）
轿车	0.9～1.5	100～200
	1.5～2.5	200～300
货车及客车	1.0～1.5	120～200
	1.5～2.5	150～250（多为150～200）
	2.5～3.5	250～400
	3.5～7.0	300～650
	7.0～12.0	550～1000
	12.0～17.0	600～1500（多为600～1200）

试验表明，摩擦衬片包角 $\beta=90°\sim100°$ 时，磨损最小，制动鼓温度最低，且制动效能最高。β 角减小虽然有利于散热，但单位压力过高将加速磨损。实际上包角两端处单位压力最小，因此过分延伸衬片的两端以加大包角，对减小单位压力的作用不大，而且将使制动不平顺，容易使制动器发生自锁。因此，包角一般不宜大于120°。

衬片宽度 b 较大可以减少磨损，但过大将不易保证与制动鼓全面接触。设计时一般按 $b/D=0.16\sim0.26$，且应尽量按国产摩擦衬片规格选择。

3. 摩擦衬片起始角 β_0

一般将衬片布置在制动蹄外缘的中央，即令 $\beta_0=90°-\dfrac{\beta}{2}$。有时为了适应单位压力的分布情况，将衬片相对于最大压力点对称布置，以改善磨损均匀性和制动效能。

4. 制动器中心到张开力 F 作用线的距离 a

在保证轮缸能够布置于制动鼓内的条件下，应使距离 a（见图9-12）尽可能大，以提高制动效能。初步设计时可暂定 $a=0.8R$ 左右。

5. 制动蹄支承点位置坐标 k 和 c

应在保证两蹄支承端面不致互相干涉的条件下，使 c 尽可能大而 k 尽可能小（见图9-12）。初步设计时，也可暂定 $c=0.8R$ 左右。

6. 摩擦片摩擦系数 f

摩擦片摩擦系数对制动力矩的影响很大，选择摩擦片时不仅希望其摩擦系数要高些，更要求其热稳定性要好，受温度和压力的影响要小。不能单纯地追求摩擦材料的高摩擦系数，应提高对摩擦系数的稳定性和降低制动器对摩擦系数偏离正常值的敏感性的要求，后者对蹄式制动器是非常重要的。各种制动器用摩擦材料的摩擦系数的稳定值约为 $0.3\sim0.5$，少数可达 0.7。一般说来，摩擦系数愈高的材料，其耐磨性愈差。所以在制动器设计时并非一定要追求高摩擦系数的材料。当前国产的制动摩擦片材料在温度低于 250℃ 时，保持摩擦

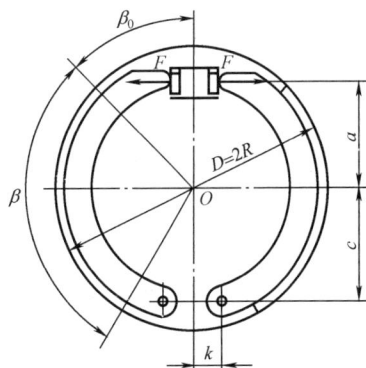

图9-12 鼓式制动器的主要几何参数

系数 $f = 0.35 \sim 0.40$ 已无大问题。因此，在假设的理想条件下计算制动器的制动力矩，取 $f = 0.3$ 可使计算结果接近实际状况。另外，在选择摩擦材料时应尽量采用减少污染和对人体无害的材料。

三、领从蹄式制动器设计计算

行车制动系的设计计算简要过程如下，根据整车参数和附着系数计算出理想制动力矩，根据初定的制动器及驱动机构的尺寸计算实际制动力矩，制动器及驱动机构的尺寸要使实际制动力矩满足理想制动力矩的要求。之后，要进行摩擦衬片的磨损特性计算和制动器的热容量和温升的核算，如果不满足要求则要修改制动器及驱动机构的尺寸重复上述步骤，直至满足要求。

（一）理想最大制动力和最大制动力矩的计算

可以根据预先给定的整车参数和选定的附着系数依照中的式（9-14）、（9-20）、（9-21）、（9-22）、（9-23）计算出最大制动力以及前后轴单个车轮最大制动力矩，作为后续计算的依据。

（二）实际制动器制动力矩 T_f 的计算

鼓式制动器制动力矩 T_f 的计算比较复杂，通常是根据摩擦衬片的压力分布规律、径向变形规律以及张开力 F 与摩擦衬片法向压力的解析关系，利用微积分和列制动蹄力平衡方程式的方法求出制动力矩 T_f 与张开力 F 的关系。在得到制动力矩 T_f 与张开力 F 的关系之后，根据制动器因数的定义，我们就可以求出所设计的鼓式制动器的制动器因数。文献中已经利用这种方法求出了各种鼓式制动器的制动器因数。

由于课程设计的时间有限，采用这种方法推导制动力矩比较麻烦。为了计算方便，我们可以根据前人已经计算出的制动器因数表达式求得制动力矩，即

$$T_f = BF \cdot F \cdot R \tag{9-31}$$

式中：R 为制动鼓内圆柱面半径。

所以只要计算出所设计制动器的制动器因数，就可以建立制动力矩与张开力的关系。下面我们直接列出领从蹄制动器的制动器因数表达式。

（三）领从蹄制动器的制动器因数

1. 支承销式领从蹄制动器

单个领蹄的制动蹄因数 BF_{T1} 为

$$BF_{T1} = f \frac{h}{r} \bigg/ \left(A \frac{a'}{r} - fB \right) \tag{9-32}$$

单个从蹄的制动蹄因数 BF_{T2} 为

$$BF_{T2} = f \frac{h}{r} \bigg/ \left(A \frac{a'}{r} + fB \right) \tag{9-33}$$

以上两式中：f 为摩擦系数。

$$A = \frac{\alpha_0' - \sin \alpha_0 \cos \alpha_3}{4 \sin \frac{\alpha_0}{2} \sin \frac{\alpha_3}{2}} \tag{9-34}$$

$$B = 1 + \frac{\alpha'}{r} \cos \frac{\alpha_0}{2} \cos \frac{\alpha_3}{2} \tag{9-35}$$

式中：α_0' 为角 α_0 对应的圆弧，rad。

以上各式中有关结构尺寸参数见图 9-13。

支承销式领从蹄制动器整个制动器因数 BF

$$BF = BF_{T1} + BF_{T2} \tag{9-36}$$

2. 浮式领从蹄制动器（斜支座面）

对于浮式蹄，其蹄片端部支座面法线可与张开力作用线平行（称为平行支座）或不平行（称为斜支座）。平行支座可视作斜支座的特例，即见图 9-14 中 $\psi = 0$ ，因此，这里给出最一般的情况。

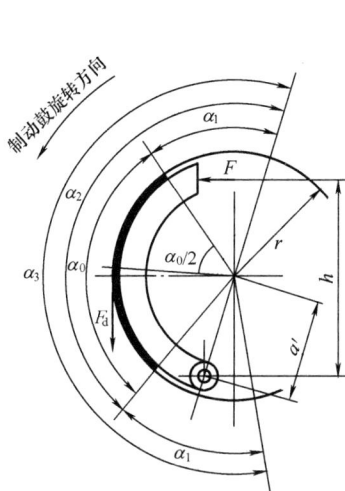

图 9-13　支承销式领从蹄制动器
　　　　的制动器因数计算用图

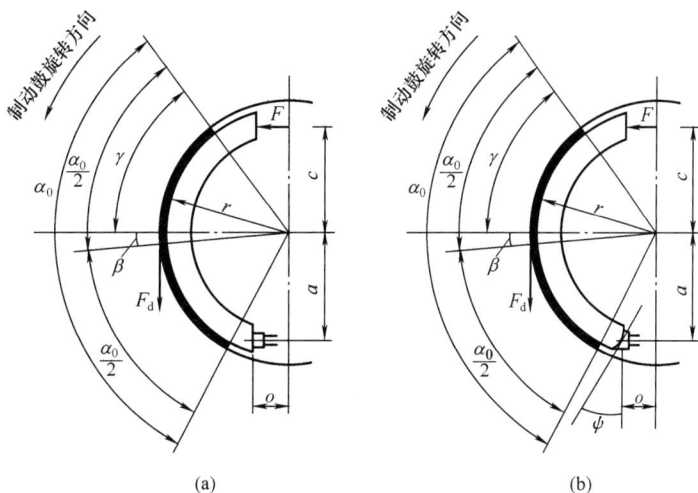

图 9-14　浮式领从蹄制动器的制动器因数计算用图
　　　　　（a）平行支座；（b）斜支座

单个斜支座浮式领蹄制动蹄因数 BF_{T3}

$$BF_{T3} = (fD + f^2 E)/(F - fG + f^2 H) \tag{9-37}$$

单个斜支座浮式从蹄制动蹄因数 BF_{T4}

$$BF_{T4} = (fD - f^2 E)/(F + fG + f^2 H) \tag{9-38}$$

$$D = [c/\gamma + a/\gamma + f_s'(o/\gamma)]\cos\beta + f_s'(c/\gamma)\sin\beta \tag{9-39}$$

$$E = f_s'(c/\gamma)\cos\beta - [c/\gamma + a/\gamma + f_s'(o/\gamma)]\sin\beta \tag{9-40}$$

$$F = \frac{\alpha_0' + \sin\alpha_0}{4\sin(\alpha_0/2)}[a/\gamma + f_s'(o/\gamma)] \tag{9-41}$$

$$G = \cos\beta + f_s'\sin\beta \tag{9-42}$$

$$H = F - (f_s'\cos\beta - \sin\beta) \tag{9-43}$$

$$f_s' = f_s + \tan\beta \tag{9-44}$$

式中：f_s 为蹄片端部与支座面间摩擦系数，如为钢对钢则 $f_s = 0.2 \sim 0.3$ 。其余参数见图 9-14，β 角正负号取值按下列规则确定，当 $\gamma > \alpha_0/2$ ，β 为正；$\gamma < \alpha_0/2$ ，β 为负。

这样浮式领从制动器因数为

$$BF = BF_{T3} + BF_{T4} \tag{9-45}$$

（四）张开力的计算

对于液压驱动的制动器来说，作用在两蹄上的张开力相等，所以可以直接根据制动器因数

的定义求得张开力 $F = \dfrac{T_f}{BF \cdot R}$。

（五）制动蹄自锁条件检验计算

计算鼓式制动器，必须检查蹄有无自锁的可能。

对于支承销式领从蹄制动器，领蹄自锁的条件为

$$BF_{T1} = f\frac{h}{r} \Big/ \left(A\frac{a'}{r} - fB \right) = +\infty \tag{9-46}$$

则此时 $A\dfrac{\alpha'}{\gamma} - fB = 0$

如果 $f < A(\alpha'/\gamma)/B$，则不会自锁。

对于浮式领从蹄制动器，领蹄自锁的条件为

$$BF_{T3} = (fD + f^2E)/(F - fG + f^2H) = +\infty \tag{9-47}$$

此时 $F - fG + f^2H = 0$

如果 $F - fG + f^2H > 0$，则不会自锁。

（六）摩擦衬片的磨损特性计算

摩擦表面的温度、压力、摩擦系数和表面状态等是影响摩擦衬片磨损的重要因素。摩擦衬片的磨损特性通常用比能量耗散率、比摩擦力、平均压力和比滑磨功作为衡量指标。

1. 比能量耗散率 e

汽车的制动过程是将其机械能的一部分转变为热量而耗散的过程。在制动强度很大的紧急制动过程中，制动器几乎承担了耗散汽车全部动力的任务。此时由于在短时间内热量来不及逸散到大气中，致使制动器温度升高，即产生所谓的制动器的能量负荷。能量负荷愈大，衬片的磨损愈严重。

制动器的能量负荷常以其比能量耗散率作为评价指标。比能量耗散率又称为单位功负荷或能量负荷，它表示单位摩擦面积在单位时间内耗散的能量，其单位为 W/mm²。

双轴汽车的单个前轮制动器和单个后轮制动器的比能量耗散率分别为

$$e_1 = \frac{1}{2}\frac{\delta m_a(v_1^2 - v_2^2)}{2tA_1}\beta \tag{9-48}$$

$$e_2 = \frac{1}{2}\frac{\delta m_a(v_1^2 - v_2^2)}{2tA_2}(1-\beta) \tag{9-49}$$

$$t = \frac{v_1 - v_2}{j} \tag{9-50}$$

式中：δ 为汽车回转质量换算系数；m_a 为汽车总质量；v_1，v_2 为汽车制动初速度与终速度，m/s，计算时轿车取 $v_1 = 100$ km/h（27.8m/s）；总质量 3.5t 以下的货车取 $v_1 = 65$km/h（18m/s）；总质量 3.5t 以上的货车取 $v_1 = 80$km/h（22.2m/s）；j 为制动减速度，m/s²，计算时取 $j = 0.6g$；t 为制动时间，s；A_1、A_2 为前后制动器衬片的摩擦面积；β 为制动力分配系数。

在紧急制动到 $v_2 = 0$ 时，并可近似地认为 $\delta = 1$，则有

$$e_1 = m_a v_1^2 \beta / 4tA_1 \tag{9-51}$$

$$e_2 = m_a v_1^2 (1-\beta)/4tA_2 \tag{9-52}$$

鼓式制动的比能量耗损率以不大于 1.8W/mm² 为宜，但当制动初速度 v_1 低于式（9-48）、

汽车设计课程设计指导书

（9-49）所规定的 v_1 值时，则允许略大于 1.8W/mm²。轿车盘式制动器的比能量耗散率应不大于 6.0W/mm²。比能量耗散率过高后不久会加速制动衬片的磨损，而且可能引起制动鼓或盘的龟裂。

2. 比摩擦力 F_{f0}

比摩擦力是单位摩擦面积的摩擦力，单个车轮制动器的比摩擦力为

$$F_{f0} = \frac{T_f}{RA} \tag{9-53}$$

式中：T_f 为单个制动器的制动力矩；R 为制动鼓半径（或制动盘有效半径）；A 为单个制动器的衬片（衬块）摩擦面积。

当制动减速度 $j = 0.6g$ 时，鼓式制动器的比摩擦力 F_{f0} 以不大于 0.48N/mm² 为宜。

3. 平均压力 q_p

$$q_p = \frac{N}{A} \leqslant [q_p] \tag{9-54}$$

式中：N 为摩擦衬片与制动鼓间的法向力；A 为摩擦衬片的摩擦面积。

目前由于磨损问题受到更大重视，可取 $[q_p]$=1.40～1.60MPa（当摩擦系数 f =0.30～0.35 时），紧急制动时允许取 $[q_p]$=2～2.5MPa。

4. 比滑磨功 L_f

磨损和热的性能指标也可用衬片在制动过程中由最高制动初速度至停车所完成的单位衬片（衬块）面积的滑磨功即比滑磨功 L_f 来衡量

$$L_f = \frac{m_a v_{a\,max}^2}{2A_\Sigma} \leqslant [L_f] \tag{9-55}$$

式中：m_a 为汽车总质量，kg；$v_{a\,max}$ 为汽车最高车速，m/s；A_Σ 为车轮制动器各制动衬片（衬块）的总摩擦面积，cm²；$[L_f]$ 为许用滑磨功，对轿车取 $[L_f]$=1000～1500J/cm²；对客车和货车取 $[L_f]$=600～800J/cm²。

（七）制动器的热容量和温升的核算

应核算制动器的热容量和温升是否满足如下条件

$$(m_d c_d + m_h c_h)\Delta t \geqslant L \tag{9-56}$$

式中：m_d 为各制动鼓（盘）的总质量；m_h 为与各制动鼓（盘）相连的受热金属件（如轮毂、轮辐、轮辋、制动钳体等）的总质量；c_d 为制动鼓（盘）材料的比热容，对铸铁 c_d=482J/(kg·K)，对铝合金 c_d=880J/(kg·K)；c_h 为与制动鼓（盘）相连的受热金属件的比热容；Δt 为制动鼓（盘）的温升（一次由 v_a=30km/h 到完全停车的强烈制动，温升不应超过 15℃）；L 为满载汽车制动时由动能转变的热能，因制动过程迅速，可以认为制动产生的热能全部为前、后制动器所吸收，并按前、后轴制动力的分配比率分配给前、后制动器，即

$$L_1 = m_a \frac{v_a^2}{2}\beta \tag{9-57}$$

$$L_2 = m_a \frac{v_a^2}{2}(1-\beta) \tag{9-58}$$

式中：m_a 为满载汽车总质量；v_a 为汽车制动时的初速度，可取 $v_a = v_{amax}$；β 为汽车制动器制动力分配系数。

（八）驻车计算

如图 9-15 所示为汽车在上坡路上停驻时的受力情况。

由此可得出汽车上坡停驻时的后轴车轮的附着力为

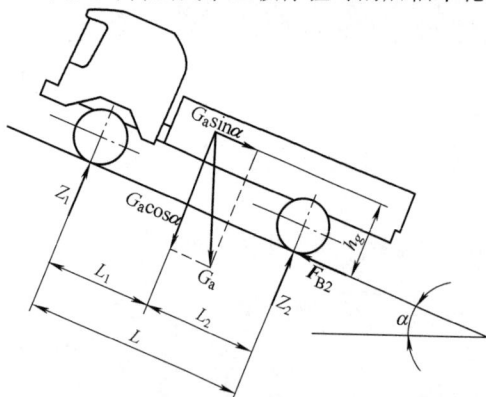

图 9-15　汽车在上坡路上停驻时的受力情况

$$Z_2\varphi = \frac{m_a g \varphi}{L}(L_1 \cos\alpha + h_g \sin\alpha) \tag{9-59}$$

同样可求出汽车下坡停驻时的后轴车轮的附着力为

$$Z_2'\varphi = \frac{m_a g \varphi}{L}(L_1 \cos\alpha - h_g \sin\alpha) \tag{9-60}$$

根据后轴车轮附着力与制动力相等的条件可求得汽车在上坡路和下坡路上停驻时的坡度极限倾角 α，α'，即由

$$\frac{m_a g \varphi}{L}(L_1 \cos\alpha + h_g \sin\alpha) = m_a g \sin\alpha \tag{9-61}$$

求得汽车在上坡时可能停驻的极限上坡路倾角为

$$\alpha = \arctan\left(\frac{\varphi L_1}{L - \varphi h_g}\right) \tag{9-62}$$

汽车在下坡时可能停驻的极限下坡路倾角为

$$\alpha' = \arctan\left(\frac{\varphi L_1}{L + \varphi h_g}\right) \tag{9-63}$$

一般对轻型货车要求最大停驻坡度不应小于 25%，中型货车不小于 20%，汽车列车的最大停驻坡度约为 12%左右。

为了使汽车能在接近于由式（9-62）确定的坡度为 α 的坡路上停驻，应使后轴上的驻车制动力矩接近于由 α 所确定的极限值 $m_a g r_e \sin\alpha$（因 $\alpha > \alpha'$），并保证在下坡路上能停驻的坡度不小于法规规定值。

单个后轮驻车制动器的制动上限为 $\frac{1}{2}m_a g r_e \sin\alpha$；中央驻车制动器的制动力矩上限为 $m_a g r_e \sin\alpha / i_0$，$i_0$ 为后驱动桥主减速比。

四、制动器主要结构元件设计

（一）制动鼓

制动鼓应具有高的刚性和大的热容量，制动时其温升不应超过极限值。制动鼓的材料与摩擦衬片的材料相匹配，应能保证具有高的摩擦系数并使工作表面磨损均匀。中型、重型货车和中型、大型客车多采用灰铸铁 HT200 或合金铸铁制造的制动鼓［见图 9-16（a）］；轻型货车和一些轿车则采用由钢板冲压成形的辐板与铸铁鼓筒部分铸成一体的组合式制动鼓［见图 9-16（b）］；带有灰铸铁内鼓筒的铸铝合金制动鼓［见图 9-16（c）］在轿车上得到了日益广泛的应用。铸铁内鼓筒与铝合金制动鼓本体也是铸到一起的，这种内镶一层珠光体组织的灰铸铁作为工作表面，其耐磨性和散热性都很好，而且减小了质量。

制动鼓在工作载荷作用下会变形，致使蹄鼓间单位压力不均匀，且会损失少许踏板行程。鼓筒变形后的不圆柱度过大容易引起自锁或踏板振动。为防止这些现象需提高制动鼓的刚度。为此，沿鼓口的外缘铸有整圈的加强肋条，也有的加铸若干轴向肋条以提高其散热性能。

制动鼓相对于轮毂的对中如图 9-16 所示，是以直径为的圆柱表面的配合来定位，并在两者装配紧固后精加工制动鼓内工作表面，以保证两者的轴线重合。两者装配后需进行动平衡。许用不平衡度对轿车为 15～20N·cm；对货车为 30～40N·cm。微型轿车要求其制动鼓工作表面的圆度和同轴度公差小于或等于 0.03mm，径向跳动量小于或等于 0.05mm，静不平衡度小于或等于 1.5N·cm。

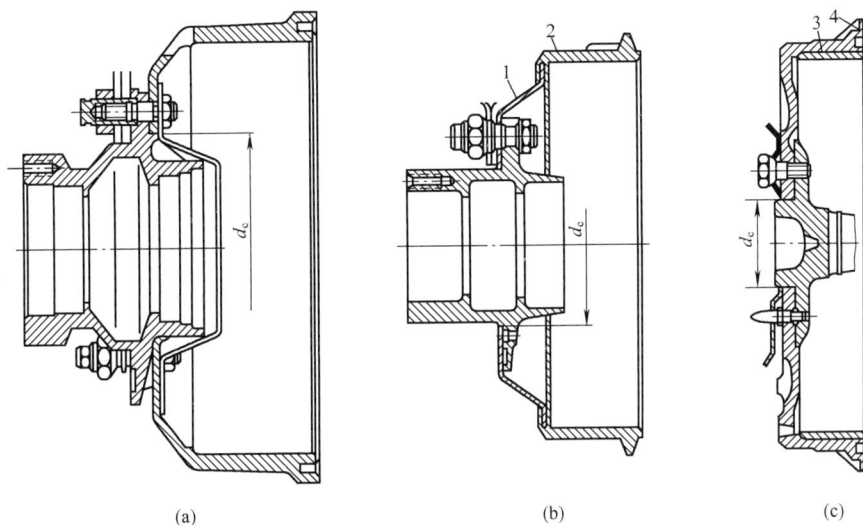

图 9-16 制动鼓

（a）铸造制动鼓；（b），（c）组合式制动鼓

1—冲压成形辐板；2—铸造鼓筒；3—灰铸铁鼓筒；4—铸铝合金制动鼓

制动鼓在工作时如同一个悬臂梁，所以壁厚的选取主要是从刚度和强度方面考虑。壁厚取大些也有助于增大热容量，但试验表明，壁厚从 11mm 增至 20mm，摩擦表面平均最高温度变化并不大。一般铸造制动鼓的壁厚轿车为 7～12mm，中、重型货车为 13～18mm。制动鼓在闭口一侧可开小孔，用于检查制动器间隙。

（二）制动蹄

轿车和轻型、微型货车的制动蹄广泛采用 T 形型钢碾压或钢板焊接制成；大吨位货车的制动蹄则多用铸铁、铸钢或铸铝合金制成。制动蹄的断面形状和尺寸应保证其刚度好，但小型车钢板制的制动蹄腹板上有时开有 1、2 条径向槽，使蹄的弯曲刚度小些，以便使制动蹄摩擦衬片与鼓之间的接触压力均匀，因而使衬片磨损较为均匀，并减少制动时的尖叫声。重型汽车制动蹄的断面有工字形、山字形和Ⅱ字形几种（见图 9-17）。制动蹄腹板和翼缘的厚度，轿车的约为 3～5mm；货车的约为 5～8mm。摩擦衬片的厚度，轿车多用 4.5～5mm；货车多在 8mm 以上。制动蹄的宽度随汽车大小而异，一般在 30～70mm 之间。衬片可以铆接或粘接在制动蹄上，粘接的允许其磨损厚度较大，但不易更换衬片；铆接的噪声较小。

273

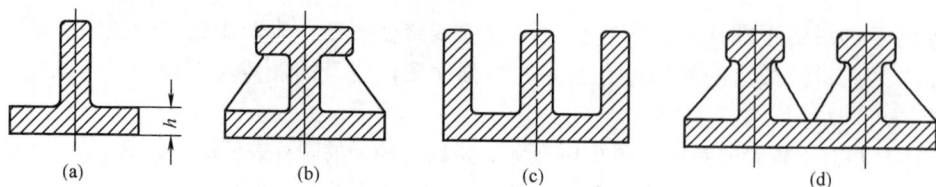

图 9-17　汽车制动蹄的断面形状

（a）T 形；（b）工字形；（c）山字形；（d）Ⅱ字形

（三）制动底板

制动底板是除制动鼓外制动器各零件的安装基体，应保证各安装零件相互间的正确位置。制动底板承受着制动器工作时的制动反力矩，应有足够的刚度，因为刚度不足会导致制动力矩减小，踏板行程加大，衬片磨损也不均匀。为此，由钢板冲压成形的制动底板都具有凹凸起伏的形状。重型汽车则采用可锻铸铁 KTH 370–12 的制动底座以代替钢板冲压的制动底板。

（四）制动蹄的支承

为了使具有支承销的一个自由度的制动蹄的工作表面与制动鼓的工作表面同轴心，应使支承位置可调。支承销由 45 号钢制造并高频淬火。其支座为可锻铸铁（KTH 370–12）或球墨铸铁（QT 400–18）件。具有长支承销的支承能可靠地保持制动蹄的正确安装位置，避免侧向偏摆。有时在制动底板上附加一压紧装置，使制动蹄中部靠向制动底板；并在轮缸活塞顶块上或在张开机构调整推杆端部开槽，供制动蹄腹板张开端插入，以保持制动蹄的正确位置。

（五）摩擦材料

制动摩擦材料应具有高而稳定的摩擦系数，抗热衰退性能好，不能在温度升到某一数值后摩擦系数突然急剧下降；材料的耐磨性好，吸水率低，有较高的耐挤压和耐冲击性能；制动时不产生噪声和不良气味，应尽量采用污染少和对人体无害的摩擦材料。

目前在制动器中广泛采用模压材料，是以石棉纤维为主并与树脂黏结剂、调整摩擦性能的填充剂（由无机粉粒及橡胶、聚合树脂等配成）与噪声消除剂（主要成分为石墨）等混合后，在高温下模压成型。模压材料的挠性较差，故应按衬片或衬块规格模压，其优点是可以选用各种不同的聚合树脂配料，使衬片或衬块具有不同的摩擦性能和其他性能。

另一种是编织材料，它是先用长纤维石棉与铜丝或锌丝的合丝编织成布，再浸以树脂黏合剂经干燥后辊压制成。其挠性好，剪切后可以直接铆到任何半径的制动蹄或制动带上。在 100～120℃温度下，它具有较高的摩擦系数（$f \geqslant 0.4$），冲击强度比模压材料高 4～5 倍。但耐热性差，在 200～250℃以上不能承受较高的单位压力，磨损加快。因此这种材料仅适用于中型以下汽车的鼓式制动器，尤其是带式中央制动器。

粉末冶金摩擦材料是以铜粉或铁粉为主要成分（占质量的 60%～80%），加上石墨、陶瓷粉等非金属粉末作为摩擦系数调整剂，用粉末冶金方法制成。其抗热衰退和抗水衰退性能好，但造价高，适用于高性能轿车和行驶条件恶劣的货车等制动器负荷重的汽车。

各种摩擦材料摩擦系数的稳定值约为 0.3～0.5，少数可达 0.7。设计计算制动器时一般取 0.3～0.35。选用摩擦材料时应注意，一般说来，摩擦系数愈高的材料其耐磨性愈差。

（六）制动器间隙

制动鼓（制动盘）与摩擦衬片（摩擦衬块）之间在未制动的状态下应有工作间隙，以保证制动鼓（制动盘）能自由转动。一般鼓式制动器的设定间隙为 0.2～0.5mm；盘式制动器的为 0.1～0.3mm。此间隙的存在会导致踏板或手柄的行程损失，因而间隙量应尽量小。考虑到在制动过程中摩擦副可能产生机械变形和热变形,因此制动器在冷却状态下应有的间隙应通过试验来确定。另外,制动器在工作过程中会因为摩擦衬片(衬块)的磨损而加大,因此制动器必须设有间隙调整机构。

CHAPTER 9

第三节 钳盘式制动器设计

盘式制动器的摩擦力产生于同汽车固定部位相连的部件与一个或几个制动盘两端面之间。其中摩擦材料仅能覆盖制动盘工作表面的一小部分的盘式制动器称为钳盘式制动器;摩擦材料覆盖制动盘全部工作表面的盘式制动器称为全盘式制动器。

钳盘式制动器的固定元件是两块带有摩擦衬块的制动块,制动块装在制动钳体内,制动钳通过螺栓固定在转向节或桥壳上。两制动块之间装有作为旋转元件的制动盘,制动盘是以螺栓固定在轮毂上。制动块的摩擦衬块与制动盘的接触面积很小,在盘上所占的中心角一般仅约为30°~50°,故这种盘式制动器又称为点盘式制动器(见图 9-18)。其结构较简单、质量小、散热性较好,且借助于制动盘的离心力作用易将泥水、污物等甩掉,维修也方便。但因摩擦衬块的面积较小,制动时其单位压力很高,摩擦面的温度较高,因此,对摩擦材料的要求也较高。

全盘式制动器中摩擦副的旋转元件及固定元件均为圆盘形,制动时各盘摩擦表面全部接触,作用原理如同离合器,故又称离合器式制动器。全盘式中用得较多的是多片全盘式制动器。多片全盘式制动器既可用作车轮

图 9-18 钳盘式制动器

制动器,也可用作缓行器。

现代汽车中以单盘单钳盘式的钳盘式制动器应用最为广泛,仅有个别大吨位矿用自卸车采用单盘三钳和双盘单钳的钳盘式制动器,以及全盘式制动器。

一、盘式制动器设计基础

钳盘式制动器按制动钳的结构不同,有以下几种。

1. 固定钳盘式

固定钳盘式为制动钳固定在制动盘两侧,且在其两侧均设有加压机构。如图 9-19 所示,固定元件是制动钳体 6。制动钳是两股跨夹着制动盘的夹钳形部件,其内部加工出圆筒形的油缸,其中装有活塞 3。制动时两侧液压缸中的制动块 4 在活塞 3 的推动下向制动盘面 9 移动,制动块挤压制动盘,从而产生制动力矩。这种形式也称为

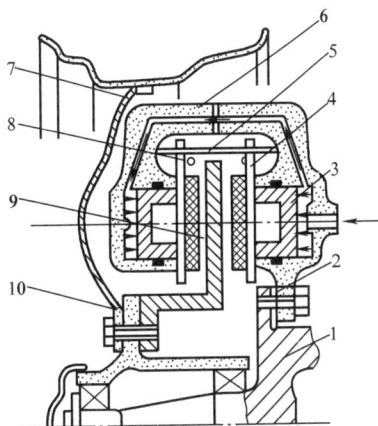

图 9-19 固定钳盘式制动器工作原理

1—转向节(或桥壳);2—调整垫片;3—活塞;
4—制动块总成;5—导向支承销;6—制动钳体;
7—轮辐;8—回位弹簧;9—制动盘;10—轮毂

对置活塞式或浮动活塞式。

2. 浮动钳盘式

浮动钳盘式制动器仅在制动盘一侧设有加压机构的制动钳，借其本身的浮动，而在制动盘的另一侧产生压紧力。又分为制动钳可相对于制动盘轴向滑动钳盘式制动器、与制动钳可在垂直于制动盘的平面内摆动的摆动钳盘式制动器。

（1）滑动钳盘式。如图 9-20（a）所示，制动钳可以相对于制动盘 1 沿导向销 7 做轴向滑动，其中只在制动盘的内侧置有液压缸，外侧的制动块固装在制动钳体 2 上。制动时活塞 5 在液压作用下使活动制动块总成 4 压靠到制动盘 1，而反作用力则推动制动钳体 2 连同固定制动块 3 压向制动盘的另一侧，直到两制动块受力均等为止。滑动钳盘式制动器由于它结构简单、布置紧凑、质量小和耐高温，得到了广泛的应用。

（2）摆动钳盘式。如图 9-20（b）所示，制动钳体 2 与固定于车轴上的制动钳支架 6 铰接。为实现制动，钳体不是滑动而是在与制动盘垂直的平面内摆动。显然，制动块不可能全面均匀地磨损。为此，有必要将衬块预先做成楔形（摩擦面对背面的倾斜角为 6° 左右）。在使用过程中，衬块逐渐磨损到各处残存厚度均匀（一般为 1mm 左右）后即应更换。

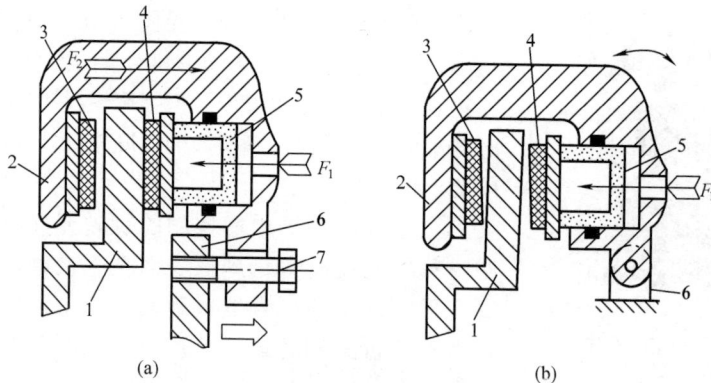

图 9-20 浮动钳盘式制动器工作原理

（a）滑动钳盘式；（b）摆动钳盘式

1—制动盘；2—制动钳体；3—制动块总成；4—带磨损报警装置的制动块总成；5—活塞；6—制动钳支架；7—导向销

固定钳盘式的优点如下，除活塞和制动块以外无其他滑动件，易于保证钳的刚度；结构及制造工艺与一般的制动轮缸相差不多；容易实现从鼓式到盘式的改型；很能适应不同回路驱动系统的要求（可采用三液压缸或四液压缸结构）。固定钳盘式的缺点如下，至少有两个液压缸分置于制动盘两侧，因而必须用跨越制动盘的内部油道或外部油管来连通。这样一方面使制动器的径向和轴向尺寸增大，增加了在汽车上的布置难度；另一方面增加了受热机会，使制动液温度过高而汽化。固定钳盘式制动器要兼作驻车制动器，必须在主制动钳上另外附装一套供驻车制动用的辅助制动钳。由于有这些缺点，目前固定钳盘式制动器已经很难适应现代汽车的要求，所以我们主要研究浮动钳盘式制动器。

浮动钳盘式制动器的优点如下，仅在盘的内侧有液压缸，故轴向尺寸小，制动器能更进一步靠近轮毂；没有跨越制动盘的油道或油管，加之液压缸冷却条件好，所以制动液汽化可能性小、成本低、浮动钳的制动块可兼用于驻车制动。

如图 9-21 所示为浮动钳盘式制动器结构分解示意图制动盘 1 用五个螺钉固定在轮毂上，制动钳支架 4 固定在转向节（或车桥）上。制动钳 8 通过导向销和制动钳支架做间隙配合，制动钳体可以沿导向销轴线移动。制动钳活塞 7 安装在嵌于制动钳内的油缸里。制动块通过其上下的凹槽与制动钳支架上的导轨配合，制动盘内侧的制动块可以沿导轨滑动，外侧的制动块固定在制动钳体上与制动钳体一起滑动。制动时制动盘内侧的制动块由制动钳活塞 7 推靠制动盘 1，同时制动钳上的反力将固定在制动钳体上的外侧制动块也推靠在制动盘 1 上。活塞上的橡胶密封环 6 在制动时变形，解除制动便恢复原状，使活塞回位。若制动器产生了过量间隙，则活塞相对密封环滑移，实现间隙自动调整。

此外，浮钳盘式制动器在兼充行车和驻车制动器的情况下，不用加设驻车制动钳，只需要在行车制动钳油缸附近加装用以推动油缸活塞的驻车制动机械传动零件即可。

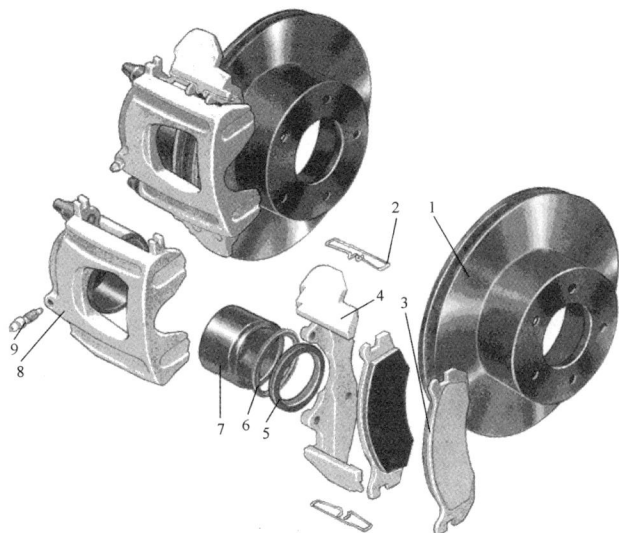

图 9-21　浮动钳盘式制动器

1—制动盘总成；2—卡子；3—制动块；4—制动钳支架；5—防尘罩；6—密封环；7—制动钳活塞；8—制动钳；9—放气螺钉

DBA 盘式制动器的浮式制动钳（见图 9-22)就是用汽车后轮的带驻车制动传动装置的形式。自调螺杆 9 穿过制动钳体 1 的孔，膜片弹簧 8 使螺杆右端斜面与驻车制动杠杆 7 的凸轮斜面始终贴合，螺杆左端切有粗牙螺纹的部分旋装着自调螺母 12，螺母的凸缘左边部分被扭簧 13 紧箍着。扭簧的一端固定在活塞上，而另一端则自由地抵靠螺母凸缘。推力球轴承 11 固定在螺母凸缘的右侧，并被固定在活塞 14 上的挡片 10 封闭。轴承 11 与挡片 10 之间的装配间隙即等于制动器间隙为设定值时完全制动所需的活塞行程。

在制动器间隙大于设定值的情况下施行行车制动时，活塞在液压作用下左移。到挡片与轴承间的间隙消失后，活塞所受液压推力便通过推力轴承作用在自调螺母凸缘上。因为自调螺杆受凸轮斜面和膜片弹簧的限制，不能转动，也不能轴向移动，所以这一轴向推力便迫使自调螺母转动，并且随活塞相对于螺杆左移到制动器过量间隙消失为止。此时扭簧张开，且其弹簧直径略有增大。撤除液压后，活塞密封圈 3 使活塞退回到制动器间隙等于设定值的位置，而扭簧 13 的自由端则由于所受摩擦力矩的消失而转回原位。这样，自调螺母即保持在制动时达到的轴向位置不动，从而保证了挡片 10 与推力轴承之间的间隙为原值。

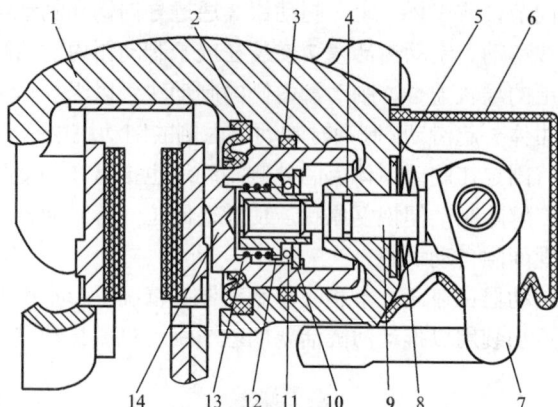

图 9-22　DBA 盘式制动器的浮式制动钳

1—制动钳体；2—活塞护翼；3—活塞密封圈；4—自调螺杆密封圈；5—膜片弹簧支承垫圈；

6—驻车制动杠杆护翼；7—驻车制动杠杆；8—膜片弹簧；9—自调螺杆；10—挡片；

11—推力球轴承；12—自调螺母；13—扭簧；14—活塞

　　进行驻车制动时，在驻车制动杠杆 7 的凸轮推动下，自调螺杆 9 连同自调螺母一直左移到螺母接触活塞底部。此时由于扭簧的阻碍，自调螺母不可能倒转着相对于螺杆向右运动。于是轴向推力通过活塞传到制动块上实现制动。

　　解除驻车制动时，自调螺杆 9 在膜片弹簧 8 的作用下，随着驻车制动杠杆回位。

　　盘式制动器在轿车前轮上得到广泛的应用。

二、盘式制动器主要结构参数

　　盘式制动器的计算所要用到的关于制动系的参数，请参阅领从蹄式制动器设计的内容，在此不重复介绍。在这里我们只介绍盘式制动器的结构参数。

　　（一）制动盘直径 D

　　制动盘直径 D 应尽可能取大些，这时制动盘的有效半径增加，从而降低制动钳的夹紧力，减少衬块的单位压力和工作温度。受轮辋直径的限制，制动盘的直径通常选择为轮辋直径的 70%～79%。总质量大于 2t 的汽车应取上限。

　　（二）制动盘厚度 h

　　制动盘厚度 h 对制动盘质量和工作时的温升有影响。为使质量小些，制动盘厚度不宜取得很大；为了降低温度，制动盘厚度又不宜取得过小。制动盘可以做成实心的，或者为了散热通风的需要在制动盘中间铸出通风孔道。一般实心制动盘厚度可取为 10～20mm，通风式制动盘厚度取为 20～50mm，采用较多的是 20～30mm。

　　（三）摩擦衬块外半径 R_2 与内半径 R_1

　　推荐摩擦衬块外半径 R_2 与内半径 R_1 的比值不大于 1.5。若此比值偏大，工作时衬块的外缘与内侧圆周速度相差较多，磨损不均匀，接触面积减少，最终导致制动力矩变化大。

　　（四）制动衬块面积 A

　　对于盘式制动器衬块工作面积 A，推荐根据制动衬块单位面积占有的汽车质量在 1.6～3.5kg/cm² 内选用。

三、盘式制动器的设计计算

　　盘式制动器设计计算的程序和评价方法与鼓式制动器相似，主要差别就是制动力矩的计算方法不同，其余的计算请参阅领从蹄式制动器设计的内容。

（一）制动力矩计算

假定衬块的摩擦表面全部与制动盘接触，且各处单位压力分布均匀，则制动器的制动力矩为

$$T_f = 2fFR \tag{9-64}$$

式中：f 为摩擦因数；F 为单侧制动块对制动盘的压紧力（见图9-23）；R 为作用半径。

对于常见的具有扇形摩擦表面的衬块，若其径向宽度不很大，取 R 等于平均半径 R_{av} 或有效半径 R_e。

如图9-24所示，平均半径 R_{av} 为

$$R_{av} = (R_1 + R_2)/2 \tag{9-65}$$

式中：R_1 和 R_2 为摩擦衬块扇形表面的内半径和外半径。

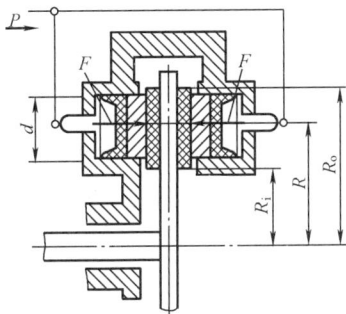

图 9-23　盘式制动器计算用图　　　图 9-24　钳盘式制动器作用半径计算用图

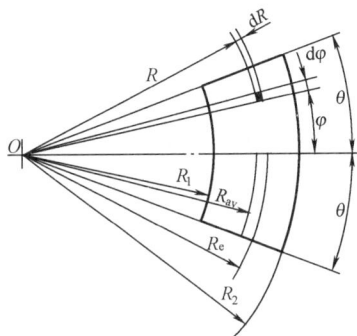

设衬块与制动盘之间的单位压力为 q，可以利用微积分的方法求出单侧制动块加于制动盘的制动力矩和单侧衬块加于制动盘的总摩擦力，两者的比值即为有效半径。在这里我们不具体推导，直接给出有效半径 R_e 的值

$$R_e = \frac{4}{3}\left[1 - \frac{m}{(1+m)^2}\right]R_{av} \tag{9-66}$$

其中：$m = \dfrac{R_1}{R_2}$

因为 $m < 1$，故 $R_e > R_{av}$，且 m 越小则两者差值越大。

应当指出，若 m 过小，即扇形的径向宽度过大，衬块摩擦面上各不同半径处的滑磨速度相差太远，磨损将不均匀，则上述计算方法也就不适用。m 值一般不应小于0.65。

（二）制动器主要结构零件设计

1. 制动盘

制动盘一般由摩擦性能良好的珠光体灰铸铁制成，为保证有足够的强度和耐磨性能，其牌号不应低于 HT250。用于钳盘式制动器的制动盘其结构形状为礼帽形，其圆柱部分长度取决于布置尺寸。为了改善冷却，有的钳盘式制动器的制动盘铸成中间有径向通风槽的双层盘，可大大增加散热面积，但盘的整体厚度较大（国内一些轿车制动盘厚度在 20～22.5mm 之间）。

制动盘工作面的加工精度应达到下述要求，平面度允差为 0.012mm，表面粗糙度为 $R_a0.7\sim$ 1.3μm，两摩擦表面的平行度不应大于 0.05mm，制动盘的端面圆跳动不应大于 0.03mm。

2. 制动钳

制动钳由可锻铸铁 KHT 370–12 或球墨铸铁 QT 400–18 制造，也有用轻合金制造的，可做成整体的，也可做成两半并由螺栓连接。其外缘留有开口，以便不必拆下制动钳便可检查或更换制动块。制动钳体应有高的强度和刚度。一般多在钳体中加工出制动油缸，也有将单独制造的油缸装嵌入钳体中的。为了减少传给制动液的热量，多将杯形活塞的开口端顶靠制动块的背板。有的活塞的开口端部切成阶梯状，形成两个相对且在同一平面内的小半圆环形端面。活塞由铸铝合金或钢制造。为了提高耐磨损性能，活塞的工作表面进行镀铬处理。当制动钳体由铝合金制造时，必须减少传给制动液的热量。为此，应减小活塞与制动块背板的接触面积，有时也可采用非金属活塞。

制动钳的安装位置可以在车轴之前或之后。制动钳位于轴后能使制动时轮毂轴承的合成载荷减小；制动钳位于轴前，则可避免轮胎向钳内甩溅泥污。

3. 制动块

制动块由背板和摩擦衬块构成，两者直接压嵌或铆接在一起。衬块多为扇面形，也有矩形、正方形或长圆形的。活塞应能压住尽量多的制动块面积，以免衬块发生卷角而引起尖叫声。由于单位压力大和工作温度高等原因，摩擦衬块的磨损较快，因此其厚度较大。轻型汽车的摩擦衬块厚度在 7.5～16mm，重型汽车的摩擦衬块厚度在 14～22mm 之间。许多盘式制动器装有衬块磨损达极限时的警报装置，以便及时更换摩擦衬片。

CHAPTER 9

第四节 液压制动驱动机构的设计计算

制动驱动机构用于将驾驶员或其他动力源的制动作用力传给制动器，使之产生制动力矩。根据制动力源的不同，制动驱动机构可分为简单制动、动力制动和伺服制动三大类。

1. 简单制动系

简单制动系即人力制动系，是靠驾驶员作用于制动踏板上或手柄上的力作为制动力源。力的传递方式又有机械式和液压式两种。机械式靠杆系或钢丝绳传力，其结构简单，造价低廉，工作可靠，但机械效率低，故仅用于中、小型汽车的驻车制动装置中。液压式简单制动系通常简称为液压制动系，用于行车制动装置。其优点是作用滞后时间短（0.1～0.3s），工作压力高（可达 10～12MPa），轮缸尺寸小，可布置在制动器内部作为制动蹄张开机构或制动块压紧机构，使之结构简单、紧凑、质量小、造价低。但其有限的力传动比限制了它在汽车上的使用范围。另外，液压管路在过度受热时会形成气泡而影响传输，使制动效能降低甚至失效。液压式简单制动系曾广泛用于轿车、轻型及以下的货车及部分中型货车上。

2. 动力制动系

动力制动系是以发动机动力形成的气压或液压势能作为汽车制动的全部动力源进行制动，而驾驶员作用于制动踏板或手柄上的力仅用于对制动回路中控制元件的操纵。动力制动系可分为气压制动系、气顶液式制动系和全液动力制动系。

3. 伺服制动系

伺服制动系是在人力液压制动系中增加由其他能源提供的助力装置，使人力与动力并用。在正常情况下，其输出工作压力主要由动力伺服系统产生，而在伺服系统失效时，仍可全由人力驱动液压系统产生一定程度的制动力。

因为课程设计的时间有限，所以我们仅要求针对简单制动系进行设计计算。图 9-25 为液压简单制动系统示意图，其工作过程如下，踩下制动踏板 1，制动主缸 5 将制动液压入制动轮缸 6 和制动钳 2，将制动块推向制动鼓和制动盘。在制动器间隙消失并开始产生制动力矩时，液压与踏板力方能继续增长直到完全制动。此过程中，由于在液压作用下，油管的弹性膨胀变形和摩擦元件的弹性压缩变形，踏板和轮缸活塞都可以继续移动一段距离。放开踏板，制动蹄和轮缸活塞在回位弹簧作用下回位，将制动液压回主缸。

以下对液压制动驱动机构进行设计计算。

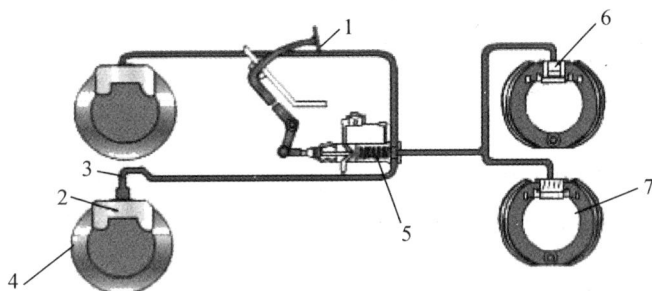

图 9-25 液压简单制动系统示意图

1—制动踏板；2—制动钳；3—油管；4—制动盘；5—制动主缸；6—制动轮缸；7—制动蹄

（一）制动轮缸（制动器油缸）设计计算

制动轮缸是用于将主缸产生的液压转换成给予制动蹄张开力的部件。对于领从蹄式制动器来说，制动轮缸为应为双活塞式（见图 9-26）。

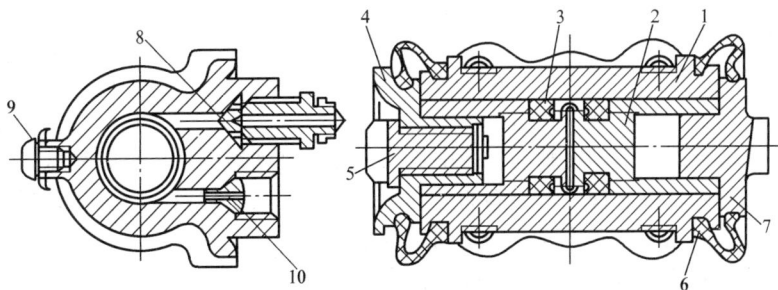

图 9-26 双活塞式制动轮缸

1—缸体；2—活塞；3—皮圈；4—调整轮；5—顶块（调整螺钉）；6—防护罩；7—支承盖；8—放气螺钉；9—调整轮锁片；10—进油孔

钳盘式制动器油缸一般直接在制动钳中加工出来或嵌在制动钳内，一般是单缸或双缸的形式。

（二）制动轮缸直径与工作容积的确定

制动轮缸（钳盘式制动器油缸）对制动蹄（块）施加的张开力（推力）F_0 与轮缸直径 d_w 和

制动管路压力 p 的关系为

$$d_w = \sqrt{4F_0 / \pi p}$$ (9-67)

制动油路压力一般不超过 10～12MPa，对盘式制动器可更高。压力越高，对管路（首先是制动软管及管接头）的密封性要求越严格，但驱动机构越紧凑。鼓式制动器制动轮缸直径 d_w 应在 HG 2865—1997《汽车液压制动橡胶皮碗》标准规定的尺寸系列中选取，轮缸直径的尺寸系列为 14.5，16，17.5，19，20.5，22，（22.22），（23.81），24，（25.50），26，28，（28.58），30，32，35，38，42，46，50，56mm。

钳盘式制动器油缸的直径比鼓式制动器的轮缸大得多，如日本轿车钳盘式制动器油缸的直径最大可达 68.1mm（单缸）或 45.4mm（双缸）。

第 i 个轮缸的工作容积为

$$V_i = \frac{\pi}{4} \sum_1^n d_i^2 \delta_i$$ (9-68)

式中：d_i 为第 i 个轮缸活塞的直径；n 为轮缸中活塞的数目；δ_i 为第 i 个轮缸活塞在完全制动时的行程。

$$\delta_i = \delta_1 + \delta_2 + \delta_3 + \delta_4$$ (9-69)

式中：δ_1 为消除制动蹄（块）与制动鼓（盘）间间隙所需的轮缸活塞行程；δ_2 为消除磨擦衬块（片）变形而引起的轮缸活塞行程；δ_3、δ_4 分别为鼓式制动器的蹄变形与鼓变形而引起的轮缸活塞行程。

在初步设计时，对鼓式制动器可取 δ_i =2.0～2.5mm。

所有轮缸的总工作容积为

$$V = \sum_1^m V_i$$ (9-70)

式中：m 为轮缸数目。

（三）制动主缸设计

为了提高汽车的行驶安全性，根据交通法规的要求，现代汽车的行车制动装置均采用了双回路制动系统。双回路制动系统的制动主缸为串列双腔制动主缸。在设计制动主缸时，还应考虑制动液泄漏或涨缩时的补偿，放开制动踏板时主缸活塞原始位置的定位方法，以及在制动管路中是否必须有或不准有残余压力。

在前盘式后鼓式的双回路制动系统中，由于盘式制动器制动块与制动盘之间的间隙较小，且其油缸活塞的回位仅靠橡胶密封圈的弹力而无强力的回位弹簧，所以盘式制动器开始起制动作用与制动回路中压力开始升高几乎是同时发生的。因此，通往盘式制动器的管路应与双腔制动主缸装有较弱回位弹簧的那一工作腔相接。由于同样原因，在解除制动时，在通往盘式制动器的管路中不允许有残余压力，而通往鼓式制动器的管路在放开制动踏板时必须保有残余压力，为此在与其相通的制动主缸工作腔的出口应装上止回阀。

JL1010B 型微型汽车的串列双腔制动主缸（见图 9-27）其工作原理如下。油液经空心螺栓 7、旁通孔 5 和补偿孔 6 进入主缸前后腔。主缸不工作时，工作腔的活塞头和皮碗正好位于旁通孔 5 和补偿孔 6 之间。踩下制动踏板，推杆 15 推动后腔（第一）活塞前移，至其皮碗盖住旁通孔 5 后，后腔油压升高，推动前腔（第二）活塞前移，前腔油压随之升高。主缸前后腔产生的油压经出油阀 3 以及相应的管路传至制动轮缸，使制动器制动。放开制动踏板，主缸前后腔活塞和制动轮缸活塞在回位弹簧的作用下回位，管路中的制动液借其压力推开回油阀 22 流回主缸，于是制动解除。当迅速放开制动踏板时，由于受制动液的黏性和管路壁阻力的影响，制动液不能及时流回主缸，所以在旁通孔 5 开启之前，主缸压油腔中形成真空度，使主缸进油腔的液压高于压油腔，故制动液便通过前、后活塞的皮碗 20 及 17 的边缘与缸壁间的间隙流进各自的压油腔以填补真空。同时储液室内的制动液经补偿孔 6 流入各自的进油腔。当活塞完全回位后，旁通孔 5 则连通，多余的制动液可经前、后旁通孔流回各自的储液室。液压系统产生制动液非严重的泄漏或因气温变化而引起的制动液的胀缩，均可由补偿孔和旁通孔得到补偿。

若双回路中有一路的管路损坏漏油时，则踩下踏板时，只有完好的另一回路能建立液压，即串联双腔制动主缸的一腔仍能工作，只是使踏板行程加大，导致制动距离加长，制动效能降低。

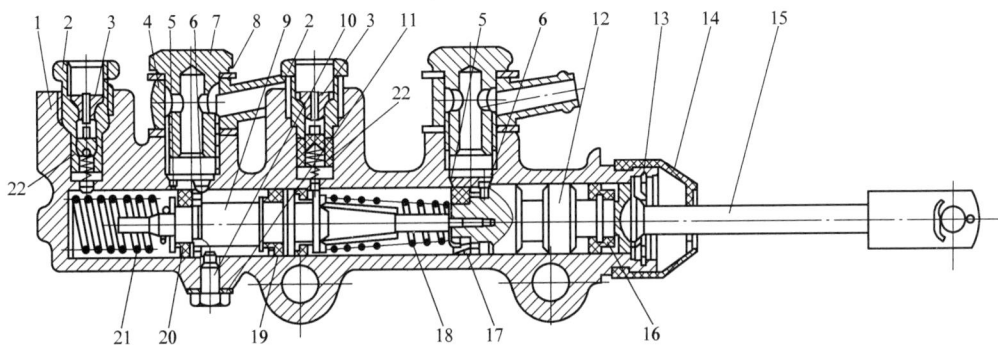

图 9-27　JL1010B 型微型汽车的串列双腔制动主缸

1—主缸缸体；2—出油阀座；3—出油阀；4—进油管接头；5—旁通孔；6—补偿孔；7—空心螺栓；8、11—密封垫；

9—前缸（第二）活塞；10—定位螺钉；12—后缸（第一）活塞；13—挡圈；14—护罩；

15—推杆；16—后缸密封圈；17—后缸活塞皮碗；18—后缸弹簧；19—前缸密封圈；

20—前活塞皮碗；21—前缸弹簧；22—回油阀

制动主缸由灰铸铁制造，也可以采用低碳钢冷挤成形；活塞可由灰铸铁、铝合金或中碳钢制造。

1. 直径 d_m 的确定

主缸的直径 d_m 应符合 HG 2865—1997 中规定的尺寸系列。主缸直径的尺寸系列为 14.5，16，17.5，19，20.5，22，（22.22），（23.81），24，（25.50），26，28，（28.58），30，32，35，38，42，46mm。

2. 制动主缸应有的工作容积为

$$V_m = V + V' \tag{9-71}$$

式中：V 为所有轮缸的总工作容积，V' 为制动软管的容积变形。

在初步设计时，制动主缸的工作容积可取为

$$V_m = 1.1V \quad （轿车）$$
$$V_m = 1.3V \quad （货车）$$

3. 主缸活塞行程 s_m 可用下式确定

$$V_m = \frac{\pi}{4} d_m^2 s_m \tag{9-72}$$

一般 $s_m = (0.8 \sim 1.2) \, d_m$。

（四）制动踏板力 F_p 设计计算

制动踏板力 F_p 用下式计算

$$F_p = \frac{\pi}{4} d_m^2 p \frac{1}{i_p} \frac{1}{\eta} \tag{9-73}$$

式中：i_p 为踏板机构传动比 $i_p = \dfrac{r_2}{r_1}$；r_1，r_2 见图 9-28。η 为踏板机构及液压主缸的机械效率，可取 $\eta = 0.82 \sim 0.86$。

制动踏板力应满足以下要求，最大踏板力一般为 500N（轿车）或 700N（货车）。设计时，制动踏板力可在 200～350N 的范围内选取。

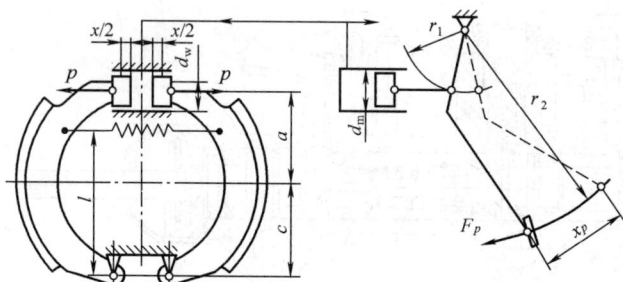

图 9-28　液压制动驱动机构的计算用简图

（五）制动踏板工作行程计算

制动踏板工作行程 x_p 用下式表示

$$x_p = i_p (s_m + \delta_{m1} + \delta_{m2}) \tag{9-74}$$

式中：δ_{m1} 为主缸中推杆与活塞间的间隙，一般取 $\delta_{m1} = 1.5 \sim 2.0$mm；$\delta_{m2}$ 为主缸活塞空行程，即主缸活塞从不工作的极限位置到使其皮碗完全封堵主缸上的旁通孔所经过的行程。

在确定主缸容积时应考虑到制动器零件的弹性变形和热变形以及用于制动驱动系统信号指示的制动液体积，因此，制动踏板的全行程（至与地板相碰的行程）应大于正常工作行程的 40%～60%，以便保证在制动管路中获得给定的压力。

踏板全行程对轿车最大应不大于 100～150mm，对货车不大于 180mm。此外，作用在制动手柄上的力对轿车最大不大于 400N，对货车不大于 600N。

为了避免空气侵入制动管路，在计算制动主缸活塞回位弹簧（同时也是回油阀弹簧）时，应保证踏板放开后，制动管路中仍保持 0.05～0.14MPa 的残余压力。

CHAPTER 9

第五节　制动器设计任务

选择表 9-3 中的一组参数，设计出一套制动系统。要求对制动器以及驱动机构进行必要的分析和设计计算，写出设计说明书，绘制前后轮制动器装配图和零件图，有条件的可以利用相关软件绘制制动器及零部件的三维造型图。

对于装配图要求表达清楚各部件之间的装配关系，应该标注出总体尺寸、制动间隙、配合关系以及其他需要标注的尺寸，在技术要求部分应该写出制动器的调整方法和装配要求，在零件代号编写时应注意必须依照整车零部件分组编号规则来编写。

零件图的绘制要求形状表达清楚、尺寸标注完整，有必要的尺寸公差和形位公差以满足使用和装配的需要，在技术要求部分应该标明对零件毛坯的要求、材料的热处理方法、表面处理方法以及针对该零件的一些特殊要求。

表 9-3　　　　　　　　　　　　与制动系设计有关的整车参数

序号	汽车轴距（mm）	车轮滚动半径（mm）	汽车空、满载时的总质量（kg）		空、满载时的轴荷分配				空、满载时的质心位置（mm）			
					前轴负荷（kg）		后轴负荷（kg）		质心高度		质心距后轴距离	
			空载	满载	空载	满载	空载	满载	空载	满载	空载	满载
1	2500	318	1160	1540	660	806	500	733	460	480	1423	1309
2	2500	413	1755	3950	1037	1650	718	2300	720	840	1470	900
3	2300	413	1895	3395	1095	1316	800	2079	740	855	1328	829
4	2930	345	1580	2460	820	895	760	1565	730	800	1520	1070
5	2800	350	1880	4075	940	1357	940	2718	702	886	1400	930
6	2750	345	1510	2200	785	1070	725	1130	700	790	1430	1338
7	2750	370	1540	2600	900	1000	640	1600	720	800	1607	1057
8	1780	340	720	1450	395	590	325	860	700	800	977	725
9	1840	318	650	1380	330	635	320	745	680	800	934	847
10	3500	370	2035	3925	1120	1295	915	2630	750	880	1926	1155

第十章 课程设计参考范例

第一节 变速器设计

一、课程设计任务书

1. 题目

商用车总体设计及各总成选型设计——变速器的设计。

2. 要求

为给定基本设计参数的汽车进行总体设计,计算并匹配合适功率的发动机,轴荷分配和轴数,选择并匹配各总成部件的结构形式,计算确定各总成部件的主要参数,详细计算指定总成的设计参数,绘出指定总成的装配图和部分零件图。

其具体参数如下:

额定装载质量	3000kg
最大总质量	6750kg
最大车速	75km/h
比功率	10kW/t
比转矩	33N·m/t

3. 设计计算要求

(1)根据已知数据,确定轴数、驱动形式、布置形式,注意国家道路交通法规规定和汽车设计规范。

(2)确定汽车主要参数。

1)主要尺寸,可从参考资料中获取。

2)进行汽车轴荷分配。

3)百公里油耗。

4)最小转弯直径。

5)通过性几何参数。

6)制动性参数。

(3)选定发动机功率、转速、扭矩,可参考已有车型。

(4)离合器的结构形式选择、主要参数计算。

(5)确定传动系最小传动比,即主减速器传动比。

(6)确定传动系最大传动比,从而计算出变速器最大传动比。

(7)机械式变速器形式选择,主要参数计算,设置合理的挡位数,计算出各挡的速比。

(8)驱动桥结构形式,根据主减速器的速比,确定采用单级或双级主减速器。

(9)悬架导向机构结构形式。

(10)转向器结构形式选择、主要参数计算。

(11)前后轴制动器形式选择、制动管路系统形式、主要参数计算。

4. 完成内容

（1）总成装配图 1 张（1 号图）。

（2）零件图 1 张（3 号图）。

（3）零件图 1 张（3 号图）。

（4）设计计算说明书 1 份。

二、汽车主要参数确定

1. 根据已知数据，确定轴数、驱动形式，布置形式

（1）确定轴数。

由单轴最大允许轴载质量为 10t，双轴汽车结构简单，制造成本低，故采用双轴方案。

（2）驱动形式。

采用 4×2 形式，后轮双胎驱动。

（3）布置形式。

驾驶室采用平头形式，发动机前置，直列四缸柴油发动机。

2. 汽车主要尺寸

（1）外廓尺寸。

总长：6050mm

总宽：2076mm

总高：2190mm

驾驶室后围至车箱尾部尺寸：4354mm

（2）轴距和轮距。

由表 2-13 可以确定轴距和轮距。

轴距：3308mm

轮距：前轮 1584mm

　　　　后轮（双胎中心线间距离）1485mm

3. 质量参数确定

由表 2-15 确定轴荷分配比例。

空车质量：3750kg

前轴（53%）：2000kg

后轴（47%）：1750kg

满载最大总质量：6750kg

前轴（42%）：2825kg

后轴（58%）：3925kg

4. 性能参数选择

（1）动力性参数。

1）根据表 2-16 和该车用途拟定。

最高车速：75km/h

最低稳定车速：20km/h

经济车速：40km/h

2）最大爬坡度：16°40′（30%）。

3）比功率取 15kW/t。

（2）燃油经济性。由表 2-17 货车单位质量百公里燃油消耗量可知总质量 m_a=(6～14)t 的柴油机单位质量百公里油耗量(1.55～1.86)L。则汽车百公里消耗量(1.55～1.86)×6.75L 即：10.46～12.55L，取：11.5L。

（3）最小转弯直径 D_{min}。由表 2-18 货车最小转弯直径查取 D_{min}=14m。

（4）通过性的几何参数。由表 2-19 确定通过性几何参数。

最小离地间隙（满载）：

前轴下 270mm

后轴下 240mm

纵向通过半径：3200mm

汽车通过角度

接近角：34°

离去角：17°

（5）操纵稳定性参数。

前、后轮侧偏角绝对值之差（$\delta_1-\delta_2$）=2°

车身侧倾角：3°

制动前俯角：1.2°

（6）制动性参数。由表 2-20 货车路试检验行车制动和应急制动性能要求确定：满载 30km/h 初速度紧急制动，最大制动距离小于 8m，平均制动减速度大于 5.2m/s²。

三、发动机的选择

1. 发动机形式的选择

对于在中型以及以下的货车上一般采用直列式柴油机，在此选用直列式水冷柴油机。

2. 发动机主要性能指标的选择

（1）发动机最大功率 P_{emax} 和相应转速 n_p。

最大功率由下式进行计算

$$P_{emax} = \frac{1}{\eta_T}\left(\frac{m_a g f_r}{3600}v_{a\,max} + \frac{C_D A}{76\,140}v_{a\,max}^3\right) \tag{10-1}$$

单级主减速器 4×2 型汽车 η_T =90%

滚动阻力系数 f_r=0.02

空气阻力系数 C_D=0.9

迎风面积由汽车总宽和总高计算得 $A\approx4.55m^2$

代入式（10-1）计算可得

P_{emax}=(6750×9.8×0.02×75/3600+0.9×4.55×75³/76 140)/90%=55.8（kW）

最大功率转速 n_p=2800r/min

（2）最大转矩 T_{emax}。

$$T_{emax} = 9549\frac{\alpha P_{emax}}{n_P} = 9549\times\frac{1.2\times55.8}{2800} \approx 228（N\cdot m）$$

最大扭矩转速 η_T =2000r/min

根据以上计算可以选定：南京汽车制造厂生产的 NJP433A 型柴油发动机。

形式：水冷四行程涡流室式

燃油类型：柴油

外形尺寸：长 780mm，宽 651mm

起动方式：电起动

最高转速：3000r/min

四、离合器的确定

1. 形式

双盘拉式弹簧离合器。

2. 主要参数

主要性能参数有后备性系 β，单位压力 p_0，尺寸参数 D、d 和摩擦片厚度 b 以及结构参数摩擦面数 Z 和离合器间隙 Δt 及摩擦因数 f。

（1）后备系数 β=1.50～2.25 取 β=1.6。

（2）单位压力 p_0=0.3MPa。

（3）摩擦片外径 D、内径 d 和厚度 b。

摩擦片外径

$$D = K_D \sqrt{T_{emax}} \tag{10-2}$$

式中：K_D 为直径参数，K_D 为 16.0～18.5 取 K_D=17.0。

则 $D = 17.0 \times \sqrt{228} \approx 256.7$（mm），取为 257mm。

摩擦片内外径比值 d/D=0.53～0.70。取 d/D=0.6。

则 d=0.6D=0.6×257≈154（mm）

摩擦片厚度取 b=3.5mm。

（4）摩擦因数 f，摩擦面数 Z 和离合间隙 Δt。

取 Z=2×2=4，Δt=3～4mm。

五、主减速器的传动比

传动系最小传动比由下式进行计算

$$i_{tmin} = 0.377 \frac{rn}{u_{amax}} \tag{10-3}$$

式中：r 为轮胎半径。

该中型商用车轮胎可选用普通断面子午线无内胎轮胎，型号为 245/75R16，即轮胎名义断面宽度为 245mm，轮辋直径为 16inch，名义高宽比为 75%，则轮胎半径计算为

$$r = \frac{245 \times 75\% \times 2 + 16 \times 25.4}{2 \times 1000} \approx 0.387 \text{（m）}$$

则 u_{amax}=75km/h，n=2800r/min 代入式（10-3）计算可得 i_{tmin}=5.44，若直接挡 i_{gn}=1，则 i_0=5.44，即主减速器传动比≤7，可以采用单级主减速器。

六、传动系最大传动比

传动系最大传动比，需要满足满载最大爬坡度

$$i_{g1} \geq \frac{G(f\cos\alpha_{max} + \sin\alpha_{max})r}{T_{tqmax} i_0 \eta_T} \tag{10-4}$$

变速器 1 挡时最大爬坡度为 30%，即 $\alpha \approx 16.7°$，代入式（10-4），计算可得 $i_{g1} \geq 7.02$，取 $i_{g1}=7.1$，变速器的速比范围为 1～7.1。

变速器最大传动比 $i_{tmax}=5.44 \times 7.1 = 38.624$。

七、机械式变速器的设计

（一）变速器传动机构布置方案确定

采用中间轴式变速器传动方案，其特点是：① 设有直接挡；② 1 挡有较大的传动比；③ 挡位高的齿轮采用常啮合齿轮传动，挡位低的齿轮（1 挡）可以采用或不采用常啮合齿轮传动；④ 除 1 挡以外，其他挡位采用同步器或啮合套换挡；⑤ 除直接挡以外，其他挡位工作时的传动效率略低；⑥ 适用于前置后驱汽车。

传动方案采用的 2、3、4 挡用常啮合齿轮传动，5 挡为直接挡，而 1、倒挡用直齿滑动齿轮换挡。

（二）零部件结构形式

（1）齿轮形式。常啮合齿轮均采用斜齿圆柱齿轮，1 挡和倒挡采用直齿圆柱齿轮。

（2）换挡机构形式。使用同步器能保证迅速、无冲击、无噪声换挡，而与操作技术的熟练程度无关，从而提高了汽车的加速性，燃油经济性和行驶安全性。但它的结构原理，制造精度要求高，轴间尺寸大等缺点，所以 1 挡和倒挡采用结构简单的直齿滑动齿轮换挡，使用率高的其他挡位采用同步器换挡。

（3）变速器轴承。变速器结构紧凑，尺寸小，所以齿轮与轴之间的轴承采用滚针轴承，变速器第一轴后端和第二轴后端采用圆柱滚子轴承，中间轴使用深沟球轴承。

（三）变速器主要参数的选择

1. 经计算各挡变速比确定

大致按照等比级数分配，对 4 挡、5 挡间速比根据情况调整。

$$公比 \ q = \sqrt[n-1]{i_{g1}} = \sqrt[4]{7.02} \approx 1.632 < 1.8$$

则各挡速比为

1 挡　$i_{g1}=7.1$

2 挡　$i_{g2}=4.3$

3 挡　$i_{g3}=2.6$

4 挡　$i_{g4}=1.6$

5 挡　$i_{g5}=1$

倒挡　$i_R=7.0$

以上分配考虑了高挡区相邻挡位之间的速比间距要比低挡区相邻挡位之间的小。

2. 初选中心矩 A

$$A = K_A \sqrt[3]{T_{emax} i_{g1} \eta_g} \tag{10-5}$$

K_A 为中心矩系数，商用车 $K_A=8.6～9.6$，取 9.0。

$T_{emax}=228N \cdot m$，$i_{g1}=7.1$，$\eta_g=96\%$ 代入式（10-5），得 $A=104.2mm$。

3. 外形尺寸

商用车变速器壳体的轴向尺寸，五挡为（2.2～2.7）A，取 $2.8A$。

轴向尺寸 L_k 为 291.89mm，取整数为 292mm。

4. 齿轮参数

（1）模数。

一般同一变速器齿轮模数不相等，对于货车减小质量比减小噪声更重要，故齿轮应选用大些的模数，变速器低挡齿轮应选用大些的模数，其他挡位选用另一种模数。根据国家规定，GB/T 1357—1987《渐开线圆柱齿轮模数》的规定，考虑货车的最大总质量为 $m_a=6.7t>6t$，而小于 14t。因此 1 挡直齿齿轮 $m=3.5mm$，其他挡位为 3mm（$m_n=3mm$）。啮合套和同步器的接合齿多数采用渐开线齿形，由于工艺上的原因，同一变速器中的接合齿数，模数相同，总质量 m_a 在（1.8~14）t 的货车为 2.0~3.5mm，取 $m=2.5mm$。

（2）压力角 α。

因国家规定的标准压力角 20°，所以变速器齿轮普遍采用压力角为 20°，同步器普遍采用 30°压力角。

（3）齿宽 b。

1 挡第一轴常啮合斜齿轮宽度取 $b_1=8.0×3.0=24$（mm），第二轴常啮合斜齿轮宽度取 $b_2=7.0×3=21$（mm），其余挡位斜齿齿轮宽度取 $b_n=7.0×3.0=21$（mm），1 挡滑动直齿齿轮与倒挡滑动直齿齿轮宽度取 $b=8.0×3.5=28$（mm）。

（4）各挡齿轮齿数的分配。

5 挡变速器传动方案如图 10-1 所示。

1）确定 1 挡齿轮的齿数。

1 挡传动比

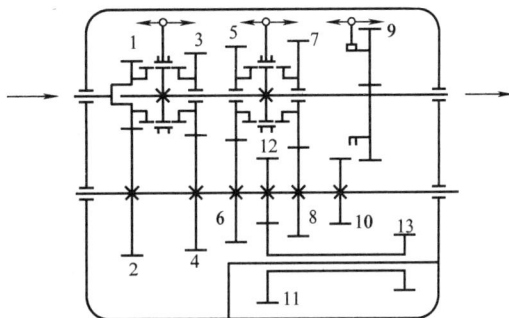

图 10-1　5 挡变速器传动方案

$$i_{g1} = \frac{z_2 z_9}{z_1 z_{10}} \qquad (10-6)$$

1 挡采用滑动直齿齿轮传动，模数 m 为 3.5，中心距 $A=104.2mm$，计算后得 $z_h=2A/m=59.54$，取 z_h 为整数 60，然后进行大、小齿轮齿数的分配。中间轴上的 1 挡齿轮 z_{10} 一般可取为 12~17，z_{10} 齿数尽量少些，以便使 z_9/z_{10} 的传动比大些，因此 z_{10} 取 12，1 挡大齿轮齿数为 $z_9 = z_h - z_{10} = 48$。

2）对中心矩 A 进行修正

$$A = \frac{m z_h}{2} = 105 \text{（mm）}$$

3）确定常啮合齿轮副的齿数。

由式（10-6）求出常啮合传动齿轮的传动比

$$\frac{z_2}{z_1} = i_{g1} \frac{z_{10}}{z_9} = 1.775 \qquad (10-7)$$

而常啮合传动齿轮中心距和 1 挡齿轮的中心距相等。

中型、重型货车螺旋角的初选范围是 18°~26°，初选螺旋角 $\beta_2=26°$，由式（10-7）、式（4-16）求得 $z_1=22.7$，取整为 $z_1=23$，$z_2=39.9$ 取整为 $z_2=40$。

验证 1 挡传动比 $i_{g1} = \frac{z_2 z_9}{z_1 z_{10}} = 6.95 < 7.1$，齿数分配不合理。进行齿数调整，令 $z_1=23$，$z_2=41$，

则传动比 i_{g1}=7.13 满足要求。

根据所确定的齿数，按式（4-16）算出精确的螺旋角值 β_2 为 24°。

4）确定其他各挡齿数。

先进行 2 挡齿轮齿数 z_7、z_8 的分配，z_7、z_8 有如下关系

$$\frac{z_7}{z_8} = i_{g2}\frac{z_1}{z_2} = 2.41 \tag{10-8}$$

由

$$A = \frac{m_n(z_7 + z_8)}{2\cos\beta_8} \tag{10-9}$$

$$z_7 + z_8 = \frac{2A\cos\beta_8}{m_n} \tag{10-10}$$

得

从抵消或减少中间轴上的轴向力出发，还应尽量满足下列关系式

$$\frac{\tan\beta_2}{\tan\beta_8} = \frac{z_2}{z_1 + z_2}\left(1 + \frac{z_7}{z_8}\right) = \frac{z_1 i_{g2} + z_2}{z_1 + z_2} = 2.18 \tag{10-11}$$

取 β_8=22° 进行试凑

$$\frac{z_1 \cdot i_{g2} + z_2}{z_1 + z_2} = 2.18 \tag{10-12}$$

$$\frac{\tan\beta_2}{\tan\beta_8} = 1.10 \tag{10-13}$$

相差较多，为尽量缩小差距，取 β_8=18°，已是极限值。

将数据代入式（10-8）～式（10-13）求得，z_8=19.5 取整为 19，z_7=46.6 取整为 47，验证传动比为 i_{g2}=4.4，齿数分配合适。根据所确定的齿数，按式（4-16）算出精确的螺旋角 β_2 值为 19.5°。

同样方法求得 β_6=18°，z_6=27，z_5=39，验证传动比为 i_{g3}=2.57，满足要求，精确的螺旋角 β_2 值为 19.5°；β_4=20°，z_4=35，z_3=31，验证传动比为 i_{g4}=1.58，满足要求；根据所确定的齿数，按式（4-16）算出精确的螺旋角值 β_4 为 20°。

5）确定倒挡齿轮齿数及中心距。

图 10-1 中所示的倒挡齿轮有常啮合齿轮副 z_{12} 和 z_{11}。一般 z_{11} 取值 21～23，取 z_{11}=23，z_{12}=21，m_n=3.0，β_{12}=26°，可计算倒挡轴与中间轴的中心距 A'。

$$A' = \frac{m_n(z_{11} + z_{12})}{2\cos\beta_{12}} \tag{10-14}$$

数值代入式（10-14）求得 A'=75.1mm，取整为 75mm。

由 $i_R = \dfrac{z_2 z_9 z_{11}}{z_1 z_{13} z_{12}}$ 可求出 z_{13}=13.1，取整为 13，则最终确定倒挡传动比为 7.06。

直齿齿轮 z_{13} 的模数与 1 挡齿轮相同，确定倒挡轴与第二轴的中心距 A''

$$A'' = \frac{m(z_9 + z_{13})}{2} \tag{10-15}$$

Note

由式（10-15）求得，A''=105mm。

5. 齿轮弯曲强度计算

（1）直齿齿轮弯曲强度计算

$$\sigma_w = \frac{2T_g K_\sigma K_f}{\pi m^3 z K_c y} = \frac{2 \times 406\,435 \times 1.65 \times 1.1}{3.141\,59 \times 3.5^3 \times 13 \times 8.0 \times 0.19} \approx 554\,(\text{MPa}) < [\sigma_w]$$

符合弯曲强度要求。

（2）斜齿齿轮弯曲强度计算

$$\sigma_w = \frac{2T_g \cos\beta K_\sigma}{\pi z m_n^3 y K_c K_\varepsilon} = \frac{2 \times 228\,000 \times 1.5 \times \cos 24°}{3.141\,59 \times 23 \times 3^3 \times 0.18 \times 8.0 \times 2} \approx 111.2\,(\text{MPa}) < [\sigma_w]$$

满足弯曲强度要求。

6. 齿轮接触强度计算

利用式（4-30）计算齿轮接触强度。

（1）第一轴常啮合齿轮接触强度

$$F = \frac{F_1}{\cos\alpha \cos\beta} = \frac{2T_g}{d \cos\alpha \cos\beta} = \frac{T_{emax}}{m_n z_1 \cos\alpha \cos\beta} \approx 3849\,(\text{N})$$

$b = K_c m_n = 8.0 \times 3 = 24\,(\text{mm})$

$$\rho_z = \frac{r_z \sin\alpha}{\cos^2\beta} = \frac{m_n z_1 \sin\alpha}{2\cos^2\beta} \approx 14.1\,(\text{mm})$$

$$\rho_b = \frac{r_b \sin\alpha}{\cos^2\beta} = \frac{m_n z_2 \sin\alpha}{2\cos^2\beta} \approx 25.2\,(\text{mm})$$

$E = 2.1 \times 10^5 \text{MPa}$

代入式（4-30）得 σ_j=806.7MPa，采用渗碳处理齿轮满足设计要求。

（2）1挡和倒挡直齿齿轮接触应力计算

$$F = \frac{F_1}{\cos\alpha} = \frac{2T_g}{d \cos\alpha} = \frac{T_{emax} \cdot z_2}{m z_{10} \cos\alpha \cdot z_1} \approx 9505.9\,(\text{N})$$

$b = 28\text{mm}$

$$\rho_z = r_z \sin\alpha = \frac{m z_{10} \sin\alpha}{2} \approx 7.78\,(\text{mm})$$

$$\rho_b = r_b \sin\alpha = \frac{m z_9 \sin\alpha}{2} \approx 28.13\,(\text{mm})$$

$E = 2.1 \times 10^5 \text{MPa}$

代入式（4-30）得 σ_j=1430MPa，采用渗碳处理齿轮满足设计要求。

7. 轴的强度计算

第一轴花键部分直径 d 可按下式初选

$$d = K\sqrt[3]{T_{emax}} \tag{10-16}$$

式中：K=4.0～4.6，取4.4。

由式（10-16）计算得第一轴花键部分直径为

$$d = 4.4\sqrt[3]{228} = 26.88 \approx 27\,(\text{mm})$$

第二轴和中间轴中部直径 $d≈0.45A=47.3$（mm）$≈48$（mm）

中间轴的最大直径 d 和支承间距离 L（近似等于变速器壳的轴向长度）的比值 $d/L=48/292≈0.16$，满足设计要求。

第二轴支承间的距离通常由经验公式确定 $L_{zh}=L_k-2b_1=292-2×24=244$（mm）

第二轴 $d/L=48/244≈0.20$，满足设计要求。

$$\left.\begin{array}{l}\sigma=\dfrac{M}{W}=\dfrac{32M}{\pi d^3}\\M=\sqrt{M_c^2+M_s^2+T_n^2}\end{array}\right\}\qquad(10\text{-}17)$$

式中：d 为轴的直径，mm，花键处取内径；W 为抗弯截面系数。

经计算，$\sigma≤[\sigma]$，符合强度要求。

8. 变速器操纵机构

采用直接操纵手动换挡。

八、驱动桥结构

采用非断开式驱动桥，单级螺旋圆锥齿轮减速器。

减速比：5.44

桥壳形式：整体式

半轴形式：全浮式

差速器形式：直齿圆锥齿轮式

前轴形式：工字形断面锻件

九、悬架导向机构结构形式

前悬架：采用纵向对称长截面钢板弹簧，双向作用筒式减振器

后悬架：采用纵向对称渐变刚性钢板弹簧，无减振器

十、转向机构

转向形式：循环球式

传动比：21.4

十一、制动系

前后采用独立双回路液压制动系统，制动阀为双腔串联活塞式。

行车制动器：前后均为鼓式，制动鼓内径 $\Phi320mm$

驻车制动器：中央鼓式制动鼓由机械式软轴操作

空气压缩机：单缸风冷式

储气筒：整体双腔式

十二、车架与轮胎

车架采用冲压铆接梯形结构。

前轮：单胎

后轮：双胎，选用 245/75R16 轮胎

备用轮胎升降器为悬链式。

CHAPTER 10

第二节 驱动桥设计

一、课程设计任务书

1. 题目

商用车总体设计及各总成选型设计——驱动桥设计。

2. 要求

为给定基本设计参数的汽车进行总体设计，计算并匹配合适功率的发动机，轴荷分配和轴数，选择并匹配各总成部件的结构形式，计算确定各总成部件的主要参数，详细计算指定总成的设计参数，绘出指定总成的装配图和部分零件图。

其具体参数如下：

额定装载质量	3000kg
最大总质量	6750kg
最大车速	75km/h
比功率	10kW/t
比转矩	33N·m/t

3. 设计计算要求

（1）根据已知数据，确定轴数、驱动形式、布置形式，注意国家道路交通法规规定和汽车设计规范。

（2）确定汽车主要参数。

1）主要尺寸，可从参考资料中获取。

2）进行汽车轴荷分配。

3）百公里油耗。

4）最小转弯直径。

5）通过性几何参数。

6）制动性参数。

（3）选定发动机功率、转速、扭矩，可参考已有车型。

（4）离合器的结构形式选择、主要参数计算。

（5）确定传动系最小传动比，即主减速器传动比。

（6）确定传动系最大传动比，从而计算出变速器最大传动比。

（7）机械式变速器形式选择，主要参数计算，设置合理的挡位数，计算出各挡的速比。

（8）驱动桥结构形式，根据主减速器的速比，确定采用单级或双级主减速器。

（9）悬架导向机构结构形式。

（10）转向器结构形式选择、主要参数计算。

（11）前后轴制动器形式选择、制动管路系统形式、主要参数计算。

4. 完成内容

（1）总成装配图1张（1号图）。

（2）零件图 1 张（3 号图）。

（3）零件图 1 张（3 号图）。

（4）设计计算说明书 1 份。

汽车主要参数确定以及其他总成的确定详见第一节，以下是本设计题目的具体设计计算部分。

二、驱动桥设计

（一）总体结构确定

主减速器传动比确定详见第一节。

采用非断开式驱动桥，单级螺旋圆锥齿轮减速器

减速比：5.44

桥壳形式：整体式

半轴形式：全浮式

差速器形式：直齿圆锥齿轮式

（二）主减速器齿轮计算载荷的确定

1. 按发动机最大转矩和最低挡传动比确定从动锥齿轮的计算转矩

$$T_{ce} = \frac{k_d T_{emax} k i_1 i_f i_0 \eta}{n}$$

取 $k_d=1$，$k=1$，$i_1=7.1$，$n=1$，$i_f=1$，$i_0=5.44$，$\eta=90\%$

得 $T_{ce}=7925 \text{N} \cdot \text{m}$。

2. 按驱动轮打滑转矩确定 T_{cs}

$$T_{cs} = \frac{G_2 m_2' \varphi r_r}{i_m \eta_m}$$

取 $G_2=46\,305\text{N}$，$m_2'=1.1$，$r_r=0.387\text{m}$，$i_m=1$，$\varphi=0.85$，$\eta_m=90\%$

得 $T_{cs}=22\,561 \text{N} \cdot \text{m}$。

$$T_c = \min[T_{ce}, \ T_{cs}] = 7925 \text{N} \cdot \text{m}。$$

主动锥齿轮的计算转矩为

$$T_z = \frac{T_c}{i_0 \eta_G}$$

知 $\eta_G=90\%$ 得 $T_z=1618.7 \text{N} \cdot \text{m}$。

3. 按汽车日常行驶平均转矩确定从动锥齿轮的计算转矩 T_{cf}

$$T_{cf} = \frac{G_a r_r}{i_m \eta_m n}(f_R + f_H + f_i) \tag{10-18}$$

将 $G_a=66\,150\text{N}$，$r_r=0.387\text{m}$，$f_r=0.016$，$f_H=0.07$，$f_i=0$，$i_m=1$，$\eta_m=90\%$，$n=1$ 代入式（10-18）计算可得：$T_{cf}=2446 \text{N} \cdot \text{m}$。

主动锥齿轮的计算转矩为 $T_z=499.6 \text{N} \cdot \text{m}$。

（三）锥齿轮主要参数选择

1. 主从动锥齿轮数 z_1，z_2

根据表 6-4 选取主动锥齿轮齿数 $z_1=7$，则从动锥齿轮 $z_2=7 \times 5.44=38.08$，取整为 38，重新计算主减速比为 $i_0=38/7 \approx 5.43$。

重新计算 T_c=7910N·m。

2. 从动锥齿轮大端分度圆直径 D_2 和端面模数 m_s

$$D_2 = k_{D_2} \sqrt[3]{T_c} \qquad (10\text{-}19)$$

式中：k_{D_2} 为直径系数，一般为 13.0～16.0。

取 k_{D_2}=15，由式（10-19）计算并取整得 D_2=318mm。

$$m_s = D_2 / z_2 = 8.3\,(\text{mm})$$

同时，m_s 满足

$$m_s = K_m \sqrt[3]{T_c} \qquad (10\text{-}20)$$

式中：K_m 为模数系数，取 0.3～0.4。

此时 K_m=0.4，由式（10-20）计算得 m_s=7.96mm。

取两个计算结果的较小值并取整为 m_s=8.0mm，重新计算端面直径为 D_2=304mm。

对于载货汽车还有主动锥齿轮大端模数 m_z

$$m_z = (0.598 \sim 0.692)\sqrt[3]{T_z}$$

系数取值 0.69，计算并取整得 m_z=8.0mm，主动锥齿轮大端分度圆直径为 D_1=56mm。

3. 主从动锥齿轮齿面宽 b_1 和 b_2

从动齿面宽 b_2=0.155D_2≈47mm 校核，也满足 $b_2 \leqslant 10m_s$。

主动齿面宽 b_1=1.1b_2≈52mm。

4. 中点螺旋角

中点螺旋角 β=35°。

5. 螺旋方向

主动锥齿轮左旋，从动齿轮右旋。

6. 法向压力角

法向压力角 α=20°。

（四）主减速器锥齿轮强度计算

1. 单位齿长圆周力 p

按发动机最大转矩计算时

$$p = \frac{2T_{emax}i_g}{D_1 b_2} \times 10^3 \qquad (10\text{-}21)$$

数值代入式（10-21）计算得 p=1230N/mm，满足设计要求。

2. 齿轮弯曲强度

$$\sigma_w = \frac{2T_c k_0 k_s k_m}{k_v m_s b D J_w} \times 10^3 \qquad (10\text{-}22)$$

（1）按 min[T_{ce}，T_{cs}]计算的最大弯曲应力，T_c=7910N·m，k_s=0.74，k_0=1，m_s=8.0，跨置式支承结构 k_m 取 1.0，k_v=1.0，J_w=0.175，b=47mm，D=D_2=304mm。计算得 σ_w=585.2MPa<[σ_w]，满足设计要求。

（2）按 T_{cf} 计算的疲劳接触应力，T_c=2446N·m，其他参数同上。计算得 σ_w=181MPa<[σ_w]，满足设计要求。

297

3. 齿轮接触强度

$$\sigma_j = \frac{C_p}{D_1}\sqrt{\frac{2T_z k_0 k_m k_s k_f}{k_v b J_J} \times 10^3} \tag{10-23}$$

（1）按 $\min[T_{ce}, T_{cs}]$ 计算的最大接触应力。

T_z=1618.6N·m，k_s=1.0，k_0=1.0，k_f=1.0，跨置式支承结构 k_m 取 1.0，k_v=1.0，J_J=0.13，$b=b_2$=47mm，D_1=56mm，C_p=232.6。代入式（10-23）计算得 σ_j=3023.5MPa>$[\sigma_w]$，不满足设计要求。调整压力角为 22.5°，重新选择齿面接触强度的综合系数 J_J=0.22，计算得 σ_j=2324.5MPa<$[\sigma_w]$，满足设计要求。

（2）按 T_{cf} 计算的疲劳接触应力。

T_z=500.5N·m，其他参数同上，计算得 σ_j=1292.3MPa<$[\sigma_w]$，满足设计要求。

锥齿轮材料用 20Mn2TiB，渗碳处理，渗碳厚度为 1.1mm，热处理及精加工后，做厚度为 0.005~0.020mm 的磷化处理或镀铜、镀锡处理，对齿面进行应力喷丸处理。

（五）差速器主参数选择

（1）行星齿轮 n=4。

（2）行星齿轮球面半径 R_b

$$R_b = K_b \sqrt[3]{T_d} \tag{10-24}$$

K_b=2.5，T_d=$\min[T_{ce}, T_{cs}]$=7910N·m，则 R_b=50mm，取节锥距 A_0=0.98R_b=49（mm）。

（3）确定行星齿轮和半轴齿轮齿数。

可以选取行星齿轮齿数 z_1=10，半轴齿轮齿数 z_2 初选为 16，z_2 与 z_1 的齿数比为 1.6，两个半轴齿轮齿数和为 32，能被行星齿轮数 4 整除，所以能够保证装配，满足设计要求。

（4）行星齿轮和半轴齿轮节锥角 γ_1、γ_2 及模数 m。

$$\left.\begin{array}{l} \gamma_1 = \arctan(z_1/z_2) \\ \gamma_2 = \arctan(z_2/z_1) \end{array}\right\} \tag{10-25}$$

得 γ_1=36.9°，γ_2=53.1°。

锥齿轮大端端面模数 m 为

$$m = \frac{2A_0}{z_1}\sin\gamma_1 = \frac{2A_0}{z_2}\sin\gamma_2 \tag{10-26}$$

计算并取整得 m=6.0，$d_2=z_2 m$=96（mm），$d_1=z_1 m$=60（mm）。重新验算节锥距

$$A_0 = \frac{d_1}{2\sin\gamma_1} = \frac{d_2}{2\sin\gamma_2} \approx 50 \text{（mm）}$$

（5）初选压力角 α=25°。

（6）行星齿轮轴直径 d 和支承长度 L

行星齿轮轴的直径 d 为

$$d = \sqrt{\frac{T_0 \times 10^3}{1.1[\sigma_c]n r_d}} \tag{10-27}$$

式中：T_0 取从动锥齿轮计算转矩，r_d≈0.4 d_2=38.4（mm），$[\sigma_c]$=98MPa，计算并取整得 d=22mm。

行星齿轮在轴上的支承长度 L 为

$$L = 1.1d = 24.2 \text{（mm）}$$

（六）差速器齿轮弯曲强度计算

按照下式计算差速器齿轮弯曲应力

$$\sigma_{w} = \frac{2Tk_{s}k_{m}}{k_{v}mb_{2}d_{2}Jn} \times 10^{3}$$ （10-28）

（1）当 $T_0 = \min[T_{ce}, T_{cs}]$ 时，$[\sigma_w] = 980$MPa，$T = 0.6T_0 = 4746$（N·m），尺寸系数 $k_s = 1$，载荷分配系数 $k_m = 1$，质量系数 $k_v = 1$，端面模数 $m = 6.0$，$b_2 = 0.3 A_0 \approx 15$（mm），$d_2 = 96$mm，$J = 0.268$，$n = 4$，代入计算得 $\sigma_w = 1024.8$MPa，超出许用值较多，调整相关参数重新计算，增大齿面宽度，上限为 $b_2 = 10$m，取 $b_2 = 25$mm，重新计算得 $\sigma_w = 614.9$MPa$<[\sigma_w]$，满足设计要求。

（2）当 $T_0 = T_{cf}$ 时，$[\sigma_w] = 210$MPa，$T = 0.6T_0 = 1467.6$（N·m），其他参数同上，计算得：$\sigma_w = 190.6$MPa$<[\sigma_w]$，满足设计要求。

参 考 文 献

[1] 王望予. 汽车设计. 北京：机械工业出版社，2004.

[2] 刘惟信. 汽车设计. 北京：清华大学出版社，2001.

[3] 余志生. 汽车理论. 3 版. 北京：机械工业出版社，2000.

[4] 陈家瑞. 汽车构造. 北京：机械工业出版社，2002.

[5] 徐石安，江发潮. 汽车离合器设计. 北京：清华大学出版社，2005.

[6] 阮忠唐. 联轴器、离合器设计与选用指南. 北京：化学工业出版社，2006.

[7] 张　毅. 离合器及机械变速器. 北京：化学工业出版社，2005.

[8] 周明衡. 离合器、制动器选用手册. 北京：化学工业出版社，2003.

[9] 段广汉. 离合器结构图册. 北京：国防工业出版社，1985.

[10] 刘维信. 汽车制动系的结构分析与设计计算. 北京：清华大学出版社，2004.

[11] 唐宇明. 汽车转向制动系设计. 南京：东南大学出版社，1994.

[12] 方泳龙. 汽车制动理论与设计. 北京：国防工业出版社，2005.

[13] 肖永清，杨忠敏. 汽车前桥及转向系统机构与维修. 北京：国防工业出版社，2004.

[14] 张利平. 液压转动系统及设计. 北京：化学工业出版社，2005.

[15] 汽车工程手册编写组. 汽车工程手册. 北京：人民交通出版社，2001.

[16] 机械工程手册编写组. 机械工程手册. 北京：机械工业出版社，1996.

[17] 吴宗泽. 机械设计使用手册（第二版）. 北京：化学工业出版社，2003.

[18] 成大先. 机械设计手册. 北京：化学工业出版社，2004.

[19] 杨志姝，吴华. Pro/ENGINEER Wildfire 2.0 中文版标准教程. 北京：清华大学出版社，2005.

[20] 嘉木工作室. 实体建模实例教程. 北京：机械工业出版社，2003.

[21] 周四新. Pro/ENGINEER Wildfire 基础设计. 北京：机械工业出版社，2003.

[22] 周四新. Pro/ENGINEER Wildfire 高级设计. 北京：机械工业出版社，2003.

[23] 刘惟信. 汽车车桥设计. 北京：清华大学出版社，2004.

[24] 丁玉兰. 人机工程学. 北京：北京理工大学出版社，2002.

[25] 龚曙光. ANSYS 工程应用实例解析. 北京：机械工业出版社，2003.

[26] 刘鸿文. 材料力学（上、下册）. 北京：高等教育出版社，2006.